化工数值计算与 MATLAB

隋志军　杨　榛　魏永明　编著

华东理工大学出版社
EAST CHINA UNIVERSITY OF SCIENCE AND TECHNOLOGY PRESS

·上海·

图书在版编目(CIP)数据

化工数值计算与 MATLAB/隋志军,杨榛,魏永明编著.
—上海:华东理工大学出版社,2015.2(2022.7 重印)
ISBN 978-7-5628-4111-1

Ⅰ.①化… Ⅱ.①隋…②杨…③魏… Ⅲ.①Matlab 软件—
应用—化工计算—数值计算 Ⅳ.①TQ015.9

中国版本图书馆 CIP 数据核字(2014)第 280945 号

内容提要

全书共分为 10 章,第 1 章为 MATLAB 程序设计语言与初等数学运算,第 2 章为矩阵操作与线性方程组求解,第 3 章为非线性方程组求解,第 4 章为插值与拟合,第 5 章为数值微分与数值积分,第 6 章为常微分方程数值解,第 7 章为偏微分方程数值解,第 8 章为概率论与数理统计,第 9 章为数值最优化方法,第 10 章为神经网络。

本书可作为高等院校化学工程、化学工艺及相关专业的本科生教材或研究生参考书,也可供化工科研、工程技术人员参考。

化工数值计算与 MATLAB

编　著/隋志军　杨　榛　魏永明
责任编辑/周　颖
责任校对/李　晔
封面设计/肖祥德　裘幼华
出版发行/华东理工大学出版社有限公司
　　　　　地　址:上海市梅陇路 130 号,200237
　　　　　电　话:(021)64250306(营销部)
　　　　　　　　　(021)64251837(编辑室)
　　　　　传　真:(021)64252707
　　　　　网　址:www.ecustpress.cn
印　刷/江苏凤凰数码印务有限公司
开　本/787mm×1092mm　1/16
印　张/21.75
字　数/540 千字
版　次/2015 年 2 月第 1 版
印　次/2022 年 7 月第 6 次
书　号/ISBN 978-7-5628-4111-1
定　价/49.00 元

联系我们:电子邮箱 zongbianban@ecustpress.cn
　　　　　官方微博 e.weibo.com/ecustpress
　　　　　天猫旗舰店 http://hdlgdxcbs.tmall.com

本书的使用说明

　　本书适用于化工类及相关专业的本科、研究生和科研人员,特别是数值计算和 MAT-LAB 为零基础的读者。本书提供了较好的入门知识。对于这部分内容比较熟悉的读者,可以跳过本书的绪论和第 1 章及其他章开始部分的介绍性内容。

　　本书以数值方法的类型为主线,内容兼顾数值方法、MATLAB 语言和化工计算几个方面。限于篇幅限制,不可能面面俱到,我们的处理方法是:对于数值方法部分只给出各种算法的基本思路,这样可以介绍一些与 MATLAB 函数密切相关的先进算法,从而有助于读者更好地使用这些函数;这部分内容忽略数值计算算法的实现细节及证明等,如果读者对这些内容感兴趣,可以参见相关参考文献;对于 MATLAB 语言,我们详细介绍了与本书计算任务相关的各种细节,对于重要的函数我们均提供详细的使用方法和具体实例。一些复杂的函数,如 ode45、fsolve、lsqcurvefit 等,一般先以简单的纯数学方程为例给出函数的使用方法,然后结合具体的应用实例给出一些使用技巧;对于专业问题的选择,本书例题涵盖了化工原理(分离工程)、化学反应工程、化工热力学(物理化学)、化工设计各方面的内容,这些内容根据求解方法的不同分散于各章中,如表 1 所示。

表 1　本书内容根据求解方法进行大体归纳

问题分类	问题描述	数值计算问题	MATLAB 关键求解函数
化工原理,分离工程			
流体流动	圆管流动阻力	代数运算,第 1 章	
沉降	已知沉降速率求黏度	代数运算,第 1 章	
传热	第二类操作型命题,求冷流体出口温度和流量	非线性方程求解,第 3 章	fzero
萃取	平衡级式分离设备求解,MESH 方程	非线性方程组,第 3 章	fsolve
精馏	MaCabe-Thiele 法求二元精馏的理论板数	插值,第 4 章	interp1
物理化学,化工热力学			
物性计算	比热容计算	代数运算,第 1 章	
流体的热力学性质计算	状态方程(RK)的计算,已知 V、T 求 p	代数运算	—
	状态方程(RK,SRK,PR,范德瓦尔斯)的求解——已知 p、T 求 V	非线性(多项式)方程的求解,第 3 章	fzero roots
	真实气体逸度	数值积分,第 5 章	quadl
	气体的等压温升	数值积分,第 5 章	quadl
相平衡	理想体系的泡点温度与平衡组成	非线性方程,第 3 章	fzero
化学平衡	平衡常数法计算化学平衡组成	非线性方程求解,第 3 章	fsolve

问题分类	问题描述	数值计算问题	MATLAB 关键求解函数
	吉布斯自由能最小计算化学平衡组成	非线性有约束优化，第 9 章	fmincon
化学反应工程			
化学计量学	独立反应数和独立反应的确定	矩阵求秩和线性无关向量组查找，第 2 章	rank
化学反应动力学	反应器的物料平衡	非线性有约束优化，第 9 章	fmincon
	数值微分求近似反应速率	数值微分，第 5 章	
	微分法催化反应动力学参数确定，参数检验	非线性最小二乘回归，第 9 章	lsqnonlin
	积分法催化反应动力学参数确定	非线性最小二乘回归，参数的顺序回归，第 9 章	lsqcurvefit
	催化反应动力学模型判别和参数回归的序贯实验设计	序贯实验设计，全局优化函数，非线性最小二乘法回归，第 9 章	ga lsqcurvefit
反应器模拟	稳定态连续搅拌釜式反应器，二级反应	代数计算，第 1 章	
	瞬态连续搅拌釜式反应器模型	常微分方程初值问题，第 6 章	ode45
	固定床反应器一维拟均相模型的求解	常微分方程初值问题，第 6 章	ode45
	绝热连续搅拌釜式反应器	常微分方程初值问题，第 6 章	ode15s
	平推流反应器的停留时间	常微分方程初值问题，第 6 章	ode45
	考虑颗粒界面梯度的一维非均相模型	代数微分方程，第 6 章	ode15s
	在球形催化剂内某组分的扩散-反应过程	常微分方程边值问题，第 6 章	bvp4c
	固定床反应器一维拟均相轴向分散模型	常微分方程边值问题，第 6 章	bvp4c
	固定床反应器的二维拟均相模型	偏微分方程，第 7 章	pdepe
化工过程开发、设计，化工优化			
稳态流程模拟	简单流程	线性方程组，第 2 章	—
	序贯模块法	代数运算，第 3 章	fsolve
	联立求解法	非线性方程组，第 3 章	fsolve
传递现象			
	一维扩散问题	偏微分方程，第 7 章	pdepe
	瞬态热传导	偏微分方程，第 7 章	pdepe
	水平圆管中流体的瞬态流动	偏微分方程，第 7 章	pdepe
	矩形管内的流动	偏微分方程，第 7 章	pde 工具箱 GUI
	固体传热	偏微分方程，第 7 章	pde 工具箱 GUI

但是，化工计算涉及的内容和体系千差万别，无法一一列举。由于必要的练习是掌握这些内容的必经之路，书中也提供了一些习题，这些习题难度与书中的例题类似；更多的以及更面向实际过程的（当然也更复杂）专业计算问题将以上机实践的形式给出（相关内容正在编写中）。

前　　言

　　"计算机化工应用"是化学工程与工艺及相关专业一门重要的专业课程,其目的是强化本专业学生应用计算机解决专业问题的能力。这一课程在华东理工大学已开设 30 年,当时计算机在化工领域的应用主要是数值计算,这也一直是本门课程的核心内容。在多年的实践中,本课程使用的编程语言从开始的 Fortran 变化到后来的 C 语言,但核心内容没有明显变化。在 21 世纪里,随着计算机软硬件技术的飞速发展,化工领域出现了很多优秀的专业软件,使完成传统化工过程设计的工作大大简化。在这种形势下,本门课程的内容也面临调整的契机。

　　2006 年起,华东理工大学化工学院进行了关于化工专业课程中计算机类课程的改革,决定将 MATLAB 作为"计算机化工应用"课程的编程语言。MATLAB 软件是一款优秀的数值计算软件,利用这一软件有助于学生掌握复杂数学问题的求解方法。随着学生求解复杂模型能力的提高,相关专业课程的内容也可以更加深入并接近实际应用。同时本课程还能培养学生数学思维、兴趣以及加强建模的能力,MATLAB 语言的学习对这些能力的提高也很有帮助。

　　合适的教材对于课程教学目的的实现十分重要。在本课程建设之初,我们调查了国内外相关课程使用教材的情况。在国内,华东理工大学黄华江老师编著的《实用化工计算机模拟——MATLAB 在化学工程中的应用》、朱开宏教授编著的《化学反应工程分析例题与习题(MATLAB 版)》是最相关的两本书籍,两者都有大量丰富的实例,但美中不足的是不适合零基础学生的学习;其他关于 MATLAB 的书籍则有的偏重数值分析内容,或者专业方向与本专业相差较远。在国外类似的课程中,则大多数以数值分析的内容为主,如 K. J. Beers 编著的《Numerical Methods for Chemical Engineering-Application in MATLAB》,A. Contantinides 和 N. Mostoufi 编著的《Numerical Methods for Chemical Engineers with MATLAB Application》等。基于这种情况,我们决定编写一本适合零基础学生学习的教材。

　　本书在编写过程中充分借鉴了国外高校相关课程的内容,在内容取舍上注重全面提炼化工专业学习过程可能涉及的数值计算内容,较好地平衡了数值计算、计算机语言和专业计算三方面的内容,具有自己的特色。从 2008 年起,本书的前身——《计算机化工应用讲义》开始使用。根据教学情况 2011 年我们对该讲义进行了改编。这次我们将进一步对全书进行系统的整编。

　　本书的内容可以分为两部分,从绪论到第 7 章内容以模型数值求解为目标;而第 8 章到

第 10 章则以模型,特别是经验性模型的建立为核心展开。在华东理工大学的教学实践中,第 1～7 章作为"计算机化工应用"的授课内容,是学生的必修内容,采用 24 学时课堂教学和 16 学时上机实践完成;第 8～10 章作为"MATLAB 与化工模拟计算"课程内容,供感兴趣的学生选修。

由于作者水平有限,错漏之处在所难免,请各位读者不吝指正。以下是我们的联系方式。

隋志军:zhjsui@ecust.edu.cn

杨　榛:yangzhen@ecust.edu.cn

魏永明:ymwei@ecust.edu.cn

本书编写分工如下。

隋志军:绪论,第 1、3、6、7、8 章,第 9 章第 6 节;

杨　榛:第 4、5、10 章;

魏永明:第 2 章、第 9 章第 1～5 节;

最后由隋志军统稿。

编者感谢朱开宏教授审阅全书和提出的宝贵意见;感谢国家"973"项目(2012CB720500)的资助。

编　者

目　　录

绪　　论

1. 数值计算及其在化工中的作用

在化工过程研究与开发过程中经常需要求解各种数学模型,其中绝大多数模型均为非线性问题,如以下几个问题的求解。

问题 1　热力学问题:利用 Redlich-Kwong 方程求解比容

Redlich-Kwong 状态方程是范德瓦尔斯方程的修正:

$$p = \frac{RT}{v-b} - \frac{a}{v(v+b)} \tag{1}$$

现需在已知方程参数 a,b 和体系压力 p 和温度 T 时求比容 v。问题 1 是一个关于 v 的三次方程求解问题。

问题 2　反应工程问题:固定床反应器的模拟

已知在固定床反应器中某反应的反应速率 $-r$ 与转化率 x 的关系为

$$(-r) = \frac{0.12}{15.73+x} \times 15\exp\left(\frac{10000}{805-182x^2}\right) \tag{2}$$

反应器的物料衡算方程为

$$\frac{\mathrm{d}x}{\mathrm{d}w} = \frac{(-r)}{9.65} \tag{3}$$

其中 w 为反应器中催化剂的质量,已知反应器进口处转化率 $x=0$,现需求解催化剂质量为 10 kg 时,转化率可以达到多少? 这是一个常微分方程求解问题。

问题 3　分离工程问题:二元间歇精馏

对于物质 1 和 2 的混合物进行间歇精馏,液相残余量 L 与组分 2 物质的量 x_2 的关系可以由以下关系式表达:

$$\frac{\mathrm{d}L}{\mathrm{d}x_2} = \frac{L}{x_2(k_2-1)} \tag{4}$$

式中,k_2 是组分 2 的汽液平衡关系。该分离体系可认为是理性体系,k_2 可以通过下式计算:

$$k_i = p_i/p \tag{5}$$

其中 p_i 是组分 i 的蒸气压,而 p 为系统总压。在系统温度为 T 时,组分 i 的蒸气压可采用三参数(A，B，C)的 Antoine 方程描述：

$$p_i = 10^{\left(A-\frac{B}{T+C}\right)} \tag{6}$$

分离过程中系统温度处于泡点温度，此温度可以由以下隐式关系式确定：

$$k_1 x_1 + k_2 x_2 = 1 \tag{7}$$

现需在 1.2 atm① 的系统压力下采用间歇精馏分离苯(组分 1)和甲苯(组分 2)，初始时液相中含苯 60 mol，甲苯 40 mol。试计算甲苯含量为 80%(质量分数)时，液相残余量为多少？已知苯的 Antoine 方程参数为 $A_1 = 6.90565$，$B_1 = 1211.033$，$C_1 = 220.79$；甲苯为 $A_2 = 6.95464$，$B_2 = 1344.8$，$C_2 = 219.482$，此时计算所需 p 的单位为 mmHg，T 的单位为℃。

这一问题要求解在 $x_2 = 0.8$ 时的液相残余量 L，可以通过求解式(4)的常微分方程获得，但应当注意此间歇精馏过程中液相组成一直在不断变化，因此 k_i 也在不断变化，k_2 和 x_2 的关系可以由式(5)和式(6)组成的非线性方程组表示。由此可见，这一问题的求解是一个常微分方程和非线性方程联合的求解过程。

问题 4 传递过程问题：一维热传导

求解以下一维热传导方程：

$$\frac{\partial u}{\partial t} = \pi^{-2} \frac{\partial^2 u}{\partial x^2}, \; x \in [0, 1], \; t \geqslant 0 \tag{8}$$

已知边界条件：

$$u(0, t) = 0 \tag{9}$$

$$\pi \cdot e^{-t} + \frac{\partial u}{\partial x}(1, t) = 0 \tag{10}$$

初始条件：

$$u(x, 0) = \sin(\pi x) \tag{11}$$

方程(8)涉及 u 对时间 t 和坐标 x 的偏导数，这是一个偏微分方程的求解问题。

与问题 1～问题 4 类似的数学求解问题在化学工程领域经常可以遇到，但是利用此前学习的初等、高等数学知识很难或者无法获得它们的解。这时我们需要的是一种全新的知识：数值计算。这是一名化学工程师必须掌握的专业技能。

数值计算(数值分析、计算方法、科学计算)采用有效而合理的近似简化求解过程，最终获得所求解问题在求解域中固定点的数值。作为应用数学的一个分支，数值计算在其诞生之初被很多数学家视为"异类"，但随着数值计算在众多实际问题取得重大的应用成果，它也越来越被人们所重视。时至今日，数值计算已成为当今科学研究的三种基本手段之一，是计算数学、计算机科学和其他工程学科相结合的产物，并随着计算机的普及和各门类科学技术的迅速发展日益受到人们的重视。对于化学工程师的任务而言，利用计算机进行数值计算和模拟，将是实验研究的有益补充和拓展。实际上，计算机已使化学工程师设计和

---

① 1 atm＝101325 Pa。

分析过程的方法发生了革命性的变化,化学工程师已有能力解决更加复杂的计算问题。

2. 误差

数值计算与数学分析最大的不同在于它并不追求结果的完美。在进行数值计算时,误差是难以避免的。因此问题不是试图消除误差,而是要把误差控制在一定的范围内。

1) 关于误差的几个概念

误差虽然不可避免,但人们总是希望计算结果能足够准确,这就需要估计误差。设以 x 代替数 x^* 的近似值,误差 $x-x^*$ 的具体数值是无法确定的,只能根据测量工具或计算过程设法估算出它的取值范围,即误差绝对值的一个上界。

$$|x-x^*| \leqslant \varepsilon \tag{12}$$

这种上界 ε 称作近似值 x 的绝对误差限,简称误差限,或称精度。

近似值 x 的绝对误差还不足以刻画它的精度,例如,测量 1000 m 的长度时发生了 1 cm 的误差,同测量 1 m 时发生了 1 cm 的误差,两者的含义是大有区别的,可见要刻画近似值的精度,除了要参考绝对误差的大小之外,还应当考查这个值的大小,这就需要进一步引进相对误差的概念。仍以 x 代表 x^* 的近似值,若

$$\frac{|x-x^*|}{|x^*|} \leqslant \varepsilon \tag{13}$$

则称 ε 为近似数 x 的相对误差限。

要将一个位数很多的数表示成一定的位数,通常用四舍五入的办法,如 $\pi = 3.14159265\cdots$ 可表示为 3.14,3.1416 等。如果近似值 x 的误差限是它的某一位的半个单位,我们就说它"准确"到这一位,并且从这一位起到前面第一个非零数字为止的所有数字均称为有效数字。具体地说,对于 x^* 的近似值(规范化格式),有

$$x = \pm 0. a_1 a_2 \cdots a_n \times 10^m \tag{14}$$

其中 $a_1 a_2 \cdots a_n$ 是 0 到 9 之间的自然数,$a_1 \neq 0$。

如果误差

$$|x-x^*| \leqslant \frac{1}{2} \times 10^{m-p}, \quad 1 \leqslant p \leqslant n \tag{15}$$

则称近似值 x 有 p 位有效数字,或称 x "准确"到第 p 位。按照这种说法,π 的近似值3.14和3.1416 分别有 3 位和 5 位有效数字。例如以 3.14 代替 π 的值,有:

$$|3.14-3.1415926\cdots| \approx 0.0015926 < 0.5 \times 10^{-2} \tag{16}$$

其中 $m=1$,$m-p=-2$,所以 $p=3$,即 3.14 具有 3 位有效数字。

2) 误差来源

一般来讲,在对一个问题进行近似和求解过程中产生的误差可以分为以下几类。

(1) 模型误差

在把实际物理模型抽象成一个数学模型时产生。例如,计算一个球在初速度为 0 的情况下从 10 m 高空落地时的速度。最简单的情况,可以忽略空气阻力,球在下落过程中遵循牛顿第二定律,则有

$$v = \sqrt{2g\Delta s} \tag{17}$$

其中 g 为重力加速度；Δs 为位移。

这一模型没有考虑空气阻力的影响，这就是模型的误差。但是，对于本例计算而言这一误差的影响很小，因此模型是适合的。不过这类误差会限制数学模型在某些情况下的应用，例如上式并不适合计算一个从 10000 m 高空坠落的球的落地速度。

模型误差不是数值计算的研究对象。

（2）截断误差

许多数学运算（如微分、积分及无穷级数求和等）是通过极限过程定义的，然而计算机上只能完成有限次的算术运算（如加、减、乘、除等）和逻辑运算，因此需要将求解方案加工成有限次算术运算与逻辑运算序列。这种加工常常表现为无穷过程的截断，由此产生的误差通常称作截断误差。

例如：指数函数 e^x 可展开为幂级数形式

$$e^x = 1 + x + \frac{x^2}{2!} + \cdots + \frac{x^n}{n!} + \cdots \tag{18}$$

但用计算机求解时，不能计算右端无穷多项的和，而只能截取有限项计算

$$S_n(x) = 1 + x + \frac{x^2}{2!} + \cdots + \frac{x^n}{n!} \tag{19}$$

这样计算部分和 $S_n(x)$ 作为 e^x 的值必然会有误差，根据泰勒余项定理，其截断误差为

$$e^x - S_n(x) = \frac{x^{n+1}}{(n+1)!}e^{\theta x} , \ 0 < \theta < 1 \tag{20}$$

（3）舍入误差

计算过程中所用的数据位数可能很多，甚至是无穷小数，然而受机器字长的限制，用机器代码表示的数据必须舍入成一定的位数，这就会引起舍入误差。每一步的舍入误差是微不足道的，但经过计算过程的传播和积累，舍入误差甚至可能会"淹没"所要的真解。

例题 1 在 MATLAB 的命令窗口中输入以下语句：

```
>>format long
>>a = 4/3
>>b = a - 1
>>c = 3 * b
>>e = 1 - c
```

注：以上语句中的">>"为 MATLAB 默认提示符，无需输入。

以上语句的输出结果为

```
a =

    1.333333333333333

b =

    0.333333333333333

c =
```

1.000000000000000

$e =$

2.220446049250313e－016

以上程序计算的是 $1-3*(4/3-1)$，结果应该为 0，但实际上运行结果不是。这是由于在执行除法语句时产生了舍入误差。这种误差是由计算机存储浮点数的存储空间有限决定的。

3）浮点数与浮点运算

（1）浮点数

由于计算机资源的有限，在计算机上只能表示有限的实数，这些数被称为浮点数。1985 年以后的计算机都是用 IEEE 标准的浮点运算体系，目前的标准是 IEEE Std 754™—2008。在这种体系中，非零浮点数是规范化的，可以表示为

$$x = (-1)^s \cdot (d_0 d_1 d_2 \cdots d_n)_2 \cdot 2^e \tag{21}$$

其中 s 是符号位，表示 x 为正或负数；d_0 默认为 1，$d_1 d_2 \cdots d_n$ 称为数 x 的尾数，在二进制中，d_i 只能等于 0 或 1；n 是尾数的长度（或精度）；e 是指数。在常用的双精度体系中，一个数采用 64 bit 表示，其中符号位占 1 bit，n 占 52 bit，指数 e 占 11 bit。双精度浮点数的最大指数 e_{max} 为 1023，最小指数 $e_{min}=1-e_{max}=-1022$。

采用这种方法，计算机可以表示的最大实数是

$$\text{real}_{max} = (2-2^{-52}) \times 2^{1023} \approx 1.8 \times 10^{308} \tag{22}$$

可以表示的最小正实数是

$$\text{real}_{min} = 2^{-1022} \approx 2.2 \times 10^{-308} \tag{23}$$

由此可见，浮点数表示的实数是有范围的。超过这一范围的实数，都被称为无穷（常用 Inf 表示）。不仅如此，浮点数只能表示有限个实数，浮点数之间的间隔随着数的增大而增加。在双精度浮点数中，与 1 最近的浮点数与 1 之间的差值为

$$\text{eps} = 2^{-52} \approx 2.22 \times 10^{-16} \tag{24}$$

这一差值通常也被称为机器精度。例题 1 中的计算结果正好等于这个值。

以下一段 MATLAB 程序的含义是将变量 a，b 赋值为 1，只要 a 和 b 相加之和不等于 a，变量 b 便会被除以 2，然后继续判断 a，b 之和是否等于 a。

```
>> a=1; b=1;
>> while a+b~=a;
   b=b/2;
   end
```

对于一般实数运算而言，这个程序永远不会停止，而在本例中，程序在运行一定次数以后便会结束，并返回 b 的值 1.1102e－016＝eps/2。这种情况的出现就是由于浮点数是有限个的，1＋eps 是离 1 最近的实数，1 与 1＋eps/2 之间的实数在计算机中被认为是 1，因此当 $b=$eps/2 时，$a+b=a$，程序终止运行。

5

（2）浮点运算

由于计算机只能表示有限个实数,因此实际算术运算时可能引起舍入误差,有些情况下实数的运算法则也不再适用于浮点数的代数运算。

例题 2 假定使用一台十进制计算机,它表示的浮点数具有 4 位尾数和 1 位指数,超过计算机存储位数的数字均被舍去,试分别计算以下表达式的值。

（1）$0.1557 \times 10^1 + 0.4381 \times 10^{-1}$;

（2）$250.209 - 250.100$;

（3）136.3×0.06423

解:

（1）当两个浮点数相加时,需要对指数较小数的尾数进行调整,使两个数的指数相同,以便对齐小数点,这一过程也被称为对阶,然后对应位置的尾数进行相加。本例两个数相加时,第二个数首先进行对阶,即:$0.4381 \times 10^{-1} \rightarrow 0.004381 \times 10^1$,然后进行相加,中间结果为 0.160081×10^1,由于计算机只有 4 位尾数,因此最终结果为 0.1600×10^1,可见第二个数中的最后两位数字在计算过程中丢失,这就是有效数位的丢失。

（2）首先将以上两个数表示为浮点数,分别为 0.250209×10^3 和 0.25010×10^3,相减并舍去多余数位后,结果为 0.1000。可见这一减法造成了很大的误差。实际上,将两个几乎相等的数相减而丢失的有效数字是数值方法中舍入误差的最大来源。

（3）乘法和除法比加减法更为直接。乘法运算时只需指数相加,尾数相乘,然后对结果进行归一化和舍去处理。除法则为指数相减,尾数相除,然后进行归一化和舍去处理。大多数计算机用双倍长度的寄存器来保留中间结果,对于本例有:$0.1363 \times 10^3 \times 0.6423 \times 10^{-1}$,结果为 $0.08754549 \times 10^2 \rightarrow 0.8754 \times 10^1$,进行舍去处理后可得结果为 0.8754×10^1。

特殊情况:

对于浮点数运算,加法和乘法运算交换律仍然适用,但是其结合律和分配律已不再适用。当上溢和下溢（数值超过浮点数可以表示最大和最小实数时）的情况发生时,计算结果等于无穷,结合律便不再适用了。例如 $a = 1.0e+308$,$b = 1.1e+308$,$c = -1.001e+308$,用下面两种方式分别进行运算,可以得到:$a+(b+c) = 1.0990e+308$,$(a+b)+c = \text{Inf}$。无穷与有限大非零实数之间的算术运算结果均为无穷。有限大实数除以 0 的运算结果也为无穷。

最后需要注意的一个问题是:对于数学含义不明确的表达形式,如 $0/0$、∞/∞、$(+\text{Inf})+(-\text{Inf})$、$0 * \text{Inf}$,遇到这类表达形式,将会给出提示信息 NaN(not a number,非数),对于 NaN 通常的数值计算规则并不适用,任何与 NaN 进行的运算结果均为 NaN。

例题 3 以下浮点数运算采用 IEEE 双精度格式,试计算其结果。

（1）$(1 + 1 \times 10^{-16}) - 1$;   （2）$\dfrac{1}{(1 + 1 \times 10^{-16}) - 1}$;

（3）$1.7 \times 10^{308} - 1.8 \times 10^{308}$;   （4）$0 \times (1.8 \times 10^{308} + 0.5 \times 10^{308})$

解:

（1）因为 1×10^{-16} 小于 eps,在计算过程中被舍掉,因此,计算结果应为 0。

（2）分母的运算结果同（1）,$1/0$ 的结果为 Inf。

（3）因为 1.8×10^{308} 超过计算机可以表示的最大实数,被视为 $+\text{Inf}$,一个有限实数减正无穷的结果为 $-\text{Inf}$。

（4）同（3），1.8×10^{308} 被视为 Inf，$1.8 \times 10^{308} + 0.5 \times 10^{308}$ 的结果为 Inf，而 $0 \times$ Inf 的结果为非数，NaN。

4）误差的传递

误差可以在计算过程传递。假定计算结果 Y 与独立的初始数据 x_1^*，x_2^*，$\cdots$，x_n^* 存在以下函数关系：

$$Y = f(x_1^*, x_2^*, \cdots, x_n^*) \tag{25}$$

x_1，x_2，$\cdots$，x_n 是 x_1^*，x_2^*，$\cdots$，x_n^* 的近似值，在每个 x_i 处的绝对误差 $e^*(x_i) = x_i^* - x_i$ 的绝对值都很小，多元函数 f 在点 $x = (x_1, x_2, \cdots, x_n)$ 处可微，则 $Y = f(x_1, x_2, \cdots, x_n)$ 的绝对误差为

$$e^*(Y) = Y^* - Y \approx \sum_{i=1}^{n} \left(\frac{\partial f}{\partial x_i}\right)_x e^*(x_i) \tag{26}$$

相对误差为

$$e_r^*(Y) \approx \sum_{i=1}^{n} \left(\frac{\partial f}{\partial x_i}\right)_x \frac{x_i \cdot e_r^*(x_i)}{Y} \tag{27}$$

可以利用以上两式来估计误差。特别地对于和、差、积、商的误差估计有：

绝对误差

$$|e^*(x \pm y)| \approx |e^*(x) \pm e^*(y)| \leqslant |e^*(x)| + |e^*(y)| \tag{28}$$

$$|e^*(xy)| \approx |y \cdot e^*(x) + x \cdot e^*(y)| \leqslant y \cdot |e^*(x)| + x \cdot |e^*(y)| \tag{29}$$

$$\left|e^*\left(\frac{x}{y}\right)\right| \approx \left|\frac{1}{y}e^*(x) - \frac{x}{y^2}e^*(y)\right| \leqslant \frac{1}{y}|e^*(x)| + \frac{x}{y^2}|e^*(y)| \tag{30}$$

相对误差

$$|e_r(x \pm y)| \approx \left|\frac{x}{x \pm y}e_r(x) + \frac{y}{x \pm y}e_r(y)\right| \leqslant \left|\frac{x}{x \pm y}e_r(x)\right| + \left|\frac{y}{x \pm y}e_r(y)\right| \tag{31}$$

$$|e_r(x \cdot y)| \approx |e_r(x) + e_r(y)| \leqslant |e_r(x)| + |e_r(y)| \tag{32}$$

$$\left|e_r\left(\frac{x}{y}\right)\right| \approx |e_r(x) - e_r(y)| \leqslant |e_r(x)| + |e_r(y)| \tag{32}$$

例题 4 某人采用称量瓶测量某种液体密度，已知称量瓶的准确体积 V 为 50.00 mL，其绝对误差为 0.05 mL；瓶中液体的质量 m 为 48.00 g，其称量绝对误差为 0.02 g，液体密度等于 m/V。采用这种方法测得液体密度的绝对误差限和相对误差限分别是多少？

解：

绝对误差：$e^*\left(\dfrac{m}{V}\right) \leqslant \dfrac{1}{V}|e^*(m)| + \dfrac{m}{V^2}|e^*(V)|$

$$= \frac{1}{50} \times 0.02 + \frac{48}{50^2} \times 0.05 = 0.00136 \text{ g/mL}$$

相对误差：$\left|e_r\left(\dfrac{m}{V}\right)\right| \leqslant |e_r(m)| + |e_r(V)| = \dfrac{0.05}{50} + \dfrac{0.02}{48} = 0.14\%$

3. 算法

IEEE 标准中规定的浮点数运算包括加、减、乘、除及求余运算等,其他数学运算均需要转化为这几种运算的组合。因此,要利用计算机求解问题 1~问题 4 类型的问题,首先必须设计算法,即把一个复杂的求解问题近似为一系列简单数学运算的序列。例如,正弦三角函数的计算可以采用以下公式计算:

$$\sin x = x - x^3/3! + x^5/5! - x^7/7! + \cdots \tag{34}$$

这里应当注意:虽然计算机的运算速度高,可以承担大运算量的工作,但这并不意味着人们可以任意选择计算方法。例如,线性方程求解的克莱姆法原则上可以求解任意线性方程组。但用这种方法求解一个 n 阶线性方程组时,要计算 $(n+1)$ 个 n 阶行列式的值,为此共需计算 $n!(n-1)(n+1)$ 次乘法。当 n 充分大时,这个计算量是相当惊人的。例如一个 20 阶不算太大的方程组,大约要做 10^{21} 次乘法,这项计算即使用百万次每秒的电子计算机去做,也得连续工作千百万年才能完成。当然这是完全没有必要的。其实,解线性方程组有许多实用的算法,例如众所周知的消元法,一个 20 阶的方程组即使用计算器也能很快求解出来。这个例子说明了算法效率的重要性。

除了效率以外,算法的稳定性也是决定算法优劣的重要指标。在实际计算中,由于数据运算顺序及算法的不同,同一个数学模型所得到结果的误差也会大相径庭,这主要是由于初始数据的误差及其在计算过程中的传播造成的。计算结果受到计算过程中舍入误差影响小的算法,被称为具有较好的数值稳定性。相反,如果计算结果很容易被计算过程中的舍入误差所左右,就称这种算法是数值不稳定的。请看下例。

例题 5 以下采用三种算法分别计算 $2x^2 + x - 15 = 0$ 在 $(2,3)$ 区间内的一个正根 x^* 的近似值。

算法 1:将已知方程化为同解方程 $x = 15 - 2x^2$,取初值 $x_0 = 2$,按迭代公式 $x_{n+1} = 15 - 2x_n^2$ 依次计算 $x_1, x_2, \cdots, x_5$。

算法 2:将已知方程化为同解方程 $x = \dfrac{15}{2x+1}$,取初值 $x_0 = 2$,按迭代公式 $x_{n+1} = \dfrac{15}{2x_n+1}$ 依次计算 $x_1, x_2, \cdots, x_5$。

算法 3:将已知方程化为同解方程 $x = x - \dfrac{2x^2 + x - 15}{4x+1}$,取初值 $x_0 = 2$,按迭代公式 $x_{n+1} = x_n - \dfrac{2x_n^2 + x_n - 15}{4x_n + 1}$ 依次计算 $x_1, x_2, \cdots, x_5$。

解:
如表 1 所示。

表 1　例题 5 中三种算法的计算结果

	x_1	x_2	x_3	x_4	x_5
算法 1	7	-83	-13763	-378840323	-2.87×10^{17}
算法 2	3.00	2.1423	2.8378	2.2470	2.2470
算法 3	2.5556	2.5006	2.5000	2.5000	2.5000

按照不同的迭代公式,以上三种算法的计算结果列入表1。可见,算法1的计算结果不稳定,随着迭代次数的增加,结果离准确值2.5越来越远,误差快速积累;算法2则缓慢地接近准确值,如果迭代至100次,可发现结果与准确值差别很小;而算法3很快收敛到准确值,随着迭代次数的增加误差越来越小,这一算法效率高,数值稳定性好。

由例题5可见,一般数值计算过程中,常常需要进行多次运算。误差在运算过程中传播和积累,因此必须避免误差在传递过程中不断升级的现象。以下是算法设计中的一些基本原则。

（1）避免两个相近的数相减;

（2）避免两个数量级相差很大的数运算时小数被"吃掉";

（3）避免用绝对值对过小的数作除数;

（4）算法中应尽量减少运算次数。

4．MATLAB 简介

通过此前介绍可知,要求解问题1～问题4类型的数学问题,首先要设计算法,其次编写程序,调试并运行,最后才能得到结果。在此过程需要了解数值计算、计算机编程等相关知识,这需要花费大量的时间学习。MATLAB等数值计算软件的出现为我们提供了很大的便利,可以帮我们轻松地解决这些数学计算问题。

MATLAB 软件最初是美国新墨西哥大学的 Cleve Moler 教授编写的 LINPACK 和 EISPACK 接口程序。1984 年 MathWork 公司成立,并成功地将 MATLAB 软件推向市场。至 20 世纪 90 年代,MATLAB 已经成为数值计算软件中的佼佼者。MATLAB 软件成功的原因有很多,如它具有强大的数值计算功能;软件使用简单、灵活,结构性强;强大的图形处理功能;丰富的模块集和工具箱等。

对于化学工程的学生而言,掌握这一先进的计算软件将使我们有机会集中精力完成复杂的专业计算问题,从而可以更为深入地理解化工过程中各种现象的本质,胜任更为复杂过程的设计任务。

1）MATLAB R2008a 桌面（图 1）

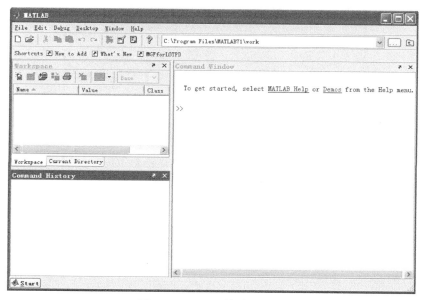

图 1　MATLAB 的默认窗口

当运行 MATLAB 时,会显示如图 1 所示的界面,我们称其为桌面(Desktop)。桌面右部为命令窗口,在此窗口内键入 MATLAB 命令,则命令被执行并显示运行结果。左上内存变量管理窗口(Workspace)会显示储存变量的性质;当前目录(Current Directory)则显示当前 MATLAB 工作的文件夹中的内容;命令窗口运行的命令也同时在左下的命令历史窗口(Command History)中显示。

桌面中的菜单栏有 File、Edit、Debug、Desktop、Window 和 Help 几个菜单项。其作用分别如下。

File——文件的打开、新建等;

Edit——程序或命令行的选择、编辑等操作,命令窗口、变量管理窗口及命令历史窗口的清理;

Debug——调试 MATLAB 程序;

Desktop——桌面各窗口的管理;

Window——选择当前活动窗口;

Help——帮助。

菜单栏中的部分常用功能,如新建、保存、复制、粘贴等以图标的形式显示在快捷工具栏上,它位于菜单栏的下方。

这里提醒大家注意当前工作目录(Current Directory)和搜索路径(Search Path)的概念和设置。只有位于当前工作目录和搜索路径中的文件才可能被 MATLAB 执行当前工作目录显示在快捷工具栏的右侧,而 MATLAB 的搜索路径则需要在 File 菜单项中的 Set Path 选项里修改。点击 File 下拉菜单中的 Set Path 会出现如图 2 所示的界面。MATLAB 搜索路径上的文件夹显示在窗口右侧,搜索顺序是从上至下。要把文件夹添加入 MATLAB 的搜索路径,可以选择 Add Folder,如果要添加的文件夹包含有子文件夹则选择 Add with Subfolders。利用 Move 系列按钮确定加入文件夹的搜索顺序。最后 Save(保存)退出。

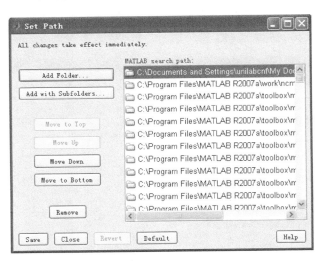

图 2   MATLAB 搜索路径设置窗口

2) 命令窗口

在桌面右侧的命令窗口中,有">>"字符,这是 MATLAB 默认的命令提示符(Command Window Prompt），在其后可以输入需要执行的命令，例如给变量 *a* 赋值为 1，则输入：

>> a = 1

输入后按回车键，命令窗口中显示如下运行结果：

a =

　　1

表明该赋值命令得到执行，变量空间中已经显示变量 *a* 存在，同时该赋值命令也出现在历史命令窗口。再例如运算 2+3，则输入：

>> 2+3

输入后按回车键，命令窗口显示：

ans =

　　5

表明运算结果为 5，MATLAB 自动将结果赋值给变量 ans。

除了计算、赋值等命令外，命令窗口还可以运行一些通用命令，如下表所示。

表 2　MATLAB 通用命令表

命令	命令说明	命令	命令说明
cd	显示或改变工作目录	dir	显示目录文件
type	显示文件内容	clear	清除内存变量
clf	清除图形窗口	pack	收集内存碎片，扩大内存空间
clc	清除命令窗口内容	echo	命令窗口信息显示开关
hold	图形保持开关	disp	显示变量或文字内容
path	显示搜索目录	save	保存内存变量到指定文件
load	加载指定文件变量	diary	日志文件命令
quit	退出 MATLAB	!	调用 DOS 命令

这里首先介绍 clc，clear，load 和 save 命令，其他命令在合适的时候进行介绍。

save 命令用于保存变量到指定文件，文件的默认后缀名是".mat"，这是 MATLAB 默认的二进制数据文件，文件保存的位置是当前工作文件夹。save 命令的使用格式及意义如下。

> save filename　　　　　　　　将当前变量空间的所有变量保存到名为"filename"的文件中。

> save filename content　　　　将"content"指定的变量保存到名为"filename"的文件中。

> save filename content options　以 options 规定的形式将"content"指定的变量保存到名为"filename"的文件中。

例如，在命令窗口输入：

>> save temp1

则将当前变量空间中的变量 a 和 ans 保存到 temp1. mat 文件中。点击当前目录窗口，可见该文件已经存在于目前工作文件夹中。

如果输入：

```
>> save temp2 a
```

则仅将变量空间中的变量 a 保存到 temp2. mat 文件中。

如果输入：

```
>> save temp3.txt a -ascii
```

则将变量 a 以 ASCII 码的形式保存到 temp3. txt 文件中。这种方法生产的文件可以供其他软件，如 Excel 等使用。

clear 命令的作用是清除变量空间保存的变量、函数等。clear 命令的使用格式及意义如下。

> clear   清空当前变量空间。
> clear name   从变量空间中清除 name 指定的变量或函数。

例如，在命令窗口输入：

```
>> clear a
```

运行后在变量空间窗口中可以看到变量 a 已经被清除。输入：

```
>> clear
```

此命令运行后，变量空间为空。

load 命令可以将保存的数据文件重新加载到变量空间中。load 命令的使用格式及意义如下。

> load filename   将 filename 文件中保存的所有变量载入变量空间中。
> load filename X Y Z... 将 filename 文件中保存的 X Y Z 等变量载入变量空间中。

例如，此时在命令窗口输入：

```
>> load temp1
```

则 temp1. mat 文件中的所有变量如 a 和 ans 均被载入变量空间中。

clc 命令的作用是清除命令窗口的显示内容。使用时直接在命令窗口键入：

```
>> clc
```

可以看到此前在命令窗口输入的内容已经全部被清除，但是变量空间中保存的变量仍然存在，说明 clc 命令清除的仅是显示内容。

5. MATLAB 帮助系统

1) help

MATLAB 的重要特色之一是软件的帮助系统是相当完善的，可以保证初学者不借助其他书籍就能熟悉 MATLAB 的操作。另外，MathWork 公司为 MATLAB 的每个工具箱均提供了教程（Tutorial）及多种学习资料（如函数手册、入门教程等），可以从公司的网站 http://www.mathworks.com 上下载。

help 是获得 MATLAB 软件帮助最重要的命令。在命令窗口中键入：

>> help

则显示以下内容：

HELP topics

MATLAB\general	- General purpose commands.
MATLAB\ops	- Operators and special characters.
MATLAB\lang	- Programming language constructs.
MATLAB\elmat	- Elementary matrices and matrix manipulation.
MATLAB\elfun	- Elementary math functions.
MATLAB\specfun	- Specialized math functions.
MATLAB\matfun	- Matrix functions-numerical linear algebra.
MATLAB\datafun	- Data analysis and Fourier transforms.

......

由此可见，这显示了 MATLAB 所有主题的目录。这些主题是根据它所包含函数功能分类的。在一个完全安装的 MATLAB 中，通过 help 命令可以显示出它的基本主题覆盖面极广，基本涉及了数学和应用数学的各个分支。在本课程中，着重解决的是数值计算（数值分析）问题，涉及的函数主要包含在以下主题中：general（通用命令），ops（操作符），lang（编程语言），elmat（基本矩阵操作），elfun（基本数学函数），matfun（矩阵函数），polyfun（插值与多项式），funfun（功能函数和常微分方程求解），graph2d（二维图形），graph3d（三维图形），optim（优化函数）等。

使用者可以直接单击命令窗口中提供的链接查询自己感兴趣的内容，也可以在命令窗口中键入"help＋主题名称"查看更为详细的内容。如键入：

>> help elfun

则显示如下内容：

Elementary math functions.
Trigonometric.

sin	- Sine.
sind	- Sine of argument in degrees.
sinh	- Hyperbolic sine.
asin	- Inverse sine.
asind	- Inverse sine, result in degrees.
asinh	- Inverse hyperbolic sine.

......

通过 help＋主题名称命令，结果显示的是 MATLAB 自身的库函数。库函数是 MATLAB 的基本组成单元，MATLAB 程序功能实现都是通过库函数调用实现的。执行库函数可以获得相应的运算结果。例如：

```
>> sind(90)
>> abs(complex(3, 4))
```

以上两条命令的作用分别是计算 90°的正弦值和复数 3＋4i 的模。

2）help＋函数名

当读者对库函数用法不熟悉时，可以通过输入"help＋函数名"的命令查看函数的具体使用方法，例如键入：

```
>> help power
```

则显示如下内容。

```
.^    Array power.
      Z＝X.^Y denotes element-by-element powers.    X and Y
      must have the same dimensions unless one is a scalar.
      A scalar can operate into anything.
```

一般而言，通过此命令可以获得函数的用途及调用形式。

3）doc＋函数名

如果通过输入"help＋函数名"的方式仍然有不清楚的地方，则可以通过输入"doc＋函数名"的方法获得更加详细的介绍。例如，输入：

```
>> doc mtimes
```

则自动弹出 MATLAB 的帮助窗口，显示了 mtimes 函数的定义，算法，使用及示例等内容。

除了以上提及的几种 help 命令外，感兴趣的读者还可以通过键入"＞＞ help helptools"命令来查看其他形式的 MATLAB 帮助命令。

习　　题

1. 已知某化工管道的真实长度为 1000 m，某次测量结果为 1001 m，其测量的绝对误差、相对误差分别为多少？

2. 已知 e 的真实值为 2.718281828459046…，取 2.71828 作为 e 的替代值时，具有几位有效数字？取 2.71827 作为 e 的替代值时，具有几位有效数字？

3. 假定使用一台十进制计算机，它表示的浮点数具有 7 位尾数和 1 位指数，超过计算机存储位数的数字均被舍去，试分别计算以下表达式的值，并写出运算过程。

(1) 123456.7＋101.3254；

(2) 3563.212/12.53221

4. 以下浮点数运算采用 IEEE 双精度格式，eps 表示从 1 到一个较大浮点数的距离。试写出其计算结果并简要说明计算过程。

(1) 2＋eps－2；

(2) 2－2＋eps；

(3) 2.0e308－1.1e308；

(4) 1.5×(1.8e308＋0.5e308)；

(5) $\dfrac{0}{(1+1e-16)-1}$；

(6) 1.8e308－1.8e308；

(7) (1＋3e－16)－1

5. 某同学采用一个容积为 1 L 的容量瓶配制 0.1000 mol/L 的 NaCl 标准溶液,已知容量瓶的体积的相对误差为 0.05%,称量 NaCl 天平的相对误差是 0.01%,试问配制所得的溶液的相对误差为多少? NaCl 的相对分子质量为 58.5。

6. 某反应的动力学可以表示为 $r = k_0 e^{-\frac{E}{RT}} c^2$,其中 k_0 为指前因子;E 为反应活化能,等于 100 kJ/mol;T 为反应温度,单位为 K。在 573 K 和组分浓度为 1 mol/L 的条件下,采用微分反应器测定其反应动力学参数,若要使反应速率的测量相对误差小于 5%,设温度和浓度的分析误差相互独立,试分析温度和浓度的测定误差应控制在什么范围内。

7. 积分表达式 $I_n = \int_0^1 \frac{x^n}{x+5} \mathrm{d}x$:

(1) 试证明该积分与计算式 $I_n + 5I_{n-1} = \frac{1}{n}$ 计算结果等价;

(2) 如果在计算过程中只保留 6 位小数,采用迭代公式 $I_n = \frac{1}{n} - 5I_{n-1}$ 由 $I_0 = 0.182322$ 开始计算 I_7 的值,并分析结果异常的原因。

8. MATLAB 菜单栏的使用

(1) 利用菜单栏使 MATLAB 桌面只显示命令窗口和菜单栏;再恢复默认设置。

(2) 在"我的文档"文件夹中建立一个以自己学号为名的子文件夹,并把它添加至 MATLAB 搜索路径的尾端。

第 1 章

MATLAB 程序设计
语言与初等数学运算

MATLAB 是一款成功的数值计算软件，也是一种高级程序设计语言，利用它可以方便地编写一些应用程序。数值计算功能以 MATLAB 提供的内置函数实现，通过调用这些函数，可以方便求解复杂的数值计算问题。在本章中，我们将介绍 MATLAB 的基本语法和初等数学运算。

1.1　变量

与其他编程语言类似，MATLAB 使用变量存储数据。但是，MATLAB 变量不需要预先声明，也不需要指定变量类型，可直接使用，它会根据变量的赋值类型自动识别和操作变量。例如，在命令窗口输入：

>>T=300

则表明定义了一个变量，变量名是 T，它的值是 300。

MATLAB 的变量命名需注意以下事项。

（1）变量以字母开头，由字母、数字和下画线组成，且对大小写敏感；

（2）变量名长度有限制，可以在命令窗口中运行 namelengthmax 命令，返回结果即为变量名的最大长度，一般为 63 位；

（3）变量名不应和 MATLAB 关键字相同，关键字包括预定义语句（如 for 和 if）、内部函数名、操作符等；由于 MATLAB 内部函数必须使用小写字母，变量名使用大写字母可避免重复；

（4）为了提高程序的可读性，变量名应尽可能有意义；

（5）MATLAB 中有一些常用的固定变量，代表了特殊的数值或意义，如表 1.1 所示。

表 1.1　MATLAB 常用固定变量

变量名	代表数值或意义	变量名	代表数值或意义
pi	圆周率	i 或 j	复数单位
inf 或 Inf	无穷	NaN 或 nan	非数
eps	浮点数精度		

可以采用 whos 命令查看变量空间中的变量的性质。

例如,输入:

>>whos T

则显示:

```
Name        Size       Bytes      Class      Attributes
 T          1×1          8        double
```

其中 Size 显示 1×1,表示这是一个标量,Bytes 为 8 表示它占用 8 个字节的存储空间,Class 为 double,表示这是一个双精度的数字。

1.2　数据类型

MATLAB 中变量可以处理的数据类型很多,包括数值、字符、单元数组、结构体和函数句柄等。不管数据类型如何,都以 MATLAB 矩阵方式存储。通过 >> help datatypes 可查看相关信息。

1.2.1　数值型数据

MATLAB 可以处理的数值型数据包括整型、单精度、双精度。但是 MATLAB 中所有的数学运算都是双精度浮点运算,因此在 MATLAB 中,如果不特别定义,则数值型变量均以双精度形式被储存。

另外应当注意,对于数值型数据可以分为标量、向量和矩阵,但是由于 MATLAB 以矩阵方式存储数据,因此,一个标量在 MATLAB 中实际是一个 $1×1$ 的矩阵,而一个 n 维向量是一个 $1×n$(或 $n×1$)的矩阵。

1.2.1.1　数字在 MATLAB 中的表示

MATLAB 中数字的输入格式与一般手写体系基本类似,如正负号、小数点等,也可采用科学记数法表示数字,例如以下一些数字的输入格式都是合法的。

```
5   −26   0.2654   −.35   1.68e3   3.98e−89   61.25E−5
```

其中后三个采用了科学计数法,1.68e3 表示 $1.68×10^3$,此时大写和小写的 e 意义相同,61.25E−5 表示 $61.25×10^{−5}$。

MATLAB 同样支持复数运算,采用小写的 i 或 j 表示复数的虚部,以下复数的表达均是合法的。

```
3+4i   2−j   5j   6+3*i
```

1.2.1.2　向量在 MATLAB 中的表示

有几种方法可用于在 MATLAB 中生成向量。

1. 直接输入向量

生成向量最直接的办法就是在命令窗口输入。格式上要求是向量元素必须用"[ ]"括

17

起来,元素之间可以用空格、逗号或分号分隔。用空格和逗号分隔生成行向量,用分号生成列向量。

2. 利用冒号运算符生成向量

冒号运算符生成向量的基本形式为:x＝x0:step:xn。其中 x0、step、xn 为给定数值;x0 表示向量首元素数值;step 表示从第二个元素开始,后一元素与前一元素的差值;xn 表示向量的尾元素数值限。例如,输入:

>>a＝1:3:10

则变量 a 的值等于$\begin{bmatrix} 1 & 4 & 7 & 10 \end{bmatrix}$。

注意:(1) xn 为尾元素数值限,当 xn－x0 为 step 的整数倍时,xn 才能成为尾值。例如,输入"a＝1:5:11",生成的向量为$\begin{bmatrix} 1 & 6 & 11 \end{bmatrix}$;

(2) 若 step＝1,则此项输入可以忽略。

例如,输入:

>>a＝1:5

则变量 a 的值等于$\begin{bmatrix} 1 & 2 & 3 & 4 & 5 \end{bmatrix}$。

(3) linspace 函数

可以使用 linspace 函数生成线性等分向量:

y＝linspace(x1, x2)　　生成(1 * 100)维行向量,y(1)＝x1,y(100)＝x2。

y＝linspace(x1, x2, n)　生成(1 * n)维行向量,y(1)＝x1,y(n)＝x2。

在命令窗口输入:

>>a＝linspace(1, 5, 3)

则变量 a 的值为$\begin{bmatrix} 1 & 3 & 5 \end{bmatrix}$。

(4) logspace 函数

logspace 用于生成对数等分向量,格式如下。

y＝logspace(x1, x2, n)　生成(1 * n)维对数等分向量,y(1)＝10^{x1},y(n)＝10^{x2};n 可以省略,此时其默认值为 50。

>>a＝logspace(0, 2, 4)

则变量 a 的值为$\begin{bmatrix} 1.0000 & 4.6416 & 21.5443 & 100.0000 \end{bmatrix}$。

1.2.1.3　矩阵在 MATLAB 中的表示

MATLAB 中矩阵的生成、操作等均很简便,方法也很多,我们将在第 2 章中详细介绍。此处仅介绍直接输入小矩阵的方法。这是最常用的创建小型数值矩阵的方法。采用这种方法创建矩阵时,应当注意以下几点。

(1) 输入矩阵时要以"[]"为其标识,即矩阵的元素应在"[]"内部。

(2) 矩阵的同行元素之间可由空格或","分隔,行与行之间要用";"或回车符分隔。

(3) 矩阵大小可不预先定义。

(4) 矩阵元素可为运算表达式。

如:

```
>> X=[2.32  3.43;4.37  5.98]
```

生成了一个名为 X 的变量,它是一个 2 行 2 列的矩阵 $\begin{bmatrix} 2.43 & 3.43 \\ 4.37 & 5.98 \end{bmatrix}$。

```
>>Y=[3*5,   2,    3;
      2+i   0.3  4]
```

生成变量 Y,它是一个 2 行 3 列的矩阵 $\begin{bmatrix} 15 & 2 & 3 \\ 2+i & 0.3 & 4 \end{bmatrix}$。

当矩阵变量 A 赋值后,可以通过各元素在矩阵中的排序进行引用,即通过元素的索引引用。在 MATLAB 中规定,第一行第一列的元素为第 1 个,则 $A(1)$ 表示 A 中的第一个元素,其他元素按照先列后行的顺序排序。对于上例中生成的变量 Y,如果在命令窗口输入 Y(3),则屏幕显示

```
ans=2
```

可见 $Y(3)$ 表示的是 Y 中第 2 列第 1 行的元素。

除了索引外,也可以通过元素在矩阵的行数和列数进行引用,即通过元素的下标进行引用。如 $A(1,2)$ 表示引用 A 的第 1 行第 2 列交叉位置的元素。MATLAB 的矩阵元素的引用操作方法十分丰富,具体请参阅 2.3 节。

1.2.2　字符型数据

MATLAB 中放置于“单引号对”(注意此单引号必须是英文字符,否则程序会出错)中的数据都是被认为是字符型数据。字符型数据在 MATLAB 中对于符号运算、函数调用和程序控制中有着重要作用。

例如在命令窗口中运行以下命令:

```
>> b='2'
>> b*2
```

结果不是 4,而是 100。这是因为 b 是字符型数据,在乘以 2 时,实际计算的是字符串对应的 ASCII 码数值×2,字符 2 的 ASCII 为 50,因此结果为 100。

对于字符串,我们也可以认为它是一个矩阵,只是矩阵元素是字符,每个字符(包括空格、标点)都是矩阵的一个元素,矩阵元素的操作与标识对于字符串基本适用。

MATLAB 设计了很多字符函数,可利用 help strfun 查看。以下是最常用的字符操作函数及其功能。

x=num2str(number)	将数字 number 转换成字符格式。
x=str2num('string')	将字符'string'转换为数字格式,如果该字符不能转换则返回一个空阵。
x=strcat('string1', 'string2',...)	将字符'string1' 'string2'等连接成一个新的字符串。

例如,输入:

$>>$ a = num2str(2)

则将变量 a 赋值为字符 '2'。

$>>$ b = str2num('15')

将变量 b 赋值为数字 15。

$>>$ c = strcat('MAT', 'LAB')

则变量 c 的值为字符串 MATLAB。

1.2.3 单元数组(Cell Array)

单元数组是 MATLAB 的一种特殊数据类型,它用于保存不同类型和数量的数据。单元数组的每一个元素称为一个单元(Cell),单元数组把不同类型的数据分别保存在不同的单元中。

创建单元数组变量时最显著的特征是该变量的赋值语句中出现{}。例如,将以下两次实验的结果赋值给单元数组变量 Experiment,见表 1.2。

表 1.2 示例实验数据

第一次实验结果			
反应时间/min	1.2	3.5	5	9
反应物浓度/(mol/L)	10	8.5	7	5
第二次实验结果			
反应时间/min	2.6	5.5	10	
反应物浓度/(mol/L)	9	6.8	4.5	

则可以采用以下方法完成:单元下标(单元位于第几行和第几列)用"()"括起来,而单元的内容用"{}"括起来,如:

$>>$ Experiment(1, 1) = {'Run 1'};

$>>$ Experiment(1, 2) = {[1.2 3.5 5 9]};

$>>$ Experiment(1, 3) = {[10 8.5 7 5]};

$>>$ Experiment(2, 1) = {'Run 2'};

$>>$ Experiment(2, 2) = {[2.6 5.5 10]};

$>>$ Experiment(2, 3) = {[9 6.8 4.5]};

可以将以上几句赋值语句组合在一起,直接写出如下赋值语句。

$>>$ Experiment = {'Run 1', [1.2 3.5 5 9], [10 8.5 7 5]; 'Run 2', [2.6 5.5 10], [9 6.8 4.5]};

也可以采用单元下标用"{}"括起来,而赋值语句等式右边的单元内容用"[]"括起来的方法进行赋值,如:

$>>$ Experiment{1, 1} = 'Run 1';

$>>$ Experiment{1, 2} = [1.2 3.5 5 9];

$>>$ Experiment{1, 3} = [10 8.5 7 5];

```
>>Experiment{2, 1} = 'Run 2';
>>Experiment{2, 2} = [2.6  5.5  10];
>>Experiment{2, 3} = [9  6.8  4.5];
```

输入完成后,可以在变量空间发现 Experiment 的变量已经生成,输入:

```
>>Experiment
```

则屏幕显示如下。

```
Experiment =
                'Run 1'  [1×4 double]  [1×4 double]
                'Run 2'  [1×3 double]  [1×3 double]
```

若想显示单元数组 Experiment 的完整内容可以输入:

```
>>celldisp(Experiment)
```

如果要对单元数组中各元素进行引用、操作,可采用如下方法。

```
>>c = Experiment{1, 2}
```

结果

```
c = 1.2000  3.5000  5.0000  9.0000
```

可见上述语句,将单元数组 Experiment 的{1, 2}元素赋给变量 c,注意是“{ }”,而不是“( )”。如果输入如下语句。

```
>>c = Experiment(1, 2)
```

则运行结果为

```
c = [1×4 double]
```

与上一赋值语句不同,这里生成 c 的数据类型是单元数组。

1.2.4　结构体

结构体是由一组称为域(Fields)的成员变量构成的,是 MATLAB 存取一组相关但具有不同性质数据的数据类型。

可以采用直接赋值定义结构体,如将表 1.2 中第一次实验结果赋给变量 Experiment,实验次数、反应时间和反应物浓度分别放置在 Sequence、Time 和 Concentration 的域中,可以采用如下赋值语句完成。

```
>>Experiment.Sequence = 'Run 1';
>>Experiment.Time = [1.2  3.5  5  9];
>>Experiment.Concentration = [10  8.5  7  5]
```

这里 Experiment 是结构体的变量名,变量名和不同的域名之间采用“.”进行分隔。
按回车键后显示:

Experiment =

Sequence：'Run 1'

Time：[1.2000　3.5000　5　9]

Concentration：[10　8.5000　7　5]

还可以使用 struct()创建结构体,其格式如下。

struct_array_name = struct('field1', values1, 'field2', values2, …)

其中,'field1','field2',…代表域名;values1,values2,…代表对应的域值。例如,以上的赋值语句与以下语句等价:

>>Experiment = struct('Sequence', 'Run 1', 'Time', [1.2　3.5　5　9], 'Concentration', [10　8.5　7　5])

当然结构体变量也可以具有多个元素,例如采用如下语句可以将表 1.2 中的第二次实验数据赋值给 Experiment 变量:

>>Experiment(2) = struct('Sequence', 'Run 2', 'Time', [2.6　5.5　10], 'Concentration', [9　6.8　4.5])

以上语句运行后显示:

Experiment =

1 * 2 struct array with fields：

Sequence

Time

Concentration

可见,Experiment 具有两个元素,每个元素都具有 Sequence、Time 和 Concentration 三个域。

1.3　MATLAB 的基本数学运算

1.3.1　MATLAB 的算术运算符和标点符号

在命令窗口中输入">> help ops",则窗口显示 MATLAB 的基本数学、逻辑、关系运算符及特殊标点等。本节首先介绍算术运算符和标点符号。

MATLAB 的算术运算符如表 1.3 所示。

表 1.3　MATLAB 的算术运算符

运算符	运算	运算符	运算
+	加法	−	减法
*	矩阵乘法	. *	数组乘法
∧	矩阵乘方	. ∧	数组乘方
/(\)	矩阵的右除(左除)	./(.\)	数组的右除(左除)

关于 MATLAB 的运算符,请注意以下几点。

(1) 在使用 MATLAB 运算符时,一定要注意矩阵之间、数字之间及数字与矩阵之间运算的差别。

(2) 矩阵相乘和乘方与一般数字的乘方规则不同,因此 MATLAB 的乘和乘方运算符有两类,一类运算符前有小数点,另一类没有。前者用于两个矩阵对应元素之间的运算,后者用于矩阵之间的运算。具体区别参见例题 1。

(3) 线性代数中,没有规定矩阵的除法运算,MATLAB 的矩阵除法运算符特别用于线性方程的求解,将在第 2 章中具体介绍。

(4) 当进行数字与矩阵之间的运算时,无论采用哪种运算符,结果均为数字与矩阵每一个元素之间的运算结果。

(5) MATLAB 的运算符、标点符号必须是英文字符。

(6) 在同一语句中出现不同运算符,其运算优先级为先计算括号内的运算,再乘方,再乘除,最后加减;相同优先级的运算顺序按从左到右顺序计算。

表 1.4 列出了 MATLAB 标点符号及其主要功能。

表 1.4　MATLAB 的标点符号及其主要功能

标　点	定　义	标　点	定　义
:	向量和矩阵的多种功能	.	小数点及结构体域的访问
;	区分行及取消行显示	...	续行符
,	区分列及函数参数分隔符	%	注释符,百分号
()	指定运算过程的次序等	!	调用 dos 操作命令
[]	矩阵定义	=	赋值标记
{}	构成单元数组	'	字符串标示符

请注意以下几点。

(1) MATLAB 的标点符号必须在英文状态下输入;

(2) 计算结果的显示会影响计算速度,可以在语句最后加分号,则该语句的运行结果不显示;

(3) 当一行语句很长时,可在语句中间加省略号,MATLAB 将自动将上下两行语句视为同一语句;

(4) 百分号%以后的语句被 MATLAB 视为注释性语句,不会被执行。

例题 1　在 MATLAB 中运行以下语句,观察运算结果。

(1) [1　2;3　4] * [1　1;1　1];　　　　(2) [1　2;3　4]. * [1　1;1　1];

(3) [1　2　3] * [3　2　1];　　　　　　(4) 3 * [1　3;2　4];

(5) 4/5;　　　　　　　　　　　　　　(6) 5\4;

(7) [1　3;5　2] − [2　4;3　5];　　　　(8) [1　3;5　2] − 5;

(9) 3 + 2 * 5^2;　　　　　　　　　　(10) (3+2) * 5^2;

(11) (−8)^1/3;　　　　　　　　　　　(12) (−8)^(1/3)

解:

(1) [3　3;7　7],这是矩阵之间的乘法;

(2) [1　2;3　4],这是矩阵对应位置元素之间的乘法;

（3）矩阵之间相乘时，矩阵的阶数必须匹配，即前一个矩阵的列数必须等于后一个矩阵的行数。因此该语句运行后，会显示"??? Error using ==>mtimes, Inner matrix dimensions must agree."，表明由于矩阵阶数不匹配计算出现错误；

（4）[3 9；6 12]，数字与矩阵之间的加、减、乘、除和乘方等于数字与矩阵中每个元素计算所形成的新矩阵；当数字与矩阵运算时，". * "和" * "的运算符结果是一致的；

（5）0.8；

（6）0.8；

（7）[−1 −1；2 −3]，两个矩阵的加减法将进行对应位置元素的加减，两个矩阵和结果矩阵具有相同的阶数；

（8）[−4，−2；0，−3]；

（9）53，先乘方，再乘法，最后加法；

（10）125，先括号内，再乘方，最后乘法；

（11）−2.6667，先乘方，后除法；

（12）1.0000＋1.7321i，得到这一结果的原因是 MATLAB 默认为数字为复数。要得到−2的运算结果，可以使用 nthroot(−8，3)命令。

1.3.2 初等数学函数

MATLAB 使用的初等数学函数（如三角、指数等）均归类于主题 elfun 中，输入"help elfun"可以查看所有初等数学函数。MATLAB 常用的初等数学函数列入表1.5。

表 1.5 **MATLAB 常用的初等数学函数**

三角函数							
sin	正弦（弧度）	sind	正弦（角度）	asin	反正弦（弧度）	asind	反正弦（角度）
cos	余弦（弧度）	cosd	余弦（角度）	acos	反余弦（弧度）	acosd	反余弦（角度）
tan	正切（弧度）	tand	正切（角度）	atan	反正切（弧度）	atand	反正切（角度）
cot	余切（弧度）	cotd	余切（角度）	acot	反余切（弧度）	acotd	反余切（角度）
sec	正割（弧度）	secd	正割（角度）	asec	反正割（弧度）	asecd	反正割（角度）
csc	余割（弧度）	cscd	余割（角度）	acsc	反余割（弧度）	acscd	反余割（角度）
指数函数							
exp	指数运算	log	自然对数	log 10	10 为底的对数	sqrt	平方根
nthroot	n 阶实根						
复数函数							
abs	绝对值	imag	取复数的虚部	real	取复数的实部	conj	复数共轭
angle	复数的相平面角	isreal	是否是实数				
数论函数							
fix	向零圆整	floor	向负无穷圆整	ceil	向正无穷圆整	round	向最近整数圆整
mod	求余	rem	无符号求余	sign	实数的正负		

下面的例题解释了部分函数的详细使用方法，其余的读者可以通过输入"help＋函数名"或"doc＋函数名"自行学习。

例题 2　在 MATLAB 中运行以下语句,观察运算结果。

(1) sin(30);　　　　　　(2) sind(30);　　　　　　(3) cosd(90);

(4) cos(pi/2);　　　　　 (5) log 10([1　10　100]);　(6) nthroot(−8, 3);

(7) abs(3+4i);　　　　　 (8) abs(−5);　　　　　　　(9) mod(3, −2);

(10) rem(3, −2);　　　　 (11) sign([−5, 1　0]);　　 (12) fix(−0.99999)

解:

(1) −0.9880,这是计算 30 弧度的正弦值;

(2) 0.5,这是计算 30°的正弦值;

(3) 0,求 90°的余弦值;

(4) 6.1232e−017,由于计算机储存的浮点数无法表示精确的 π 值,存在一定的舍入误差,因此计算结果不为 0;

(5) [0　1　2],本节的所有函数均可用于矩阵中每个元素的运算,结果为与原矩阵同阶的矩阵;

(6) −2,求−8 的实三次方根;

(7) 5,求复数的模;

(8) 5,求负数的绝对值;

(9) −1, 3/(−2)的余数为−1, mod(X, Y)=X−n. ∗ Y,其中 n=floor(X. /Y);

(10) 1, rem(X, Y)=X−n. ∗ Y,其中 n=fix(X. /Y);

(11) [−1　1　0],sign 求数的正负号,大于 0 时结果为 1;小于 0 时结果为−1;等于 0 时结果为 0;

(12) 0,向 0 的方向圆整,小数位均被舍去。如果计算 round(−0.9999)则结果为−1。

例题 3　牛顿流体在不锈钢管中的流动压降可由下式估算:

$$\Delta p = \frac{M^{1.8}\mu^{0.2}}{20000D^{4.8}\rho} \tag{1.1}$$

其中 Δp 为压降,psi[①]/(100 英尺等量管长);M 为质量流量,lb/h[②];μ 为黏度,c_p[③];ρ 为密度,lb/ft³[④],D 为管径,英寸[⑤]。试计算在 1/2 英寸不锈管中,以 2000 lb/h 流量输送水,当水的温度为 10℃、20℃、30℃、40℃、50℃时,压降分别为多少?

流体密度可由下式描述:

$$\rho = A \cdot B^{-(1-T/T_c)}$$

对于水,A=21.6688;B=0.2740;T_c=647.13 K;n=0.28571。

流体黏度由下式描述:

$$\log_{10}\mu = A + B/T + CT + DT^2$$

对于水,A=−10.2158;B=1.7925E3;C=1.7730E−2;D=−1.2631E−05。

---

① 　1 psi=6894.76 Pa。

② 　1 lb/h=0.45359237 kg/h。

③ 　1 c_p=10⁻³ Pa·s。

④ 　1 lb/ft³=16.0185 kg/m³。

⑤ 　1 英寸=0.0254 m。

问题分析：水的密度和黏度均可通过简单的数学运算（如四则运算、乘方等）获得。最后将计算所得的密度和黏度代入公式则可计算压降。

解：

输入

```
>> M = 2000;
>> D = 0.5;
>> T = 283:10:323;
>> miu = 10.^(-10.2158 + 1.7925e3./T + 1.7730e-2*T - 1.2634e-05*T.^2);
>> rhou = 21.6688 * 0.2740.^(-(1 - T/647.13).^0.28571);
>> deltP = M^1.8 * miu.^0.2./(20000 * D^4.8 * rhou)
```

按回车键后得到结果如下：

```
19.8446   19.0149   18.3219   17.7420   17.2566
```

注意：

（1）由于温度定义为向量，所以最后三句语句中的运算符有的使用了带点的运算符，有的则没有，这是因为当一个数与矩阵运算时两类运算符效果是一样的，而两个矩阵元素之间的运算则必须使用带小数点的运算符；

（2）有读者会输入希腊字符，如 $\rho = 21.6688 * 0.2740.^(-(1 - T/647.13).^0.28571)$。此时 MATLAB 会将 ρ 显示为红色，表示这是一个非法字符，如果执行本语句，MATLAB 会给出错误信息"Error：The input character is not valid in MATLAB statements or expressions."，即该表达式输入字符不符合要求。

1.4　数据输入和输出

在进行化工计算时，一般会需要输入一些计算所需的数据，计算结束后，应将结果以简单明了的形式输出。本节将介绍这些功能如何实现。

1.4.1　数据输入

在 MATLAB 中，数据的输入一般有以下几种方法。

（1）在定义变量时人工输入（在数据较少时采用）；

（2）用 load 命令从 MAT 文件或文本文件读取数据；

（3）dlmread，importdata，xlsread 函数或利用菜单栏 File—>Import Data 选项（与 dlmread 函数功能相同）从 txt 文本文件、Excel 表格等文件中读取数据；

（4）用 fscanf 函数；

（5）用提示输入函数 input；

第 1 种方法如例题 3 中输入的计算所需的流量、温度等。第 2 种方法在绪论中介绍过。请读者自行通过 help（或 doc）命令学习后三种方法。

1.4.2　数据输出

MATLAB 计算结果的输出一般可以采用以下方法。

（1）用 save 命令，将结果保存至文件；

（2）用函数 disp()将结果输出至屏幕；

（3）用 fprintf 函数将结果以固定格式输出至屏幕或文件；

（4）dlmwrite，xlswrite 函数：这两个命令可以分别用于将变量写入 ASCII 文件和 Excel 文件；

（5）图形输出。

本节将介绍第 2 和第 3 种方法的实现。save 命令的使用见绪论，图形输出将在下一节中详细介绍。dlmwrite 和 xlswrite 函数请读者自行学习。

1.4.2.1　disp 函数

disp 函数的使用很简单，直接输入：

```
>> disp(X)
```

X 表示需要显示的内容。disp 是一种"无格式"的屏幕输出命令，即该函数不能控制显示内容的格式。例如，执行下面命令：

```
>>a=[1 2; 3 4];
>>disp(a)
```

结果在命令窗口显示：

```
1    2
3    4
```

如果输入：

```
>>disp('a')
```

则显示字母 a。

在采用 disp 函数进行输出时，如果内容中包含数字和字符不同数据类型时，可以将数字转化为字符型变量进行输出。例如，如需将例题 3 的结果输入为如下格式。

```
The pressure drop are 19.8446    19.0149    18.3219    17.742    17.2566
psi/100 feet tube
```

可以在计算命令的最后，加上如下命令实现。

```
>> disp(['The pressure drop are ', num2str(deltP), ' psi/100 feet tube'])
```

由于 disp 命令中，只允许输入一个变量，因此这里将相关字符组合成一个矩阵，则可以满足要求。当然也可以采用 strcat 命令将需输出的字符组合在一起，如下。

```
>> disp(strcat('The pressure drop are ', num2str(deltP), ' psi/100 feet
tube'))
```

不过采用这种方法时,are 和数字及数字和 psi 之间的空格无法输出,导致输出结果不是很美观。

1.4.2.2 fprintf 函数

用函数 fprintf()可按格式将数据显示在 MATLAB 的命令窗口或写入文件中,如执行命令:

```
>>x=35; y=68.3579; string='Results:';
>>fprintf('\t%s\tx=%5d, \ty=%8.2f\n', string, x, y)
```

将显示:

```
Results:x=   35, y=   68.36
```

函数 fprintf()的输入包括两部分,即单引号中的输出和格式控制字符串及单引号后面的变量表。单引号中的反斜线和其后的字符控制输出的位置,其功能如表 1.6 所示。%和其后的字符用于控制变量表中各输出变量的数据类型及其所占的空格数,也被称为转换字符(Conversion Character),其功能如表 1.7 所示。如上面的 fprintf 语句中,控制符包括"\t""%s""%5d""%8.2f","\t"表示按一次 Tab 键;"%s"表示变量表中的第一个变量 string 按字符串类型输出;"%5d"表示变量表中的第二个变量 x 按整型类型输出,且共占 5 个空格;"%8.2f"表示变量表中的第三个变量 y 按浮点类型输出,且共占 8 个空格,小数点后的数字表示输出数字的小数位数。其他的非控制符按原样显示,如"$x=$""$y=$",相当于显示"$x=$""$y=$"。

表 1.6　fprintf 函数的反斜线控制字符

字符	功能	字符	功能
\b	回退	\n	新生成一行
\r	回车	\t	下一制表符
\\	反斜线	\"或\'	输出'或'
%%	输出%		

表 1.7　fprintf 函数的转换字符

字符	功　　能	字符	功　　能
%c	单个字符	%d	十进制整数,4d 表示 4 位整数
%e	指数,如 3.1415e+00	%E	指数,如 3.1415E+00
%f	固定位数小数,如 8.2f 表示 8 位数字,小数两位	%g	%e, %f 紧凑格式,无意义零不显示
%o	八进制	%s	字符或字符串
%x	十六进制(采用小写 a—f)	%X	十六进制(采用大写 A—F)

例题 4　已知 MATLAB 变量空间中已经存在变量 $a=31.54$,运行以下语句屏幕显示是什么?

(1) fprintf('%3.1f\n', a)

(2) fprintf('%8.2f\n', a)

（3）fprintf('%.0f\n', a)

（4）fprintf('%e\n', a)

（5）fprintf('%s\t%.2f%%\n', 'The percentage is：', a)

解：

（1）31.5，显示三位数字，其中有一位小数；

（2）31.54，显示八位数字，其中有两位小数，由于整数部分不够六位则省略多余 0；

（3）32，整数位数自动，不显示小数，自动将小数部分四舍五入；

（4）3.154000e+001，指数形式显示；

（5）The percentage is：31.54%，单引号内第一个%s 表示显示一个字符，该字符内容为变量列表的第一个字符串'The percentage is：'，"\t"为输出一个制表符，"%.2f"表示将变量 a 输出为一个两位小数的数字，"%%"表示输出一个%，最后"\n"表示输出一个回车符。

1.5　MATLAB 图形

数据可视化的目的在于：通过图形从一堆杂乱的离散数据中观察数据间的内在联系。对于数值计算而言，由于所得结果都是指定点的数值，使用不方便，因此图形输出是一种重要的表示结果的方法。MATLAB 一向注重数据的图形表示，其图形功能备受使用者赞誉。MATLAB 提供的图形函数很多，本章介绍二维曲线绘制和控制函数的使用方法和技巧，这些介绍应能满足一般数值计算需要。在本书第 7 章将介绍三维曲线和曲面绘制命令；第 8 章介绍盒状图等部分用于实验数据处理的二维图形绘制命令。

1.5.1　二维曲线绘制基本步骤

MATLAB 曲线绘制基本分为以下几步。

（1）数据准备，即生成需要作图的数据；

（2）采用 plot 命令绘图；

（3）采用 title，legend，xlabel，ylabel，text 等函数给图形增加标识；

（4）采用 axis，grid 等函数设置图形的坐标、网格线等格式。

其中第 3 和第 4 步根据需要有时可以省略。

1.5.1.1　函数 plot 的基本使用方法

plot 命令的使用方法有以下三种。

1）plot(X, 's')

（1）X 为实向量时，以该向量元素的下标为横坐标、元素值为纵坐标画一条连续曲线；

（2）X 是实矩阵时，则按列绘制每列元素值为纵坐标，所在的行数为横坐标作图，曲线数目等于 X 的列数；

（3）'s'是用来控制线型、色彩、数据点型的选项字符串。s 可以缺省或者只选择控制其中的某一项或两项，未控制的则按 MATLAB 默认设置绘制。s 的取值见表 1.8 和表 1.9。

2）plot(X, Y, 's')

（1）X、Y 是同维向量（向量中元素个数相等）时，绘制以 X、Y 为横、纵坐标的曲线；

（2）X 是向量，Y 是有一维（行或列）与 X 同阶的矩阵时，则绘出多根不同色彩的曲线，X 作为这些曲线共同的横坐标，Y 中同维的行或列上的元素为纵坐标；

（3）X 是矩阵，Y 是向量时，情况与上述相同，只是曲线都以 Y 为共同纵坐标；可见 plot 函数选用第一个输入变量为横坐标数据，第二个为纵坐标数据，而不论其变量名是；

（4）X、Y 是同阶矩阵时，则以 X、Y 对应列元素为横、纵坐标分别绘制曲线，曲线条数等于矩阵的列数；

（5）$'s'$ 的意义，与上述相同。

3）plot(X1，Y1，$'s1'$，X2，Y2，$'s2'$，…)

此格式中，每个绘线"三元组"（X，Y，$'s'$）的结构和作用与上相同。不同"三元组"之间没有约束关系。

4）plot((X，Y，$'s'$，$'PropertyName'$，PropertyValue，…)

除了利用$'s'$控制曲线的线型、色彩和数据点类型外，还可以通过此格式对曲线宽度、数据点大小等性质进行控制。

MATLAB 对线型与色彩的设置值如表 1.8 所示。

表 1.8　曲线线型、色彩允许设置值

线型	符号	—		:		-.		- -	
	含义	实线		虚线		点画线		双画线	
色彩	符号	b	g	r	c	m	y	k	w
	含义	蓝色	绿色	红色	青色	品红	黄色	黑色	白色

MATLAB 对数据点的允许设置值如表 1.9 所示。

表 1.9　数据点允许设置值

符号	含义	符号	含义
.	实心黑点	d	菱　形
+	十　字	h	六角星符
*	八线符	o	空心圆圈
∧	上三角	p	五角星符
>	右三角	s	方　块
<	左三角	x	叉字符
v	下三角		

例题 5　已知 $a=1{:}10$；$b=2{:}2{:}20$。试以 a 为横坐标，b 为纵坐标绘制

（1）蓝色实线，数据点采用 * 表示；

（2）红色散点图，数据点用红色五角星表示。

解：

绘制以上两条线的命令如下。

（1）>> plot(a，b，$'b-*'$)

（2）>> plot(a，b，$'rp'$)

以上命令执行后，会在自动弹出的图形窗口中显示所绘制曲线，图略。

例题 6　已知 $a=[1\ 2\ 3;1.5\ 2.5\ 3.5]$；$b=[2\ 4\ 6;3\ 5\ 7]$；$c=[1.2\ 2.2\ 3.2]$，以下 plot 命令所绘制图形是怎样的?

（1）plot(a，$'-bo'$)；　　（2）plot(a，b，$'g-*'$)；　　（3）plot(c，a，$':p'$)

解:

绘制图形分别如图 1.1(1)(2)(3)所示。

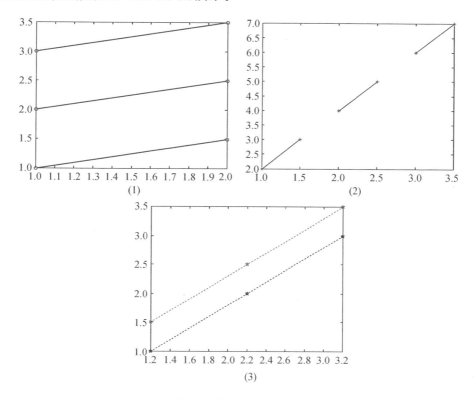

图 1.1　例题 6 绘制图形

（1）绘图数据只有 a，以 a 的每列元素为纵坐标，元素所在的行数为横坐标作图，a 是一个 2 行 3 列的矩阵，因此绘制曲线有 3 条，每条曲线含 2 个点。控制字符包括 3 个，"－"表示绘制实线，"b"表示颜色为蓝色，"o"表示数据点采用空心圆圈。

（2）a，b 具有相同的行数和列数，则以 a，b 对应列为数据绘图，a 每列的数据为横坐标，b 每列的数据为纵坐标，所绘图形中包括 3 条直线，每条线上有 2 个点。控制字符也有 3 个，"g"表示颜色为绿色，"-"表示绘制实线，"*"表示数据点为星号。注意控制字符不需要强制规定控制的顺序。

（3）c 为向量，a 为矩阵，c 向量元素个数与 a 的列数相同，因此以 c 为横坐标，a 每行元素为纵坐标绘图，绘制出两条线（a 有两行），每条线上有 3 个数据点（a 的每行有 3 个数据点）。控制字符有两个:":"规定线型为虚线，"p"规定数据点为五角星。颜色控制字符省略，则颜色采用 MATLAB 默认设置。

1.5.1.2　图形标识

在图形绘制完成后，应给图形加上必要的标识，以便于他人阅读。MATLAB 图形标识包括:图名、坐标轴名、图例和图形注释(即每条曲线的含义),分别采用 title,xlabel(或 ylabel),legend 和 text 函数实现。

title:为图形增加图名,使用格式如下。

title('string')

增加的图名为 string 字符串。

xlabel:为图形 x 轴增加轴名,使用格式如下。

xlabel('string')

增加的 x 轴名为 string 字符串。同样 ylabel 增加 y 轴名。

legend:为图形增加图例,使用格式如下。

legend('string1', 'string2', ...)

为每条曲线增加图例,一般图形上有几条曲线则对应有几个字符串。

text:为图形增加文本注释,使用格式如下。

text(x, y, 'string')

在图形坐标为(x, y)处增加图形的文本注释。

例如在例题 5 的第一条曲线绘制后,不要关闭图形窗口,接着输入以下命令:

>> title('The relationship between a and b')

>> xlabel('a')

>> ylabel('b')

>> legend('a-b relationship')

>> text(3, 5, 'a=3, b=6')

则最终图形如图 1.2 所示。

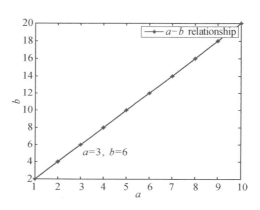

图 1.2　图形标识示例图

1.5.1.3　坐标、分格线和坐标框的控制

一般而言,MATLAB 绘制图形时自动选择的坐标轴范围会基本符合清楚表示图形的要求,当对坐标轴范围不满意时,可以采用 axis 命令进行调整。axis 命令的使用格式如下。

axis([xmin xmax ymin ymax])

其中 xmin、xmax、ymin、ymax 均为数字,此命令可以将横轴范围限制在[xmin, xmax]之间,纵轴范围限制在[ymin, ymax]之间。

此外,axis tight 可以将坐标轴调整为与数据范围相同;axis square 可以使纵横坐标轴等长。

采用图形中的分格线可以更加清楚地表示图形中数据的大小,可以采用 grid on 和 grid off 控制是否画分格线。例如,在例题 5 的第 1 条曲线绘制完成后,继续输入命令:

>> grid on

则显示如图 1.3 所示的图形,可见分格线已经增加到图上。继续输入:

```
>> grid off
```

则分格线消失。

可以使用 box on 和 box off 使坐标轴呈封闭或开启形式。例如输入:

```
>>box off
```

则显示如图 1.4 所示,可见上侧和右侧的坐标轴已经不显示。

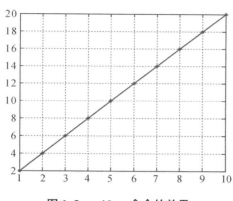

图 1.3　grid on 命令的效果

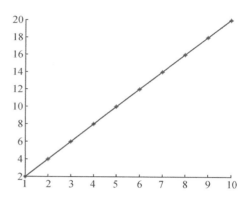

图 1.4　box off 命令的效果

1.5.1.4　图形窗的打开与保持

在例题 5 中,如果连续运行两条命令,最终将只有第 2 条曲线被保留在图形窗口中。实际应用过程中,还会遇到以下情况:①需要保留已绘制图形;②在已存在的图上再绘制一条新的曲线。此时需要用到 figure 或 hold on 命令。例如,对于例题 5 的变量 a 和 b,在命令窗口输入:

```
>> plot(a, b, 'b- * ')
>> figure
>> plot(a, b, 'rp')
```

在 figure 命令运行后,会新生成一个图形窗口,第二条散点图绘制在第二个图形窗口中。如果已知变量 $c=[3:3:30]$,在命令窗口输入以下命令:

```
>> plot(a, b, 'b- * ')
>> hold on
>> plot(a, c, 'k- + ')
```

则绘制图形如图 1.5 所示,可见两条曲线被绘制在同一图形窗口中。采用 hold on 命令在同一图形窗口中绘制两(多)条曲线的方法适用于在绘制第一条曲线时其他曲线数据未知的情况,如果所有数据均已知则可以采用 plot 命令的第 3 种使用方法,对于本例即输入命令:

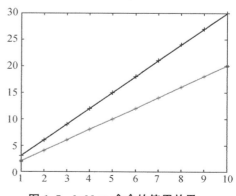

图 1.5　hold on 命令的使用效果

$$>> plot(a, b, 'b-*', a, c, 'k-+')$$

则效果与图 1.5 完全相同。如果此后不想在同一窗口中绘制新的曲线时,则只需输入"hold off"命令。

1.5.1.5 图形的输出与保存

图形绘制后可以采用以下两种方法将图形保存或输出。

(1) 在图形窗口的 File 菜单中选择"save as",将图形保存为 ∗.fig 文件,该文件可以被 MATLAB 图形窗口打开,再进行编辑。

(2) 在图形窗口的 Edit 菜单中选择"copy figure"选项,然后可将图形粘贴于 Word,Powerpoint,画图等软件中。复制图形的格式可以在 File 菜单中的 Preference 选项中设置。

(3) 采用 saveas 命令,使程序自动保存图形,其使用格式如下。

saveas(h, 'fig. ext'),其中 h 表示指定图形窗口的句柄;fig 为保存图形文件的文件名;ext 为文件后缀名,可以是 bmp、png、tiff、jpeg、pdf、eps 等常见格式,也可以在 fig 前指定文件的保存路径,如果不指定,则文件被保存在当前工作路径下。

例如,如需将图 1.4 以 demo. tiff 为文件名保存到"C:\MATLAB"的目录下,可以采用以下命令实现。

$$>> saveas(gcf, 'C:\MATLAB\demo.tiff')$$

其中 gcf 是 MATLAB 的一个固有函数,它将返回当前图形窗口的句柄。

1.5.2 二维图形的修饰

曲线绘制完成后,如果对显示格式,如字体大小等不满意,可进一步修饰。方法有两种,一种是在图形窗口中直接修饰,另一种是采用命令行。我们以例题 5 的第一幅图为例说明。

1.5.2.1 图形窗口中曲线的修饰

当 plot 命令执行后,将弹出如图 1.6 所示的 MATLAB 图形窗口。

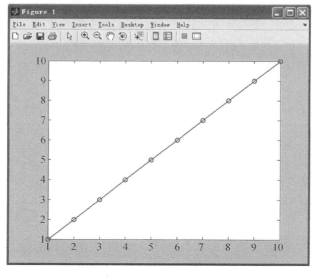

图 1.6 MATLAB 的图形窗口

单击快捷工具栏上的 ![]，则进入图形编辑状态。此时双击图形的不同部位，如轴、曲线等，则图形窗下部显示编辑窗口的性质，如图 1.7 所示。根据双击部位的不同，出现在编辑窗口的性质也不相同，可在此编辑窗口中修改对应的性质。例如，需增大坐标轴刻度字体大小至 16 磅，可以先双击坐标轴，选择 Font 标签，在 Font Size 后的下拉选项中选择 16，则字体变大。

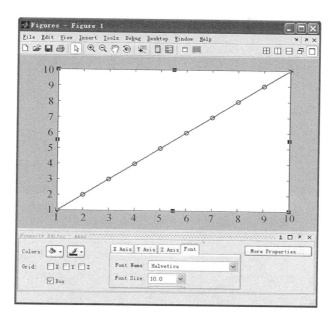

图 1.7　MATLAB 图形窗口的编辑状态

1.5.2.2　命令行修饰曲线格式

在图形窗口进行的曲线修饰都可以通过命令行执行。根据不同的图形上不同的对象，如坐标轴，曲线或标识，可以采用不同的方法进行修饰。

曲线性质的修饰可直接通过 plot 命令指定，使用方法如下。

plot(X, Y, 'PropertyName', PropertyValue,...)

例如对于例题 5 的第一幅图，以下命令即指定曲线的宽度为 2 磅，数据点大小为 10 磅，数据点的填充颜色为红色。

>>plot(a, b, 'b-o', 'LineWidth', 2, 'MarkerSize', 10, 'MarkerFaceColor', 'r')

类似地，对于 xlabel，text 等函数也可以使用这种方法直接指定对象的性质，例如以下命令指定 x 轴坐标名的字体大小为 16 磅，字体采用 Arial，颜色为红色。

>> xlabel('a', 'Fontsize', 16, 'Fontname', 'Arial', 'color', 'r')

对于坐标轴性质的调整则需要采用 set 函数，这是一个 MATLAB 很常用的性质设置函数，其使用方法为

set(H, 'PropertyName', PropertyValue,...)

其含义为设置句柄为 H 对象的 PropertyName 的性质为 PropertyValue。对于坐标轴的句柄可以用 gca 直接获得。例如以下语句指定坐标轴名的字体为 Arial,字体大小为 16 磅,x 轴的范围为 1~10。

```
>> set(gca, 'Fontsize', 16, 'Fontname', 'Arial', 'xlim', [1  10])
```

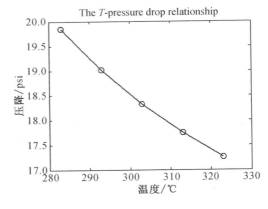

图 1.8　温度-压降关系图

例题 7　计算例题 3 中压降随温度的变化值,并将结果输出如图 1.8 所示,其中曲线采用实线,线宽 2 磅,数据点采用空心圆点,大小为 10 磅,图题为 The T-pressure drop relationship,字体大小为 16 磅;x 和 y 轴坐标名分别为温度/℃和压降/psi,字体大小为 16 磅;坐标轴刻度字体大小 16 磅。试写出 MATLAB 命令。

解:

命令如下。

```
>> M = 2000;
>> D = 0.5;
>> T = 283:10:323;
>> miu = 10.^(-10.2158 + 1.7925e3./T + 1.7730e-2*T - 1.2634e-05*T.^2);
>> rhou = 21.6688*0.2740.^(-(1-T/647.13).^0.28571);
>> deltP = M^1.8 * miu.^0.2./(20000*D^4.8*rhou)
>> plot(T, deltP, 'b-o', 'Linewidth', 2, 'Markersize', 10)
>> title('The T~pressure drop relationship', 'Fontsize', 16)
>> xlabel('Temperature [^oC]', 'Fontsize', 16)
>> ylabel('Pressure drop [psi]', 'Fontsize', 16)
>> set(gca, 'Fontsize', 16)
```

注意:x 轴名中的摄氏度为上标字母 o 和大写字母 C 组成,"^o"表示"^"后的字符输入为上标。

1.5.3　其他种类二维曲线

有时在一幅图中两条曲线的 y 轴数据种类或数量级有很大不同,为了清楚表示,可以采用双坐标图将两条曲线的数据分别对应不同左或右 y 轴。

双坐标图可以由函数 plotyy 绘制,使用格式如下。

```
plotyy(X1, Y1, X2, Y2)
```

以左、右不同纵轴分别绘制 X_1-Y_1、X_2-Y_2 两条曲线。

当几个图形之间具有彼此联系时,可以将它们绘制在一个图形窗口中,每个图形都是一个子图。此时可以采用 subplot(m, n, k)使($m \times n$)幅子图中的第 k 个成为当前子图,再采用其他的图形绘制指令则可将图形绘制到指定的子图中。子图序号的编制原则是:左上方为第 1 幅,向右向下依次增大。

例题 8　某个催化剂考评实验获得如下数据。

反应时间 /min	A 转化率 /%	B 选择性 /%	C 选择性 /%	D 选择性 /%
10	35.3	95.2	2.6	2.2
20	33.2	95.5	2.4	2.1
30	32.8	95.6	2.3	2.1
40	32.5	95.8	2.0	2.2
50	32.2	95.9	2.1	2.0

（1）采用 plotyy 命令，在同一图形窗口中绘制反应时间-A 转化率和反应时间-B 选择性曲线；

（2）采用 subplot 和 plot 命令，将反应时间与反应物转化率和各产物选择性关系图分别绘制在 1～4 号子图中，并给每个子图加上图题。

解：

（1）输入命令：

```
>> t = 10:10:50;
>> A = [35.3  33.2  32.8  32.5  32.2];
>> B = [95.2  95.5  95.6  95.8  95.9];
>> C = [2.6  2.4  2.3  2.0  2.1];
>> D = [2.2  2.1  2.1  2.2  2.0];
>> plotyy(t, A, t, B)
```

注意：plotyy 函数中不能直接设定两条曲线的格式，可通过图形句柄利用 set 函数进行设定，可输入命令"doc plotyy"查看相关帮助。

（2）输入命令：

```
>> t = 10:10:50;
>> A = [35.3  33.2  32.8  32.5  32.2];
>> B = [95.2  95.5  95.6  95.8  95.9];
>> C = [2.6  2.4  2.3  2.0  2.1];
>> D = [2.2  2.1  2.1  2.2  2.0];
>> subplot(2, 2, 1)
>> plot(t, A, '-o'), title('Conversion')
>> subplot(2, 2, 2)
>> plot(t, A, '-+'), title('B selectivity')
>> subplot(2, 2, 3)
>> plot(t, C, '-*'), title('C selectivity')
>> subplot(2, 2, 4)
>> plot(t, D, '-p'), title('D selectivity')
```

绘制图形效果如图 1.9 所示。

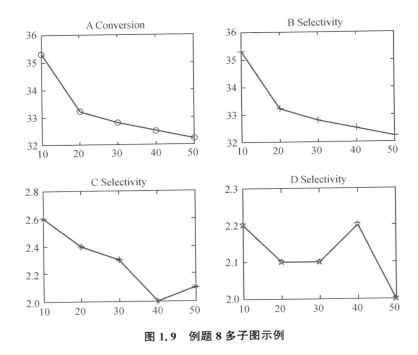

图 1.9　例题 8 多子图示例

　　除了以上提及的二维曲线图外,MATLAB 还可以绘制双对数坐标(loglog)、半对数坐标(semilogx、semilogy)、极坐标(polar)曲线,这些函数的使用方法与 plot 命令使用方法完全相同。

　　除了曲线图外,MATLAB 还提供了其他种类二维图形的绘制命令,如柱图、饼图、等高线等。我们将在第 8 章继续介绍柱状图、饼图、盒状图等的绘制方法。

　　MATLAB 关于图形的指令放在 graph2d、graph3d、specgraph 和 graphics 几个帮助主题中,可通过 help 命令查看所有图形指令。

1.6　函数文件和脚本文件

　　此前,我们在 MATLAB 命令窗口中逐条键入命令并执行,实现了简单的程序功能。但这些命令无法保存,随着 MATLAB 的退出即行消失,编辑也很麻烦。实际上,可以在 MATLAB 的编辑调试窗中预先将这些命令编辑好,并保存为一个文件,通过运行此文件即执行程序的功能。在 MATLAB 编辑器中保存文件的扩展名为".m"。

1.6.1　MATLAB 的编辑调试窗

　　在命令窗口中单击快捷键按钮 □ ,或依次单击菜单 File→New→M-File,则显示如图 1.10 所示的编辑调试窗口,各种程序的编辑调试均可在其中进行。文件编辑结束后,可以将其保存为后缀名为".m"的文件(m 文件),这些文件可以在 MATLAB 中被执行。

　　实际上,m 文件可以分为两类:脚本(script)文件和函数文件。

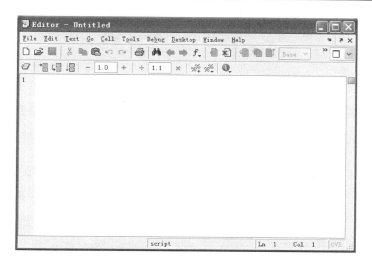

图 1.10　MATLAB 的编辑调试窗口

1.6.2　脚本文件

　　打开编辑窗口,将例题 7 中所有命令键入(注意不包括命令窗口的提示符"＞＞"),单击 File→Save,在弹出的对话框中选择保存位置,输入文件名为"DeltP",点击"保存",则在保存目录中出现 DeltP.m 的文件。然后在命令窗口中键入"DeltP",回车运行,得到的结果与例题 7 完全相同。

　　以上运行的 DeltP 文件中,仅仅是一连串 MATLAB 命令的总和,这类文件被称为脚本文件。当调用脚本时,所有命令将按顺序依次被执行;同时脚本文件中的变量具有全局性,即脚本文件运行后,文件中定义的所有变量均将保留在变量空间中。创建的脚本文件可直接在编辑窗口或命令窗口中执行,也可在其他脚本文件和函数中调用。

1.6.3　函数文件

　　MATLAB 函数文件是不同于以上脚本文件的另一类 m 文件。在 MATLAB 中,函数文件是能够创建局部独立空间的程序文件。在函数内定义的所有变量对函数而言都是局部的,即变量只在该文件内起作用,不放入工作空间,函数使用完成后,函数文件内的所有变量就失去意义;所有 MATLAB 内置函数都是这一类型。

　　函数文件的创建同脚本文件一样,也需要在编辑窗口创建。不同之处在于函数文件必须由函数声明语句开头,函数声明语句格式如下。

　　function [y1, y2, ..., yn] = FuncName(x1, x2, ..., xn)

其中 function 为定义函数文件的关键字,表示该文件为函数文件而不是脚本文件;[y1, y2, ..., yn]为函数的输出变量;FuncName 为用户自己定义的函数名,一般应取一些有意义的名字以查找;FuncName 后括号内的变量为输入变量。

　　若函数只有一个返回结果,声明语句可以写为

function y = FuncName(x1, x2, ..., xn)

函数文件可以没有输出变量,此时声明语句写为

function FuncName(x1, x2, ..., xn)

函数文件可以既没有输入变量也没有输出变量,此时声明语句可以写为

function FuncName

在声明语句以下即为各种可执行语句以完成函数的功能。如果函数有输出变量,则这些可执行语句中一定有输出变量的赋值语句。编写完成后,将其保存为 m 文件。使用函数文件时,只需在命令窗口、脚本文件和其他函数文件中键入:

[y1, y2, ..., yn] = FuncName (x1, x2, ..., xn)

即可,此时应注意 FuncName 不可改变,而输入和输出变量名可以改变,但数量必须与声明语句保持一致。

例题 9 编写一个函数文件求解例题 3 的问题,要求温度作为输入变量,dP 作为输出变量,并计算 $T=283℃$时的压降值。

解:
(1) 在编辑窗口输入以下内容,并保存为 DeltP. m 文件。

```
function dP = DeltP(T)
%This function is used to calculate pressure drop under different T
M = 2000; D = 0.5;
density. A = 21.6688; density. B = 0.274; density. Tc = 647.13; density. n = 0.28571;
Rho = (density. A * density. B.^(-(1-T/density. Tc).^density. n));
mu. A = -10.2158; mu. B = 1.7925e3; mu. C = 1.773e-2; mu. D = -1.2631e-5;
vis = 10.^(mu. A + mu. B./T + mu. C * T + mu. D * T.^2);
dP = (M^1.8) * (vis.^0.2)./(20000 * D^4.8 * Rho);
```

(2) 在命令窗口中键入 P=DeltP(283),则得到结果。
关于脚本文件和函数文件需要注意几点。
① 所有要运行的 m 文件应位于 MATLAB 的搜索路径或当前工作目录中,否则程序无法运行;
② 文件名的命名规则与变量名相同,特别注意不能使用数字开头的文件名;
③ 函数文件的开头一定是以 function 开头,否则就是脚本文件;
④ 不能在脚本文件中定义函数,否则运行出错;
⑤ 函数文件的调用也是通过 m 文件名调用,函数名和 m 文件名应同名;
⑥ 无论是编写脚本文件还是函数文件,在文件的开头编写注释语句,注明程序的功能等信息将有助于他人理解程序。

1.7　MATLAB 函数

1.7.1　子函数

在一个函数文件中,如果 function 关键字出现多次,则在第一个 function 之后定义的所有函数都称为子函数。子函数只能由函数文件的主函数和文件内部的其他子函数调用。

在一个函数文件中需要执行不同的计算任务,如例题 3,为了计算压降必须先计算密度和黏度。为了使程序更加清晰易读,可以分别定义函数计算密度和黏度,然后与计算压降的主函数合并在一个文件中。文件中计算密度和黏度的函数就成为子函数。

例题 10　编写一个含子函数的函数文件,重复例题 3 的计算。密度和黏度的计算分别作为子函数。

解:

```
function dP = DeltP2(T)
%This function is used to calculate pressure drop under different T
M = 2000; D = 0.5;
Rho = density(T);
mu = viscosity(T);
dP = (M^1.8) * (mu.^0.2)./(20000 * D^4.8. * Rho);
%--------------------------------------
function P = density(T)
%This function is used to calculate density under different T
density.A = 21.6688; density.B = 0.274; density.Tc = 647.13; density.n = 0.28571;
P = (density.A * density.B.^(-(1-T/density.Tc).^density.n));
%--------------------------------------
function V = viscosity(T)
%This function is used to calculate viscosity under different T
mu.A = -10.2158; mu.B = 1.7925e3; mu.C = 1.773e-2; mu.D = -1.2631e-5;
V = 10.^(mu.A + mu.B./T + mu.C * T + mu.D. * T.^2);
```

在命令窗口里输入:

```
>>deltP = DeltP2([283:10:353])
```

回车得到结果:

```
deltP = 19.8468    19.0171    18.3242    17.7444    17.2591    16.8534    16.5155
16.2356
```

此时如果在命令窗口输入:

```
>>density(283)
```

结果会返回如下错误信息：

```
??? Undefined function or method 'density' for input arguments of type
'double'.
```

表明 density 这个函数是不能在命令窗口被直接调用的。

1.7.2　变量在函数间的传递

当 MATLAB 函数具有输入变量时，在调用该函数时必须输入相同个数的变量，变量名的输入位置确定了信息的传递顺序：调用语句中的函数第一个输入变量的值将被传递到函数声明语句中的第一个变量，依次类推。调用函数使用的变量名与函数声明语句中变量名称不需要相同。

例题 11　已知理想气体比热容 c_p 可以由下式估算：

$$c_p = A + B \cdot \exp(-C/T^D) \tag{1.2}$$

式中，c_p 单位为 J/(mol·K)；对于丙烷，A、B、C 和 D 的值分别为 47497、0.2467×10^6、698.58、1.0074。试编写一个名为"HeatCap"的 MATLAB 函数，以温度 T 及 A、B、C、D 作为输入参数，并计算 323 K、333 K、343 K 下丙烷的比热容。

解：
首先编写函数 HeatCap，编辑输入以下内容：

```
function Cp = HeatCap(T, A, B, C, D)
Cp = A + B * exp(-C./T.^D);
```

将其保存为"HeatCap.m"文件，则函数编写完毕。在命令窗口输入：

```
>> Cp = HeatCap([323  333  343], 47497, 0.2467e6, 698.58, 1.0074)
```

回车可得所求温度下丙烷的比热容分别为

```
7.8557e4   8.0566e4   8.2576e4
```

注意：c_p 的计算式中除法和乘方运算符使用的是"./"和".^"，否则会出错。
现在我们采用另一种方法调用函数看结果如何。
在命令窗口输入：

```
>> T = 323:10:343;
>> A = 47497;
>> B = 0.2467e6;
>> C = 698.58;
>> D = 1.0074;
>> Cp = HeatCap(A, B, C, D, T)
```

回车后结果为

$$Cp = 1.0e + 05 * \begin{bmatrix} 2.4740 & 2.4740 & 2.4740 \end{bmatrix}$$

可见计算结果与此前计算完全不同。这是因为变量在传递进函数时是按照顺序与函数变量一一对应的,而不是按照变量名对应。在以上的运算过程中,变量空间中 A 的 47497 这个值在传递入函数 HeatCap 时,将被赋给第一个变量 T,同理变量空间中的 B 赋给函数的第二个变量 A,以此类推。

这种情况与变量的作用域有关。变量按照作用域的不同可以分为局部变量和全局变量。在默认情况下,函数内的变量属于局部变量,它只在函数内有效,而在函数外部不可用。全局变量对于整个程序的所有过程和函数都有效,全局变量可以用 global 关键字定义,并应同时在主调程序和被调函数中定义。在传递给函数变量数目很大时,创建全局变量是一个好的方法。

为说明全局变量的使用,在 HeatCap 函数中定义全局变量 A、B、C、D,修改程序如下。

```
function Cp = HeatCap(T)

global A B C D     %注意变量之间用空格而不是逗号或其他标点隔开

Cp = A + B * exp( - C./T.^D);
```

在命令窗口调用时应采用以下语句:

```
>> global A B C D
>> A = 47497;
>> B = 0.2467e6;
>> C = 698.58;
>> D = 1.0074;
>> Cp = HeatCap(323:10:343)
```

则可获得正确结果。

1.7.3　函数句柄

函数句柄可用于保存函数的所有信息,以便将来对它进行调用。函数句柄可以作为参数传递给其他函数,以调用该函数句柄所属的函数,如传递给 feval 计算函数值,或 fplot 绘制函数图形。MATLAB 中的自有函数大多数都采用这种方式调用其他函数。

例如,可以采用以下语句计算例题 11 中的函数值:

```
>>Cp = feval(@HeatCap, [323  333   343], 47497, 0.2467e6, 698.58, 1.0074)
```

fplot 函数的调用格式如下。

```
fplot(fun, limits)
fplot(fun, limits, LineSpec)
```

其中 fun 为函数句柄或匿名函数;limits 为坐标轴范围;LineSpec 为曲线的控制字符串,其使用方法同 1.5.2.2 节中介绍的利用 plot 命令修饰曲线的方法。

例题 12　采用 fplot 函数绘制以下函数在 $[-20，20]$ 区间内的函数图形：

$$f(x) = 200\sin(x)/x$$

解：

首先定义函数：

```
function Y=myfun(x)
Y=200*sin(x)./x;
```

然后在命令窗口输入以下命令，则可得结果如图 1.11 所示。

```
>>fplot(@myfun,[-20  20])
```

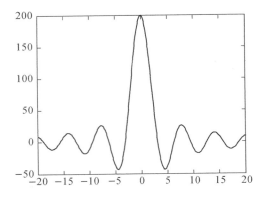

图 1.11　例题 14 的 **fplot** 示例图

1.7.4　匿名函数(**Anonymous Function**)

当所要定义的函数形式比较简单时，可以采用内联函数或匿名函数进行定义。由于内联函数在新版本的 MATLAB 将逐渐被匿名函数取代，这里就不再介绍。与 function 函数不同，匿名函数可以在命令行或脚本文件中定义。

匿名函数的定义形式：

```
f=@(arglist) expression
```

其中输入变量中的 arglist 表示匿名函数的输入变量；expression 为函数的表达式。

例如命令

```
>> f=@(x,y) x^2+y^2-1
```

表示定义了一个变量 f，它是一个匿名函数，表示 $f(x，y)=x^2+y^2-1$。

例题 13　采用匿名函数计算以下表达式在 $x=5$ 时的值：

(1) $f(x)=x^2$；

(2) $f(x)=x^2$，$g(x)=3x$，$h(x)=g(f(x))$；

(3) $\alpha=0.9$，$f(x)=\sin(\alpha x)$

解：

(1) 在命令窗口输入：

```
>> f=@(x) x.^2
>> a=f(5)
```

结果：a=25

(2) 在命令窗口输入：

```
>> f=@(x) x.^2;
>> g=@(x) 3*x;
>> h=@(x) g(f(x));
>> h(5)
```

结果：ans＝75

（3）在命令窗口输入：

```
>> alpha = 0.9;
>> f = @(x) sin(alpha * x);
>> f(5)
```

结果：ans＝－0.9775

1.8　关系和逻辑运算

变量之间除了进行一般的赋值和数学运算外，有时还需进行一些关系和逻辑运算。

1.8.1　关系运算

两个变量或数值之间进行大小比较，称为关系运算。关系运算的结果是二值逻辑量，它只能取 1 或 0，其中 1 表示"真"，0 则表示"假"。两个同阶矩阵间的关系运算规定为它们对应元素间的关系运算，运算结果仍是一个矩阵，与参与运算矩阵的阶数相同。MATLAB 允许"数"跟"矩阵"进行关系运算，规定为数与矩阵的每个元素进行关系运算，运算结果是一个与矩阵阶数相同的布尔矩阵。

MATLAB 的关系操作符包括：＝＝（等于），～＝（不等于），＞（大于），＜（小于），＞＝（大于等于），＜＝（小于等于）。

关系运算函数：isempty（数组是否为空），isequal（两个数组是否相等），find（数组非零元素的下标），isscalar（是否为标量），isvector（是否为向量），isnan（是否为非数），isinf（是否为无穷），isfinite（是否为有限）。

例题 14　已知 $a_1 = \begin{bmatrix} 1 & 2 & 3 \\ 4 & 5 & 6 \\ 7 & 8 & 9 \end{bmatrix}$，$a_2 = 5$。求 $a_1 \geq a_2$ 的运算结果。

解：
键入

```
>>a1=[1  2  3; 4  5  6; 7  8  9]; a2=5; a1>=a2
>>ans =
        0    0    0
        0    1    1
        1    1    1
```

1.8.2　逻辑运算

两个逻辑量之间可以进行"与"、"或"和"非"三种基本逻辑运算及由它们组合而成的其他运算。在逻辑运算中，非零元素的逻辑量为 1，表示"真"；零元素的逻辑量为 0，表示"假"。

MATLAB 中的逻辑操作符包括：&（逻辑与），|（逻辑或），～（逻辑非），xor（异或），&&（先决与）和‖（先决或）。

逻辑运算的结果仍然是逻辑量 0（假）或 1（真）。阶数相同的矩阵进行逻辑运算时，定义为它们对应元素间的逻辑运算结果。MATLAB 允许数与矩阵间进行逻辑运算，规则与关系运算相同，是数与矩阵各个元素间的逻辑运算。

设 A，B 为两个逻辑量，对它们进行逻辑运算时，所得结果列于表 1.10。

表 1.10　逻辑运算真值表

逻辑量及其运算	真值（逻辑量）			
A	1	1	0	0
B	1	0	1	0
～A	0	0	1	1
～B	0	1	0	1
A&B	1	0	0	0
A|B	1	1	1	0
xor(A，B)	0	1	1	0
A&&B	1	0	0	0
A‖B	1	1	1	0

例题 15　求数值矩阵 $a_1 = \begin{bmatrix} 1 & 0 & -5 & 0 \\ 3 & -2 & 0 & 6 \\ 0 & 0 & 5 & 8 \\ 9 & 2 & 1 & 9 \end{bmatrix}$ 的逻辑"非"，a_1 和 0 的"异或"。

解：

键入

```
>>a1=[1  0  -5  0;3  -2  0  6;0  0  5  8;9  2  1  9];
>>a2=～a1
>>a3=xor(a1,0)
```

回车得到结果：

```
a2=
    0    1    0    1
    0    0    1    0
    1    1    0    0
    0    0    0    0
a3=
    1    0    1    0
    1    1    0    1
    0    0    1    1
    1    1    1    1
```

1.8.3　运算符的优先级

MATLAB 表达式中可能包含多种运算符:数学运算符、关系运算符和逻辑运算符。各运算符执行的先后是根据优先级别执行的。不管运算符的位置如何,具有高优先级的运算符先执行。具有相同优先级别的运算符则按先左后右的次序执行。运算符的优先级如表 1.11 所示。

表 1.11　各运算符的优先级

优先级	运　算　符				
1	( )				
2	.'	'	. ^	^	
3	代数正	代数负	~		
4	. *	. \	. /	*	\	/
5	+	—				
6	:					
7	<	>	==	>=	<=	~=
8	&					
9	|					
10	& &					
11	||					

注:级别 1 优先级最高,级别 11 最低。

例题 16　试写出以下命令的运算结果。

(1) 3+5>7+8;

(2) 3+(5>7)+8;

(3) 3+(5>7)+~8;

(4) 3+5>7+~8 * 2;

(5) 3+(5>7)+~8 * 2:5

解:

(1) 0;

(2) 11;

(3) 3;

(4) 1;

(5) 3 4 5

1.9　MATLAB 程序流程控制

组成计算机程序的一系列指令语句可以分成两类:运算语句和程序流程控制语句。程序中的输入、输出和计算过程等的语句都是运算语句,而流程控制语句的主要任务是安排调整好运算语句的运行顺序,使其运行合理,运算简捷省时。程序流程控制通过分支或循环实现。在 MATLAB 中,循环结构通过 for 或 while 语句实现,而分支控制通过 if 选择语句、switch 多重分支结构实现。

1.9.1　if 选择语句

if 语句的一般格式如下。

if 条件表达式 1
　　语句 1
elseif 条件表达式 2
　　语句 2
else
　　语句 3
end

说明:

(1) 条件表达式 1 和 2 均为逻辑或关系运算表达式;

(2) 如果条件 1 满足,则执行语句 1,然后执行与之对应的 end 语句后的语句;当条件 1 不满足时,则继续判断条件 2 是否满足,如满足则执行表达式 2 及其对应 end 语句后的语句,依次类推;

(3) elseif 子句是可选的,数量也不受限制。如果缺省所有的 elseif 子句,则 if 语句变为如下格式。

if 条件表达式
　　语句 1
else
　　语句 2
end

(4) else 子句也可以省略,则 if 语句变为如下格式。

if 条件表达式
　　语句
end

例题 17　使用直径 $D=1$ mm 的铜球在一种油中进行沉降实验,测得铜球的沉降速度 $u_t=1.5$ cm/s。已知铜球的密度为 $\rho_s=8.9$ g/cm³,油的密度 $\rho_f=0.85$ g/cm³,求该油的黏度 μ_f。

模型:定义颗粒直径为基准的雷诺数 $Re_p=Du_t\rho_f/\mu_f$,在不同的雷诺数范围内,沉降速度可以按下式计算:

$$u_t=\frac{d_p^2(\rho_p-\rho_f)g}{18\mu_f} \qquad Re_p\leqslant 2 \tag{1.3}$$

$$u_t = d_p \left[\frac{4}{225} \times \frac{(\rho_p - \rho_f)^2 g^2}{\mu_f \rho_f} \right]^{\frac{1}{3}} \quad 2 < Re_p \leqslant 500 \tag{1.4}$$

$$u_t = \sqrt{3g(\rho_p - \rho_f)d_p/\rho_f} \quad 500 < Re_p \leqslant 10^5 \tag{1.5}$$

其中 g 为重力加速度，9.8 m/s²。

解：

计算时，可首先由式(1.3)计算黏度，然后核对雷诺数是否符合要求，如果符合则求解正确，如果不符合则采用式(1.4)计算黏度，再次核对雷诺数是否符合要求，如果雷诺数不符合要求，则说明黏度不能由指定条件确定。

此外，应注意各变量的单位统一。计算程序如下。

```
function Cha01Demo17
%Detemine viscosity by sedimentation experiment
dp = 1e-3; ut = 1.5e-2; rs = 8.9e3; rf = 850; g = 9.8; %using SI units
miu = dp^2 * (rs-rf) * g/(18 * ut);
Re = dp * ut * rf/miu;
if Re <= 2
    fprintf('The Re is %.2f\n', Re)
    disp(['The viscosity of the fluid is ', num2str(miu), ' PaS'])
    return
end
miu = (dp/ut)^3 * 4/225 * (rs-rf)^2 * g^2/rf;
Re = dp * ut * rf/miu;
if Re>2&Re<500
    fprintf('The Re is %.2f\n', Re)
    disp(['The viscosity of the fluid is ', num2str(miu), ' PaS'])
    return
else
    disp('The viscosity could not be determined')
end
```

计算结果显示：

```
The Re is 0.04
The viscosity of the fluid is 0.29219 PaS
```

即该油的黏度为 0.29 Pa·s。

在程序中，使用了 return 语句。这一语句通常放置于函数内的一个控制结构（如 if 语句）内。执行该函数时，如果符合控制结构的某个条件，则调用 return 语句终止当前运行，并返回到调用它的函数或环境。当函数过程已完成某个任务并可直接返回时，return 是非常有用的。在本例中，求得油的黏度符合条件时，则计算任务完成，可以终止函数的运行。

1.9.2 switch 多重分支结构

switch 结构的功能与 if 结构类似，但对多重选择的情况 switch 语句可以使代码更加易读。

switch 的一般格式：

switch 测试表达式
    case 测试表达式值 1
        语句 1
    case 〈测试表达式值 2，测试表达式值 3，...〉
        语句 2
otherwise
    语句 3
end

当程序运行到 switch 结构时，先计算测试表达式的值，接着顺序判断该值与哪个 case 规定的表达式值相同，如果相同则执行这一 case 后的语句，随后退出 switch 结构，其他 case 后的语句将不再被执行。当 case 表示所有的情况都不满足要求时执行 otherwise 后的语句，但 otherwise 语句并不是必需的。

例题 18 编写一个 MATLAB 函数使其可以选择不同的状态方程计算 4536 mol 氮气在 200℃ 和 0.4248 m³ 体积时的压力。

函数中可以使用的状态方程包括以下几种。

理想气体状态方程：

$$p = \frac{RT}{V} \tag{1.6}$$

RK 方程：

$$p = \frac{RT}{V-b} - \frac{a}{T^{0.5}V(V+b)} \tag{1.7}$$

$$a = \frac{0.42748R^2 T_c^{2.5}}{p_c} \tag{1.8}$$

$$b = \frac{0.08664RT_c}{p_c} \tag{1.9}$$

PR 方程：

$$p = \frac{RT}{V-b} - \frac{a(T)}{V(V+b)+b(V-b)} \tag{1.10}$$

$$a(T) = 0.45724 \frac{R^2 T_c^2}{p_c} \alpha(T) \tag{1.11}$$

$$(\alpha(T))^{0.5} = 1 + m[1-(T/T_c)^{0.5}] \tag{1.12}$$

$$m = 0.37464 + 1.5422\omega - 0.26992\omega^2 \tag{1.13}$$

$$b = \frac{0.0778RT_c}{p_c} \tag{1.14}$$

其中，p、T 分别表示体系的压力(Pa)和温度(K)；V 为摩尔体积($\mathrm{m^3/mol}$)；R 为摩尔气体常数，8.314 $\mathrm{J/(mol \cdot K)}$；T_c 和 p_c 分别为物质的临界温度和临界压力，对于氮气其值分别为 126.2 K 和 3.39×10^6 Pa；ω 为偏心因子，其值为 0.037。

解：

本例根据气体的 V 和 T 求体系压力 p，由式(1.6)、式(1.7)和式(1.10)知，无论采用哪种状态方程，压力都可以通过代数运算获得，程序如下。

```
function Cha01Demo18
%This function calculate P with known V and T by using different EOS
V = 0.4248; T = 200 + 273.15; n = 4536; %the known conditions
Vm = V/n; %the molar volume
R = 8.314;
Tc = 126.2; Pc = 3.39e6; omiga = 0.037; %critical properties and acentric factor
disp('Plsease choose which EOS should be used')
disp('1 -    ideal gas')
disp('2 -    RK')
disp('3 -    PR')
EOS = input('EOS = ');
switch EOS
    case 1
        P = R * T/Vm;
        disp(['The pressure is ', num2str(P/101325), ' atm'])
    case 2
        a = 0.42748 * R^2 * Tc^2.5/Pc;
        b = 0.08664 * R * Tc/Pc;
        P = R * T/(Vm - b) - a/(T^0.5 * Vm * (Vm + b));
        disp(['The pressure is ', num2str(P/101325), ' atm'])
    case 3
        m = 0.37464 + 1.5422 * omiga - 0.26992 * omiga^2;
        alpha = (1 + m * (1 - (T/Tc)^0.5))^2;
        a = 0.45724 * R^2 * Tc^2/Pc * alpha;
        b = 0.0778 * R * Tc/Pc;
        P = R * T/(Vm - b) - a/(Vm * (Vm + b) + b * (Vm - b));
        disp(['The pressure is ', num2str(P/101325), ' atm'])
    otherwise
        disp('Wrong input!')
end
```

程序中的 input 命令为键盘输入指令,当程序运行到这一语句时,将返回屏幕,同时显示提示符(input 的输入变量),本程序为

EOS =

并等待键盘输入,输入完毕后按回车键,程序继续运行。例如输入 1,回车得到的结果为 414.6 atm;若输入 2,则结果为 518.2 atm;若输入 3,结果为 517.0 atm。可见该气体明显偏离理想气体,采用理想气体定律计算的压力有较大偏差,而 RK 和 PR 方程的结果则相差不多,都可以使用。

1.9.3 for 循环结构

for 循环可按指定次数重复执行一系列语句,其一般格式如下。

for 循环变量 = 表达式 1(初值):表达式 2(步长):表达式 3(终值)
    循环语句
end

for 循环的执行过程是:先计算初值和终值,并把初值赋给循环变量;再判断循环变量的值是否超过了终值。若超过,则退出循环,执行 end 后面的语句,否则执行循环语句,之后将循环变量加上一个步长,然后重复执行循环语句内容,直至循环变量超过终值而退出循环为止。

MATLAB 中可以定义嵌套循环,即 for... end 循环中可以定义多个 for... end 循环以执行多重循环。

例题 19　在四个串联连续搅拌釜式反应器中进行等温液相反应,A ──→ R,反应速率:

$$-r_A = kc_A^2, \; k = 0.2 \; L/(mol \cdot min)$$

假定四个反应釜具有相同的体积 $V = 2.0$ L。当第一个反应釜入口浓度为 1.0 mol/L,进料速率 $v = 0.5$ L/min。编写一个函数计算并在屏幕输出各个反应釜出口浓度。

对每个反应釜写出物料平衡方程:

$$vc_{i-1} - vc_i = Vkc_i^2 \tag{1.15}$$

可以求解出每个釜中反应物浓度为

$$c_i = \frac{-1 + \sqrt{1 + 4k\tau c_{i-1}}}{2k\tau} \tag{1.16}$$

其中 $\tau = V/v$ 表示反应物在釜中的平均停留时间。

解:

根据式(1.16),每个釜浓度通过代数计算获得,由于需要求解 4 个釜的浓度,可采用循环结构重复计算。程序如下。

```
function Cha1Demo19
V=2.0; C0=1.0; v=0.5; k=0.2;
tao=V/v;
```

```
C(1) = ( -1 + sqrt(1 + 4 * k * tao * C0))/(2 * k * tao);
disp(['The outlet concentration of 1 tank is ', num2str(C(1))])
for i = 2:4
    C(i) = ( -1 + sqrt(1 + 4 * k * tao * C(i - 1)))/(2 * k * tao);
    disp(['The outlet concentration of ', num2str(i), ' tank is ', num2str (C(i))])
end
```

运行后结果为

```
The outlet concentration of 1 tank is 0.65587
The outlet concentration of 2 tank is 0.47521
The outlet concentration of 3 tank is 0.36729
The outlet concentration of 4 tank is 0.29681
```

以上为反应动力学对浓度的二级反应,因此物料平衡方程为二次方程,根据二次方程的求根方程可以直接写出各釜浓度的表达式。当反应速率表达式更为复杂时,则无法解析求解。在 MATLAB 中可以采用非线性方程的求解函数 fzero 或非线性方程组求解函数 fsolve 进行求解,这两个函数将在第 3 章中进行介绍。

1.9.4　while 循环结构

当循环次数未知时,可以采用 while 循环结构。它的一般形式如下。

```
while 条件表达式
    循环语句
end
```

当 MATLAB 执行这个 while...end 循环时,会首先计算条件表达式,如果表达式的值为假,则直接跳出循环,执行 end 后面的语句。如果表达式值为真,则执行循环语句,然后退回到 while 语句再测试条件表达式。

例题 20　在连续釜式搅拌反应器中进行与例题 19 相同的反应,编写程序求解需要多少个釜串联才能使转化率达到 80%?

解:

与例题 19 相同,每个釜反应物的浓度均可以通过式(1.16)计算。本例的不同之处在于该问题属于一个设计型问题,反应器个数未知,因此求解终止条件未知,需要采用 while-end 循环进行求解。

```
function Cha1Demo20
V = 2.0; C0 = 1.0; v = 0.5; k = 0.2;
tao = V/v;
i = 1; %设置一个循环变量
C(i) = ( -1 + sqrt(1 + 4 * k * tao * C0))/(2 * k * tao);
while (C0 - C(i))/C0 < 0.8
```

```
        i＝i＋1；％每次循环,使循环变量递增
        C(i)＝(－1＋sqrt(1＋4＊k＊tao＊C(i－1)))/(2＊k＊tao);
    end
    disp(['The number of tank needed to reach 80% conversion is', num2str(i)])
    disp('The outlet concentration of each tank is:')
    disp(C)
```

运行后结果为

```
The number of tank needed to reach 80% conversion is 7
The outlet concentration of each tank is:
    0.6559  0.4752  0.3673  0.2968  0.2477  0.2118  0.1846
```

本例也可以采用 for 循环结构求解,但需要使用 break 语句。MATLAB 中的 break 语句通常置于 for 循环或 while 循环内,根据条件执行 break 语句,以直接退出最内层的 for 循环或 while 循环。

```
function Cha1Demo20B
V＝2.0; C0＝1.0; v＝0.5; k＝0.2;
tao＝V/v;
C(1)＝(－1＋sqrt(1＋4＊k＊tao＊C0))/(2＊k＊tao);
for i＝2:100 ％设置一个很大的循环次数以避免运算次数不足
    C(i)＝(－1＋sqrt(1＋4＊k＊tao＊C(i－1)))/(2＊k＊tao);
    if (C0－C(i))/C0＞0.8
        break ％当满足转化率大于 80%时,退出 break 所在的循环结构
    end
end
disp(['The number of tank needed to reach 80% conversion is   ', num2str
(i)])
disp('The outlet concentration of each tank is:')
disp(C)
```

程序运行后,可以发现与 while 循环所得的结果完全相同。

最后提醒读者注意,本节介绍了 return 及 break 两个语句,可以更加灵活地控制程序流程。除了这两个语句以外,MATLAB 类似功能的语句还有 continue。continue 语句通常置于 for 循环或 while 循环内,根据条件执行 continue 语句。当执行 continue 时,即跳出循环体中尚未执行的语句,接着进行下一次是否进行循环的判断。

习　题

1. 填空题

(1) MATLAB 变量可以处理的数据类型包括:＿＿＿＿＿＿;＿＿＿＿＿＿;＿＿＿＿＿＿;
＿＿＿＿＿＿和＿＿＿＿＿＿。

(2) 写出以下命令的运算结果。

① inf/0＝＿＿＿＿＿＿；　　② inf\0＝＿＿＿＿＿＿；

③ NaN * eps＝＿＿＿＿＿＿；　　④ acot(1)＝＿＿＿＿＿＿；

⑤ fix(−0.1)＝＿＿＿＿＿＿；　　⑥ ceil(−0.1)＝＿＿＿＿＿＿；

⑦ sign(nthroot(−27, 3))＝＿＿＿＿＿＿；　　⑧ log(exp(5))＝＿＿＿＿＿＿；

⑨ linspace(1, 4, 4) * 2＝＿＿＿＿＿＿；　　⑩ [1 3; 2 4]^2＝＿＿＿＿＿＿；

⑪ [1 3; 2 4].^2＝＿＿＿＿＿＿；　　⑫ (0:3). * (1:2:7)＝＿＿＿＿＿＿；

⑬ 0:3:2＝＿＿＿＿＿＿；　　⑭ 3+9^2 * sind(30)＝＿＿＿＿＿＿。

(3) 变量空间中存在以下赋值命令生成的变量:

$>>$ a = 0.000134;

$>>$ b = 'The Results are'

若运行命令 fprintf('%s　not\ta＝%.2e　\r', b, a),则屏幕显示为＿＿＿＿＿＿。

(4) 已知变量 a＝1:4, b＝[1 3 5 7; 2 4 6 8],则命令 plot(a, b, ':v')将绘制＿＿＿＿＿＿条直线,每条直线上的数据点数为＿＿＿＿＿＿个,命令中的字符串表示线型为＿＿＿＿＿＿,数据点采用＿＿＿＿＿＿。

(5) MATLAB 命令 grid on 的作用是给图形加上＿＿＿＿＿＿;text(a, b, 'string')中 a 的值为＿＿＿＿＿＿。

(6) 已知函数 $f(x, y) = \log_{10} \sin(x) + e^{-\frac{4y}{3}}$,在 MATLAB 中定义一个匿名函数 Fa 表示 $f(x, y)$ 的命令为＿＿＿＿＿＿;若利用匿名函数 Fa 计算在 $x = \frac{\pi}{3}$, y＝1 处的值,其命令为＿＿＿＿＿＿。

(7) MATLAB 的关系运算符包括:

＿＿＿＿＿＿;＿＿＿＿＿＿;＿＿＿＿＿＿;＿＿＿＿＿＿;＿＿＿＿＿＿;＿＿＿＿＿＿。

(8) MATLAB 中计算 3:5＋~0＝＿＿＿＿＿＿。

(9) 已知变量 A＝2:−1:−2; B＝−2:2,则 A<−1&B>1 的运算结果为＿＿＿＿＿＿。

2. 多选题(以下选项中可能有一项或多项是正确的)

(1) 以下 MATLAB 变量赋值语句语法正确的是哪些?　　　　　　　　　　　　　(　　)

　　A. for＝2　　　　B. a1b＝Nan　　　　C. 2_a＝1.5　　　　D. viscosity＝1.1E−5

(2) 在 MATLAB 中,以下数字表示方法哪些不合理?　　　　　　　　　　　　　(　　)

　　A. 1 * e5　　　　B. .65　　　　C. 0.5+0.5I　　　　D. 0.5+0.5 * i

(3) 以下关于 MATLAB 函数文件说法正确的是　　　　　　　　　　　　　　　(　　)

　　A. 函数文件中定义的变量是局部变量

　　B. 函数文件一定是以 function 关键字开头的,否则就是脚本文件

　　C. 函数文件中可以定义多个子函数

　　D. 函数声明语句中,可以既没有输入变量也没有输出变量

(4) 以下关于 MATLAB 二维图形绘制规定说法正确的是　　　　　　　　　　　(　　)

　　A. 如果在 plot 命令中没有指定曲线的颜色,则所有绘制出的曲线均为黑色

　　B. MATLAB 将所有的图形绘制在图形窗口中,在该窗口中可以进行图形的编辑

　　C. 如果 X 为有三个元素的向量;Y 为 3 行 4 列的矩阵,采用命令 plot(Y, X, '−o')绘制曲线时,
　　　将以 X 为横坐标,Y 的每列为纵坐标绘制 3 条曲线

　　D. subplot(2, 2, 4)命令生成的图形中包括 4 个子图

(5) 以下关于 MATLAB 关系和逻辑运算说法正确的是　　　　　　　　　　　　(　　)

　　A. 关系运算的结果是二值逻辑量,即它的值只能取 1 或者 0

　　B. 零元素的逻辑量为 0

　　C. && 运算符的运算结果和 & 是相同的

　　D. 关系运算符的优先级高于逻辑运算符的

3. 判断题

(1) MATLAB 变量被赋予一个整数数值时,计算时它将被视为整型变量。　　　　　　(　　)

(2) 定义变量 $B=$str2num('10'),则 $B*2$ 的计算结果为 20。　　　　　　　　(　　)

(3) 在 MATLAB 中定义了一个单元数组变量 A,则赋值语句 $B=A(1,2)$ 和 $B=A\{1,2\}$ 的运行结果是一样的。　　　　　　　　　　　　　　　　　　　　(　　)

(4) plotyy 是 MATLAB 用于绘制双坐标曲线的命令,和 plot 命令一样,plotyy 命令可以在使用时采用字符串控制曲线格式。　　　　　　　　　　　　　　(　　)

(5) MATLAB 中建立的 m 文件可以是脚本文件也可以是函数文件。　　　　(　　)

(6) 不能在 MATLAB 的脚本文件中定义函数,但可以调用函数。　　　　(　　)

(7) MATLAB 规定所有非零元素的逻辑量为 1。　　　　　　　　　　(　　)

(8) MATLAB 中数是一个 1 行 1 列矩阵,因此无法与一个多行多列的矩阵进行逻辑或关系运算。　　　　　　　　　　　　　　　　　　　　　　(　　)

(9) 当 MATLAB 程序执行到 error 函数后,会显示函数所包含的信息,并继续执行后续语句。(　　)

4. 标准条件下钢管中流动的空气压降可由下式给出:

$$\Delta p=\frac{0.03L}{d^{1.24}}\left(\frac{V}{1000}\right)^{1.84}$$

式中,L 为管长(单位:m);V 为空气流速(单位:m/min),d 为钢管直径(单位:mm)。求 $L=3000$ m,$d=45$ mm,$V=1600$ m/min 时的 Δp 值,计算结果按如下格式输出,试写出相关 MATLAB 命令。

L = 3000 m　d = 45 mm　V = 1600 m/min

压降计算值为

deltP =　...

(注:... 处为计算结果,显示格式为保留两位小数的科学记数法)

5. 采用 plot 命令一次画出两条函数曲线 $\sin t$ 和 $e^{-t}\cos t$,$t\in[0,3\pi]$。其中,第一条曲线采用红色实线,第二条曲线采用蓝色虚线。给图形加上图题、图例和坐标轴名,写出对应的 MATLAB 命令。

6. 如图所示,圆形横截面开口管道流体的流量 Q(单位:m³/s)由下式给出:

$$Q=\frac{2^{\frac{3}{2}}D_c^{\frac{5}{2}}\sqrt{g}[\theta-0.5\sin(2\theta)]^{\frac{3}{2}}}{8\sqrt{\sin\theta}(1-\cos\theta)^{\frac{5}{2}}}$$

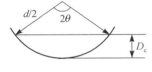

第 6 题图

其中,θ 为弧度;$g=9.8$ m/s² 为重力加速度,D_c 由下式给出:

$$D_c=\frac{d}{2}(1-\cos\theta)$$

(1) 编写一个脚本文件,计算 $d=2$ m,$\theta=60°$ 时 Q 的值;

(2) 编写一个计算 Q 的函数文件,使 d 和 θ 作为输入变量,Q 作为输出变量;并利用此函数文件计算 $d=3$ m,$\theta=50°$ 时的 Q 值。

7. 已知克劳修斯-克拉佩龙方程可以计算不同温度下水的饱和蒸气压:

$$\ln\left(\frac{p^\circ}{6.11}\right)=\frac{\Delta H}{R}\times\left(\frac{1}{273}-\frac{1}{T}\right)$$

其中,p° 为温度为 T 时的饱和水蒸气压,单位为 mbar[①];ΔH 为水的标准汽化热,2.453×10^6 J/kg;R 为摩

———————————

① 1 bar=10^5 Pa。

尔气体常数,461 J/(kg・K);T 为温度,单位为 K。

试编写一个 MATLAB 函数计算−20～50℃之间水的饱和蒸气压。将计算结果显示在屏幕上,同时绘制出饱和蒸气压与温度的关系曲线。

8. 以下图形中的实线表示了曲线 $y = e^x$,点画线指示了当 x 等于 1.2 时的函数值。试编写一个 MATLAB 函数实现如下功能:当任意给定一个在[0,2]区间内的 x 时,可以生成类似下图的图形(图形应包括 $y = e^x$ 的曲线,指示输入 x 处函数值的点画线及位于合适位置的文本注释)。

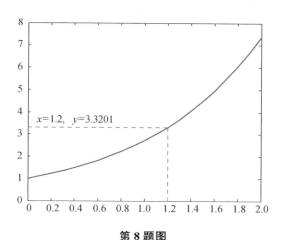

第 8 题图

9. 已知数列 x 由下式生成:

$$x_{n+1} = x_n^2 + 0.25$$

对 $x_0 = 0$,当 $x_{n+1} - x_n < 0.001$ 时认为 x 收敛,试编写一个 MATLAB 程序采用 while 循环求 x 收敛时的值是多少? 收敛时 n 为多少?

10. 已知整数 a_1,a_2 和 a_3 满足 $0 \leqslant a_1 < a_2 < a_3 \leqslant 10$,试编写一个 MATLAB 程序求满足 $a_1 + a_2 + a_3 = 12$ 的所有 a_1,a_2 和 a_3 组合,将结果用 disp 函数显示在屏幕上。

11. 已知函数 $f(x) = \begin{cases} x^2, & 0 \leqslant x < 1 \\ 2x^{1.2} - 1, & 1 \leqslant x < 10 \\ 3\ln x, & 10 \leqslant x \leqslant 100 \end{cases}$,试编写一个 MATLAB 函数根据输入变量的值返回 $f(x)$ 的值,当输入变量的值小于 0 或大于 100 时返回错误信息 'It's not allowed'。

12. 捷算法求双组分精馏的理论板数

在常压下将含苯摩尔分数 x_F 为 0.25 的苯-甲苯混合液连续精馏。要求馏出液中含苯摩尔分数 x_D 为 0.98,釜液中含苯摩尔分数 x_W 为 0.085。操作时所用回流比 R 为 5,泡点加料($q=1$),泡点回流,塔顶为全凝器,通过捷算法求所需理论板数。常压下苯-甲苯混合物可视为理想物系,相对挥发度 α 为 2.47。

算法:捷算法求精馏塔的理论塔板数时,首先求最小回流比 R_{min}:

$$R_{min} = \frac{x_D - y_e}{y_e - x_e}$$

其中由于泡点进料,因此 $x_e = x_F$,$y_e = \dfrac{\alpha x_F}{1 + (\alpha - 1)x_F}$;

最小理论板数 N_{min} 可按下式计算:

$$N_{min} = \frac{\lg\left[\left(\dfrac{x_D}{1 - x_D}\right)\left(\dfrac{1 - x_W}{x_W}\right)\right]}{\lg \alpha}$$

理论板数与最小理论板数的关系如下。

$$\lg \frac{N-N_{\min}}{N+1} = -0.9\left(\frac{R-R_{\min}}{R+1}\right) - 0.17$$

13. 图解法求吸收塔的理论塔板数的过程如图所示。图中虚线称为操作线,由吸收塔的进出口组成确定,如图中的 a 和 b 点,两点坐标分别为 $(0, 0.0101)$ 和 $(0.00524, 0.25)$。图中实线表示汽液平衡线 $y = 20.7x$。求解过程从点 a 出发,作水平线与平衡线相交,交点处作垂直线与操作线相交,以此类推,直至垂直线与操作性的交点超过点 b。水平线的数目即为理论塔板数。试编写一个 MATLAB 程序重复以上求解过程。

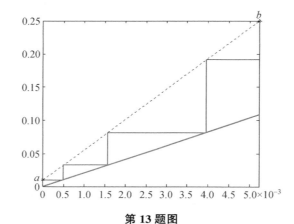

第 13 题图

第 2 章
矩阵操作与线性方程组求解

MATLAB 是"MATrix LABoratory"（矩阵实验室）的缩写，它提供大量关于矩阵分析的函数，为编程者提供了极大的方便。MATLAB 关于矩阵的函数分别归类在 elfun，elmat 和 matfun 这几个主题中。elfun 主题下归类了矩阵运算的初等函数；elmat 主题下分为基本矩阵、数组信息、矩阵操作、多维数组函数、特殊矩阵几类，用于矩阵的生成、操作等功能；matfun 主题则提供了矩阵分析、线性方程求解相关函数（包括矩阵分解函数）、特征值与特征向量相关函数。本章中我们将主要介绍矩阵的生成和操作、基本矩阵性质函数和矩阵除法求解线性方程组。其他未介绍的函数，读者可自行利用 help 命令查看。

2.1 矩阵的生成

在 1.2.1 节中介绍了从键盘上直接输入矩阵的方法，这种方法尤其适合较小的简单矩阵。当数据已经保存在各种文件中时，可以利用 1.4.1 节和绪论中介绍的方法将其导入 MATLAB 中。

2.1.1 利用小阵生成大阵

首先，可以将矩阵作为另一个矩阵的元素，例如：

```
>> A=[1 2 3;4 5 6;7 8 9];
>> B=[A+0.1 A+0.2;A+0.3 A+0.4]
B =
    1.1000    2.1000    3.1000    1.2000    2.2000    3.2000
    4.1000    5.1000    6.1000    4.2000    5.2000    6.2000
    7.1000    8.1000    9.1000    7.2000    8.2000    9.2000
    1.3000    2.3000    3.3000    1.4000    2.4000    3.4000
    4.3000    5.3000    6.3000    4.4000    5.4000    6.4000
    7.3000    8.3000    9.3000    7.4000    8.4000    9.4000
```

其次，除了直接输入外，MATLAB 函数 cat 可以拼接两个矩阵，其使用方法是

```
cat(DIM, A, B)
```

其中 DIM 为矩阵的维,1 表示列,2 表示行,因此 cat(2,A,B) 与[A,B]相同,cat(1,A,B)与[A;B]相同。例如输入:

```
>> A = [1  2  3;4  5  6;7  8  9];
>> B = A * 2;
>> C = cat(2, A, B)
>> D = cat(1, A, B)
```

则生成的 C 和 D 分别为

```
C =
    1    2    3    2    4    6
    4    5    6    8   10   12
    7    8    9   14   16   18
D =
    1    2    3
    4    5    6
    7    8    9
    2    4    6
    8   10   12
   14   16   18
```

应当注意,在进行拼接时对应维的阶数必须相等,否则会出现拼接维不一致的错误。例如,输入:

```
>> A = [1  2  3;4  5  6;7  8  9];
>> B = [10  11; 12  13; 14  15]
>> C = cat(1, A, B)
```

则会出现如下错误提示:

```
Error using cat
CAT arguments dimensions are not consistent.
```

再次,MATLAB 函数 repmat 可以将一个矩阵复制构成新的矩阵,其使用方法是

```
B = repmat(A, M, N)
```

表示把 A 复制 M 行 N 列组成新矩阵,例如输入:

```
>> A = [1  2; 3  4];
>> B = repmat(A, 2, 3)
```

结果 B=

```
    1  2  1  2  1  2
    3  4  3  4  3  4
    1  2  1  2  1  2
    3  4  3  4  3  4
```

2.1.2　特殊矩阵的生成

除了上述矩阵生成方法,MATLAB 系统本身还提供了一些内部函数用于生成特殊的矩阵。这些特殊矩阵在实际计算过程中有十分广泛的应用。例如,利用特殊矩阵预先定义矩阵的阶数,这可以有效降低运算时间或者利用特殊矩阵预先给元素赋一些特定的值,如 0 或 1。

2.1.2.1　空阵

在 MATLAB 中定义[]（空的中括号）为空阵。一个被赋予空阵的变量有以下性质。

（1）在 MATLAB 工作内存中确实存在被赋予空阵的变量;

（2）空阵中不包括任何元素,它的阶数是 0×0;

（3）空阵可以在 MATLAB 的运算中传递;

（4）可以用 clear 从内存中清除空阵变量。

应特别注意的是,空阵不是 0,也不是不存在。它可以用来使矩阵按要求进行缩维。

2.1.2.2　几种常用的工具阵

MATLAB 中常用的工具阵生成函数如下。

zeros　　　　全零阵

ones　　　　全 1 阵

eye　　　　　单位阵

rand　　　　均匀分布的随机数矩阵

以上几个函数的使用方法完全一致,以 zeros 为例说明。

B＝zeros(n)　　　　　　　　%生成 n×n 全零阵

B＝zeros(m, n)　　　　　　%生成 m×n 全零阵

B＝zeros(m, n, p,…)　　%生成 m×n×p×…全零阵

如输入

>> B＝zeros(3, 2)

则 B＝

$\qquad$ 0　0

$\qquad$ 0　0

$\qquad$ 0　0

2.1.2.3　特殊矩阵

除了以上几种工具阵外,MATLAB 还提供了相当丰富的特殊矩阵,可输入"help elmat"进行查看,此处仅介绍以下几个。

hilb　　　　　　Hilbert 矩阵,矩阵中第 i 行第 j 列元素的值为 $1/(i+j-1)$,是一个典型的病态矩阵

magic   魔方阵,每列每行及对角线元素之和均相等
pascal   Pascal 阵,它是对称、正定矩阵,它的元素由 Pascal 三角组成,它的逆矩阵
             的所有元素都是整数

以上几个函数的使用方法完全一致,以 magic 为例说明。

M = magic(n)

将生成一个 n 阶魔方矩阵

例如,输入

```
>> M = magic(3)
M =
    8    1    6
    3    5    7
    4    9    2
```

2.2 矩阵的基本性质函数

MATLAB 提供的基本矩阵性质函数见表 2.1。

表 2.1 MATLAB 常用矩阵性质函数

函数	用途	函数	用途
size	矩阵的大小	isempty	矩阵是否为空
length	向量的长度	isequal	矩阵是否相等
ndims	矩阵的维数	isequalwithequalnans	不计 NaN 时矩阵是否相等
numel	矩阵元素个数		

1. size 函数

size 函数的使用方法:

D = size(X)   %返回矩阵 X 的行数和列数,结果为向量
[C, R] = size(X)   %返回矩阵 X 的行数和列数,行数赋予 M,列数赋予 N

例如:

```
>> X = [16   2   3   13;  5   11   10   8;  9   7   6   12];
>> D = size(X)
D =
    3    4
>> [M, N] = size(X)
M =
    3
N =
    4
```

2. length 函数

length 函数的使用方法：

L＝length(X)　　％返回向量 X 的长度，相当于 max(size(X))

例如：

```
>> X=[1  2  3；4  5  6];
>> L=length(X)
```

结果 L＝　3

3. ndims 函数

ndims 函数的使用方法：

N＝ndims(X)　　％矩阵的维数，相当于 length(size(X))

如

```
>> X=[1  2  3；4  5  6];
>> N=ndims(X)
```

结果 N＝　2

4. numel 函数

numel 函数的使用方法：

N＝numel(A)　　％返回矩阵元素个数

例如：

```
>> A=[1  2  3；4  5  6]
>> N=numel(A)
```

结果 N＝　6

5. isempty 函数

isempty 函数的使用方法：

isempty(X)　　　　％判断矩阵是否为空，如果矩阵 X 为空返回 1，否则返回 0

例如：

```
>> isempty([])
ans=　1
>> isempty([0])
ans=　0
```

6. isequal 函数

isequal 函数的使用方法：

isequal(A，B，C，...)　　　　％判断矩阵是否相等，如果 A，B，C，...大小相等并
　　　　　　　　　　　　　　　　且元素对应相等返回 1，否则返回 0

2.3 矩阵操作

2.3.1 矩阵元素的寻访、引用与修改

2.3.1.1 通过矩阵的索引与下标

如果变量名为 A 的矩阵已经赋值,可以通过矩阵的索引或下标引用矩阵中的某些元素,二维和三维矩阵的索引和下标示意图分别如图 2.1 和图 2.2 所示。对于索引,矩阵元素排序按照先列后行再页的方式;类似地对于下标的排列也是同样的顺序。引用方法如下。

(1) A(n),n 为正整数或正整数组成的向量,表示采用索引引用 A 中的元素;

(2) A(m,n)表示采用下标引用矩阵元素,m 和 n 分别表示矩阵的行和列,m 和 n 可以为正整数或正整数组成的向量;

(3) A(end)表示引用 A 中的最后一个元素,A(end−1)、A(end−2)分别表示引用倒数第二个和第三个元素,依次类推。

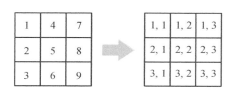

图2.1　二维矩阵的索引(左)与下标(右)

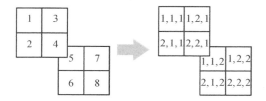

图2.2　三维矩阵的索引(左)与下标(右)

例题 1　已知矩阵 $A=[16, 2, 3, 13; 5, 11, 10, 8; 9, 7, 6, 12; 4, 14, 15, 1]$,则以下变量的值为多少?

(1) >>a=A(5);　　　　　　　　　(2) >>b=A(2, 3);

(3) >>c=A(end−5);　　　　　　　(4) >>d=A([1, 4, 8]);

(5) >>e=A([1, 4], [2, 3]);　　　　(6) >>f=A(end, [1, 3])

解:

(1) >>a=2;　　　　　　　　　　(2) >>b=10;

(3) >>c=6;　　　　　　　　　　(4) >>d=[16, 4, 14];

(5) >>e=[2, 3; 14, 15];　　　　　(6) >>f=[4, 15]

矩阵的索引和下标之间可以通过函数 ind2sub 和 sub2ind 相互转化,前者用于索引转换至下标,后者用于下标转换至索引。

ind2sub 的使用方法如下。

```
[I, J] = ind2sub(siz, IND)
[I1, I2, I3,..., In] = ind2sub(siz, IND)
```

输入参数 siz 表示所需转换矩阵的阶数,IND 表示需要转换的索引,返回参数为转换后的下标。

例如：

```
>>IND=[3   4];
>>s=[3, 3];
>>[I, J]=ind2sub(s, IND)
I =
    3   1
J =
    1   2
```

表示在一个 3 行 3 列的矩阵中，第 3、4 个元素分别位于该矩阵的第 3 行第 1 列和第 1 行第 2 列。

sub2ind 的使用方法如下。

IND=sub2ind(siz, I, J)

IND=sub2ind(siz, I1, I2,..., In)

输入参数 siz 表示所需转换矩阵的阶数，I、J 等表示需要转换的下标，返回参数为转换后的索引。

例如：

```
>>A=[17   24   1   8;2   22   7   14;4   6   13   20];
>>A(:, :, 2)=A - 10;
>>sub2ind(size(A), 2, 1, 2)
ans =
    14
```

表示在一个 3 行 4 列 2 页的矩阵中，第 2 行第 1 列第 2 页的元素是第 14 个元素。

2.3.1.2　通过逻辑与关系运算

有时需要找到矩阵中符合某些条件，如所有大于 0 或大于 1 小于 2 的元素，此时可以采用逻辑与关系运算或函数查找这些运算，如下。

（1）A（逻辑或关系表达式）　查找 A 中符合该表达式的元素。

（2）find(A)　查找 A 中非零元素的位置。

（3）find（逻辑或关系表达式）　查找 A 中符合该表达式的元素的位置。

（4）all（逻辑或关系表达式）　判断矩阵中的元素是否都满足表达式，如果是则返回 1，否则返回 0。

（5）any（逻辑或关系表达式）　判断矩阵中是否有元素满足表达式，如果有一个及以上的元素满足条件，则返回 1，否则返回 0。

例题 2　已知矩阵 $A=[16, 2, 3, 13; 5, 11, 10, 8; 9, 7, 6, 12; 4, 14, 15, 1]$，则以下变量的值为多少？

（1）>>a=A(A>12);　　　　　　　（2）>>b=A(A>10&A<15);

（3）>>c=find(A);　　　　　　　（4）>>[d, e]=find(A>12);

（5）>> f=A(find(A>12));　　　　　（6）>>g=any(A(:, 2)<10)

解：

(1) $a=[16；14；15；13]$；
(2) $b=[11；14；13；12]$；
(3) $c=1；2；3；4；\cdots；15；16$；
(4) $d=[1；4；4；1]$；$e=[1；2；3；4]$；
(5) $f=[16；14；15；13]$；
(6) $g=1$

2.3.1.3 通过冒号运算符

通过冒号运算符可以方便的引用矩阵中连续的元素。以下几种通过冒号运算符引用矩阵元素的命令均合法。

(1) A(i,:) 提取 A 的第 i 行。

(2) A(:,j) 提取 A 的第 j 列。

(3) A(:,:) 提取 A 的所有行和所有列，即对矩阵 A 而言，等同于 A。

(4) A(:,j:k) 提取 A 的第 j 列到第 k 列的元素所形成的矩阵，j:step:k 也允许，表示待提取的列数由向量 j:step:k 中的元素指定。

(5) A(:) 将 A 的各列依次排成一个列向量。

(6) A(j:k) 按列将 A(:)的第 j 个到第 k 个元素排成一个行向量。

例题 3 已知矩阵 $A=[16，2，3，13；5，11，10，8；9，7，6，12；4，14，15，1]$，则以下变量的值为多少？

(1) $>>a=A(:,2)$；
(2) $>>b=A(1:3,1)$；
(3) $>>c=A(2:3,3:4)$；
(4) $>>d=A(3:4,[1,3])$；
(5) $>>e=A(5:7)$；
(6) $>>f=A(3:5:end)$

解：

(1) $a=[2\ 11\ 7\ 14]'$；
(2) $b=[16\ 5\ 9]'$；
(3) $c=[10\ 8；6\ 12]$；
(4) $d=[9\ 6；4\ 15]$；
(5) $e=[2\ 11\ 7]$；
(6) $f=[9\ 14\ 13]$

注意：a 和 b 均为列向量，中括号后的单引号表示转置。

2.3.1.4 通过矩阵操作函数

通过 MATLAB 提供的一些矩阵操作函数可以方便地提取矩阵特定位置的元素，如对角线元素等。

1. diag 函数

diag 函数的使用方法如下。

(1) diag(X) 当 X 是矩阵时，diag(X)是 X 的主对角线元素。

(2) diag(X，K) 当 X 是矩阵时，从矩阵 X 的 K 对角线上提取向量；K=0 是主对角，K＞0 在主对角以上，K＜0 在主对角以下。

(3) diag(V) 当 V 是有 N 个元素的向量时，生成以向量 V 为主对角线元素的方阵，非主对角线元素为 0。

(4) diag(V，K) 当 V 是有 N 个元素的向量时，生成一个 N+abs(K)阶方阵，K 对角线元素为向量 V。

2. tril 函数

tril 函数的使用方法如下。

(1) tril(X) 返回矩阵 X 的下三角阵元素，其他元素值为 0。

(2) tril(X，K) 返回矩阵 X 的 K 对角线以下的元素。

3. triu 函数

triu 函数的使用方法与 tril 函数的完全相同,区别仅在于 triu 函数返回的是 X 的上三角阵元素。

例题 4　已知矩阵 A＝[8 1 6;3 5 7;4 9 2],则以下变量的值为多少?

(1) >>a=diag(A);　　　　　　　　(2) >>b=diag(A,−2);

(3) >>c=diag(A,1);　　　　　　　(4) >>d=diag(diag(A,−1));

(5) >>e=tril(A,1);　　　　　　　(6) >>f=triu(A)

解:

(1) a＝[8　5　2]′;　　　　　　　(2) b＝4;

(3) c＝[1,7]′;　　　　　　　　　(4) d＝[3　0;0　9];

(5) e＝[8　1　0;3　5　7;4　9　2];　(6) f＝[8　1　6;0　5　7;0　0　2]

2.3.1.5　矩阵元素最大值和最小值的查找

在众多数据中查找最大值或最小值是数值计算中常见的任务,MATLAB 提供的 max, min 可以方便的完成这一任务。这两个函数的用法完全相同,我们以 max 查找最大值为例说明。max 的使用方法有以下几种。

(1) C=max(A)

① A 为向量时,返回的 C 为向量中的最大值;

② A 为二维矩阵时,返回的 C 为 A 中每列元素的最大值组成的向量;

③ A 为多维矩阵时,则以 A 中的第一个非奇异维视为向量,返回各向量的最大值;

(2) C=max(A,B)　A,B 为同阶矩阵,C 为 A 和 B 对应元素中较大元素组成的新矩阵;

(3) C=max(A,[],dim)　以 dim 指定的维查找对应向量的最大值,当 dim 为 1 时,查找每列元素最大值,dim 为 2 时,查找每行元素最大值;

(4) [C,I]=max(A)　C 为最大值向量,I 为 C 中元素在 A 的位置。

例题 5　已知矩阵 A＝rand(3),试写出实现以下功能的命令。

(1) 查找 A 每行元素的最大值及其所在的列数;

(2) 查找 A 每列元素的最小值及其所在的行数;

(3) 查找 A 中最大元素的值及其所在的行数和列数

解:

(1) >>[M1,Col1]=max(A,[],2)

(2) >>[M2,Row2]=min(A)

(3) >>[M3,I3]=max(A(:));[Row3,Col3]=ind2sub(size(A),I3)

2.3.1.6　矩阵元素的修改

在 MATLAB 中对一个已经赋值的矩阵进行修改十分方便,只需采用合理的方法引用需要修改的元素,再重新进行赋值即可。

例题 6　已知矩阵 A＝[8 1 6;3 5 7;4 9 2]。现需进行以下修改,试写出其命令。

(1) 将 A 中的第 5 个元素值更改为 0;　　(2) 将 A 增加新的一行[1 2 3];

(3) 删除 A 中的第 2 列

解：

(1) >> A(5)=0;   (2) >>A(4，:)=[1 2 3]；

(3) >>A(:，2)=[]

2.3.2 矩阵元素的排序

元素排序也是数值计算中常需完成的任务，MATLAB 函数 sort 可以完成这一任务。sort 函数的使用方法如下。

(1) B=sort(A)

① 如果 A 为向量，A 中元素升序排列；

② 如果 A 为二维矩阵，A 中每列元素升序排列；

③ 如果 A 为多维矩阵，沿 A 中第一个非奇异维升序排列；

(2) B=sort(A，dim) 按 dim 指定的维对 A 进行排序：dim=1 时对列排序，dim=2 时对行排序；

(3) B=sort(...，mode) mode 可以为'ascend'或'descend'，表示按升序或降序排序；

(4) [B，IX]=sort(A,...) B 的意义同上，IX 表示 B 在原排序向量中的位置。

例题 7 已知矩阵 A，执行命令 [B，IX]=sort(A，2，'descend')得到结果如下：B=[8 6 1；7 5 3；9 4 2]，IX=[1 3 2；3 2 1；2 1 3]，试写出矩阵 A。

解：

命令[B，IX]=sort(A，2，'descend')表示将 A 矩阵的行元素按降序排列，IX 为元素在 A 中的列数，例如 B 的第 1 行 8,6,1 同样为 A 的第 1 行，IX 的第 1 行各元素表示这几个元素分别位于 A 的第 1、第 3 和第 2 列，据此容易写出 A=[8 1 6；3 5 7；4 9 2]。

2.3.3 矩阵变形

在编写数值计算程序时，经常需要将已经赋值的矩阵进行变形，如行列互换、行列数变化等，MATLAB 提供了以下函数可以方便实现这些功能，见表 2.2。

表 2.2 MATLAB 提供的矩阵变形函数

函数及其使用方法	功 能
A'	将矩阵 A 转置
reshape(A，row，col)	将 A 矩阵变换为 row 行 col 列的新矩阵
reshape(A，siz)	将 A 矩阵变换为 siz 指定行和列的新矩阵
fliplr(A)	将 A 矩阵左右翻转
flipud(A)	将 A 矩阵上下翻转
rot90(A，n)	将 A 矩阵逆时针旋转 n*90°，当 n=1 时，可以省略

例题 8 已知矩阵 A=magic(4)。现需进行以下修改，试写出其命令。

(1) 将 A 中行列元素互换；   (2) 将 A 矩阵元素重新排列成一个 2 行 8 列的矩阵；

(3) 将 A 中的元素倒排，即第一个元素变为最后一个

解:

(1) >> B=A′;　　　　　　　　　　(2) >>C=reshape(A，2，8);

(3) >>D=rot90(A，2)或 D=fliplr(flipud(A))

2.4　矩阵分析函数

MATLAB 的部分矩阵分析函数如表 2.3 所示,这些函数可以帮助我们完成矩阵的求秩,求逆等任务。全部的矩阵分析函数可以通过键入"">>help matfun""查看。

表 2.3　MATLAB 的矩阵分析函数

函数及其使用方法	功　能
rank(A)	求矩阵 A 的秩;
det(A)	求方阵 A 行列式的值;
trace(A)	求矩阵 A 的迹,即矩阵对角线上元素的和;
inv(A)	求方阵 A 的逆;
cond(A)	求矩阵 A 的条件数;
sum(A)	如果 A 为向量,则求 A 中所有元素的和,如果 A 为矩阵,则求每列元素的和;
sum(A, dim)	对于矩阵 A,求 dim 指定维数元素的和,即 dim 为 1 时,按列求和,dim 为 2 时求各行元素的和
norm(A)	矩阵 A 的 2-范数;对于向量 v, norm(v, p)可返回 sum(abs (v). $^\wedge$ p)$^\wedge$(1/p)

例题 9　已知矩阵 $A=$magic(4),试编写一个脚本文件,检验 A 中每行、每列及两条对角线上元素的和是否为 34,如果均为 34,则在屏幕显示"It's magic matrix"。

解:

```
A = magic(4);
B = sum(A);
C = sum(A, 2);
D = trace(A);
E = trace(rot90(A));
F = length(find(B = =34));
G = length(find(C = =34));
if F = =4&&G = =4&&D = =34&&E = =34
    disp('It is a magic matrix')
else
    disp('It is not a magic matrix')
end
```

例题 10　在一个存在多个反应的复杂反应体系中,某些反应的化学计量方程可以由其他反应的化学计量方程线性组合得到。如果 m 个同时发生的反应中,若每一个反应的计量方程都不能由其他反应的计量方程的线性组合得到,则称这 m 个反应是相互独立的。一个反应体系的独立反应数等于其化学计量系数矩阵的秩。

已知氨氧化过程可发生下列反应：

$$4NH_3 + 5O_2 \longrightarrow 4NO + 6H_2O$$
$$4NH_3 + 3O_2 \longrightarrow 2N_2 + 6H_2O$$
$$4NH_3 + 6NO \longrightarrow 5N_2 + 6H_2O$$
$$2NO + O_2 \longrightarrow 2NO_2$$
$$2NO \longrightarrow N_2 + O_2$$
$$N_2 + 2O_2 \longrightarrow 2NO_2$$

(1) 用化学计量数方程求取独立反应数；

(2) 编写一个 MATLAB 函数找出该反应体系的独立反应。

解：

(1) 以上反应体系的化学计量数矩阵如下。

$$A = \begin{matrix} & NH_3 & O_2 & NO & H_2O & N_2 & NO_2 \\ & \begin{bmatrix} -4 & -5 & 4 & 6 & 0 & 0 \\ -4 & -3 & 0 & 6 & 2 & 0 \\ -4 & 0 & -6 & 6 & 5 & 0 \\ 0 & -1 & -2 & 0 & 0 & 2 \\ 0 & 1 & -2 & 0 & 1 & 0 \\ 0 & -2 & 0 & 0 & -1 & 2 \end{bmatrix} \end{matrix}$$

$>>$ b＝rank(A)，则结果为 $b=3$，说明此体系有三个独立反应。

(2) 如果从 6 个反应中任取 3 个，剩余 3 个反应组成的化学计量数矩阵如果满秩，则找到一组独立反应，则程序如下。

```
function Cha2Demo10
clc, clear
Stoi = [-4  -5  4  6  0  0; -4  -3  0  6  2  0; -4  0  -6  6  5  0;
    0  -1  -2  0  0  2; 0  1  -2  0  1  0; 0  -2  0  0  -1  2];
[RNum, SNum] = size(Stoi);
IndR = rank(Stoi);
n = 0;
for i = 1:RNum
    for j = i + 1:RNum
        for k = j + 1:RNum
            A = Stoi;
            A([i, j, k], :) = [];
            if rank(A) == IndR
                n = n + 1;
                disp(strcat(num2str(n), 'the independant reaction is
                found:'))
```

```
r=1:RNum; r([i, j, k])=[];
         disp(strcat('Independant reactions are:', num2str(r)))
      end
   end
end
end
```

以上实际采用了穷举法查找独立反应,比较适用于反应数不太多的体系。当反应较多时,这种方法的计算量会大大增加。不过由于通常这种计算对于某个反应体系只需进行一次,因此计算时间是可以接受的。采用图论的方法可以更为高效地完成类似任务。

2.5　线性方程组求解方法

在化学工程中需要求解线性方程组的场合很多,如多组分体系的物料衡算、计算各种化合物的物理化学性质及稳态动力学计算等。事实上,有些解非线性方程组、微分方程的数值法最终也都归结为解线性方程组的问题。可以说线性代数计算是数值计算的重要基础。

特别是近年来,线性方程组在微分方程数值解、线性规划、网络分析到有限元分析等领域获得广泛的应用,求解大型高阶(几万甚至几十万阶)稀疏方程组及病态方程组的要求大大增加。这些问题都要求求解线性方程组的算法稳定、高效。以下两组方程组的求解说明这一概念。

(1) $\begin{cases} 2x+y=8 \\ 2x+6.00001y=8.00001 \end{cases}$ (a)和 $\begin{cases} 2x+6y=8 \\ 2x+5.99999y=8.00002 \end{cases}$ (b)

(2) $\begin{cases} 0.2161x+0.1441y=0.1440 \\ 1.2969x+0.8648y=0.8642 \end{cases}$ (a)和 $\begin{cases} 0.2161x+0.1441y=0.144000001 \\ 1.2969x+0.8648y=0.86419999 \end{cases}$ (b)

第一组方程组的系数矩阵和右端向量各有一个元素有微量之别,但是可以很容易求得其解分别为 $x=1$, $y=1$ 和 $x=10$, $y=-2$,有很大差别。第二组方程的系数矩阵完全相同,只是右端项有微小变动,可是它们的解(分别为 $x=2$, $y=-2$ 和 $x=0.991$, $y=-0.487$)则完全不同。以上两种方程组都可以称之为病态方程组。这种在实际过程中是很常见的。基于这些要求,数学家发展了很多稳定、高效的线性方程组解法。比较常见的有高斯消元法、高斯主元素消元法、追赶法、迭代法等。下面简单回顾高斯消元法和高斯主元素消元法。

2.5.1　高斯消元法

高斯消元法的基本思路是将线性方程的系数矩阵化为上三角阵,然后进行回代求解。例如:用高斯消元法解方程组

$$\begin{cases} 10x-7y=7 \\ -3x+2y+6z=4 \\ 5x-y+5z=6 \end{cases} \tag{2.1}$$

方程可以写为矩阵形式：

$$\begin{bmatrix} 10 & -7 & 0 \\ -3 & 2 & 6 \\ 5 & -1 & 5 \end{bmatrix} \begin{bmatrix} x \\ y \\ z \end{bmatrix} = \begin{bmatrix} 7 \\ 4 \\ 6 \end{bmatrix} \tag{2.2}$$

消元过程的第 1 步是将第 1 个方程分别乘以 0.3 和 -0.5 后依次加到第 2、第 3 个方程，这时第 1 个方程 x 的系数 10 称为第一个主元，经过这一步得到等价方程组

$$\begin{bmatrix} 10 & -7 & 0 \\ 0 & -0.1 & 6 \\ 0 & 2.5 & 5 \end{bmatrix} \begin{bmatrix} x \\ y \\ z \end{bmatrix} = \begin{bmatrix} 7 \\ 6.1 \\ 2.5 \end{bmatrix} \tag{2.3}$$

消元过程第 2 步的主方程是当前的第 2 个方程，将其乘以 25 加到第 3 个方程，得到等价方程组

$$\begin{bmatrix} 10 & -7 & 0 \\ 0 & -0.1 & 6 \\ 0 & 0 & 155 \end{bmatrix} \begin{bmatrix} x \\ y \\ z \end{bmatrix} = \begin{bmatrix} 7 \\ 6.1 \\ 155 \end{bmatrix} \tag{2.4}$$

最后一个方程为 $155z=155$，求解得 $z=1$，然后采用回代法至式(2.4)的第 2 个方程 $-0.1y+6z=6.1$，得到 $y=-0.1$，再回代至第一个方程得到 $x=0$。

2.5.2 高斯主元素消元法

因浮点算术运算会导致舍入误差的增长，故严格按高斯消元法的步骤执行可能会导致比较大的误差，甚至是错误的结果。例如，采用高斯消元法求解以下方程组：

$$\begin{bmatrix} 10 & -7 & 0 \\ -3 & 2.099 & 6 \\ 5 & -1 & 5 \end{bmatrix} \begin{bmatrix} x \\ y \\ z \end{bmatrix} = \begin{bmatrix} 7 \\ 3.901 \\ 6 \end{bmatrix} \tag{2.5}$$

与上例相比，仅第 2 个方程做了很小的修改。现假定在一台具有 5 位有效数字的十进制计算机进行浮点数运算求解本例。第 1 步，将第 1 个方程分别乘以 0.3 和 -0.5 后依次加到第 2、第 3 个方程，得到等价方程组

$$\begin{bmatrix} 10 & -7 & 0 \\ 0 & -0.001 & 6 \\ 0 & 2.5 & 5 \end{bmatrix} \begin{bmatrix} x \\ y \\ z \end{bmatrix} = \begin{bmatrix} 7 \\ 6.001 \\ 2.5 \end{bmatrix} \tag{2.6}$$

第 2 步，选择第 2 个方程乘以"2.5×10^3"加到第 3 个方程中去，第 3 个方程 z 的系数变为 $5+2.5\times10^3\times6=1.5005\times10^4$，右端项为 $2.5+2.5\times10^3\times6.001$，其中 $2.5\times10^3\times6.001$ 应等于 1.50025×10^4，但由于计算机只有 5 位有效数字，因此将结果舍入为 1.5002×10^4。同样 $2.5+1.5002\times10^4=0.0002\times10^4+1.5002\times10^4=1.5004\times10^4$，因此最后一个方程变为 $1.5005\times10^4z=1.5004\times10^4$，回代第一步得到 $z=1.5004\times10^4/(1.5005\times10^4)=0.99993$。回代第二步由以下方程确定：

$$-0.001y + 6 \times 0.99993 = 6.001 \tag{2.7}$$

计算结果为

$$y = \frac{1.5 \times 10^{-3}}{-1.0 \times 10^{-3}} = -1.5 \tag{2.8}$$

最后计算可得 $x = -0.35$。但实际以上方程的正确解为 $\begin{bmatrix} 0 & -1 & 1 \end{bmatrix}$，可见计算出现很大的误差。采用主元素消去法可以比较好地解决这一问题，在这种方法中，每次消去过程中均选取绝对值最大的元素作为主元，这可以通过对系数行变换实现。例如，对于以上方程主元素消去法的过程如下。

第一步消去不变，在第二步消去时，将第 2 和第 3 个方程变换，得到

$$\begin{bmatrix} 10 & -7 & 0 \\ 0 & 2.5 & 5 \\ 0 & -0.001 & 6 \end{bmatrix} \begin{bmatrix} x \\ y \\ z \end{bmatrix} = \begin{bmatrix} 7 \\ 2.5 \\ 6.001 \end{bmatrix} \tag{2.9}$$

将第 2 个方程乘以 0.0004 加到第三个方程中，此时不会出现有效数字问题，得到

$$\begin{bmatrix} 10 & -7 & 0 \\ 0 & 2.5 & 5 \\ 0 & 0 & 6.002 \end{bmatrix} \begin{bmatrix} x \\ y \\ z \end{bmatrix} = \begin{bmatrix} 7 \\ 2.5 \\ 6.002 \end{bmatrix} \tag{2.10}$$

可以容易得到正确解 $\begin{bmatrix} 0 & -1 & 1 \end{bmatrix}$。

2.6　MATLAB 求解线性方程组方法

2.6.1　MATLAB 的矩阵除法运算

在 MATLAB 中，求解线性方程组归结为一条简单的命令，即"\"（矩阵左除）和"/"（矩阵右除），使得求解线性方程组变得十分容易，通常"\"使用更多。对于线性方程组 $AX = b$，它的解可以用以下命令表示：

```
>>x = A\b
```

如果方程组表示为 $XA = b$，则它的解可以用以下命令表示：

```
>>x = b/A
```

对于方程组 $AX = b$，其中 A 是一个 $(n \times m)$ 阶的矩阵，则：

当 b 向量的元素全为零时，方程称为齐次方程，齐次方程具有非零解的充要条件是 A 的秩小于 n（未知变量的个数）；当 b 向量不全为零时称为非齐次方程组，此时它有解的充要条件是 A 与其增广矩阵 $B = [A, b]$ 的秩相等。当 A 与 B 的秩均等于 n 时，方程组有唯一解，是恰定方程；当 A 与 B 的秩相等，但小于 n 时，方程组具有无穷多解，方程是欠定方程；A 与 B 的秩不相等时，方程组无解，是超定方程。对于以上各种情况，都可以用 MATLAB 矩阵除法进行求解。当方程为欠定方程时，矩阵左除给出的是一个特解，所含非零元素的个数是所有解中最多的一个。当方程为超定方程时，左除给出一个最小二乘解，即虽然这

个解不满足任何一个方程,但把它代入方程左端得到的值与方程右端项差值的平方和是所有解中最小的。

例题 11 采用矩阵左除命令求解方程:$\begin{cases} 10x - 7y = 7 \\ -3x + 2.099y + 6z = 3.901 \\ 5x - y + 5z = 6 \end{cases}$。

解:

以上方程可以表示为

$$\begin{bmatrix} 10 & -7 & 0 \\ -3 & 2.099 & 6 \\ 5 & -1 & 5 \end{bmatrix} \begin{bmatrix} x \\ y \\ z \end{bmatrix} = \begin{bmatrix} 7 \\ 3.901 \\ 6 \end{bmatrix}$$

因此可以采用如下命令求解:

```
>>A=[10 -7 0;-3 2.099 6;5 -1 5];
>>B=[7;3.901;6];
>>x=A\B
```

可得正确结果:$x = \begin{bmatrix} 0 & -1 & 1 \end{bmatrix}$。注意 **B** 向量必须写成列向量的形式,否则将出现"??? Error using==> mldivide Matrix dimensions must agree."的错误,表示矩阵对应维的阶数应匹配。

例题 12 稳态流程的物料衡算

采用精馏塔进行分离如图 2.3 所示的苯、甲苯、二甲苯、苯乙烯混合物,当达到稳态操作时,各股物流的组成已知,试计算 D1,B1,D2 和 B2 的摩尔流量。

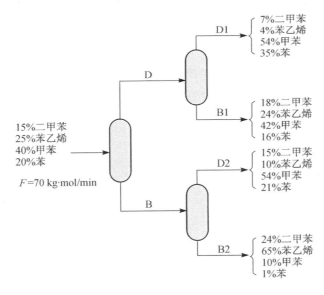

图 2.3 精馏塔分离混合物

数学模型:在本例中,精馏塔采用稳态操作,因此整个体系的组成受物料衡算限制,即满足下式:$\sum (F(\text{in}) \cdot x_i(\text{in})) = \sum (F(\text{out}) \cdot x_i(\text{out}))$。

解：

体系的物料衡算方程式如下。

$$\begin{cases} 0.07D1+0.18B1+0.15D2+0.24B2=0.15\times70 \\ 0.04D1+0.24B1+0.10D2+0.65B2=0.25\times70 \\ 0.054D1+0.42B1+0.54D2+0.10B2=0.40\times70 \\ 0.035D1+0.16B1+0.21D2+0.01B2=0.20\times70 \end{cases}$$

这是一个线性方程组，可由如下程序求解。

```
>> A = [0.07  0.18  0.15  0.24;
0.04  0.24  0.10  0.65;
0.54  0.42  0.54  0.10;
0.35  0.16  0.21  0.01];
>> B = [0.15; 0.25; 0.40; 0.20] * 70;
>> x = A\B
```

解得 $x=[26.2500;17.5000;8.7500;17.5000]$。

应当注意：在数值计算中，计算获得结果不等于计算结果正确；在进行计算后应进行以下检验工作。

（1）仔细检查程序是否存在错误，特别是输入错误；

（2）不要过多地手动输入或手算；注意合理采用 2.1 节和 2.3 节中介绍的方法生成方程系数矩阵；

（3）采用其他手段验证程序结果；

（4）绘制图形，观察结果是否异常；

（5）在可能的情况下，采用其他运算验证结果是否正确，例如检验物料（能量）衡算是否正确。

例如：对于上例，可以利用以下语句检验 A 的每列和是否为 1，以避免输入错误；计算所得出口物料是否等于进口。

```
>> all(sum(A) == 1)
>> sum(x) == 70
```

一般而言，化工流程的物料衡算常涉及热力学平衡、循环物流等，此时这些待解的方程将是非线性方程组，将在第 3 章中继续讨论这一问题。

2.6.2　矩阵左除命令的算法

从矩阵变换角度看，高斯消元法的第一步消去过程实质上是用一系列初等方阵 P_1，P_2，$\cdots$，P_{n-1} 依次乘以方程 $Ax=b$ 两端，最终使系数矩阵 A 变为一个三角阵，然后进行回代求解方程组的解。由此可见，研究如何使矩阵三角化对于线性方程组的求解是有利的。针对不同性质的矩阵，可以选择不同的三角化方法；实际上，MATLAB 的左除命令在求解线性方程组时也综合使用了这些方法。左除命令求解线性方程的基本算法如下。

（1）若 A 为对角阵，则直接除以对角元素；

（2）若 A 为三角阵,则直接进行回代;

（3）若 A 为正定阵,则进行 Cholesky 分解;

（4）若 A 为 Hessenberg 阵,则将其简化为上三角阵,再进行回代;

（5）若 A 为方阵,则进行 LU 分解;

（6）若 A 不是方阵,则进行 QR 分解。

2.7 矩阵分块与线性方程组的迭代解法

对于超大型线性方程组通常采用迭代的方法进行求解。同直接消元方法相比,迭代方法在存储空间要求和求解速度上更具有优势。

线性方程组 $Ax=b$ 的迭代解法需要将其重新排列为不动点形式:

$$x = Cx + d \tag{2.11}$$

从一个初始猜测解 x_0 开始,利用上式获得一系列新的猜测解:

$$x_{k+1} = Cx_k + d, \, k = 0, \, 1, \, \cdots \tag{2.12}$$

可以证明当

$$\rho(C) < 1 \tag{2.13}$$

时,以上迭代过程收敛。这里 $\rho(M) = \max|\lambda(M)|$ 表示矩阵 M 的谱半径。迭代收敛时,残差接近零,x_{k+1} 接近真实解 x^*。

根据 C 的选择的不同,可以构造不同的迭代方法。通常采用的方法是对矩阵进行分裂,将矩阵 A 写成分裂形式:

$$Mx_{k+1} = Nx_k + b, \, A = M - N \tag{2.14}$$

上式等于

$$x_{k+1} = M^{-1}Nx_k + M^{-1}b = Cx + d \tag{2.15}$$

由此可见,当且仅当 $\rho(M^{-1}N) < 1$ 时迭代收敛。在此基础上,一个好的迭代法构造要考虑 M^{-1} 或式(2.14)容易计算,此外 $\rho(M^{-1}N)$ 应尽可能地小以提高迭代的收敛速度。

雅克比迭代法

考虑如下方程组的求解问题:

$$\begin{cases} a_{11}x_1 + a_{12}x_2 + a_{13}x_3 = b_1 \\ a_{21}x_1 + a_{22}x_2 + a_{23}x_3 = b_2 \\ a_{31}x_1 + a_{32}x_2 + a_{33}x_3 = b_3 \end{cases} \tag{2.16}$$

可以将式(2.16)改成如下的等价形式:

$$\begin{cases} a_{11}x_1 = - a_{12}x_2 - a_{13}x_3 + b_1 \\ a_{22}x_2 = - a_{21}x_1 - a_{23}x_3 + b_2 \\ a_{33}x_3 = - a_{31}x_1 - a_{32}x_2 + b_3 \end{cases} \tag{2.17}$$

式(2.17)符合式(2.14)的形式,其中 $M=D$, D 为 A 的对角阵;$N=-L-U$, L 和 U 分别为 A 的严格上三角阵和严格下三角阵。据此可以写出迭代公式:

$$x_{k+1} = D^{-1}[(-L-U)x_k + b] = -D^{-1}(L+U)x_k + D^{-1}b \tag{2.18}$$

这就是雅克比(Jacobi)迭代公式。它的每次迭代需要 $O(n^2)$ 次运算,当主对角占优时,这一迭代一定收敛。

高斯-赛德尔迭代法

雅克比迭代法中,每次迭代过程中获得的 x 的分量值并没马上用于迭代计算,高斯-赛德尔迭代法(Gauss-Seidal)则改善了这种情况。

改变 A 的分裂形式,将式(2.16)改写为

$$\begin{cases} a_{11}x_1 = -a_{12}x_2 - a_{13}x_3 + b_1 \\ a_{22}x_2 + a_{21}x_1 = -a_{23}x_3 + b_2 \\ a_{33}x_3 + a_{31}x_1 + a_{32}x_2 = b_3 \end{cases} \tag{2.19}$$

此时 $M=D+L$, $N=-U$,因此迭代公式为

$$(D+L)x_{k+1} = -Ux_k + b \tag{2.20}$$

高斯-赛德尔迭代法的收敛条件比较难以确定,但主对角占优时一定可以收敛。

超松弛迭代法

为了改善高斯-赛德尔迭代法的收敛性,可以对其进行修饰,如下:

$$(D+\omega L)x_{k+1} = [(1-\omega)D - \omega U]x_k + b \tag{2.21}$$

由此可见,当松弛因子 ω 等于 1 时,与高斯-赛德尔迭代公式相同。一般的,对于 SOR 迭代取 $1<\omega<2$ 用于加速某收敛的迭代过程,而取 $0<\omega<1$ 用于非收敛迭代过程使其收敛。究竟如何选取最佳松弛因子,使迭代过程收敛最快,这是一个较为复杂的问题,大多数处理方法是在计算过程中搜索寻优。

例题 13　编写一个函数文件,采用 Jacobi 迭代法求解线性方程组。该函数对于一个线性方程组 $Ax=b$ 的求解问题,以 A、b 和指定求解精度 tol 和初始猜测解 x_0 作为输入变量。

解:
程序如下。

```
function xn = Jacobi(A, b, x0, tol)
M = diag(diag(A)); N = M − A;
its = 10000;
for k = 1:its
    xn = M\(N * x0 + b);
    if norm(xn − x0)< tol
        disp('The iteration is convergence')
        return
    end
    x0 = xn;
end
```

```
k = k + 1;
if k > its
    warning('The iteration is not convergence')
end;
```

上述迭代方法中,迭代系数矩阵在计算过程中不发生变化,因此被称为静态(Stationary)算法。MATLAB 没有基于这些算法的求解函数,但是 MATLAB 提供了几个基于非静态算法的线性方程组迭代求解函数,如 bicg、bicgstab、cgs、gmres、minres、pcg、qmr、symmlq 等。非静态迭代算法的介绍可以参见文献[9]。

习　题

1. 填空题

1) 试写出完成以下任务的 MATLAB 命令。

(1) 定义一个 5 行 5 列均匀分布的随机数矩阵 A:＿＿＿＿＿＿＿＿＿＿＿＿＿＿；

(2) 将 A 的第三个元素赋值给 B:＿＿＿＿＿＿＿＿＿＿＿＿＿；

(3) A 的第 1,第 2,第 5 个元素组成向量 C:＿＿＿＿＿＿＿＿＿＿＿；

(4) A 最后 6 个元素组成一个新的 2 行 3 列的矩阵 D:＿＿＿＿＿＿＿＿＿＿＿；

(5) A 的前三个元素倒排形成新的向量 E:＿＿＿＿＿＿＿＿＿＿＿；

(6) A 中大于 0.5 的元素组成新向量 F:＿＿＿＿＿＿＿＿＿＿＿；

(7) 将位于 A 的第 2 和第 3 行与第 1 和第 4 列交叉位置的元素组成新矩阵 G:＿＿＿＿＿＿＿＿；

(8) 将 A 排成列向量 H:＿＿＿＿＿＿＿＿＿＿＿；

(9) 将 A 排成行向量 I:＿＿＿＿＿＿＿＿＿＿＿；

(10) 将矩阵 A 的元素降序排列后赋值给同阶的矩阵 B:＿＿＿＿＿＿＿＿＿＿＿；B 中元素在矩阵 A 的索引赋值给矩阵 C:＿＿＿＿＿＿＿＿＿＿。(可采用多句语句)

2) 已知 $A=\text{reshape}(1:8, 2, 4)$,$B=[1\ 3\ 5\ 7\ 3;2\ 4\ 6\ 8\ 2;7\ 5\ 3\ 1\ 1;8\ 6\ 4\ 2\ 4]$,试写出一条语句将 A 组合成 B。

3) 已知矩阵 $A=\begin{bmatrix} 0.3816 & 0.4898 & 0.7547 & 0.1626 \\ 0.7655 & 0.4456 & 0.2760 & 0.1190 \\ 0.7952 & 0.6463 & 0.6797 & 0.4984 \\ 0.1869 & 0.7094 & 0.6551 & 0.9597 \end{bmatrix}$,试写出一条 MATLAB 语句将 A 重新排成矩阵 $B=\begin{bmatrix} 0.3816 & 0.4898 & 0.7547 & 0.1626 \\ 0.1869 & 0.7094 & 0.6551 & 0.9597 \\ 0.7655 & 0.4456 & 0.2760 & 0.1190 \\ 0.7952 & 0.6463 & 0.6797 & 0.4984 \end{bmatrix}$:＿＿＿＿＿＿＿＿＿。

4) 已知矩阵 $A=\text{reshape}(1:2:17, 3, 3)$,则 $\text{sum}(A, 2)=$＿＿＿＿＿＿＿＿;$\text{trace}(A)=$＿＿＿＿＿。

5) 已知 $A=[1\ 3\ 4;2\ 5\ 6;2\ 7\ 2]$,$[B, \text{Ind}]=\text{sort}(A, 2, '\text{descend}')$,则 $B=$＿＿＿＿＿＿＿＿;$\text{Ind}=$＿＿＿＿＿＿＿＿。

6) 高斯消元法的基本思路是＿＿＿＿＿＿＿＿＿＿＿＿＿＿＿＿＿＿＿＿。

2. 判断题

(1) 已知 $B=A(:)$ 和 $C=A(1:\text{end})$,则 B 和 C 两个向量是相同的。　　　　　　　(　　)

(2) 当线性方程组超定时,MATLAB 的左除命令可以给出一个特解,这个解包含的非零元素个数是

所有解中含零最多的一个。　　　　　　　　　　　　　　　　　　　　　　　　（　　）

（3）无论线性方程组解的结构如何,MATLAB 的左除命令都可以给出一个解。　（　　）

3. 已知变量 ExpData 储存了某学生的实验数据已经存在于变量空间中,ExpData 是一个二维矩阵,矩阵的第 1 列是反应时间,第 2 至第 5 列分别是与第 1 列反应时间对应的物质 A,B,C,D 的浓度,现编写一个 MATLAB 函数:(1)找出 B 和 D 浓度之和最大时的反应时间;(2)将反应时间与 B,D 浓度的关系作图,并在曲线上将 B,D 浓度和达到最大时的 B 和 D 的浓度分别以空心圆圈和星号标注在曲线上。

4. 假设一混合物由硝基苯（$C_6H_5NO_2$）、苯胺（C_6H_7N）、氨基丙酮（C_3H_7NO）和乙醇（C_2H_6O）组成。对该混合物进行元素分析,结果各元素的质量分数为:$w_1(C)=57.78\%$,$w_2(H)=7.92\%$,$w_3(N)=11.23\%$,$w_4(O)=23.07\%$。相对原子质量:C 为 12,H 为 1,O 为 16,N 为 14。试编写一个 MATLAB 程序。

（1）确定上面四种化合物在混合物中所占的质量分数,采用 fprintf 函数将结果显示在屏幕上;

（2）检验求得的质量分数之和是否为 1,如果是则在屏幕上显示信息:Calculation succeed;如果否则显示警告信息:The calculation is wrong。

5. 已知某混合物含有对二甲苯、邻二甲苯、间二甲苯和乙苯,现已在四个波长下测定了各个化合物的摩尔吸收度及混合物吸收度,具体测定数据见下表。

表　不同波长处纯化合物摩尔吸收度与混合物吸收度

波长/nm	对二甲苯	邻二甲苯	间二甲苯	乙苯	混合物
12.5	1.5020	0	0.0514	0.0408	0.1013
13.0	0.0261	0	1.1516	0.0820	0.09943
13.4	0.0342	2.532	0.0355	0.2933	0.2194
14.3	0.340	0	0.0684	0.3470	0.03396

设在测定范围内符合朗伯-比尔定律,即吸收度与物质的物质的量成正比,试编写一个 MATLAB 程序计算混合物中各组分的摩尔分数,并采用合理的方法检验计算所得各物质的物质的量是否能符合测定结果,将结果采用 disp 函数显示在屏幕上。

6. 已知线性方程组的高斯-赛德尔迭代法求解公式如下式所示。

$$x_i^{(k+1)}=\frac{1}{a_{ii}}\Big(b_i-\sum_{j=1}^{i-1}a_{ij}x_j^{(k+1)}-\sum_{j=i+1}^{n}a_{ij}x_j^{(k)}\Big)\quad(i=1,2,\cdots,n)$$

试编写一个 MATLAB 函数实现对于指定精度（两次迭代 x 差值的平方和）采用以上公式求解线性方程组 $Ax=b$ 的功能,并利用该函数计算以下线性方程组的解:

$$\begin{bmatrix}4&-1&0&0\\-1&4&-1&0\\0&-1&4&-1\\0&0&-1&4\end{bmatrix}\begin{bmatrix}x_1\\x_2\\x_3\\x_4\end{bmatrix}=\begin{bmatrix}5.84\\-5.5\\7.33\\3.35\end{bmatrix}$$

求解的初始值为[0　0　0　0],求解精度为 1e-6。

第 3 章

非线性方程组求解

在化工过程计算中经常需要求解方程

$$f(x) = 0 \qquad (3.1)$$

当函数 $f(x)$ 是一次多项式时,方程为线性方程;$f(x)$ 如果包括三角函数、指数函数等时,方程被称为超越方程,它与二次以上代数方程一起被统称为非线性方程。化工中涉及非线性方程及非线性方程组的问题很多,如各种形式的真实气体状态方程、多组分混合溶液的沸点、饱和蒸气压计算、流体在管道中阻力计算、多组分多平衡级分离操作模拟计算、平衡常数法求解化学平衡问题、定态操作的全混流反应器的操作分析等都属于这类问题。在本章中我们将学习利用 MATLAB 求解此类问题的方法。

3.1 非线性方程(组)数值求解基本原理

与线性方程相比,非线性方程的求解问题无论从理论上还是从计算公式上都要复杂得多。对于高次代数方程,当次数大于 4 时,则没有通解公式可用,对于超越方程既不知有几个根,也没有通用的求解方式,只能采用数值方法求近似根。数值法求根的方法很多,如逐步扫描法、二分法、牛顿法、割线法和逆二次插值等。前两种属于区间搜索法,而后三种属于迭代法。

3.1.1 逐步扫描法

由高等数学知识知,如果函数 $f(x)$ 在区间 $[a, b]$ 上连续,且 $f(a) \cdot f(b) < 0$,则 $f(x)$ 在 (a, b) 区间内至少有一个实根,同时若 $f(x)$ 在 $[a, b]$ 上是单调的,那么方程 $f(x) = 0$ 在开区间 (a, b) 内有唯一一个实根。利用这一原理,可以从一个初始值 x_0 开始,分别计算 $f(x)$ 在 x_0, $x_0 + h$, $x_0 + 2h$, … 定义的每个区间两端的函数值,如果区间两端 $f(x)$ 值异号,在此区间内存在解,如果 h 很小,则可以将区间内的任一点作为方程的解。

例题 1 方程 $f(x) = x^2 + 3.2x - 9 = 0$ 在区间 $[1, 2]$ 间存在唯一实根,试编写一个 MATLAB 函数采用逐步扫描法求方程误差不超过 10^{-6} 的近似解,计算的初始值取 1.0,将求解结果和计算次数显示在屏幕上。

解:

```
function Cha3Step
xa = 1; step = 1e - 6; xb = 2; n = 0;
```

```
f=@(x) x^2+3.2*x-9;
for x=xa:step:xb
  xn=x+step;
  fa=f(x); fb=f(xn); n=n+1;
  if fa*fb<=0
    xsol=xn;
    fprintf('\t%s\t%f\n', 'The solution is', xsol)
    fprintf('\t%s\t%d\n', 'The number of step is', n)
        break
    end
end
```

结果显示经过 800000 步,找到解为 1.8。

3.1.2　二分法

二分法的基本思想是首先确定方程(3.1)的含根的区间(a,b),再把区间逐次二等分直至区间的长度小于根的精度要求。采用二分法求 $f(x)=0$ 的根 x^* 的近似值 x_k 的步骤如下。

(1) 若对于 $a<b$,有 $f(a) \cdot f(b)<0$,则在(a,b)内 $f(x)=0$ 至少有一个根;

(2) 取(a,b)的中点 $x_1=\dfrac{a+b}{2}$,计算 $f(x_1)$;

(3) 若 $f(x_1)=0$,则 x_1 是 $f(x)=0$ 的根,停止计算,输出结果 $x^*=x_1$;

(4) 若 $f(a) \cdot f(x_1)<0$,则在(a,x_1)内 $f(x)=0$ 至少有一个根,取 $a_1=a$, $b_1=x_1$;若 $f(a) \cdot f(x_1)>0$,则取 $a_1=x_1$, $b_1=b$;

(5) 若 $\dfrac{1}{2}|b_k-a_k| \leqslant \varepsilon$ 则退出计算,输出结果 $x^* \approx \dfrac{a_k+b_k}{2}$;反之,返回步骤(2),重复步骤(2)~(5)。

二分法是一种十分可靠的求解方法,只要二分达到一定次数,一定可以获得指定精度,但其收敛速率较慢。

例题 2　证明方程 $f(x)=x^2+3.2x-9=0$ 在区间$[1,2]$间存在唯一实根,并编写一个 MATLAB 程序采用二分法求误差不超过 10^{-6} 的近似解。

解:
二分法求解的程序如下。

```
function Cha3Demo2
a=1; b=2; epsilon=1e-6;
f=@(x) x^2+3.2*x-9;
k=0;
while abs(b-a)/2>epsilon
    x=(b+a)/2;
    if f(x)==0
```

```
      a = x; b = x;
    elseif f(a) * f(x)>0
      a = x;
    else f(a) * f(x)<0
      b = x;
    end
  k = k + 1;
end
x = (b + a)/2
k
```

运行后结果显示 $k=19$，表明经过 19 次二分后达到计算要求，求得的根为 1.8。

3.1.3 牛顿法

牛顿法是一种迭代求根的方法。假设 x_k 是方程 $f(x)=0$ 的近似根，则 $f(x)$ 在点 x_k 作泰勒展开，去掉 2 阶及以上导数项，即 $f(x) \approx f(x_k) + f'(x_k)(x-x_k)$，设 $f'(x)$ 不为零，用 x_{k+1} 代替右端 x_k，就得到迭代公式：

$$x_{k+1} = x_k - \frac{f(x_k)}{f'(x_k)} \tag{3.2}$$

只要提供一个初始值 x_0，则依靠公式（3.2）可以计算出一个解的序列，当 x_k 与 x_{k+1} 的变化小于指定值时，则求解收敛得到方程的根。假设：

（1）$f(x)$ 的一阶和二阶导数均存在且连续；

（2）x_0 比较接近方程的根 x^*。

可以证明第 $(n+1)$ 次迭代的误差

$$e_{n+1} = O(e_n^2) \tag{3.3}$$

这被称为二次收敛，意味着每进行一次迭代，误差就近似平方一次，结果中正确数字的位数增加两倍，这是牛顿迭代法的优良特性。但是当以上假设不满足时，牛顿法可能变得非常不可靠，收敛可能很慢或者根本不收敛，这是牛顿法的缺点之一。牛顿法的另一个缺点是可能遇到导数 $f'(x)$ 不方便计算的困难。

例题 3　编写一个 MATLAB 程序采用牛顿法求解方程 $f(x)=x^2+3.2x-9=0$，初始值取 1，要求误差不超过 10^{-6}。

解：

程序如下。

```
function Cha3Demo3
x(1) = 1;
epsilon = 1e - 6;
f = @(x) x^2 + 3.2 * x - 9;
df = @(x) 2 * x + 3.2;
```

```
k = 1;
x(2) = x(1) − f(x(1))/df(x(1));
while abs(x(k + 1) − x(k)) > epsilon
        x(k + 2) = x(k + 1) − f(x(k + 1))/df(x(k + 1));
        k = k + 1;
end
disp('The solution is')
disp(x(k))
disp('The number of calculation is:')
disp(k)
```

运行后结果显示牛顿法只需 4 步计算就找到正确解。

3.1.4　弦截法

为了避免牛顿法计算导数的麻烦,可以采用最近两次迭代解构造出迭代公式:

$$s_k = \frac{f(x_k) − f(x_{k-1})}{x_k − x_{k-1}}$$
$$x_{k+1} = x_k − \frac{f(x_k)}{s_k} \tag{3.4}$$

这实际是通过曲线 $f(x)$ 的两个点画一条割线,下一个迭代点就是割线与 x 轴的交点。与牛顿迭代法公式(3.2)比较,可见 $f'(x)$ 被割线的斜率 s_k 所代替。不需要计算 $f'(x)$ 是割线的优点,而且它具有与牛顿法类似的收敛性质。可以证明,在根的附近割线法第($n+1$)次迭代的误差

$$e_{n+1} = O(e_n e_{n-1}) \tag{3.5}$$

这不是二次收敛,但它是超线性收敛,收敛阶数为 1.618。

例题 4　编写一个 MATLAB 程序采用弦截法求解方程 $f(x) = x^2 + 3.2x − 9 = 0$,初始值取 1 和 2,要求误差不超过 10^{-6}。

解:
程序如下。

```
function Cha3Demo4
x(1) = 1;
x(2) = 2;
epsilon = 1e − 6;
f = @(x) x^2 + 3.2 * x − 9;
k = 1;
while abs(x(k + 1) − x(k)) > epsilon
    s = (f(x(k + 1)) − f(x(k)))/(x(k + 1) − x(k));
    x(k + 2) = x(k + 1) − f(x(k + 1))/s;
```

```
        k = k + 1;
end
disp('The solution is')
disp(x(k))
disp('The number of calculation is:')
disp(k)
```

运行后结果显示弦截法只需 6 步计算就找到正确解。

3.1.5 逆二次插值法

割线法利用了前两个近似解进行迭代,如果利用三个已知值及其对应的函数值,过此三点可以构造一个关于 x 的抛物线,抛物线与 x 轴的交点即为下一次迭代点。不过此时抛物线可能与 x 轴不相交。类似地,也可以将已知三个点构造为关于 y 的抛物线(抛物线开口向左或右),它一定与 x 轴有交点,交点处的 x 即为下一步迭代解。

逆二次插值法在接近迭代终点时很快,但在整个迭代过程中收敛速度不稳定。

3.2 fzero 函数

MATLAB 中针对不同的非线性方程种类提供了不同的求解函数,对于一般的单个超越方程,可以采用 fzero 函数求解;一元多次方程可以采用 roots 函数求解;多个非线性方程组成的方程组可以使用 fsolve 函数求解。首先介绍 fzero 函数。

fzero 函数综合使用二分法、割线法和逆二次内插法求解方程的根,从而有效地将二分法的可靠性和割线法及逆二次插值法的收敛速度结合起来。其计算的基本过程如下。

(1) 选取初始值 a 和 b,使得 $f(a)$ 和 $f(b)$ 的正负号相反;

(2) 使用一步割线法,得到 a 和 b 之间的一个值 c;

(3) 重复以下步骤,直至 a 与 b 区间的长度满足求解精度要求或者 $f(b)=0$;

(4) 重新排列 a,b 和 c,使得

① $f(a)$ 和 $f(b)$ 异号;

② $\mathrm{abs}(f(b)) < \mathrm{abs}(f(a))$;

③ c 的值为上一步 b 的值;

(5) 如果 c 不等于 a,执行逆二次插值法进行一次迭代;

(6) 如果 c 等于 a,执行割线法进行一次迭代;

(7) 如果逆二次插值法或割线法得到的近似解在区间 $[a,b]$ 内,接受其为 c;

(8) 如果逆二次插值法或割线法得到的近似解不在区间 $[a,b]$ 内,采用二分法获得 c。

fzero 函数的调用格式如下。

```
x = fzero(fun, x0)
[x, fval, exitflag, output] = fzero(fun, x0, options, p1, p2,...)
```

输入参数:

fun	表示带求解方程(3.1)左侧的 f(x)，它可以是函数句柄或匿名函数；
x0	初始值，x0 可以是一个数或者是[x1，x2]的形式，使用后者时方程的值在 x1 和 x2 处异号；
options	求解选项，可用 optimset 函数设定选项的新值。

输出参数：

x	fzero 求得的解；
fval	函数在解 x 处的值；
exitflag	程序结束情况，等于 1 时，程序收敛于解；小于 0 时，程序没有收敛或收敛到一个奇异点；
output	是一个结构体，提供程序运行的信息；output. iterations 为迭代次数；output. functions 为函数 fun 的计算次数；output. algorithm 为使用的算法。

例题 5　使用 fzero 函数计算以下方程的根。

(1) 求 $\sin x$ 在 3 附近的零点；(2) 求 $\cos x$ 在[1，2]内的零点；(3) $x^3 - 2\sin x = 0$；(4) $x^3 - 2x - 5 = 0$

解：

本例较简单，可直接在命令窗口输入命令求解：

(1) >>x＝fzero(@sin, 3);

(2) >>x＝fzero(@cos, [1, 2]);

(3) >>x＝fzero(@(x) x^3－2 * sin(x), 1);

(4) >>[x, feval, exitflag]＝fzero(@(x) x^3－2 * x－5, 1)

说明：

(1) 在第(2)小题中，如果所给区间两端方程不异号，则程序出错。

(2) 除了采用匿名函数外，当然可以采用句柄函数定义函数，例如第(3)小题可以采用如下程序：

```
function Cha3demo5_3
x = fzero(@fun, 1)
function y = fun(x)
y = x^3 - 2 * sin(x)
```

(3) 初值的选择对于解有影响，不同的初值可能获得不同的解。此时，一是可以根据感兴趣的解的区间确定初值范围；二是作出函数在一定范围内的曲线，可以直观地确定解的大致范围。

(4) fzero 不能获得多项式的多重根，尤其是复数根。

例题 6　在 945.36 kPa(9.33 atm)、300.2 K 时，容器中充以 2 mol 氮气，试求容器体积。已知此状态下氮气的 $p\text{-}V\text{-}T$ 关系符合范德瓦尔斯方程：

$$\left(p + \frac{an^2}{V^2}\right)(V - nb) = nRT \tag{3.6}$$

其范德瓦尔斯常数为 $a = 4.17 \text{ atm} \cdot \text{L/mol}^2$, $b = 0.0371 \text{ L/mol}$。

解：

程序如下。

```
function PVT
P＝9.33；% atm
T＝300.2；% K
n＝2；% mol
a＝4.17；
b＝0.0371；
R＝0.08206；
V0＝n＊R＊T/P
[V，fval]＝fzero(@PVTeq，V0，[]，p，T，n，a，b，R)
%－－－－－－－－－－－－－－－－－－－－－－－－－－－－－
function f＝PVTeq(V，p，T，n，a，b，R)
f＝(P＋a＊n^2/V^2) ＊ (V－n＊b)－n＊R＊T
```

说明：

(1) 本例说明，在数学模型有物理意义的时候，常可以根据简化形式的模型或初始值的物理意义（如物料的初始浓度）估算或估计一个大体的初值，这样基本可以保证解是符合实际物理意义的。在本例中我们采用理想气体状态方程求初始值。

(2) [V，fval]＝fzero(@PVTeq，V0，[]，p，T，n，a，b，R)这一语句中，V0后有一个空的中括号[]，这是空阵，表示保持这一位置变量（此处为 options）的默认设置不变。

例题 7　传热第二类操作型计算

某气体冷却器总传热面积 A 为 20 m²，用以将流量 q_{m1} 为 1.4 kg/s 的某气体从 $T_1＝$ 50℃冷却到 $T_2＝35$℃。使用的冷却水初温 t_1 为 25℃，与气体做逆流流动。换热器的传热系数 K 约为 230 W/(m²·℃)，气体的平均比热容 c_{p1} 为 1.0 kJ/(kg·℃)，水的平均比热容 c_{p2} 为 4.18 kJ/(kg·℃)。试求冷却水用量 q_{m2} 和出口水温 t_2。

解：

换热器定态操作时需满足热量衡算方程：

$$q_{m1}c_{p1}(T_1－T_2)＝q_{m2}c_{p2}(t_2－t_1) \tag{3.7}$$

及传热基本方程：

$$q_{m1}c_{p1}(T_1－T_2)＝KA\,\frac{(T_1－t_2)－(T_2－t_1)}{\ln\dfrac{T_1－t_2}{T_2－t_1}} \tag{3.8}$$

将已知数据代入式(3.8)后将得到一个关于 t_2 的非线性方程，求解可知出口水温，将其代入式(3.7)即可求得出口冷却水用量。程序如下。

```
function Cha3Demo07
%第二类换热操作型命题求解
A＝20；K＝230；%换热器参数
qm1＝1.4；cp1＝1000；T1＝50；T2＝35；%热流体参数
t1＝25；cp2＝4180；%冷却水参数
HF＝@(t) qm1＊cp1＊(T1－T2)－K＊A＊((T1－t)－(T2－t1))/log((T1－t)/
```

（T2－t1））；

　　　t2＝fzero（HF，45）；%冷却水出口温度

　　　qm2＝qm1 * cp1 * （T1－T2）/（cp2 * （t2－t1））；%冷却水流量

　　　fprintf（'The ouetlet T for water is %.2f degrees\n'，t2）

　　　fprintf（'The flow rate of water is %.4f kg/s\n'，qm2）

运行后结果显示：

The ouetlet T for water is 48.42 degree

The flow rate of water is 0.2145 kg/s

即冷却水出口温度为 $48.42℃$，流量为 $0.2145\ kg/s$。

　　注意，本例中，如果将已知参数代入式（3.8）并整理会得到：$4.57\ln\dfrac{50-t_2}{10}=40-t_2$，观察可知 $t_2=40$ 满足这一方程，然而此时式（3.8）右端将为无穷，并不符合原方程。读者可以取不同初值试算，很多初值都会得到 $t=40$ 这个解，但实际上这一解并没有意义。

　　另外，本例是一种最简单的情况。实际过程中，各种物性如比热容、黏度等均可能随着温度的变化发生变化，K 也会随温度变化而变化，这一类型问题的求解需联立求解所有与 t 有关的方程，问题将成为非线性方程组的求解问题。

3.3　多项式求根函数 roots

　　对于一元多次方程的求解，MATLAB 提供了 roots 函数，它不仅可以求得方程的实根，还可以获得复数根。roots 函数的使用格式很简单，如下：

x＝roots（p）

　　采用 roots 函数求解时，对于方程右端的多项式 $p(x)=a_0x^n+a_1x^{n-1}+\cdots+a_{n-1}x+a_n$，用一个向量表示：$p=[a_0,a_1,\cdots,a_{n-1},a_n]$，这就是 roots 函数的输入参数。注意向量 p 的元素是按多项式次数降序排列，且包含常数项。如果 p 中含有 $(n+1)$ 个元素，则多项式为 n 次。

　　除 roots 函数外，MATLAB 还提供了多种多项式计算函数，如求多项式的值，用 polyval；多项式乘法，用 conv；多项式除法，用 deconv；多项式微分，用 polyder；多项式拟合，用 polyfit。请大家自行通过 help 命令学习。

　　例题 8　求方程 $x^3=x^2+1$ 的根。

　　解：

　　键入

　　＞＞r＝roots（[1　－1　0　－1]）

　　则得解

　　r＝

　　　1.4656

$$-0.2328+0.7926i$$
$$-0.2328-0.7926i$$

利用 polyval 可以检验结果，如继续输入：

$$\gg polyval([1 \quad -1 \quad 0 \quad -1], r(1)),$$

可得结果 $-2.5535e-015$，由此可见十分接近于 0。

例题 9 立方型状态方程计算混合物体积

有多种状态方程可描述真实气体的 P-V-T 关系，其中很多方程都是关于体积 V 的三次方程，如范德瓦尔斯方程、Redlich-Kwong(RK)方程、SRK(Soave-Redlich-Kwong)方程和 Peng-Robinson(PR)方程等。为了方便起见可以表示为压缩因子 $Z=\dfrac{pV}{RT}$ 的三次方程，如 RK 方程：

$$Z^3-Z^2-(B^2+B-A)Z-AB=0 \tag{3.9}$$

$$A=\frac{ap}{R^2T^{2.5}}=\frac{0.42748p_r}{T_r^{2.5}} \tag{3.10}$$

$$B=\frac{bp}{RT}=\frac{0.08664p_r}{T_r} \tag{3.11}$$

其中 $T_r=\dfrac{T}{T_c}$，$p_r=\dfrac{p}{p_c}$ 分别为对比温度和压力；T、p 为体系温度(K)和压力(Pa)；T_c 和 p_c 为物质的临界温度和压力。

求解方程(3.9)时可能有 3 个实根或 1 个实根和 2 个共轭虚根。若有 3 个实根时，最小的根对应液相，最大的根对应气相，而中间的根没有意义。若只有一个实根，求解的压缩因子可能对应液相也可能对应气相。如果 $T<T_c$ 而且对应的密度小于临界密度($\rho<\rho_c$)，得到的是气相压缩因子；当 $\rho>\rho_c$ 时，得到的是液相压缩因子；如果 $T>T_c$，得到的是气相压缩因子。其他立方型状态方程的求解也与此类似。

用于混合物计算时，系数 A 和 B 应按以下混合规则计算：

$$A^{0.5}=\sum A_i^{0.5}y_i \tag{3.12}$$

$$B=\sum B_iy_i \tag{3.13}$$

已知一个三元体系的组成和临界性质如表 3.1 所示。

表 3.1　某三元体系的组成和临界性质

组分	气相组成	临界温度/K	临界压力/Pa
乙炔	0.202	308.32	6.1391e6
乙烯	0.538	282.36	5.0318e6
乙烷	0.260	305.42	4.8801e6

体系的温度为 235.9 K，压力为 1381.4 kPa，编写一个程序求体系的气相压缩因子。

解：

程序如下。

```
function Cha3Demo9
y = [0.202  0.538  0.260];
Tc = [308.32  282.36  305.42];
Pc = [6.1391  5.0318  4.8801] * 1e6;
T = 235.9; P = 1.3814e6;
Tr = T./Tc; Pr = P./Pc;
A = 0.42748 * Pr./Tr.^2.5;
B = 0.08664 * Pr./Tr;
AT = (sum(A.^0.5.*y))^2;
BT = sum(B.*y);
p = [1 BT-1 AT-3*BT^2-2*BT BT^2+BT^3-AT*BT];
Zcal = roots(p);
Zgas = max(Zcal);
fprintf('The Z of gas phase is %.4f\n', Zgas)
```

程序运行后结果显示：

```
The Z of gas phase is 0.8101
```

3.4　fsolve 函数

与 fzero 函数只能求解单个方程的根不同，fsolve 函数可求解非线性方程组的解。这是 MATLAB 优化工具箱的一个函数，其算法采用的是最小二乘法。

fsolve 函数的使用格式如下。

```
x = fsolve(fun, x0)
x = fsolve(fun, x0, options)
[x, fval, exitflag, output, jacobian] = fsolve(fun, x0, options, p1, p2,...)
```

输入变量的意义基本同 fzero 函数。但是由于 fsolve 函数用于求解多个方程组成的非线性方程组，因此函数 fun 此时只能采用函数句柄的形式。应该注意，待求解方程表示为函数时，要求其输入变量为方程自变量 x，输出变量为各方程在指定 x 处的函数值，输出变量以向量形式输出。

输出变量中 x 为方程组的解，fval 为残差值，jacobian 为函数 fun 在 x 处的 Jacobian 矩阵，exitflag 为程序结束的标识，当其值等于 1 时，表示求解已收敛到一个最优解 x；当其值等于 2、3 或 4 时，分别表示要收敛到最优解 x 时残差和搜索方向的变化需要小于规定的精度；当其值等于 0 时，表示迭代次数超过 options. MaxIter 或者 options. FunEvals 规定的次数，这些情况下可以利用 optimset 函数改变相关参数值重新尝试计算；而小于 0 时则表示求解出现问题，应检查方程自身定义或方程中参数的值是否正确等。另外，应注意 fsolve 函数是一个局部最优化函数，即解与初始值有关；即使 fsolve 函数输出的 exitflag 等于 1，也可能存在更好的解。

在命令窗口键入：

>>optimset

则命令窗口中将显示全部 fsolve 函数的求解参数。MATLAB 将这些参数放置在一个结构体中，即使用格式中的 options 变量，可以通过以下形式改变 options 中的默认设置，输入：

>>opt＝optimset('TolX', '1e－10', 'TolFun', '1e－8')

则将默认 options 中的 TolX 域（自变量 x 允许的最小变化）的值更改为 1e－10, TolFun 域（函数值允许的最小变化）的值更改为 1e－8, 其他未更改的域保持默认值。在使用 fsolve 命令时将 options 更改为新定义的结构体，如 x＝fsolve(fun, x0, opt)，则上述更改生效。当 fsolve 返回的 exitflag 值为 0 时，还应考虑更改 MaxIter 和 FunEvals 的默认值，方法同上。

例题 10　求解方程组 $\begin{cases} \sin x + y^2 + \ln z = 7 \\ 3x + 2^y - z^3 + 1 = 0 \\ x + y + z = 5 \end{cases}$。

解：

首先将原方程变换为 $F(x)＝0$ 的形式，该方程有三个未知量 x, y, z，在程序中分别以 $x(1)$, $x(2)$ 和 $x(3)$ 代替，则原方程转化为

$$F(x) = \begin{cases} \sin(x_1) + (x_2)^\wedge 2 + \ln(x_3) - 7 \\ 3(x_1) + 2^\wedge(x_2) - (x_3)^\wedge 3 + 1 \\ (x_1) + (x_2) + (x_3) - 5 \end{cases}$$

程序如下。

```
function Cha3demo10
x0＝[1 1 1];
x＝fsolve(@fun, x0)
function y＝fun(x)
y(1)＝sin(x(1))+x(2)^2+log(x(3))－7;
y(2)＝3*x(1)+2^x(2)－x(3)^3+1;
y(3)＝x(1)+x(2)+x(3)－5;
```

解得结果如下：x＝0.5991　　2.3959　　2.0050

例题 11　使用 fsolve 函数求解方程，初始值为 [1　1]。

$$\begin{cases} 10x + 3y^2 = 3 \\ x^2 - \exp(y) = 2 \end{cases}$$

（1）使用 fsolve 函数默认参数求解，残差为多少？

（2）更改求解参数中的 TolFun 域值为 1e－10, 残差变为多少？

解：

程序如下。

```
function Cha3demo11
opt = optimset('TolFun', 1e - 10);
x0 = [1  1];
[x1, err1, flag1] = fsolve(@Eq8, x0)%使用 fsolve 默认参数求解
[x2, err2, flag2] = fsolve(@Eq8, x0, opt)%改变默认的参数求解
function f = Eq8(x)
f1 = 10 * x(1) + 3 * x(2)^2 - 3;
f2 = x(1)^2 - exp(x(2)) - 2;
f = [f1; f2];
```

运行后结果显示：

```
err1 = 1.0e - 010  *
    0.6573
    0.2087
err2 = 1.0e - 014  *
    0.1776
         0
```

可见调节 TolFun 域值使两个方程的残差均降低了至少 4 个数量级。

例题 12　异丙醇异构化的化学平衡分析：铜管内在 1 atm 下将异丙醇加热到 $400℃$。已知铜是生产丙酮和丙醛的催化剂，或许还有某些异丙醇异构化为正丙醇。这三种产物的生成可用如下三个独立反应表示：

$$i\text{-}C_3H_7OH(IP) = nC_3H_7OH(NP) \qquad K_1 = 0.064$$
$$i\text{-}C_3H_7OH(IP) = (CH_3)CO(AC) + H_2 \qquad K_2 = 0.076$$
$$i\text{-}C_3H_7OH(IP) = C_2H_5CHO(PR) + H_2 \qquad K_3 = 0.00012$$

后续加工步骤需要正丙醇，虽然可含丙酮，但丙醛含量不能超过 0.05%（摩尔分数）。在上述反应条件下，是否存在违反这种规定的可能性？

数学模型：各反应的化学平衡方程如下。

$$\frac{x_1}{1 - x_1 - x_2 - x_3} = 0.064$$

$$\frac{x_2(x_2 + x_3)}{(1 - x_1 - x_2 - x_3)(1 + x_2 + x_3)} = 0.076$$

$$\frac{x_3(x_2 + x_3)}{(1 - x_1 - x_2 - x_3)(1 + x_2 + x_3)} = 0.00012$$

它们组成了一个非线性方程组，可由 fsolve 函数求解。

解：

程序如下。

```
function Cha3demo12
x0 = [0.05  0.2  0.01];
x = fsolve(@EquiC3, x0);
```

CAC = x(3)/sum(x)

function f = EquiC3(x)

f1 = x(1) − 0.064 * (1 − x(1) − x(2) − x(3));

f2 = x(2) * (x(2) + x(3)) − 0.076 * (1 − x(1) − x(2) − x(3)) * (1 + x(2) + x(3));

f3 = x(3) * (x(2) + x(3)) − 0.00012 * (1 − x(1) − x(2) − x(3)) * (1 + x(2) + x(3));

f = [f1 f2 f3];

在命令窗口输入 Cha2demo8,回车后可得结果如下。

CAC =   0.0013

可见丙醛含量不超过 0.05％,不违反规定。

对于 fsolve 函数而言,当所求方程非线性很强时,可能会得到局部最小解,因此在选取初值时要慎重;当对解的情况不熟悉时可以多选取几个初值进行试算。

另外,以上例题直接使用平衡常数求解化学平衡组成。在实际计算过程中,平衡常数常需根据体系的热性质进行估算,同时需考虑反应过程中温度变化对热性质的影响,计算比较复杂。

以上计算过程假定独立反应已知,更一般的独立化学反应需要自行确定,如采用第 2 章的例题 10 介绍的方法。当系统达到化学平衡时,有几个独立的化学反应,就有几个独立的化学平衡常数。当反应系统中所有化学反应都同时达到平衡时,任一种物质的平衡浓度和分压必定同时满足每一个化学反应的标准平衡常数。

当反应体系存在很多可能的反应时,可以采用吉布斯自由能最小方法求化学平衡组成,这一方法不需要写出体系实际发生的反应,不考虑独立反应的问题,因此更加简便,其求解方法参见第 9 章的例题 9。

例题 13　平衡级式分离设备的严格计算

采用逆流萃取的方法用甲苯去除水中的苯胺,过程在一个有 10 个理论级的塔中进行。示意图如图 3.1所示。

相平衡关系如下。

$$\frac{y_i}{x_i} = 9 + 20x_i$$

其中 y_i 为萃取相中苯胺的摩尔分数;x_i 为萃余相中苯胺的摩尔分数。

假定甲苯和水完全不互溶。试编写一个 MATLAB 函数求解并以图形方式输出各理论级上萃取和萃余相中苯胺的摩尔流率。

解:

算法分析:平衡级式分离设备的严格计算包括物料和能量衡算及平衡关系,所得的代数方程组被称为 MESH 方程。考虑一个最普通的理论板,它可能的物料及能量进出如图 3.2所示。

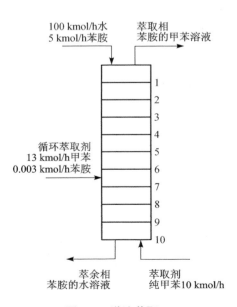

图 3.1　逆流萃取

除了来自其他和离开本理论板的气液相物流 L 和 V 外,在该理论板上可能存在进料 F,气液相侧线出料 W 和 U,以及热量交换 Q,其中 n 表示理论板数。对于这一理论板可以写出如下物料和能量衡算方程。

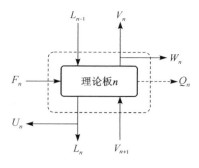

物料衡算方程(M 方程):

$$L_{n-1}x_{i,\,n-1} + V_{n+1}y_{i,\,n+1} + F_n z_i$$
$$= (L_n + U_n)x_{i,\,n} + (V_n + W_n)y_{i,\,n}$$

相平衡方程(E 方程):

$$y_{i,\,n} = K_{i,\,n}x_{i,\,n}$$

图 3.2　理论板的物料及能量进出

归一化方程(S 方程):

$$\sum_i x_{i,\,n} = 1, \qquad \sum_i y_{i,\,n} = 1$$

热量衡算方程(H 方程):

$$L_{n-1}H_{L,\,n-1} + V_{n+1}H_{V,\,n+1} + F_n H_{F,\,n} = (L_n + U_n)H_{L,\,n} + (V_n + W_n)H_{V,\,n} + Q_n$$

根据相平衡方程的形式,MESH 方程组成一个洽定的线性或非线性方程组,联立求解即可获得各理论板上组成。一般而言,实际体系中相平衡关系较为复杂,在计算过程中将耗费大量的时间。

本题中水和甲苯完全不互溶,因此各理论级上水的摩尔流率与入口相同;甲苯的摩尔流率除在第 7 级上外也保持不变。因此,需要计算的是进出各级的萃取相和萃余相中苯胺的流率,则有 20 个未知量需要求解。每一级上的物料衡算和相平衡各有一个方程,共 20 个方程。由于相平衡方程为非线性方程,可以采用 fsolve 函数求解。程序如下。

```
function Cha3Demo13
x0 = zeros(1, 20);
x0(1) = 4;
opt = optimset('MaxFunEvals', 1e4, 'MaxIter', 1e3);
[x, fval, exit] = fsolve(@Staged, x0, opt)
plot(1:10, x(1:10), 'o', 1:10, x(11:20), 's')
legend('Raffinate', 'Extract')
ylabel('Anilin flow rate [kmol/h]')
xlabel('Stage number')
disp('The molar rate of extract are:')
disp(x(1:10))
disp('The molar rate of raffinate are:')
disp(x(11:20))

function y = Staged(x)
y = zeros(20, 1);
```

```
LinA = 5; LinW = 100; VinT = 10;
L = [LinA, x(1:10)];
V = [x(11:20), 0];
FV = ones(10, 1) * VinT; FV(7) = FV(7) + 13;
F = zeros(10, 1); F(7) = 0.003;
for i = 2:11
    y(i-1) = L(i-1) + V(i) + F(i-1) - L(i) - V(i-1);
    Xi = L(i)/(L(i) + LinW);
    Yi = V(i-1)/(FV(i-1) + V(i-1) + VinT + F(i-1));
    y(i-1+10) = Yi - Xi * (9 + 20 * Xi);
end
```

3.5 化工数值计算中的迭代与试差

非线性方程的求解在化工数值计算中是十分常见的。在较早的专业书籍中,对于这类问题的手算求解一般都介绍采用迭代或试差方法,从而将复杂的计算过程转化为多次的简单数学运算。其实,3.1 节中介绍的非线性方程求解原理实际上也正是采用同一思路进行求解。因此很多需要采用迭代或试差求解的问题都可以采用本章介绍的 MATLAB 函数进行求解。但这也不是绝对的,对于复杂的、具有高度非线性的问题求解,如多组分精馏的严格求解、复杂流程的物料衡算等,往往仍需要使用特定的迭代算法进行求解。

3.5.1 迭代与试差

迭代和试差虽然都常用于求解非线性方程,但这两者是有区别的。试差类似于 3.1.1 节和 3.1.2 节介绍的逐步扫描法和二分法。两次试差过程的解之间常常没有密切的联系,而只是提供解的方向性信息。而迭代过程中,如牛顿法等,两次迭代过程的解之间具有明确的函数关系。通常迭代法的求解效率更高。

例题 14 理想物系泡点及平衡组成计算

某蒸馏釜的操作压强 p 为 106.7 kPa,其中溶液含苯摩尔分数为 0.2,甲苯摩尔分数为 0.8,求此溶液的泡点及平衡的气相组成。苯-甲苯溶液可作为理想溶液。各纯组分的蒸气压为

苯:

$$\lg p_A^0 = 6.031 - \frac{1211}{t + 220.8} \tag{3.14}$$

甲苯:

$$\lg p_B^0 = 6.080 - \frac{1345}{t + 219.5} \tag{3.15}$$

式中,p^0 为物质的饱和蒸气压,单位为 kPa;温度 t 的单位为℃。

解：

理想物系的液相符合拉乌尔定律，气相为理想气体符合理想气体定律。假定苯组分的液相摩尔分数为 x，则有：

$$p_A^0 x + p_B^0 (1-x) = p \tag{3.16}$$

将式(3.14)和式(3.15)代入式(3.16)，即成为一个关于 t 的非线性方程，求解此方程即可知体系的泡点。

联立道尔顿分压定律和拉乌尔定律可得气相组成：

$$y_A = \frac{p_A}{p} = \frac{x_A p_A^0}{p} \tag{3.17}$$

方法一：在原文献中推荐使用试差法求解。这里采用逐步扫描法求解，便于发挥计算机运算速度快的优势。程序如下。

```
function Cha3Demo14A
xA=0.2; xB=0.8; P=106.7; %已知数据
AntA=@(t) 10^(6.031-1211/(t+220.8)); %定义安托因方程
AntB=@(t) 10^(6.080-1345/(t+219.5));
for t=80:0.01:150
    PA=AntA(t); %求各组分饱和蒸气压
    PB=AntB(t);
    Pcal=PA*xA+PB*xB; %计算总压
    if abs(P-Pcal)<1e-2 %判断计算总压与规定压力是否相符
        disp(['The bubbling point is ',num2str(t),' degrees'])
        yA=PA*xA/P; %计算气相组成
        y=[yA,1-yA]; %yB=1-yA
        disp(['The gas phase molar ratio of A and B are ',num2str(y)])
        break
    end
end
```

运行后计算结果显示：

```
The bubbling point is 103.89 degrees
The gas phase molar ratio of A and B are 0.37511    0.62489
```

即泡点为 103.89℃，气相中 A 的摩尔分数为 0.375，与原文献一致。

方法二：采用迭代法求解。采用牛顿法进行计算。将式(3.16)两边同除以 p，则可以得到泡点方程：

$$f(t) = \sum_{i=1}^{2} \frac{x_i p_i^0}{p} - 1 \tag{3.18}$$

根据式(3.2)，写出牛顿迭代法公式：

$$t^{(k+1)} = t^{(k)} - \frac{f(t)}{f'(t)} \tag{3.19}$$

将式(3.18)求导(注意只有蒸气压与温度有关,其他均为常数),可得

$$f'(t) = \sum_{i=1}^{2} \frac{x_i p_i^0}{p} \times \frac{\ln 10 \cdot B_i}{(C_i + t)^2} \tag{3.20}$$

其中 B_i 和 C_i 分别为式(3.14)和式(3.15)安托因方程中的常数,对于苯为 1211 和 220.8;甲苯为 1345 和 219.5。

迭代初值 t_0 可以选取系统压力下沸点的摩尔分数加权平均值,即:

$$t_0 = t_A x_A + t_B x_B \tag{3.21}$$

其中 t_A 和 t_B 分别为系统压力 A 和 B 的沸点。求解程序如下。

```
function Cha3Demo14B
%采用牛顿迭代法求泡点温度
xA=0.2;xB=0.8;P=106.7;%已知数据
AntA=@(t) 10^(6.031-1211/(t+220.8));%定义安托因方程
AntB=@(t) 10^(6.080-1345/(t+219.5));
BT_A=1211/(6.031-log10(P))-220.8;%求 A 的沸点
BT_B=1345/(6.080-log10(P))-219.5;%求 B 的沸点
t0=[xA xB]*[BT_A;BT_B];%以 A 和 B 沸点的摩尔分数加权平均值为初值
ft=@(t) (AntA(t)*xA+AntB(t)*xB)/P-1;
dft=@(t)
(AntA(t)*xA*1211/(220.8+t)^2+AntB(t)*xB*1345/(219.5+t)^2)*log
(10)/P;
t1=t0-ft(t0)/dft(t0);
while abs(t1-t0)>1e-2
    t0=t1;
    t1=t0-ft(t0)/dft(t0);
end
disp(['The bubbling point is ', num2str(t1), ' degrees'])
yA=AntA(t1)*xA/P;%计算气相组成
y=[yA, 1-yA];%yB=1-yA
disp(['The gas phase molar ratio of A and B are ', num2str(y)])
```

求解所得泡点为 103.8872℃。

方法三:采用 MATLAB 非线性方程求解 fzero 函数。令式(3.18)等于 0,这是一个关于 t 的非线性方程,采用 fzero 函数求解。程序如下。

```
function Cha3Demo14C
%采用 fzero 求泡点温度
xA=0.2;xB=0.8;P=106.7;%已知数据
AntA=@(t) 10^(6.031-1211/(t+220.8));%定义安托因方程
```

```
AntB = @(t) 10^(6.080 − 1345/(t+219.5));
BT_A = 1211/(6.031 − log10(P)) − 220.8; %求 A 的沸点
BT_B = 1345/(6.080 − log10(P)) − 219.5; %求 B 的沸点
t0 = [xA xB] * [BT_A; BT_B]; %以 A 和 B 沸点的摩尔分数加权平均值为初值
ft = @(t) (AntA(t) * xA + AntB(t) * xB)/P − 1;
bt = fzero(ft, t0);
disp(['The bubbling point is ', num2str(bt), ' degrees'])
yA = AntA(bt) * xA/P; %计算气相组成
y = [yA, 1−yA]; %yB = 1−yA
disp(['The gas phase molar ratio of A and B are ', num2str(y)])
```

结果与方法二相同。

3.5.2　稳态过程模拟中的序贯模块法和联立求解法

物料衡算是化工设计的基础问题。序贯模块法和联立求解法是两种计算物料衡算的方法。考虑一个简单过程,在该过程中反应物 A 的转化率为 40%,反应物 A 与产物 B 在分离器中可以完全分离,A 回收利用,流程示意图如图 3.3 所示。

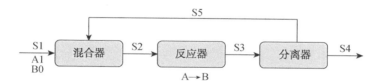

图 3.3　流程示意图

如果上述过程达到稳定操作,需要计算各个物流中组分 A 的流率。求解此问题的方法之一是采用序贯模块法:从进料开始先求解混合器的物料衡算,此时 S5 未知,假设为 0;然后顺序计算反应器及分离器的物料衡算,此时可以求得一个 S5 的值;重新开始由进料开始物料衡算,最后所得分离器出口的 S5(本次迭代计算结果)与混合器进口 S5(上次迭代计算结果)相等,则可以认为计算收敛。对于本例,手算结果如表 3.2 所示。

表 3.2　手算结果

迭代次数	S1	S5 (混合器入口)	S2	S3	S5 (分离器出口)
1	1	0	1	0.6	0.6
2	1	0.6	1.6	0.96	0.96
3	1	0.96	1.96	1.176	1.176
4	1	1.176	2.176	1.3056	1.3056
5	1	1.3056	2.3056	1.38336	1.38336
20	1	1.4999086	2.4999086	1.4999452	1.4999452

也可以采用另外一种方法进行求解,假定 S5 中循环至混合器入口 A 的量为 R,它应该等于离开分离器 A 的量,通过联立各个单元的物料衡算,可知以下方程:

$$R = 0.6 \times (1 + R)$$

求解可得 $R = 1.5$ 与以上序贯法所得结果相同。这种通过联立所有单元物料衡算的方法即为联立求解法。

在很多过程模拟软件中,一般都采用序贯法求解,因为它便于执行。但问题是迭代次数较多才能收敛,而且如果存在连锁的循环物流,可能根本不能达到收敛。联立模块法的收敛性较好,但实际上复杂化工过程单元,如换热器、精馏塔等不能采用简单的方程组表示,或者方程组很复杂数值求解将有困难。更多流程模拟中的物料衡算算法,可以参见文献[14]。

例题 15 一个简单的化工过程流程图如图 3.4 所示。其中[M]表示一个混合器,物流 S1 和 S7 混合形成 S2;[RC]表示一个反应器,在其中进行反应 A+B ⟶ C,反应器出口物流为 S3;[FT]表示一个闪蒸罐用于分离重组分 C,S3 进入后被分离为气相 S4 和液相 S5;S4 经过分离器[S]分割后,部分物质循环(S7)返回混合器,部分作为排放处理(S6)。

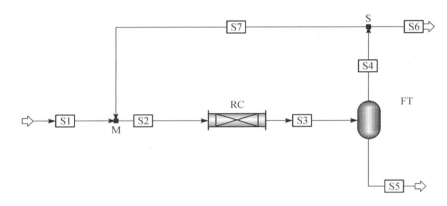

图 3.4 化工过程流程图

以上过程中各物质的摩尔流率 $N_j (j = A, B, C)$ 可以由以下方程描述。
混合器[M]:

$$N_j^{S2} = N_j^{S1} + N_j^{S7}, \quad j = [A, B, C]$$

反应器[RC]:假定反应程度 ξ(C 的生成量,kmol/h),则有

$$N_j^{S3} = N_j^{S2} + \xi \nu_j, \quad j = [A, B, C]$$

式中,ν_j 为化学计量数,对于 A,B 和 C 分别为 $-1, -1$ 和 1。
反应器中 A 和 B 的转化达到化学平衡,平衡系数为 K_{eq},此时有

$$K_{eq} = \frac{C_C^{S3}}{C_A^{S3} C_B^{S3}} = Q^{S3} \frac{N_C^{S3}}{N_A^{S3} N_B^{S3}}$$

假定 A,B 和 C 三种物质的密度相同,且均等于 ρ,则 S3 的体积流量 Q^{S3} 可由下式计算:

$$Q^{S3} = \frac{\sum_j M_j N_j}{\rho}, \quad j = [A, B, C]$$

式中 M_j 为各物质的相对分子质量。

闪蒸罐[FT]:假设每种物质的分离比为 ϕ_j,则有

$$N_j^{S4} = \phi_j N_j^{S3}, \qquad j = [A, B, C]$$
$$N_j^{S5} = (1-\phi_j)N_j^{S3}, \quad j = [A, B, C]$$

分离器[S]:假设循环比为 R,则有

$$N_j^{S6} = (1-R)N_j^{S4}, \quad j = [A, B, C]$$
$$N_j^{S7} = RN_j^{S4}, \qquad j = [A, B, C]$$

以上各式可以完整描述以上过程中各物流的组成。现已知:A,B 和 C 的相对分子质量分别为 78,70 和 148;三种物质及混合物的密度 ρ 均为 $1000\ \mathrm{kg/m^3}$;化学平衡常数 K_{eq} 为 $4.45\ \mathrm{m^3/kmol}$;闪蒸罐中 C 完全进入液相,即 $\phi_C = 0$;A,B 完全进入气相,$\phi_A = 1$,$\phi_B = 1$。

(1)现指定进口物流中不含 C,A 和 B 的摩尔流率分别为 10 kmol/h 和 12 kmol/h;过程 C 的生成量(S5 中 C 的摩尔流率)为 9.5 kmol/h,编写一个 MATLAB 函数,采用联立求解法计算各物流的组成;

(2)现指定进口物流中不含 C,A 和 B 的摩尔流率分别为 10 kmol/h 和 12 kmol/h;编写一个 MATLAB 函数,采用序贯模块法计算当循环比 $R=0:0.03:0.99$ 时 C 的产率(即 S5 中 C 的含量)。绘制出口 S5 中 C 的摩尔流率与循环比的关系图。

解:

(1)联立求解法:本题未知变量共有 19 个,即 7 种物流 * 3 种组分 + 反应程度 Thait + 循环比 R - 已知的进口物流 S1 的 3 个组成 - 出口中的 $C=21+1+1-3-1=19$。混合器衡算有 3 个方程、反应器有 4 个(三个物料衡算,一个化学平衡)、闪蒸罐有 6 个方程、分离器有 6 个方程,共 $3+4+6+6=19$ 个。因此有唯一解。

```
function Cha3Demo15_Analytic
x0 = ones(19, 1);
x = fsolve(@Process, x0);
disp('s2 = '), disp(x(1:3))
disp('s3 = '), disp(x(4:6))
disp('s4 = '), disp(x(7:9))
disp('s5 = '), disp(x(10:11))
disp('s6 = '), disp(x(12:14))
disp('s7 = '), disp(x(15:17))
disp(strcat('Thait = ', num2str(x(18))))
disp(strcat('R = ', num2str(x(19))))
%-----------------------------------
function y = Process(x)
y = zeros(19, 1);
S1A = 10; S1B = 12; S1C = 0;
M = [78 70 148];
fai = [1 1 0];
```

```
Rhou=1000;
miu=[-1-1 1];
Keq=4.5;
S2A=x(1); S2B=x(2); S2C=x(3);
S3A=x(4); S3B=x(5); S3C=x(6);
S4A=x(7); S4B=x(8); S4C=x(9);
S5A=x(10); S5B=x(11); x5C=9.5;
S6A=x(12); S6B=x(13); S6C=x(14);
S7A=x(15); S7B=x(16); S7C=x(17);
Thait=x(18); R=x(19);
Q=M(1)*x(4)+M(2)*x(5)+M(3)*x(6)/Rhou;
y(1)=S2A-S1A-S7A;
y(2)=S2B-S1B-S7B;
y(3)=S2C-S1C-S7C;
y(4)=S3A-S2A-x(18)*miu(1);
y(5)=S3B-S2B-x(18)*miu(2);
y(6)=S3C-S2C-x(18)*miu(3);
y(7)=Keq-Q*x(6)/(x(4)*x(5));
y(8)=x(7)-fai(1)*x(4);
y(9)=x(8)-fai(2)*x(5);
y(10)=x(9)-fai(3)*x(6);
y(11)=x(10)-(1-fai(1))*x(4);
y(12)=x(11)-(1-fai(2))*x(5);
y(13)=9.5-(1-fai(3))*x(6);
y(14)=x(12)-(1-x(19))*x(7);
y(15)=x(13)-(1-x(19))*x(8);
y(16)=x(14)-(1-x(19))*x(9);
y(17)=x(15)-x(19)*x(7);
y(18)=x(16)-x(19)*x(8);
y(19)=x(17)-x(19)*x(9);
```

（2）序贯模块法

```
function Cha3Demo15_Seq
clc, clear
S1=[10  12  0];
S5=[0  0  9.5];
M=[78  70  148];
fai=[1  1  0];
Rhou=1000;
miu=[-1-1  1];
```

```
Keq = 4.5;
R = 0:0.03:0.99;
n = length(R);
for i = 1:n
    S7out = [1  1  1];
    S7in = [0  0  0];
    while norm(S7in - S7out)>1e-6
        S7in = S7out;
        S2 = S1 + S7in;
        K = @(x) Keq - (S2 + x. * miu) * M' * (S2(3) + x)/(S2(1) - x)/(S2(2) - x);
        Thait = fzero(K, 1);
        S3 = S2 + Thait * miu;
        S4 = fai. * S3;
        S5 = (1 - fai). * S3;
        S6 = (1 - R(i)). * S4;
        S7out = R(i) * S4;
    end
    plot(R(i), S5(3), 'o')
    hold on
end
xlabel('循环比 R')
ylabel('C 摩尔流率[kmol/h] ')
```

习　　题

1. 填空题

(1) 非线性方程求解的数值方法有_____，_____，_____，_____等。

(2) 牛顿法求解非线性方程的迭代公式是_____。

(3) 写出采用 roots 函数求解方程 $x^4 - 2x^2 + x - 8 = 0$ 的命令：_____。

2. 判断题

(1) 只要选取根的初始范围包含解,则二分法一定可以获得指定精度的解。　　　　　　（　　）

(2) 在求解非线性方程时牛顿法的收敛速度比弦截法的快。　　　　　　　　　　　　（　　）

(3) 由于牛顿法的收敛速度可以比弦截法的快,因此通常可以获得精度更高的解。　　（　　）

3. 某二元溶液的饱和蒸气压符合下式：

$$p = x_1 p_1^0 \exp(\beta x_2^2) + x_2 p_2^0 \exp(\beta x_1^2)$$

其中, p_1^0 和 p_2^0 分别表示组分 1 和 2 的饱和蒸气压,其值分别为 920 mmHg 和 425 mmHg; β 为过剩自由焓系数,2.99 J/mol。试求解 $p = 760$ mmHg 时的两种物质的组成 x_1 和 x_2。（注: $x_1 + x_2 = 1$）

4. 预热到 T_0 的含有反应物的溶液原料,以一定的流量 Q,加入容积为 V_R 的搅拌槽反应器中进行绝热反应。反应混合物连续排出。A 的进、出口浓度分别为 c_{A0} 和 c_A。反应溶液的密度为 ρ,比热容为 c_p。槽内及出口温度为 T,反应速度为 $-r = kc_A^2$,式中 $k = k_0 \exp\left(-\dfrac{E}{RT}\right)$。已知数据: $T_0 = 450$ K, $\dfrac{c_{A0}(-H_r)}{\rho c_p} =$

250 K，$E/R=10000$ K，$k_0 c_{A0} = e^{20}$，$\tau = \dfrac{V_R}{Q} = 0.25$ h，试求反应转化率。

模型：由物料衡算和热量衡算可以获得模型方程如下。

$$k_0 c_{A0} (1-x)^2 \tau \exp\left(-\frac{E}{RT}\right) - x = 0 \quad （物料衡算式）$$

$$T - T_0 = \frac{(-\Delta H) c_{A0} x}{\rho c_p} \quad （热量衡算式）$$

将热量衡算式代入物料衡算式即可得到关于 x 的单变量非线性方程。

5. 试编写一个 MATLAB 函数采用 roots 函数求满足流动方程：

$$8820 D^5 - 2.31 D - 0.6465 = 0$$

的管径 D，并判断 roots 函数获得实数解的个数；如果实数解的个数为 1，则采用 fprintf 函数输出此解；如果实数解的个数不是 1 个，则返回警告信息，采用 disp 函数显示所有解，并终止程序运行。

6. 编写一个 MATLAB 函数求解以下方程组在 $(0, 0)$ 附近的根。

$$\begin{cases} x - 0.7\sin x - 0.2\cos y = 0 \\ y - 0.7\cos x + 0.2\sin y = 0 \end{cases}$$

7. 在对串联换热器的优化设计时得到如下方程组。

$$\begin{cases} T_2 = 400 - 0.0075(300 - T_1)^2 \\ T_1 = 400 - 0.02(400 - T_2)^2 \end{cases}$$

其中 T_1 和 T_2 分别为两个换热器的出口温度。试编写一个 MATLAB 函数求解 T_1 和 T_2。当初始值取 $[100, 100]$ 和 $[300, 300]$ 时的计算结果分别为多少？你觉得哪个结果更可信？

第 4 章

插 值 与 拟 合

插值与拟合在化学科学研究和工程实践中应用十分广泛。如在某些物性手册以表格方式给出物性在特定点处的值,如果要获得任意点处的值,一个较好的办法就是利用已知数据建立一个近似的函数关系式,利用此关系式即可求得任意点的物性;再如一些实验中获得了离散数据点,要根据这些数据点建立近似的函数关系式来研究体系的某些性质。上述场合中,插值与拟合都起到了重要作用。

插值和拟合的应用场合也有区别。如数据点的值是完全准确的,所求的函数关系式应与数据点重合,此时应用插值;如果实验测量可能引入误差,则拟合的函数关系式不一定与数据完全重合,可采用拟合以消除误差的影响。

4.1 函数插值

由于受实验条件的限制,多数情况下,化工实验数据测量中往往只能在一定的范围内测定有限实验数据点,得到数据的表格函数,如表 4.1 所示。

表 4.1 列表函数的形式

x	x_0	x_1	x_2	$\cdots$	x_n
$y=f(x)$	y_0	y_1	y_2	$\cdots$	y_n

这种用表格形式给出的函数 $y=f(x)$ 通常称为列表函数。

列表函数虽然可以对实验数据点的函数变化规律有一定的反映,但不能给出数据点外的函数值,因此使用起来往往不方便。如果可以寻找出与已测得的实验数据相适应的解析函数式,即使是近似的,就可根据近似解析表达式求出未列点的函数值,这可用插值法实现。

插值法是由实验或测量的方法得到所求函数 $y=f(x)$ 在互异节点 x_0,x_1,$\cdots$,x_n 处的值 y_0,y_1,$\cdots$,y_n 构造一个简单函数 $\phi(x)$ 作为函数 $y=f(x)$ 的近似表达式:

$$y = f(x) \approx \phi(x) \tag{4.1}$$

使:

$$\phi(x_0) = y_0,\ \phi(x_1) = y_1,\ \cdots,\ \phi(x_n) = y_n \tag{4.2}$$

满足式(4.1)和式(4.2)的函数 $\phi(x)$ 称为插值函数。

插值法要求在样本点 (x_n,y_n) 上满足插值条件(4.1)和(4.2),即插值函数必须通过所有的样本点。显然,选用不同的插值函数,就有不同的计算方法和计算结果。由于代数多项式具有形式简单、计算方便、存在各阶导数等优良性质,使之成为最常用的是插值函数形式,以下介绍的拉格朗日(Lagrange)、分段三次埃米特和三次样条插值法都是利用多项式进行插值。

4.1.1 多项式插值的基本原理

假定对于函数 $y=f(x)$ 以列表形式给出了一组函数值,如表 4.1 所示。根据插值条件,可以构造一个不超过 n 次的多项式:

$$P_n(x) = a_0 + a_1 x + a_2 x^2 + \cdots + a_n x^n \tag{4.3}$$

如果满足插值条件(4.2),则称其为插值多项式。

由于式(4.3)满足插值条件,据此可以得到 $(n+1)$ 个方程组成的方程组:

$$\begin{cases} a_0 + a_1 x_0 + a_2 x_0^2 + \cdots + a_n x_0^n = y_0 \\ a_0 + a_1 x_1 + a_2 x_1^2 + \cdots + a_n x_1^n = y_1 \\ \cdots \\ a_0 + a_1 x_n + a_2 x_n^2 + \cdots + a_n x_n^n = y_n \end{cases} \tag{4.4}$$

这个方程组的系数行列式是范德蒙行列式:

$$\begin{vmatrix} 1 & x_0 & x_0^2 & \cdots & x_0^n \\ 1 & x_1 & x_1^2 & \cdots & x_1^n \\ \vdots & \vdots & \vdots & & \vdots \\ 1 & x_n & x_n^2 & \cdots & x_n^n \end{vmatrix} = \prod_{0 \leqslant i < j \leqslant n} (x_i - x_j) \tag{4.5}$$

由范德蒙行列式的性质可知,只要 x_i 互异,则行列式不等于 0,方程组(4.4)存在唯一解,从而可以求出插值多项式(4.3)的各项系数,获得插值函数。然而当 n 很大时,通过方程组(4.4)求解系数的工作很烦琐。有一些简捷的方法可以使用,如以下介绍的拉格朗日法。

4.1.2 拉格朗日多项式插值法

1. 线性插值

当已知两个插值样本点 (x_0, y_0) 和 (x_1, y_1) 时,通过这两点可以构造一条直线,并写出该直线的两点式表达式:

$$P_1(x) = y_0 \frac{x - x_1}{x_1 - x_0} + y_1 \frac{x - x_0}{x_1 - x_0} = y_0 L_0(x) + y_1 L_1(x) \tag{4.6}$$

由于直线通过样本点,即满足插值条件(4.2),因此这是一个插值函数。特别称这种形式的插值函数为拉格朗日插值多项式,其中 $L_0(x) = \dfrac{x - x_1}{x_1 - x_0}$ 和 $L_1(x) = \dfrac{x - x_0}{x_1 - x_0}$ 分别称为节点 x_0 和 x_1 的一次插值基函数,插值函数是这两个基函数的线性组合,组合系数为对应节点上的函数值。

2. 二次插值

当已知三个样本点时,可以构造二次插值多项式。与线性插值类似,拉格朗日二次插值多项式具有如下形式:

$$P_2(x) = y_0 L_0(x) + y_1 L_1(x) + y_2 L_2(x) \tag{4.7}$$

基函数 $L_i(x)$ $(i=1, 2, 3)$ 应满足:

$$L_i(x) = \begin{cases} 1 & (x = x_i) \\ 0 & (x \neq x_i) \end{cases} \tag{4.8}$$

对于 $i=0$,当 $x=x_1$ 和 $x=x_2$ 时基函数 $L_0(x)$ 为 0,可知 $L_0(x)$ 中含有 $(x-x_1)(x-x_2)$。又因为 $L_0(x)$ 是一个不多于二次的多项式,因此可以假定 $L_0(x) = A(x-x_1)(x-x_2)$,代入当 $x=x_0$ 时 $L_0(x)$ 等于 1,可得 $A = 1/[(x_0-x_1)(x_0-x_2)]$,则 $L_0(x)$ 可知。类似地,可以得到其他的基函数,如下。

$$\begin{cases} L_0(x) = \dfrac{(x-x_1)(x-x_2)}{(x_0-x_1)(x_0-x_2)} \\[2mm] L_1(x) = \dfrac{(x-x_0)(x-x_2)}{(x_1-x_2)(x_1-x_0)} \\[2mm] L_2(x) = \dfrac{(x-x_1)(x-x_0)}{(x_2-x_1)(x_2-x_0)} \end{cases} \tag{4.9}$$

代入式(4.7)即得拉格朗日二次插值多项式。

3. n 次插值

如果已知 $(n+1)$ 个样本点,则可以构造拉格朗日 n 次插值多项式:

$$P_n(x) = y_0 L_0(x) + y_1 L_1(x) + y_2 L_2(x) + \cdots + y_n L_n(x) = \sum_{i=0}^{n} y_i L_i(x) \tag{4.10}$$

仿照二次拉格朗日插值多项式的方法,可以写出 n 次拉格朗日插值多项式的基函数为

$$L_i(x) = \frac{(x-x_0)\cdots(x-x_{i-1})(x-x_{i+1})\cdots(x-x_n)}{(x_i-x_0)\cdots(x_i-x_{i-1})(x_i-x_{i+1})\cdots(x_i-x_n)} = \prod_{\substack{j=0 \\ j \neq i}}^{n} \frac{(x-x_j)}{(x_i-x_j)} \tag{4.11}$$

例题 1　已知插值节点 $x_1=1$, $x_2=2$, $x_3=4$, $f(x_1)=8$, $f(x_2)=1$, $f(x_3)=5$,求其拉格朗日二次插值多项式。

解:

由式(4.7)和式(4.9),可得:

$$\begin{aligned} P_2(x) &= \frac{(x-2)(x-4)}{(1-2)(1-4)} \times 8 + \frac{(x-1)(x-4)}{(2-1)(2-4)} \times 1 + \frac{(x-1)(x-2)}{(4-1)(4-2)} \times 5 \\ &= 3x^2 - 16x + 21 \end{aligned}$$

例题 2　已知插值节点 $x=1:6$,节点处函数值 $y=[16\ 18\ 21\ 17\ 15\ 12]$。试编写一个 MATLAB 函数计算其拉格朗日五次插值多项式在点 $x=0.5:0.1:6.5$ 处的值,并将插值结果作图与节点值进行比较。

解:

程序如下。

```
function Cha4demo2
x=1:6; y=[16  18  21  17  15  12];
xi=0.5:0.1:6.5;
n=length(x);
v=zeros(size(xi));
for k=1:n
    w=ones(size(xi));
    for j=[1:k-1 k+1:n]
        w=(xi-x(j))./(x(k)-x(j)).*w;
    end
    v=v+w*y(k);
end
plot(x, y, 'o', xi, v, '-')
legend('interpolating points', 'interpolation results')
xlabel('x'), ylabel('y')
```

结果如图 4.1 所示。可见在第 1 和第 2 点之间及最后两点中间函数值有较大的变化。插值函数有偏离原函数的风险,这表现了拉格朗日多项式插值的问题。Lagrange 插值多项式的优点在于不要求数据点是等间隔的,其缺点是数据点数不宜过大,通常不超过 7 个,否则计算工作量大且误差大,计算不稳定。

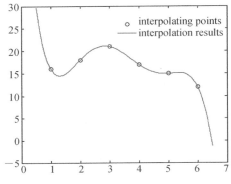

图 4.1　拉格朗日插值法效果图

4.2　分段插值

当 k 很大时,会引起拉格朗日插值法的不稳定现象。在实际进行插值计算时,通常将插值范围分为若干段,然后在每个分段上使用低次插值,这就是分段插值法。研究表明:分段低次多项式插值的误差低于不分段高次多项式的误差。

例如,设插值节点 x_i 的函数值为 $y_i(i=0, 1, \cdots, k)$,任取两个相邻的节点 x_i,x_{i+1},形成插值区间$[x_i, x_{i+1}]$。在每一个插值区间上均可以由式(4.6)写出分段线性插值公式:

$$L_1^{(i)}(x) = y_i \frac{x-x_{i+1}}{x_i-x_{i+1}} + y_{i+1} \frac{x-x_i}{x_{i+1}-x_i} \tag{4.12}$$

4.2.1　分段三次埃米特插值

许多有效的插值计算都是基于分段三次多项式。把整个插值区间分割成 n 段,如果已知插值节点的函数值 $y_i=f(x_i)$ 和其一阶导数值 $m_i=f'(x_i)$,利用它们可以构造一个三次函数,使其满足以下条件。

（1）在每个插值小区间 $[x_i, x_{i+1}]$（$i=0, 1, 2, \cdots, n-1$）上，函数 $H(x)$ 都是一个三次多项式：

$$H_i(x) = a_{i0} + a_{i1}x + a_{i2}x^2 + a_{i3}x^3 \tag{4.13}$$

（2）插值函数值等于节点值：

$$H(x_i) = y_i \tag{4.14}$$

（3）插值函数的一阶导数等于已知值：

$$H'(x_i) = m_i \tag{4.15}$$

这样构成的分段三次函数称为分段三次埃米特插值函数。注意，以上插值条件的式 (4.14) 和式 (4.15) 在插值小区间的两端均成立，因此如果已知节点的函数值和一阶导数值，则有四个已知条件，据此可以求解出式 (4.13) 中的四个多项式系数，分段三次埃米特插值函数就可以确定。定义 $s=x-x_i$，$h=x_{i+1}-x_i$，三次埃米特插值函数可以表示为

$$H_3(x) = \frac{3hs^2 - 2s^3}{h^3}y_{i+1} + \frac{h^3 - 3hs^2 + 2s^3}{h^3}y_i + \frac{s^2(s-h)}{h^2}m_{i+1} + \frac{s(s-h)^2}{h^2}m_i \tag{4.16}$$

4.2.2　三次样条插值法

三次样条本质上是一段一段的三次多项式拼合而成的曲线，在拼接处，不仅函数是连续的，且一阶和二阶导数也是连续的。三次样条插值不但计算稳定，又能保证曲线光滑，在工程上得到广泛应用。

三次样条函数的定义：已知函数 $y=f(x)$ 在区间 $[a, b]$ 上的节点 $x_0, x_1, \cdots, x_n$ 处的函数值 $y_i=f(x_i)$，如果构造函数 $S(x)$ 需满足以下几点。

（1）$S(x)$ 在每个小区间 $[x_i, x_{i+1}]$ 上都是三次多项式；

（2）$S(x)$，$S'(x)$，$S''(x)$ 在区间 $[a, b]$ 上连续；

（3）在节点处，$S(x_i)=y_i$。

则称 $S(x)$ 为 $f(x)$ 在区间上的分段三次样条插值函数。

在 n 个小区间上构造 $S(x)$，共有 $3n$ 个三次多项式，需确定 $4n$ 个参数。由插值条件 (3) 可知 $S(x_i)=y_i$，共有 $(n+1)$ 个方程。由插值条件 (2)，除两个端点外的所有节点，满足方程 $S_i(x_i)=S_{i+1}(x_i)$，$S_i'(x_i)=S_{i+1}'(x_i)$，$S_i''(x_i)=S_{i+1}''(x_i)$，共 $3(n-1)$ 个方程，因此要获得唯一解还需补充两个条件。通常的办法是在区间的两个端点处各加一个条件，即所谓的边界条件。常用的边界条件如下。

（1）已知 $S''(x_0)$ 和 $S''(x_n)$，特别是当 $S''(x_0)=S''(x_n)=0$ 时，称为自然边界条件，所得的样条函数称为自然样条函数；

（2）已知 $S'(x_0)$ 和 $S'(x_n)$；

（3）已知 $2S''(x_0)=S''(x_1)$ 和 $2S''(x_n)=S''(x_{n-1})$。

三次样条函数与三次埃米特插值函数具有相同的形式，不同之处在于确定一阶导数的方法不同。

4.3 MATLAB 一维插值函数

4.3.1 interp1 函数

MATLAB 中的函数 interp1 可实现各种一维插值运算。该指令调用格式如下。

yi＝interp1(x，y，xi，'method')

功能：根据已知的输入离散数据 x、y、xi，用 method 方法进行插值，然后输出 xi 对应的值 yi 。

其中：

（1）x、y 为样本点，yi 为未知点自变量值 xi 对应的函数值。

（2）字符串 method 是用来选择插值算法的，它可以取：

① nearest 最近插值，插值函数值与最近节点的函数值相等；

② linear 即此前介绍的分段线性插值，当省略 method 时，默认为 linear 线性插值；

③ pchip 即分段三次埃米特插值，插值函数的函数值和一阶导数值连续；

④ spline 即分段三次样条插值，插值函数的函数值、一阶和二阶导数值均连续。

例题 3 已知插值节点 $x=1:6$，节点处函数值 $y=\begin{bmatrix}16 & 18 & 21 & 17 & 15 & 12\end{bmatrix}$。试采用 interp1 函数计算最近插值、线性插值、分段三次埃米特插值和分段样条插值在点 $x=0.75:0.1:6.25$ 处的值，并将插值结果作图进行比较。

解：

程序如下。

```
function Cha4demo3
x=1:6; y=[16  18  21  17  15  12];
xi=0.75:0.1:6.25;
y1=interp1(x, y, xi, 'nearest');
y2=interp1(x, y, xi);
y3=interp1(x, y, xi, 'pchip');
y4=interp1(x, y, xi, 'spline')
subplot(2, 2, 1)
plot(x, y, 'o', xi, y1, '-'), title('Nearest')
subplot(2, 2, 2)
plot(x, y, 'o', xi, y2, '-'), title('Linear')
subplot(2, 2, 3)
plot(x, y, 'o', xi, y3, '-'), title('Pchip')
subplot(2, 2, 4)
plot(x, y, 'o', xi, y4, '-'), title('Spline')
```

各种方法的插值效果如图 4.2 所示。特别注意，pchip 和 spline 两种方法均可获得光滑的插值曲线，但是曲线趋势并不相同，尤其是在第 1 和第 2 点之间，pchip 基本保持了原函数的形状,这种插值函数也被称为保形插值函数。

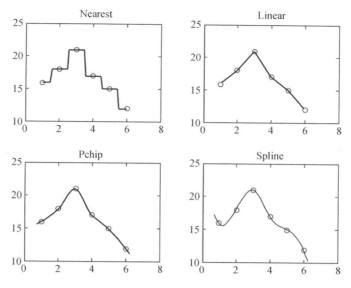

图 4.2　不同插值方法的效果比较

例题 4　已知某转子流量计在 $100\sim1000$ mL/min 内刻度值与校正值如表 4.2 所示。

表 4.2　刻度值与校正值

刻度值	校正值	刻度值	校正值
100	105.3	600	605.8
200	207.2	700	707.4
300	308.1	800	806.7
400	406.9	900	908.0
500	507.5	1000	1007.9

试用插值法计算流量计的刻度值为 785 时,实际流量为多少?

解:

一般而言,转子流量计的流量与刻度之间呈线性关系,可采用线性插值方法。用 X 和 Y 分别表示插值样本点的刻度值和校正值,X_k 和 Y_k 分别表示未知点的刻度值和校正值。计算程序如下。

```
X=[100, 200, 300, 400, 500, 600, 700, 800, 900, 1000];
Y=[105.3, 207.2, 308.1, 406.9, 507.5, 605.8, 707.4, 806.7, 908.0, 1007.9];
plot(X, Y, 'b-o'), hold on
Xk=780;
Yk=interp1(X, Y, Xk)
plot(Xk, Yk, 'rp', 'Markersize', 10)
```

执行结果:Yk=786.8400,同时绘图结果显示流量与刻度之间确实呈线性关系,而且计算所得数据点位于线上,表示计算可靠。

4.3.2 逆插值

以上插值函数计算在指定点上的函数值。但有时会碰到相反的问题,即已知函数值 $f(x)$,求自变量 x 的值。对于线性问题,这一问题的求解很容易,将原插值问题的自变量和因变量互换,重新进行插值即可。但对于一般情况这种方法有可能造成自变量分布十分不均匀,有些地方分布密集,有些地方分布稀疏,这将导致插值多项式产生振荡,对于这种情况,可以保留原插值问题,将逆插值问题视为寻找一个 x,使其插值函数值等于指定值,这实际是一个方程求根的过程。以下例为例说明以上两种方法在 MATLAB 中的实现。

例题 5 一个转子流量计在 $100 \sim 1000$ mL/min 内刻度值与校正值关系如表 4.2 所示,现需调整实际流量为 850 mL/min,则流量计的读数应为多少?

解:

方法一:将实际流量视为自变量 x,刻度视为因变量 y 进行插值,本问题为求 $x=850$ 时的 y 值,这是一个普通的插值问题,程序如下。

```
X = [100, 200, 300, 400, 500, 600, 700, 800, 900, 1000];
Y = [105.3, 207.2, 308.1, 406.9, 507.5, 605.8, 707.4, 806.7, 908.0, 1007.9];
plot(Y, X, 'b-o'), hold on
Yk = 850;
Xk = interp1(Y, X, Yk)
plot(Yk, Xk, 'rp', 'Markersize', 10)
```

结果显示 Xk=842.7443,说明流量计读数为 842.7 时流量可达到 850 mL/min。

方法二:插值问题将流量计刻度视为自变量 x,实际流量视为因变量 y,问题的求解变为 $Y_k - f(X_k) = 0$。程序如下。

```
X = [100, 200, 300, 400, 500, 600, 700, 800, 900, 1000];
Y = [105.3, 207.2, 308.1, 406.9, 507.5, 605.8, 707.4, 806.7, 908.0, 1007.9];
Yk = 850;
f = @(x) Yk - interp1(X, Y, x);
Xk = fzero(f, Yk)
```

结果显示 Xk=842.7443,与第一种方法结果相同。

4.3.3 pchip 函数和 spline 函数

除了通用的一维插值函数 interp1,对于分段埃米特插值和样条插值,MATLAB 还提供了 pchip 和 spline 两个函数。两个函数均有两种使用方法:

```
yi = pchip(x, y, xi)          yi = spline(x, y, xi)
pp = pchip(x, y)              pp = spline(x, y)
```

其中第一种使用方法其功能和结果与 interp1(x, y, xi, 'pchip') 或 interp1(x, y, xi, 'spline')完全一致。第二种方法可以将插值生成的分段三次多项式以结构体 pp 的形式输出（采用 interp1(x，y，'method'，'pp')命令也可以返回 pp，此时 method 只能为 spline 或 pchip），与 MATLAB 提供的相关函数配合进行其他求函数值、求微分等运算。这里介绍一下 ppval 函数，其他函数将在相关章节中介绍。

ppval 用于计算分段多项式函数在指定点的函数值，使用方法如下。

yi = ppval(pp, xi)

其中 pp 可以为 spline、pchip 或其他函数返回的分段多项式函数，x_i 为指定点，y_i 为返回的计算值。实际上 interp1(x，y，xi，'pchip')的运算结果等于如下两条命令的运算结果：

```
>>pp = pchip(x, y);
>>yi = ppval(pp, xi)
```

pchip 函数和 spline 函数均采用分段三次多项式插值进行插值，但插值效果有很大不同，如下例。

例题 6 利用点 $\left(x=\sin\dfrac{k\pi}{6},\ y=\cos\dfrac{k\pi}{6}\right)$，其中 $k=[0\ 1\ 2\ 3]$ 来逼近单位圆的前四分之一圆周。比较 pchip 与 spline 的差别。

解：
程序如下。

```
t = linspace(0, pi/2, 4);
x = cos(t); y = sin(t);
xx = linspace(0, 1, 40);
plot(x, y, 's', xx, [pchip(x, y, xx); spline(x, y, xx)])
grid on, axis equal
legend('Orignal data', 'pchip', 'spline')
```

得到的插值结果如图 4.3 所示，可见 pchip 函数所得的图形十分接近圆的形状，这就是这一函数叫做保形插值函数的原因。

前已提及，产生这种区别的原因在于两个函数在如何确定插值函数节点处一阶导数值的不同。pchip 函数为了保证函数值不过分偏离给定数据，规定当节点两侧一阶导数异号时，节点处的一阶导数值为 0，如果两侧一阶导数值同号，则取其加权平均值作为节点处的一阶导数值。因此 pchip 可保证插值函数的局部单调性。spline 函数为了保证函数的光滑性，则规定节点处的一阶导数值必须光滑，即

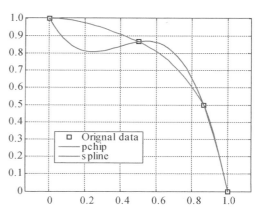

图 4.3 pchip 函数与 spline 函数区别图

spline 插值函数的函数值、一阶和二阶导数值均连续，而 pchip 产生的插值函数二阶导数不连续。此外，pchip 与 spline 允许 x_k 在插值区间外，但两者在插值点外的外延趋势可能有较大不同。

例题 7 McCabe-Thiele 法求二元精馏的理论板数

在一个连续的精馏塔中分离乙醇-水混合液。原料液中,含乙醇的摩尔分数 x_F 为 0.4,加料热状态参数 q 为 1.103。塔顶设全凝器,泡点回流,所有回流比 R 为 3。塔顶馏出液含乙醇的摩尔分数 x_D 为 0.78,釜液含乙醇的摩尔分数 x_W 为 0.02。试求达到分离要求所需的理论板数。已知乙醇-水的汽液平衡数据如表 4.3 所示。

表 4.3 乙醇-水的汽液平衡数据

摩尔分数 x	摩尔分数 y	温度 $t/℃$	摩尔分数 x	摩尔分数 y	温度 $t/℃$
0.000	0.000	100	0.600	0.698	79.1
0.050	0.310	90.6	0.700	0.755	78.7
0.100	0.430	86.4	0.800	0.820	78.4
0.200	0.520	83.2	0.894	0.894	78.15
0.300	0.575	81.7	0.950	0.942	38.3
0.400	0.614	80.7	1.000	1.000	78.3
0.500	0.657	79.9			

解:

McCabe-Thiele 法求二元精馏的理论塔板数实际就是逐板计算法和图解计算法。图解法求理论板数时,首先作出精馏段操作线,其方程为

精馏段操作线方程:$y_{n+1} = \dfrac{R}{R+1}x_n + \dfrac{x_D}{R+1}$

求出 q 线方程:$y_q = \dfrac{q}{q-1}x_q - \dfrac{x_F}{q-1}$ 与精馏段操作线的交点 $d(y_q, x_q)$,联结 (x_W, x_W) 与点 d,即为提馏段操作线。从 (x_D, x_D) 出发,作水平线与相平衡线相交,交点作垂直线与操作线相交,依次类推至组成 x_n 小于 x_W 为止。本例中,由于相平衡线与 x 组成的关系比较复杂,采用插值法直接由原始数据求平衡组成。程序如下。

```
function Cha4Demo07
%计算所需参数
q=1.103; R=3; xD=0.78; xW=0.02; xF=0.40;
%相平衡数据
x0=[0 .05 .10 .20 .30 .40 .50 .60 .70 .80 .894 .95 1];
y0=[0 .31 .43 .52 .575 .614 .657 .698 .755 .82 .894 .942 1];

Yr=@(x) R/(R+1).*x+xD/(R+1); %精馏段操作线方程
fun=@(x) (q-1)*(R/(R+1).*x+xD/(R+1))-(q*(x-xF)+(q-1)*xF);
xQ=fzero(fun,0.5); %求操作线交点
yQ=Yr(xQ);
xOP=[xW, xQ, xD];
yOP=[xW, yQ, xD];
```

```
yfit = linspace(0, 1, 1001);
xfit = interp1(y0, x0, yfit, 'pchip');
%%绘制图形
hold on
box on
plot([0 1], [0 1], 'k')
xlabel('x')
ylabel('y')
plot(x0, y0, 'r+')
plot(xfit, yfit, 'r-')
plot(xF, xF, 'b*')
plot(xQ, yQ, 'bo')
plot(xOP, yOP, 'b-')
k = 1;
yn(1) = xD;
xn(1) = interp1(y0, x0, yn(1), 'pchip');
plot([xD, xn(1)], [yn(1), yn(1)], 'b-')
text(xn(1), yn(1), num2str(1),...
    'HorizontalAlignment', 'center', 'VerticalAlignment', 'bottom')
while xn(k) > xW
    yn(k+1) = interp1(xOP, yOP, xn(k));
    k = k+1;
    xn(k) = interp1(y0, x0, yn(k), 'pchip');
    plot([xn(k-1), xn(k-1)], [yn(k-1), yn(k)], 'b-')
    plot([xn(k-1), xn(k)], [yn(k), yn(k)], 'b-')
    text(xn(k), yn(k), num2str(k),...
        'HorizontalAlignment', 'center', 'VerticalAlignment', 'bottom')
end
N = k;
plot([xn(N), xn(N)], [yn(N), xn(N)], 'b-')
text(xn(N), yn(N), num2str(N),...
    'HorizontalAlignment', 'center', 'VerticalAlignment', 'bottom')

N_Feed = find(xn < xF);
N_Feed = N_Feed(1);

text(0.5, 0.5, {strcat('所需理论板:', num2str(N)),...
    strcat('进料板位置:', num2str(N_Feed))},...
    'HorizontalAlignment', 'left', 'VerticalAlignment', 'top')
```

程序运行结果如图 4.4 所示,可见所需理论板数为 7 块。

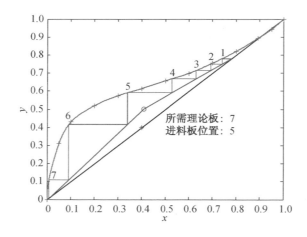

图 4.4　程序运行结果

4.4　最小二乘法曲线拟合

在化工实验和工程实践中,可测得许多离散的实验数据和工业数据,由于数据变量之间关系比较复杂,或由于生产或实验过程中不可避免地存在着误差,使变量之间的关系具有不确定性或随机性,通常需要寻找一条连续光滑曲线 $y=f(x)$ 来近似反映已知数据组间相关关系的一般趋势,所得近似函数 $f(x)$ 可以很好地逼近离散数据 (x_i, y_i),这个函数逼近的过程称为曲线拟合或经验建模。曲线拟合是一种处理变量间相关关系的数理统计方法,它可以寻找隐藏在随机性后面的统计规律性。

拟合和插值均是利用一个函数逼近已知数据点,但两者有很大不同。拟合的特点是拟合曲线函数不必通过所有数据点;从数值计算角度看,两者的算法也完全不同。拟合常用最小二乘法。

最小二乘法曲线拟合原理是:如果观测数据存在较大误差,通常采用“近似函数在各实验点计算结果与实验结果的偏差平方和最小”原则建立近似函数。最小二乘法的优点是函数形式多种多样,根据其来源不同,可分为半经验建模和经验建模两种。

如果建模过程中先由一定的理论依据写出模型结构,再由实验数据估计模型参数,这时建立的模型为半经验模型。如描述反应速率常数与温度的关系可用阿伦尼乌斯方程,即:$k = k_0 \exp \dfrac{-E}{RT}$ 表示。

这种情况下,工作要点在于如何确定函数中的各未知系数 k_0 和 E。

经验建模又分为两种情况。

(1)无任何理论依据,但有经验公式可供选择,如许多物性数据(比热容、密度、饱和蒸气压等)与温度的关系常表示为

$$\phi = b_0 + b_1 T + b_2 T^2 + b_3 T^3 + b_4 \ln T + \frac{b_5}{T}$$

(2)没有任何经验可循的情况,只能将实验数据画出图形与已知函数图形进行比较,选

择图形接近的函数形式作为拟合模型。

最小二乘法又分为线性最小二乘法和非线性最小二乘法。

4.4.1 线性最小二乘法

线性最小二乘法又分为一元和多元等不同情况。

4.4.1.1 一元线性最小二乘法的方法概述

对于一元线性函数：

$$y = a + bx \tag{4.17}$$

测定了 m 个自变量值 $x_k(k=1,2,\cdots,m)$ 和 m 个因变量值 $y_k(k=1,2,\cdots,m)$，$y_k^*(k=1,2,\cdots,m)$ 是由式(4.17)得到的计算值。

定义误差：

$$e_k = y_k - y_k^* = y_k - (a + bx_k) \tag{4.18}$$

由最小二乘法设：

$$Q = \sum_{k=1}^{m} e_k^2 = \sum_{k=1}^{m} \left[y_k - (a + bx_k) \right]^2 \tag{4.19}$$

欲使 Q 最小，按极值的必要条件，应满足：

$$\begin{cases} \dfrac{\partial Q}{\partial a} = -2\sum_{k=1}^{m}(y_k - a - bx_k) = 0 \\ \dfrac{\partial Q}{\partial b} = -2\sum_{k=1}^{m}(y_k - a - bx_k)x_k = 0 \end{cases} \tag{4.20}$$

由式(4.20)可推导出：

$$\begin{cases} ma + b\sum_{k=1}^{m} x_k = \sum_{k=1}^{m} y_k \\ a\sum_{k=1}^{m} x_k + b\sum_{k=1}^{m} x_k^2 = \sum_{k=1}^{m} x_k y_k \end{cases} \tag{4.21}$$

式(4.21)称为一元线性最小二乘法的法方程。解此方程组，可求出参数 a、b，因此拟合直线方程 $y^* = a + bx$ 便可确定。

4.4.1.2 多元线性最小二乘法概述

设系统共有 n 个影响因子，得到 m 次实验数据。若可用多元线性函数拟合时，函数形式如下。

$$y = b_1 x_1 + b_2 x_2 + \cdots + b_n x_n = \sum_{i=1}^{n} b_i x_i \tag{4.22}$$

若 k 代表第 k 次实验的数据,则相应预测值表示为

$$y_k^* = b_1 x_{1k} + b_2 x_{2k} + \cdots + b_n x_{nk} = f(x_{1k}, x_{2k}, \cdots, x_{nk}; b_1, b_2, \cdots, b_n) \quad (4.23)$$

由最小二乘法设

$$Q = \sum_{k=1}^{m} e_k^2 = \sum_{k=1}^{m} (y_k - y_k^*)^2 \quad (4.24)$$

欲使 Q 最小,按极值的必要条件,应满足:

$$\frac{\partial Q}{\partial b_i} = 2\left(b_1 \sum_{i=1}^{m} x_{1k} x_{ik} + b_2 \sum_{i=1}^{m} x_{2k} x_{ik} + \cdots + b_n \sum_{i=1}^{m} x_{nk} x_{ik} - \sum_{i=1}^{m} x_{1k} y_k \right) = 0 \quad (4.25)$$

令

$$\begin{cases} S_{ij} = \sum_{k=1}^{m} x_{ik} x_{jk} & (i = j = 1, 2, \cdots, n) \\ S_{iy} = \sum_{k=1}^{m} x_{ik} y_k & (i = 1, 2, \cdots, n) \end{cases} \quad (4.26)$$

则式(4.25)转化为以 b_i 为未知数的方程组:

$$\begin{cases} s_{11} b_1 + s_{12} b_2 + \cdots + s_{1n} b_n = s_{1y} \\ s_{21} b_1 + s_{22} b_2 + \cdots + s_{2n} b_n = s_{2y} \\ \qquad \cdots\cdots \\ s_{n1} b_1 + s_{n2} b_2 + \cdots + s_{m} b_n = s_{ny} \end{cases} \quad (4.27)$$

这样式(4.27)称为多元线性最小二乘法的法方程。解此方程组,可求出参数 b_i,因此拟合方程 $y^* = b_1 x_1 + b_2 x_2 + \cdots + b_n x_n$ 便可确定。

4.4.2 非线性最小二乘法

在应用最小二乘法曲线拟合时,通常遇到更多的是非线性函数,对比线性模型拟合,非线性模型拟合要困难得多,可设法使模型转化为线性形式。有些非线性模型是不能变换成线性模型的,这时应该用直接非线性最小二乘法进行处理。

4.4.2.1 非线性函数的线性化处理

化工中常见的函数线性化方法和函数图形见表 4.4。

表 4.4 常见的函数线性化方法和函数图形

图形	非线性函数及线性化方法
	双曲函数 $\dfrac{1}{y} = a + \dfrac{b}{x}$ 令 $Y = \dfrac{1}{y}$, $X = \dfrac{1}{x}$ 则 $Y = a + bX$

图形	非线性函数及线性化方法
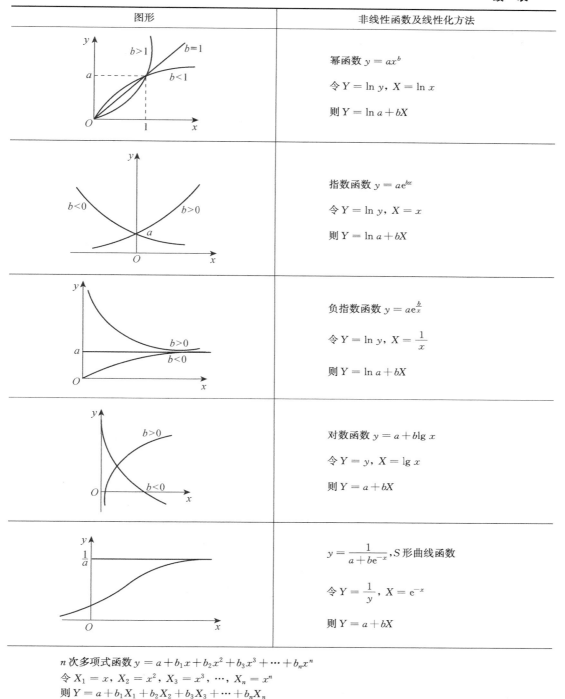	幂函数 $y = ax^b$ 令 $Y = \ln y$, $X = \ln x$ 则 $Y = \ln a + bX$
	指数函数 $y = ae^{bx}$ 令 $Y = \ln y$, $X = x$ 则 $Y = \ln a + bX$
	负指数函数 $y = ae^{\frac{b}{x}}$ 令 $Y = \ln y$, $X = \dfrac{1}{x}$ 则 $Y = \ln a + bX$
	对数函数 $y = a + b\lg x$ 令 $Y = y$, $X = \lg x$ 则 $Y = a + bX$
	$y = \dfrac{1}{a + be^{-x}}$，S形曲线函数 令 $Y = \dfrac{1}{y}$, $X = e^{-x}$ 则 $Y = a + bX$

n 次多项式函数 $y = a + b_1 x + b_2 x^2 + b_3 x^3 + \cdots + b_n x^n$
令 $X_1 = x$, $X_2 = x^2$, $X_3 = x^3$, $\cdots$, $X_n = x^n$
则 $Y = a + b_1 X_1 + b_2 X_2 + b_3 X_3 + \cdots + b_n X_n$

4.4.2.2　直接非线性的最小二乘法

当遇到不能转换成线性的情况,需要采用直接非线性最小二乘法。一般的非线性问题在数值计算中通常是用逐次逼近方法来处理,其实质就是逐次"线性化"。这里仅讨论高斯-牛顿法。

对于非线性函数 $y_k = f(x_k, b_1, b_2, \cdots, b_n)$

若 b_i 的近似值为 $b_i^{(0)}$，误差为 Δ_i，则

$$b_i = b_i^{(0)} + \Delta_i \tag{4.28}$$

当初值给定时，对非线性函数在初值 $b_i^{(0)}$ 附近作泰勒展开，并略去 Δ_i 二次以上的高次项，可以得到：

$$y_k \approx f_{k,0} + \frac{\partial f_{k,0}}{\partial b_1}\Delta_1 + \frac{\partial f_{k,0}}{\partial b_2}\Delta_2 + \cdots + \frac{\partial f_{k,0}}{\partial b_n}\Delta_n \tag{4.29}$$

其中 $f_{k,0} = f(x_k, b_1^{(0)}, b_2^{(0)}, \cdots, b_n^{(0)})$

由最小二乘法设

$$Q = \sum_{k=1}^{m} e_k^2 = \sum_{k=1}^{m} (y_k - f(x_k, b_1, b_2, \cdots, b_n))^2 \tag{4.30}$$

欲使 Q 最小，按极值的必要条件，应满足：

$$\frac{\partial Q}{\partial b_i} = \frac{\partial Q}{\partial \Delta_i} \approx 2\sum \left[y_k + \left(f_{k,0} + \frac{\partial f_{k,0}}{\partial b_1}\Delta_1 + \frac{\partial f_{k,0}}{\partial b_2}\Delta_2 + \cdots + \frac{\partial f_{k,0}}{\partial b_n}\Delta_n \right) \right] \left(-\frac{\partial f_{k,0}}{\partial b_m} \right) = 0 \tag{4.31}$$

令

$$\begin{cases} S_{ij} = \sum_{k=1}^{m} \frac{\partial f_{k,0}}{\partial b_i} \frac{\partial f_{k,0}}{\partial b_j} & (i = j = 1, 2, \cdots, n) \\ S_{iy} = \sum_{k=1}^{m} \frac{\partial f_{k,0}}{\partial b_j}(y_k - f_{k,0}) & (i = 1, 2, \cdots, n) \end{cases} \tag{4.32}$$

则式(4.31)转化为以 Δ_i 为未知数的方程组：

$$\begin{cases} s_{11}\Delta_1 + s_{12}\Delta_2 + \cdots + s_{1n}\Delta_n = s_{1y} \\ s_{21}\Delta_1 + s_{22}\Delta_2 + \cdots + s_{2n}\Delta_n = s_{2y} \\ \cdots\cdots \\ s_{n1}\Delta_1 + s_{n2}\Delta_2 + \cdots + s_{nn}\Delta_n = s_{ny} \end{cases} \tag{4.33}$$

将解此法方程所得到的第一套修正值 $\Delta_i^{(0)}$ 代入式(4.28)可求得 $b_i^{(1)}$，再用上述方法求得第二套修正值 $\Delta_i^{(1)}$，并求得 $b_i^{(2)}$，这样经过 n 次迭代后，若 $\Delta_i^{(n)}$ 小到一定程度，就逼近了真值 b_i，因此拟合方程 $\hat{y}_k = f(x_k, b_1, b_2, \cdots, b_n)$ 便可确定。

4.5 最小二乘法曲线拟合的 MATLAB 实现

在 MATLAB 中有专用的最小二乘法拟合函数，可以方便地给出求解运算。

4.5.1　一元多项式拟合函数 polyfit

polyfit 是多项式函数拟合命令,它只能拟合一元多项式。可化为线性的非线性函数拟合,经过变量变换后,也可用此函数。

调用格式:　　　　　　　　　$p = polyfit(x, y, n)$

（1）x,y 为输入的拟合数据,通常用数组方式输入;

（2）n 表示多项式的最高阶数,当 n=1 时不可省略,表示进行线性拟合;

（3）输出参数 p 为拟合多项式的系数向量,该向量的分量是自左至右依次表示多项式高次幂项到低次幂项的系数。

函数 polyval() 常常与 polyfit() 联合使用,计算拟合多项式在指定点的值,其调用格式为 $y = polyval(p, x)$。

例题 8　已知 x 和 y 的数据由以下两条命令生成,试采用 polyfit 函数将此数据拟合为一个四次多项式。

$x = [1.5:5.5, 6:8]$
$y = 0.02 * x.^4 + 0.3 * x.^3 - 5 * x + 0.1 + 20 * rand(size(x))$

解:

程序如下。

```
x = [1.5:5.5, 6:8];
y = 0.02 * x.^4 + 0.3 * x.^3 - 5 * x + 0.1 + 20 * rand(size(x));
plot(x, y, 'o'), hold on
p = polyfit(x, y, 4);
xx = 1.5:0.1:8;
yy = polyval(p, xx);
plot(xx, yy, '-')
legend('Origin Data', 'Fitting Curve')
```

原始数据的 y 实际是四次多项式 $0.02x^4 + 0.3x^3 - 5x + 0.1$ 的计算值加上一个随机误差生成。运行以上程序后发现结果 $p = [0.1953, -3.1774, 24.0334, -72.5310, 71.1817]$（由于随机数随机生成,每次运行结果会不一样）,即拟合所得的四次多项式为 $0.1953x^4 - 3.1774x^3 + 24.0334x^2 - 72.5310x + 71.1817$。由绘制所得的图形可见拟合所得曲线并不通过各数据点。

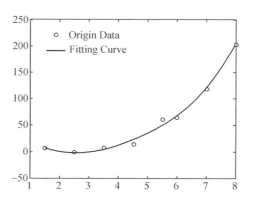

例题 9　某化学反应其反应产物浓度随时间变化的数据见表 4.5。

表 4.5　反应产物浓度随时间变化

时间 t	5	10	15	20	25	30	35	40	45	50	55
浓度 y	1.2	2.16	2.86	3.44	3.87	4.15	4.37	4.51	4.58	4.62	4.64

用最小二乘法关联 y 与 t 的关系。

解:(1) 建立数学模型。

题目中没有给出数学模型的具体形式,所以首先对实验点绘图,如图 4.5 所示。

由曲线形状特点,可选用 $y = a \cdot \exp\left(\dfrac{b}{t}\right)$ 拟合实验数据。

(2) 线性化变换

令 $Y = \ln y$,$X = \dfrac{1}{t}$,

则 $y = a \cdot \exp\left(\dfrac{b}{t}\right)$ 变换为 $Y = \ln a + bX$,可通过线性拟合获得方程系数。

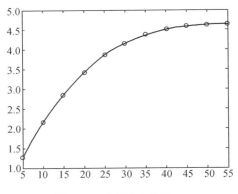

图 4.5　对实验点绘图

(3) 计算参数,编程如下。

```
t=[5  10  15  20  25  30  35  40  45  50  55];
y=[1.2  2.16  2.86  3.44  3.87  4.15  4.37  4.51  4.58  4.62  4.64];
plot(t, y, 'bo'), hold on
Y=log(y); X=1./t;
p=polyfit(X, y, 1);
a=exp(p(2))
b=p(1)
f=@(x) a*exp(b./x);
plot([5:55], f([5:55]), 'k-')
```

结果显示 $a = 5.2693$,$b = -7.7783$。由结果图形可见拟合效果较好。

4.5.2　多元线性拟合函数 regress

在 MATLAB 统计工具箱中使用命令 regress 实现多元线性拟合。

常用调用格式为　　　　　　　　b = regress(y, x)

其中:

(1) x,y 代表自变量数据矩阵 x 和因变量数据向量 y;自变量数据矩阵 x 和因变量数据向量 y 按以下排列方式输入:

$$x = \begin{bmatrix} 1 & x_{12} & \cdots & x_{1n} \\ 1 & x_{22} & \cdots & x_{2n} \\ \cdots & \cdots & \\ 1 & x_{m2} & \cdots & x_{mn} \end{bmatrix} \text{ 和 } y = \begin{bmatrix} y_1 \\ y_2 \\ \cdots \\ y_m \end{bmatrix}$$

这里 n 为变量个数,m 为因变量个数,x 的第 1 列全为 1,用于拟合常数项,因此 x 有 m 行 $n+1$ 列;y 为 m 行 1 列的列向量;

(2) $\boldsymbol{b}$ 为多元线性拟合的参数结果向量。

例题 10 已知 $x_1 = 1:6$，$x_2 = 1.5:0.2:2.5$，$y = [5.9512 \quad 10.6730 \quad 15.5676 \quad 20.6234 \\ 25.8599 \quad 31.2622]$。试采用以上数据拟合 $y = a * x_1 + b * x_2 + c * x_1 {}^{\wedge} 2 + d * x_1 * x_2$ 中的系数。

解：

将 x_1，x_2，$x_1 {}^{\wedge} 2$ 和 $x_1 * x_2$ 视为自变量，则以上的拟合为多元线性拟合，可以采用 regress 函数进行。程序如下。

```
x1 = 1:6;
x2 = 1.5:0.2:2.5;
y = [5.9512  10.6730  15.5676  20.6234  25.8599  31.2622];
X = [ones(length(x1), 1), x1′, x2′, x1′.^2, x1′.*x2′];
b = regress(y′, x)
```

例题 11 设某气体反应可表示为

$$A + B + C \longrightarrow D$$

其反应动力学方程可用下列非线性方程表示：

$$V = Kp_A^{n1} p_B^{n2} p_C^{n3}$$

式中，V 为反应速度，K 为反应速度常数，p_A，p_B，p_C 依次为反应物 A、B、C 的分压，表 4.6 为实验测定的不同分压下的 V 值。试确定此气体反应动力学方程。

表 4.6　实验测定的不同分压下的 V 值

p_A	p_B	p_C	V	p_A	p_B	p_C	V
8.998	8.298	2.699	8.58	7.001	3.900	9.895	2.18
8.199	7.001	4.402	6.05	3.310	3.401	9.796	2.11
7.901	6.203	5.900	4.73	6.501	2.601	10.903	1.88
7.001	4.302	8.199	3.35	7.997	2.199	17.797	1.04

解：

(1)首先将动力学方程的两边取对数：

$$\ln V = \ln K + n_1 \times \ln p_A + n_2 \times \ln p_B + n_3 \times \ln p_C$$

令 $y = \ln V$，$x_1 = \ln p_A$，$x_2 = \ln p_B$，$x_3 = \ln p_C$，

则待拟合方程变为 $y = \ln K + n_1 * x_1 + n_2 * x_2 + n_3 * x_3$，是一个多元线性拟合问题。

(2) 程序如下。

```
PA = [8.998, 8.199, 7.901, 7.001, 7.001, 3.310, 6.501, 7.997];
PB = [8.298, 7.001, 6.203, 4.302, 3.900, 3.401, 2.601, 2.199];
PC = [2.699, 4.402, 5.900, 8.199, 9.895, 9.796, 10.903, 17.797];
V = [8.58, 6.05, 4.73, 3.35, 2.18, 2.11, 1.88, 1.04];
x1 = log(PA); x2 = log(PB); x3 = log(PC); y = log(V);
x = [ones(8, 1), x1′, x2′, x3′];
b = regress(y′, x);
```

```
fprintf('K=%f\tn1=%.4f\tn2=%.4f\tn3=%.4f\n', exp(b(1)), b(2), b(3), b(4))
```

结果显示：

K＝4.4431   n1＝0.0097   n2＝0.6454   n3＝－0.6611

4.5.3 直接非线性拟合函数 nlinfit

以上通过线性化方法拟合非线性函数中的参数，这种方法十分简便，在实际过程中常用来估计参数的初始值，最终参数值都需要通过直接非线性拟合确定，以便于统计检验拟合的效果。

MATLAB 求解非线性拟合的函数较多，多采用最优化方法解决，我们将在第 9 章中详细讲解这一问题。这里仅介绍 nlinfit 函数。nlinfit 函数的简单调用格式为

```
beta=nlinfit(x, y, fun, beta0)
```

这里输入数据 x，y 分别为 $m \times n$ 矩阵和 m 维列向量，表示自变量数量为 n 个，因变量为 m 个（m 次实验结果）。beta0 是回归系数的初值，beta 是估计出的回归系数。fun 是函数句柄，该函数定义待拟合的非线性函数，其声明语句具有如下形式：

```
function y=fun(b, x)
```

其中返回值 y 为在 x 处的计算值，b 表示待回归参数的向量，b 的初始值为 beta0，x 为自变量。

例题 12 某催化剂活性 Y 与工作持续时间 t 的关系为

$$Y = A\exp(Bt + Ct^2)$$

将表 4.7 所列的实验数据通过曲线拟合求系数 A、B、C。

表 4.7 实验数据

t/h	0	27	40	52	70	89	106
$Y/\%$	100	82.2	76.3	71.8	66.4	63.3	61.3

解：

直接非线性拟合式，需要提供一个初始值。将原关系式两端取对数可得 $\ln Y = Ct^2 + Bt + \ln A$，这是一个二次多项式，可以先利用 polyfit 函数获得一个初始值，然后再使用直接非线性拟合函数 nlinfit 求解。

程序如下。

```
function Cha4demo12
t=[0  27  40  52  70  89  106]';
y=[100  82.2  76.3  71.8  66.4  63.3  61.3]';
Y=log(y);
p=polyfit(t, Y, 2);
beta0=[exp(p(3)), p(2), p(1)];
```

```
format long
beta=nlinfit(t, y, @fun, beta0)
plot(t, y, 'o', 0:110, fun(beta, 0:110), '-')
legend('Experiment', 'Fitting curve')
function y=fun(beta, t)
    y=beta(1) * exp(beta(2) * t+beta(3) * t.^2);
```

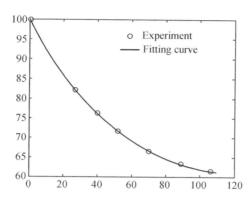

结果收敛于：beta=99.9911 －8.11e－3 3.31e－5。从上图可见,拟合获得了良好效果。

4.5.4 生成样条曲线拟合函数

当对拟合曲线的形式没有要求,而只是利用拟合函数进行后续的微积分等计算时,可考虑采用样条曲线进行拟合。MATLAB 样条工具箱提供了较多函数可实现样条曲线的拟合,如 spap2、spaps、csaps 等。执行“>>help splines”可快速查看样条函数列表。这里仅以 csaps 为例介绍。

使用 MATLAB 样条函数拟合得到曲线函数 sp 以后,可利用 fnval( )计算任意自变量下的函数值。下面介绍这几个函数的用法。

函数 csaps 的用法

功能:平滑生成三次样条函数,即对于数据(x_i, y_i),所求的三次样条函数 $y=f(x)$满足

$$\min p \cdot \sum_i w_i (y_i - f(x_i))^2 + (1-p) \int \lambda(t) (D^2 f) t^2 \mathrm{d}t \tag{4.34}$$

调用格式:sp=csaps(x, y)

   sp=csaps(x, y, p)

   ys=csaps(x, y, p, xx, w)

输入参数:x, y 要处理的离散数据(xi, yi)

   p 平滑参数,取值区间为[0, 1]。当 p=0 时,相当于最小二乘直线拟合;当 p=1 时,相当于“自然的”三次样条插值,即相当于 csapi( )或 spline( )

   xx 用于指定在给定点 xx 上计算其三次样条函数值(ys)

w　权值(权重),默认为 1

输出参数:sp　拟合得到的样条函数

ys　在给定点 xx 上的三次样条函数值

函数 fnval 的用法

功能:计算函数 f 在给定点 x 处的函数值 values。

调用格式:values＝fnval(f, x)。

4.5.5　小结

采用本节介绍的各种函数可以初步完成各种函数的拟合工作。但应注意,对于一个完整的建模工作而言这还远远不够。在获得模型参数后,必须进行统计学检验,检验模型参数是否合理,模型预测结果是否可靠等。我们将在第 8、第 9 章中继续介绍相关内容。

习　　题

1. 填空题

(1) 插值必须满足的条件是_____,_____。

(2) 拉格朗日线性插值的两个基函数表达式为_____,_____。

(3) 三次样条插值常用的边界条件中,当_____时,称为自然边界条件。

(4) 最小二乘法拟合原理是_____。

(5) 采用 MATLAB 函数 regress 拟合线性函数 $y＝f(x)$,自变量 x 的个数为 4 个,实验数据有 8 组,则 b＝regress(c, e)中的 c 为_____行_____列矩阵;e 为_____行_____列矩阵。

2. 判断题

(1) 已知$(n＋1)$个样本点,可以构造一个拉格朗日 n 次插值多项式。　　　　　(　　)

(2) 采用多次多项式插值更容易获得可靠的结果。　　　　　　　　　　　　　(　　)

(3) 三次样条插值法可以保证曲线的光滑性。　　　　　　　　　　　　　　　(　　)

(4) MATLAB 的插值函数 pchip 和 spline 都是利用三次多项式进行插值的。　　(　　)

(5) 插值与拟合均采用近似函数来表示原始数据点,从这一方面来说两者是类似的。(　　)

(6) 一般而言,最小二乘法拟合非线性函数比线性函数更困难。　　　　　　　(　　)

3. 实验测得一个过滤器的压降与流速的关系如下表所示。

表　压降与流速的关系

流速/(L/s)	压降/kPa	流速/(L/s)	压降/kPa
0.00	0.000	32.56	1.781
10.80	0.299	36.76	2.432
16.03	0.576	39.88	2.846
22.91	1.036	43.68	3.304

试采用线性插值、pchip 和 spline 插值计算流速为 5:5:40(单位:L/s)时的压降。将计算结果和实验值绘制成图形以比较三种插值方法所得结果,并给图形加上坐标轴名和图例。

4. 在一搅拌釜中进行一不可逆液相反应 A──→B,实验测得反应物浓度 c_t 随时间 t 变化的数据如下表所示。

表　反应物浓度随时间变化

时间 t/min	0	0.2	0.6	1.0	2.0	5.0	10.0
浓度 c_t/(g/L)	5.19	3.77	2.30	1.57	0.8	0.25	0.094

（1）分别采用 pchip 函数和 spline 函数求反应时间为 8.5 min 时反应物的浓度；

（2）绘制图形比较以上两种插值方法的效果，说明哪一种方法更加可靠。

5. 已知 LiCl 的饱和蒸气压如下表所示。

表　LiCl 的饱和蒸气压

压力/mmHg	温度/℃	压力/mmHg	温度/℃
1	783	60	1081
5	883	100	1129
10	932	200	1203
20	987	400	1290
40	1045	760	1382

（1）在 800～1350℃ 内，采用合适的 MATLAB 插值函数计算每增加 50℃ 时的 LiCl 蒸气压，将数据按如下格式输出：

```
    T            P
   800          1.16
   850          3.08
   900          6.33
   950         12.63
  1000         23.44
```

（2）LiCl 蒸气压为 10～100 kPa 内，采用合适的 MATLAB 插值函数计算每增加 10 kPa 蒸气压时对应的温度，输出格式同上。

6. 实验测得不同压力下纯水的沸点，试编写一个 MATLAB 函数采用线性最小二乘法求取四参数蒸气压方程 $\ln p = a + bT + \dfrac{c}{T} + d\ln T$。式中 p 为饱和蒸气压；T 为温度。实测数据如下表所示。

表　实测数据

T/K	373.15	393.25	425.55	453.65	486.25	507.75	524.25	537.85	549.65
p/atm	1	2	5	10	20	30	40	50	60

将结果输出为以下形式：

$\ln p = 0.0001 + 0.0001T + 0.0001/T + 0.0001\ln T$

即所有拟合参数保留 4 位小数。

7. 已知气体和液体的比热容与温度有关，常采用多项式函数关联比热容与温度的关系，如以下两式：

A：$c_p = a + bT + cT^2 + dT^3$；

B：$c_p = a + bT + cT^2$

实验测得三组实验数据如下表所示。

表　三组实验数据

温度/℃	比热容/[kJ/(kg·K)]		
	第 1 组	第 2 组	第 3 组
100	29.38	30.04	28.52
200	29.88	29.08	29.79

温度 /℃	比热容/[kJ/(kg·K)]		
	第 1 组	第 2 组	第 3 组
300	30.42	30.18	31.41
400	30.98	30.14	31.18
500	31.57	32.27	31.16
600	32.15	31.79	32.81
700	32.73	32.97	32.38
800	33.29	32.56	34.26
900	33.82	34.24	34.72
1000	34.31	35.27	33.69

（1）利用 polyfit 函数根据第 1 组实验数据拟合 A 和 B 两个多项式，作图表示两个多项式的拟合效果；

（2）采用 nlinfit 函数利用三组数据直接拟合 A 式和 B 式，根据模型计算值与实验值之差的平方和确定两式哪个可以更好地表示上表实验数据。将拟合效果更好的表达式以如下格式显示在屏幕上：

$$Cp = 0.0001 + 0.0001T + 0.0001T^2$$

第 5 章

数值微分与数值积分

微积分是高等数学中的重要内容,在化学工程上有许多非常重要的应用。微积分的数值方法,不同于高等数学中的解析方法,尤其适合求解没有或很难求出微分或积分表达式的实际化工问题的计算,如列表函数求微分或积分。本章在介绍数值微分和数值积分求解理论的基础上,提供了 MATLAB 软件求解数值微分和数值积分的方法。

数值微分和数值积分与插值和拟合往往是密不可分的。如在进行数值微分时,往往针对的是离散数据点,利用插值和拟合常可以减少误差,保证结果的精确性。而数值积分的基本思路也来自于插值法,如所积函数的形式比较复杂或者以表格形式给出,可通过构造一个插值多项式来代替原函数,从而使问题大大简化。

5.1 数值微分

解析法中函数的导数是通过取极限来计算的。当函数形式不明确,如以表格给出自变量和因变量的关系时就不能通过解析法求导数,但化工领域实际问题中时常需要求列表函数在节点和非节点处的导数值,这正是数值微分所要解决的问题。数值微分方法可近似求出某点的导数值,或者将函数在某点的导数用该点附近节点上的函数近似表示。

如在反应动力学的研究中,根据实验数据确定反应的动力学方程 $r = -\dfrac{\mathrm{d}p_A}{\mathrm{d}t} = kp_A^n$,实验测得一批离散点如表 5.1 所示,若不知动力学方程式的解析形式,要计算不同时刻的反应速率 r,只能借助数值微分求导解决。

表 5.1 反应动力学实验数据示例

t_1	t_2	t_3	⋯	t_n
p_{A1}	p_{A2}	p_{A3}	⋯	p_{An}

常用以下三种思路建立数值微分公式。

(1)从微分定义出发,通过差分近似处理得到数值微分近似解;

(2)从插值近似公式出发,对插值公式求导得到数值微分近似解;

(3)先用最小二乘拟合方法根据已知数据得到近似函数,再对此近似函数求微分得到数值微分的近似解。

下面分别讨论由上述三种思路出发,采用有关的 MATLAB 函数解决数值微分计算的方法。

5.2　差分近似微分

5.2.1　方法概述

在微积分中,根据导数的定义可知,一阶微分的计算可以对两个相邻点 $x+h$ 和 x 之间函数取下列极限求得:

$$f'(x) = \frac{\mathrm{d}f(x)}{\mathrm{d}x} = \lim_{h \to 0} \frac{f(x+h) - f(x)}{h} = \lim_{h \to 0} \frac{f(x) - f(x-h)}{h}$$
$$= \lim_{h \to 0} \frac{f\left(x + \frac{h}{2}\right) - f\left(x - \frac{h}{2}\right)}{h} \tag{5.1}$$

取其达到极限前的形式,就得到以下微分的差分近似式:

$$f'(x) = \frac{\mathrm{d}f(x)}{\mathrm{d}x} \approx \frac{f(x+h) - f(x)}{h} \approx \frac{f(x) - f(x-h)}{h}$$
$$\approx \frac{f\left(x + \frac{h}{2}\right) - f\left(x - \frac{h}{2}\right)}{h} \tag{5.2}$$

式(5.2)中三种不同表示形式依次是一阶前向差分、一阶后向差分和一阶中心差分来近似表示微分,其中一阶中心差分的精度较高。

而高阶微分项可以利用低阶微分项来计算,如一个二阶微分可以表示为

$$f''(x) = \frac{\mathrm{d}f'(x)}{\mathrm{d}x} \tag{5.3}$$

所对应的差分式有:

$$f''(x) \approx \frac{f'(x+h) - f'(x)}{h} \approx \frac{f'(x) - f'(x-h)}{h} \approx \frac{f'\left(x + \frac{h}{2}\right) - f'\left(x - \frac{h}{2}\right)}{h} \tag{5.4}$$

当用差分近似微分时,通常需要步长 h 较短,因此实际差分近似为除以一个小的数的运算,计算误差将会被放大,在使用时需注意。

5.2.2　差分的 MATLAB 实现

在 MATLAB 中,可用 diff 函数求向量相邻元素的差,diff(y)./diff(x)则表示一阶前向差分。diff 函数的调用形式为

```
Y = diff(X)
Y = diff(X, n)
Y = diff(X, n, dim)
```

(1) X 表示求差变量,可以是向量或矩阵,如果 X 为向量,则 diff(X)表示相邻元素的

差,即[X(2)−X(1) X(3)−X(2) … X(n)−X(n−1)],如是矩阵形式则按各列求相邻元素的差,即[X(2:m,:)−X(1:m−1,:)];

(2)n 表示 diff 函数循环运算 n 次;

(3)当 X 是矩阵时,dim 可以指定 diff 函数作用的维,当 dim=2 时,表示行元素进行 diff 函数的运算。

例如 $A=1:2:9$,diff(A)的计算结果为[2 2 2 2],diff(A,2)结果为[0 0 0]。

例题 1　丁二烯的气相二聚反应如下:

$$2C_4H_6 \longrightarrow (C_4H_6)_2$$

326℃时,测得物系中丁二烯的分压 p_A(mmHg)与时间的关系如表 5.2 所示。用 diff 函数计算所列时刻每一瞬间的反应速率 $r=-dp_A/dt$。

表 5.2　丁二烯气相二聚反应实验数据

t/min	p/mmHg	t/min	p/mmHg
0	632.0	50	362.0
5	590.0	55	348.0
10	552.0	60	336.0
15	515.0	65	325.0
20	485.0	70	314.0
25	458.0	75	304.0
30	435.0	80	294.0
35	414.0	85	284.0
40	396.0	90	274.0
45	378.0		

解:
程序如下。

```
t=[0:5:90];
pA=[632.0  590.0  552.0  515.0  485.0  458.0  435.0  414.0  396.0...
378.0  362.0  348.0  336.0  325.0  314.0  304.0  294.0  284.0  274.0];
dt=diff(t);
dpA=diff(pA);
q=-dpA./dt;
plot(t, pA, 'o', t(1:end−1), q, '*')
disp('Time Rate')
disp([t(1:end−1)', q'])
```

以上计算中,由于时间步长很长,因此得到的反应速率是一个很粗略的估计。原始数据有 19 组,计算得到的反应速率只有 18 个,既可以认为是 $t(1:end−1)$ 时刻也可以是 $t(2:end)$ 时刻的速率。

5.3 三次样条插值函数求微分

若三次样条插值函数 $S(x)$ 收敛于 $f(x)$,那么导数 $S'(x)$ 收敛于 $f'(x)$,因此用样条插值函数 $S(x)$ 作为 $f(x)$ 的近似函数,不但彼此的函数值非常接近,而且导数值也很接近。用三次样条插值函数求数值导数是可靠的,这是化工计算中求数值微分的有效方法。

5.3.1 方法概述

用三次样条插值函数建立的数值微分公式为

$$f'(x) \approx S'(x) \tag{5.5}$$

可通过对式(4.3)求导得

$$f'(x) \approx S'(x) = -\frac{(x_i - x)^2}{2h_i}M_{i-1} + \frac{(x - x_{i-1})^2}{2h_i}M_i + \frac{(y_i - y_{i-1})}{h_i} - \frac{h_i}{6}(M_i - M_{i-1}) \tag{5.6}$$

$$f''(x) \approx S''(x) = \frac{(x_i - x)}{h_i}M_{i-1} + \frac{(x - x_{i-1})}{h_i}M_i \tag{5.7}$$

其中,$i = 1, 2, \cdots, n, x \in [x_{i-1}, x_i]$。

式(5.6)和式(5.7)不仅适用于求节点处的导数,而且可求非节点处的导数。

5.3.2 三次样条插值函数求微分的 MATLAB 函数

MATLAB 求离散数据的三次样条插值函数微分方法分以下三个步骤。

(1) 对离散数据用 spline 函数或 pchip 函数得到其三次样条插值函数 pp;

(2) 可用 fnder 函数求三次样条插值函数的导数,其调用形式为

dp = fnder(pp, dorder)

其中 pp 为三次样条插值函数;dorder 为三次样条插值函数的求导阶数;dp 为得到的三次样条插值函数的导函数。

(3) 可用 fnval 函数求导函数在未知点处的导数值,其调用形式为

v = fnval(dp, x)

其中 dp 为三次样条插值函数导函数;x 为未知点处自变量值;v 为未知点处的导数值。

例题 2 某液体冷却时,温度随时间变化的数据如表 5.3 所示:

表 5.3 冷却温度随时间变化的数据

t/min	0	1	2	3	4	5
T/℃	92.0	85.3	79.5	74.5	70.2	67.0

试利用三次样条插值求微分的方法分别计算 $t=2$ min，3 min，4 min 及 $t=1.5$ min，2.5 min，4.5 min 时的降温速率 $\dfrac{\mathrm{d}T}{\mathrm{d}t}$。

解：

由题意可知，前者是计算节点处的一阶导数，后者是计算非节点处的一阶导数。三次样条插值函数求数值微分的程序如下。

```
t=0:5;
T=[92, 85.3, 79.5, 74.5, 70.2, 67];
pp=spline(t, T);
plot(t, T, 'o'), hold on
fnplt(pp)    %自动绘制样条曲线,绘图的目的是检验数据是否存在明显异常
dp=fnder(pp);
t1=[2, 3, 4, 1.5, 2.5, 4.5];
dT=fnval(dp, t1);
disp('不同时刻的降温速率:')
disp([t1; dT])
```

执行结果如下。

相应时间时的降温速率：

2.0000	3.0000	4.0000	1.5000	2.5000	4.5000
−5.3722	−4.6722	−3.8389	−5.7972	−4.9889	−3.2222

5.4　最小二乘法拟合函数求微分

在实际化工应用中，当来自实验观测的离散数据不可避免地含有较大随机误差时，此时用插值公式求数值微分虽然样本点处误差较小，但可能会使非样本点处产生较大误差。为此，可采用最小二乘法拟合实验数据，获得一个函数模型，然后再对其求导数。由于拟合不要求曲线经过全部的数据点，这样处理求导结果有助于消除实验误差带来的影响。

多项式具有良好的计算性质，是最常选用用于拟合的函数形式。利用 MATLAB 提供的多项式拟合函数 polyfit 和三次样条拟合函数 csaps 的拟合结果可以方便地求微分。

MATLAB 利用多项式拟合函数 polyfit 求微分涉及以下三个步骤。

（1）对离散数据用 polyfit 函数得到多项式系数向量 **p**；

（2）可用 polyder 函数求多项式拟合函数的导数；

（3）可用 polyval 函数求导函数在未知点处的导数值。

MATLAB 利用样条拟合函数求微分涉及以下三个步骤。

（1）对离散数据用 csaps 函数等样条拟合函数得到样条拟合函数 pp；

（2）可用 fnder 函数求样条拟合函数的导数；

（3）可用 fnval 函数求导函数在未知点处的导数值。

fnder 和 fnval 调用形式在上节中已经介绍过。

例题 3　反应物 A 在一等温间歇反应器中发生的反应为 A ——→产物,测量得到反应器中不同时间下反应物 A 的浓度 c_A 如表 5.4 所示。

表 5.4　间歇反应器动力学数据

t/s	0	20	40	60	120	180	300
$c_A/(mol/L)$	10	8	6	5	3	2	1

系统的动力学模型为 $-\dfrac{dc_A}{dt} = kc_A^m$,试根据表中数据确定这一模型中的参数 m 和 k。

解:

参数拟合需要反应速率 $-\dfrac{dc_A}{dt}$ 数据,采用三次样条拟合求微分方法计算;系统的动力学模型为非线性形式,可将其线性化,拟合后作为参数的初始值,最后采用 nlinfit 函数直接拟合。

对方程两边取对数: $\ln\left(-\dfrac{dc_A}{dt}\right) = m\ln c_A + \ln k$

令 $y = \ln\left(-\dfrac{dc_A}{dt}\right)$, $x = \ln c_A$

原模型变为 $y = \ln k + mx$

程序如下。

```
function Cha5demo3
t = [0  20  40  60  120  180  300];
CA = [10  8  6  5  3  2  1];
plot(t, CA, 'r*'), hold on
pp = csaps(t, CA);
fnplt(pp)
title('Concentration vs time')
legend('Experiment', 'Fitting')
dp = fnder(pp);
dCAdt = -fnval(dp, t);
y = log(dCAdt); x = log(CA);
p = polyfit(x, y, 1);
beta0 = [exp(p(2)), p(1)];
beta = nlinfit(CA, dCAdt, @rate, beta0)
figure
plot(t, dCAdt, 'o', t, rate(beta, CA), '*', t, rate(beta0, CA), 'p')
title('Reaction rate vs time')
legend('Rate from difference', 'Predicted by nonlinear fitting', 'Predicted
by linear fitting')
function r = rate(beta, C)
r = beta(1) * C.^beta(2);
```

执行结果如下:

beta＝0.0091　1.0786，

即 k＝0.0091，m＝1.0786。绘制图形如下。

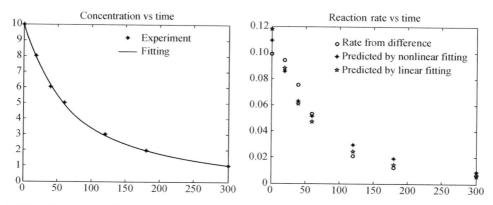

从图中可见，三次样条较好地拟合了原始实验数据，但微分计算所得的反应速率存在拐点，非线性拟合在高反应速率时拟合效果好于线性拟合效果。

5.5　数值积分算法

积分是工程领域中极常见的一种数学计算。众所周知，在微积分中，计算连续函数 $f(x)$ 在区间 $[a,b]$ 上的积分是通过解析法求 $f(x)$ 的原函数 $F(x)$ 得到的，如牛顿-莱布尼茨公式：

$$\int_a^b f(x)\mathrm{d}x = F(b) - F(a) \tag{5.8}$$

但在有些情况下，无法得到积分的解析解。如：

（1）被积函数以一组数据形式表示；

（2）被积函数过于特殊或原函数不能用初等函数表示，积分表中无法找到可沿用的现成公式；

（3）有的原函数十分复杂难以计算。

这时，用牛顿-莱布尼茨公式求定积分会失效，需要借助于数值积分法去解决问题。

在解决化工实际问题中，需要使用数值积分法的机会甚多，如物料在反应器内平均停留时间、反应热效应的计算、反应活化能的计算、吸收塔的传质单元数的计算、气固相反应计算催化剂体积、许多热力学性质的计算等。

常用数值积分的基本思路来自于插值法，它通过构造一个插值多项式 $P_n(x)$ 作为 $f(x)$ 的近似表达式，用 $P_n(x)$ 的积分值作为 $f(x)$ 的近似积分值。数值积分的方法很丰富，常用插值型求积公式有两类：一类是等距节点的牛顿-柯特斯求积公式；另一类是不等距节点的高斯型求积公式。

5.5.1　牛顿-柯特斯求积公式

牛顿-柯特斯求积公式的思想是用拉格朗日插值多项式 $L_n(x)$ 作为被积函数 $f(x)$ 的近似值来求取积分。

当取积分区间 $[a, b]$ 上的等分节点时,此时节点为 $x_k = a + kh$ $(k = 0, 1, \cdots, n)$,步长为 $h = \dfrac{b - a}{n}$,于是:

$$I = \int_a^b f(x)\mathrm{d}x \approx \int_a^b \sum_{k=0}^n f(x_k) l_k(x) \mathrm{d}x \approx \sum_{k=0}^n A_k f(x_k) \tag{5.9}$$

其中 $A_k = \int_a^b l_k(x)\mathrm{d}x = \int_a^b \prod_{\substack{0 \leqslant j \leqslant n \\ j \neq k}} \dfrac{x - x_j}{x_k - x_j}\mathrm{d}x$

一般地,令 $x = a + th$,$C_i = \dfrac{A_i}{b - a}$ 得:

$$C_i = \frac{(-1)^{n-k}}{n \cdot k! \cdot (n-k)!} \int_0^n \prod_{\substack{0 \leqslant j \leqslant n \\ j \neq k}} (t - j)\mathrm{d}t \tag{5.10}$$

这里,C_i 是既不依赖于被积函数,也不依赖于积分区间的常数,称为柯特斯系数。式 (5.9) 称为牛顿-柯特斯求积公式。

特别地,当 $n = 1$,$C_0 = C_1 = \dfrac{1}{2}$ 时,有:

$$I_1(f) = (b-a)\sum_{k=0}^1 C_k^{(1)} f(x_k) = \frac{b-a}{2}[f(x_0) + f(x_1)] = \frac{b-a}{2}[f(a) + f(b)] \tag{5.11}$$

式 (5.11) 称为梯形求积公式。

当 $n = 2$,$C_0 = C_2 = \dfrac{1}{6}$,$C_1 = \dfrac{2}{3}$ 时,有:

$$I(f) = (b-a)\left[\frac{1}{6}f(x_0) + \frac{4}{6}f(x_1) + \frac{1}{6}f(x_2)\right] = \frac{b-a}{6}\left[f(a) + 4f\left(\frac{a+b}{2}\right) + f(b)\right] \tag{5.12}$$

式 (5.12) 称为辛普森求积公式。

式 (5.11) 和式 (5.12) 是化工领域常用的两个求积公式,与梯形法求积公式相比,辛普森求积公式是一个较高精度的求积公式,用式 (5.9) 还可得到更高阶数的 Newton-Cotes 求积公式。

5.5.2 复化法求积公式

牛顿-柯特斯求积公式是等距节点的插值型求积公式。一般来讲,当节点数 n 增多时,理论上可使计算精度提高。但当积分区间较大使 n 过大时,计算公式过于复杂,且计算不稳定,精度难以保证。此时可以用分段插值为基础建立复化法求积公式。

具体办法是:首先用分点 $x_k = a + kh$ $\left(h = \dfrac{b-a}{n}, k = 0, 1, \cdots, n\right)$ 将区间 $[a, b]$ 分成 n 个相等的子区间,然后对每个子区间再应用梯形公式或辛普森公式,分别得到

复化梯形公式:$T_n = \dfrac{h}{2}\left(f(a) + f(b) + 2\sum_{k=1}^{n-1} f(a + kh)\right)$

复合梯形公式用小梯形面积代替小曲边梯形的面积,然后求和以获得定积分的近

似值。

复化辛普森公式：$S_n = \dfrac{h}{6} \sum_{k=0}^{n-1} \left(f(x_k) + 4f(x_{k+\frac{1}{2}}) + f(x_{k+1}) \right)$

复化辛普森公式用抛物线代替小曲边梯形的面积，然后求和以获得定积分的近似值。

5.5.3　自适应求积公式

尽管复化法求积公式具有很高的精度，但是它必须采用等步长方法，从而限制了它的效率。这里介绍一种更加灵活选取步长的方法，即自适应步长法。

以辛普森积分法为例，在某区间 $[a_k, b_k]$ 上，记 $h_k = b_k - a_k$，考虑该区间上的辛普森积分和二等分以后的两个辛普森积分和：

$$S_1 = \frac{h_k}{6} \left(f(a_k) + 4f\left(a_k + \frac{1}{2}h_k\right) + f(b_k) \right) \tag{5.13}$$

$$S_2 = \frac{h_k}{12} \left(f(a_k) + 4f\left(a_k + \frac{1}{4}h_k\right) + 2f\left(a_k + \frac{1}{2}h_k\right) + 4f\left(a_k + \frac{3}{4}h_k\right) + f(b_k) \right)$$
$$\tag{5.14}$$

取计算需满足的精度为 ε，令 $\Delta = |0.1(S_2 - S_1)|$，当

$$\Delta = |0.1(S_2 - S_1)| \leqslant \varepsilon \tag{5.15}$$

时，可认为区间 $[a_k, b_k]$ 上辛普森积分 S_2 达到精度 ε。

自适应步长辛普森法从 $[a, b]$ 开始按式(5.13)～式(5.15)的方法检验精度 ε。若满足精度，则以 S_2 为计算结果；若不满足精度，则分成两个小区间各自逐步重复上述过程，每个小区间精度为 $\dfrac{\varepsilon}{2}$。这样重复下去，直至每个分段部分达到相应精度$\left(\text{步长为 } h_k = \dfrac{b-a}{2^k} \text{ 时精}\right.$度为 $\left.\dfrac{\varepsilon}{2^k}\right)$。这样，不同段的步长可能是不一样的，积分结果为每一小段的积分总和。

5.5.4　高斯-勒让德公式

高斯-勒让德求积公式是一种精度很高的数值积分法，也适用于不等间距的求积情况。

由以上梯形公式和辛普森公式可见，求积公式均可以写成如下形式：

$$I = \sum_{k=1}^{n} A_k f(x_k) \tag{5.16}$$

其中 A_k 是一个与函数 $f(x)$ 无关的常数，梯形和辛普森公式的区别在于 A_k 的取值不同，积分达到的精度也是不同的。以上两种求积公式在构造时均将求积区间等分，因而限制了其精度进一步的提高。当取消等分限制后，合理布局节点可以构造出精度更高的求积公式，这就是高斯-勒让德求积公式。

在区间 $[-1, 1]$ 内，一个 n 点的高斯-勒让德求积公式为

$$\int_{-1}^{1} f(x)\mathrm{d}x \approx \sum_{k=1}^{n} A_k f(x_k) \quad (k = 1, 2, 3, \cdots, n) \tag{5.17}$$

A_k 为高斯型求积公式的求积系数,可由下式求得

$$A_k = \frac{2}{(p_n'(x_k))^2(1-x_k^2)} \tag{5.18}$$

式(5.17)和式(5.18)中 x_k 是勒让德多项式 $p_n(x)$ 的根(又叫高斯节点),$p_n'(x)$ 是勒让德多项式 $p_n(x)$ 的一阶导数,$p_n(x)$ 的前几项表达式为

$$\begin{aligned}
p_0(x) &= 1 \\
p_1(x) &= x \\
p_2(x) &= \frac{1}{2}(3x^2 - 1) \\
p_3(x) &= \frac{1}{2}(5x^3 - 3x) \\
p_4(x) &= \frac{1}{8}(35x^4 - 30x^2 + 3) \\
&\cdots
\end{aligned} \tag{5.19}$$

递推式为

$$p_n(x) = \left(\frac{2n-1}{n}\right)x p_{n-1}(x) - \left(\frac{n-1}{n}\right)p_{n-2}(x) \tag{5.20}$$

由式(5.20)就可求出 n 点勒让德多项式的根,从而可求出 A_k,由式(5.17)便可得到高斯-勒让德数值积分的解。

然而上述高斯-勒让德求积公式只适合于在区间[-1,1]上的积分,化学工程计算上通常遇到的是在任意区间[a,b]上的积分,这时使用变量替换:

$$t = \frac{a+b}{2} + \frac{b-a}{2}x \quad \text{和} \quad \mathrm{d}t = \frac{b-a}{2}\mathrm{d}x$$

对高斯-勒让德求积公式做变换后,得到如下结果:

$$\int_a^b f(x)\mathrm{d}x \approx \frac{b-a}{2}\sum_{k=1}^n A_k f(x_k) \tag{5.21}$$

上述的各 A_k 在[a,b]上不变。只要求得 x_k 所对应的 $f(x_k)$,就可由式(5.21)得到积分值。

表 5.5 给出了 2～6 点的高斯节点和高斯求积系数。

表 5.5　2～6 点的高斯节点和高斯求积系数

n	x_k			A_k		
2	±0.57735			1.00000		
3	±0.77460	0.00000		0.55556	0.88889	
4	±0.86114	±0.33998		0.34785	0.65215	
5	±0.90618	±0.53847	0.00000	0.23693	0.47862	0.56889
6	±0.93247	±0.66121	±0.23862	0.17132	0.36076	0.46791

5.6　MATLAB 数值积分函数

在 MATLAB R2012a 以前的版本中，一维数值积分函数包括：trapz 和函数名以 quad 开始的系列函数，如 quad、quadl、quadv、quadgk 等；在新版本的 MATLAB 中，一维数值积分函数综合为一个函数 integral（二维和三维数值积分函数为 integral2 和 integral3），这与一维插值函数综合为 interp1 类似。

1. 复合梯形法数值积分函数：trapz

调用形式：Z＝trapz(X，Y)

输入变量 X 表示自变量，Y 表示因变量的值；缺省参数 X 时，表示 X 被等分，步长为 1；Z 代表返回的积分值。

2. 自适应辛普森法数值积分函数：quad

基本调用格式：q＝quad(fun，a，b)

或　　q＝quad(fun，a，b，tol，trace，p1，p2，…)

式中　　fun——被积函数。可以是匿名函数，内联函数或函数句柄。无论采用哪种形式，函数应能接受一个向量 x，并返回对应的函数值向量 y。当采用函数句柄时，函数的声明语句应具有如下形式：

function y＝fun(x，p1，p2，…)

输入变量 x 为自变量，p1、p2 等为 quad 传递到 fun 中的参数；返回值 y 为积分表达式在 x 处的函数值。

a，b——分别是积分的下限和上限。

q——积分结果。

tol——默认误差限，默认值为 1. e－6。

trace——取 0 表示不用图形显示积分过程，非 0 表示用图形显示积分过程。

p1，p2，…——直接传递给函数 fun 的参数。

3. 高斯型数值积分函数：quadl

高斯型积分公式在实际应用时也经常采用复合法则和自适应原则，在 MATLAB 中，提供了基于自适应洛巴托（Lobatto）公式的积分函数 quadl。洛巴托公式也是一种高斯型求积公式，它将积分区间的端点取为预先给定的节点。

quadl 函数的积分精度和速度均较好，对于一般的求解问题应优先选择此函数进行求解。这一函数的调用格式与 quad 完全相同。

4. 向量化自适应辛普森积分函数：quadv

quadv 积分函数可以被认为是向量化的 quad 函数，即利用这个函数可以同时进行几个积分运算，其调用格式与 quad 函数完全相同。向量化后的积分函数可用于积分区间与自变量相关的积分问题计算。

5. 自适应高斯-克隆罗德积分函数：quadgk

quadgk 函数对于高精度和振荡型函数的积分效率最高；它支持无穷积分，能处理端点奇点的情况，同时分段线性路径上的积分。其使用方法与 quad 等函数类似，仅在输入变量上有所区别。quadgk 中可以使用如下调用格式：

```
q = quadgk(fun, a, b, param1, val1, param2, val2,...)
```

其中 param 和 val 是对算法设置的一些参数；如$'AbsTol'$，$1e-12$ 设定积分的绝对误差是 1×10^{-12}，$'Waypoints'$ 指定分段积分的区间。

6. MATLAB 新版本的数值积分函数：integral

由以上介绍可见，MATLAB 的 quad 系列函数虽然基于算法和应用场合不同，但使用格式是一致的，因此很容易将它们合并，这就产生了 integral 函数。在使用方法上与 quad 系列函数基本相同，如下：

```
q = integral(fun, xmin, xmax)
q = integral(fun, xmin, xmax, Name, Value)
```

其输入和输出变量的意义与 quad 系列函数相同；输入变量中 Name, Value 是用于指定的算法设置的参数，它们是成对出现的。Name 的可能取值包括：$'AbsTol'$，$'RelTol'$，$'Ar-rayValued'$ 和 $'Waypoints'$；前两项分别表示积分的绝对和相对误差，默认值分别为 $1e-10$ 和 $1e-6$；后两项分别用于实现 quadv 的向量化计算和 quadgk 的分段积分功能，当$'Array-Valued'$ 的值设为 $'true'$ 时，则支持向量化计算。

例题 4 用 trapz 函数和 quad 函数求 $\int_{2}^{5} \frac{\ln x}{x^2} \mathrm{d}x$ 的积分值。

解：

（1）首先采用 trapz 函数，输入以下命令即可：

```
>> x = 2:0.1:5;
>> y = log(x)./x.^2;
>> I1 = trapz(x, y)
```

结果：I1＝0.3247

（2）使用 quad 函数，采用匿名函数表示积分函数，这时输入以下命令即可：

```
>> f = @(x) log(x)./x.^2;
>> I2 = quad(f, 2, 5)
```

结果：I2＝0.3247

如果在定义匿名函数时，输入：

```
>> f = @(x) log(x)/x^2;
```

结果会出现错误提示："??? Error using＝＝＞ mpower Matrix must be square"。这是因为 quad 函数在使用时需同时计算几个点的函数值，但该匿名函数无法支持当 x 为向量时的运算。

（3）使用 quad 函数，采用匿名函数表示积分函数，调整求解精度为 $1e-2$ 并显示积分过程。

```
>> f = @(x) log(x)./x.^2;
>> tol = 1e-2;
>> I3 = quad(f, 2, 5, tol, 1)
```

结果显示：I3＝0.3247

9	2.0000000000	8.14740000e－001	0.1236396372
11	2.8147400000	1.37052000e＋000	0.1419491616
13	4.1852600000	8.14740000e－001	0.0590963534

以上 4 列数据分别表示函数的计算次数、积分起始点、积分区间间距和当前区间积分值。

（4）使用 quad 函数，采用函数句柄表示积分函数，即采用一个子函数表示被积函数，程序如下。

```
function Cha5demo4
I4＝quad(@fun, 2, 5)
function y＝fun(x)
y＝log(x)./x.^2;
```

结果显示：I4＝0.3247

例题 5 真实气体的逸度 f 可用下式计算：

$$\lg f = \lg p - \frac{A}{2.303RT}$$

式中 $A = \displaystyle\int_0^p \alpha \, \mathrm{d}p$，$-\alpha = V - \dfrac{RT}{p}$；

    f——逸度；

    p——压力，atm；

    R——摩尔气体常数，为 82.06×10^{-6} m³ · atm/(mol · K)；

    T——绝对温度，K；

    $-\alpha$——真实气体的实测体积和按理想气体定律计算得到的体积之间的差值。

现测得 0℃下氢气的有关数值如表 5.6 所示，试求 1000 atm 下的逸度。

表 5.6　0℃下氢气的相关数值

p /atm	$V \times 10^{-6}$/m³	$-\alpha = V - \dfrac{RT}{p}$	p /atm	$V \times 10^{-6}$/m³	$-\alpha = V - \dfrac{RT}{p}$
0		15.46	600	53.43	16.09
100	239.51	15.46	700	48.14	16.13
200	127.49	15.46	800	44.17	16.16
300	90.29	15.61	900	41.06	16.16
400	71.86	15.85	1000	38.55	16.14
500	60.76	15.93			

解：

本题求解首先需要积分求 A，但被积函数 α 与 p 的关系是以离散型数据的形式给出的，对于这种情况可以采用以下两种方法求解。

（1）当原始数据较多时，可用 trapz 函数求解；

（2）采用拟合或插值方法，获得近似的积分函数形式，再采用 quadl 或其他函数求解。

以下分别提供了两种方法求解的程序。

（1）采用 trapz 函数求解，程序如下。

```
function Cha5demo5_1
P = 0:100:1000;
a1 = [15.46  15.46  15.46  15.61  15.85  15.93  16.09  16.13  16.16  16.16
16.14];
a1 = -a1;
A = trapz(P, a1);
A = -A;
lf = log10(1000) + A./(2.303.*82.06.*273.2);
f = 10.^lf
```

（2）采用 quadl 函数求解，程序如下。

```
function Cha5demo5_2
P = 0:100:1000;
a1 = [15.46  15.46  15.46  15.61  15.85  15.93  16.09  16.13  16.16  16.16
16.14];
a1 = -a1;
pp = pchip(P, a1);
plot(P, a1, 'o', 0:1000, ppval(pp, 0:1000), '-')
A = quad(@ppval, 0, 1000, [], [], pp)
lf = log10(1000) - A./(2.303*82.06*273.2)
f = 10.^lf
```

运行程序后，以上两例的求解结果相同，均为 2.0290e+003。

例题 6 氯仿-苯双组分精馏系统的汽液平衡数据如表 5.7 所示。规定进料和塔顶的组成分别是 $x_f = 0.4$，$x_d = 0.9$，精馏段的回流比为 $R = 5$，精馏段理论板数的模型为 $N = \int_{x_f}^{x_d} \dfrac{\mathrm{d}x}{y - x - \dfrac{x_d - y}{R}}$，试计算所需的精馏段理论板数。

表 5.7　氯仿-苯汽液平衡数据

x	0.178	0.275	0.372	0.456	0.650	0.844
y	0.243	0.382	0.518	0.616	0.795	0.931

解：

因模型中的 y 和 x 的函数关系是以表格形式给出的，为保证计算精度，先采用插值法将离散数据插值成多项式，再将函数代入被积函数求积。注意本例题与上例中引用插值多项式求积分方法的不同，本例的方法更加具有普遍性。

计算程序如下。

```
function Cha5demo6
clear all;
xi = [0.178  0.275  0.372  0.456  0.650  0.844];
```

```
yi = [0.243  0.382  0.518  0.616  0.795  0.931];
plot(xi, yi, '*'), hold on
sp = pchip(xi, yi);
xplot = linspace(xi(1), xi(end), 100);
yplot = ppval(sp, xplot);
plot(xplot, yplot, '-');
N = quadl(@func1, 0.4, 0.9, [], [], sp);
N = ceil(N)
function f = func1(x, sp)
y = ppval(sp, x);
f = 1./(y - x - (0.9 - y)./5);
```

执行结果：N=

5

所以，精馏段理论板数为 5 块。

例题 7　等压过程中使 1 mol 乙炔体系温度由 t_1 加热到 t_2 所需的热量 Q_p 可按下式计算：

$$Q_p = \int_{t_1}^{t_2} c_p \mathrm{d}t = \int_{t_1}^{t_2} (44.16 + 0.047t - 0.00002t^2) \mathrm{d}t$$

试用 quadl 函数计算从 25℃ 加热到 100℃ 所需的热量。

解：

本例较简单，输入以下命令即可：

```
>> f = @(t) 44.16 + 0.047 * t - 0.00002 * t.^2;
>> Qp = quadl(f, 25, 100)
```

例题 8　等压过程中加热 1 mol 乙炔，假定输入的热量为 3000 J，求乙炔可以从 25℃ 上升到多少度。体系输入热量与温升关系同例题 7。

解：

根据题意，本例实际求如下方程：

$$3000 - \int_{t_1}^{t_2} (44.16 + 0.047t - 0.00002t^2) \mathrm{d}t = 0$$

可以将上式视为一个非线性方程，采用 fzero 函数求解，程序如下。

```
function Cha5Demo8
f = @(t) 44.16 + 0.047 * t - 0.00002 * t.^2;
fun = @(t) 3000 - quad(f, 25, t);
T = fzero(fun, 25)
```

求解得最终温度为 89.14℃。

习　　题

1. 填空题

(1) 利用多项式函数拟合求微分时，可以采用 MATLAB 函数_____进行拟合；函数_____求导函数；采用函数_____求导函数在未知点的函数值。

（2）已知变量 $x=0:0.1*pi:pi$，$y=\sin x$ 已经存在，采用 trapz 计算积分 $I=\int_0^{2\pi} \sin x \mathrm{d}x$ 的 MATLAB 命令为_____。

（3）已知 $y=3x\sin x$，利用匿名函数定义被积函数，采用 quadl 函数计算 $I=\int_0^{\frac{\pi}{4}} y\mathrm{d}x$ 的 MATLAB 命令为_____。

2. 判断题

（1）常用数值积分的基本思路来自于插值法。（ ）

（2）牛顿-柯特斯求积公式的思想是采用拉格朗日插值多项式作为被积函数的近似，这种方法要求插值区间节点等距。（ ）

（3）采用分段小区间的积分有助于提高积分精度。（ ）

（4）对于向量 X，$\mathrm{diff}(X)$ 计算的是 X 的差分运算。（ ）

（5）样条插值或拟合有助于提高数值微分的精度。（ ）

3. 醋酸和丁醇在 100℃ 以 0.032% 的硫酸为催化剂进行酯化反应，反应后生成醋酸丁酯。实验测得不同时间 t 时醋酸的转化率 L 的实验数据见下表。

表　不同时间 t 时醋酸的转化率 L

t/min	0	30	60	120	180
L	0	0.451	0.633	0.783	0.842

试编写一个 MATLAB 函数采用三次样条差值的方法求时间 t 为 0:10:180（单位:min）时醋酸的反应速率 $\mathrm{d}L/\mathrm{d}t$。

4. 化工生产中某气体从 t_1 加热到 t_2 所需的热量为 $Q=\int_{t_1}^{t_2} c_p \mathrm{d}t$。实验中测得的某气体的 c_p 与温度 t 的关系数据如下表所示。

表　某气体的 c_p 与温度 t 的关系

$t/℃$	25	100	150	200	250	300	350	400	450	500
$c_p/[\mathrm{J}/(\mathrm{mol \cdot K})]$	40.5	45.6	48.3	51.4	55.3	56.4	58.9	60.1	63.2	64.9

试编写一个 MATLAB 函数计算 1 mol 该气体从 25℃ 加热到 500℃ 所需的热量。

5. 热力学实验测得关于氧气的压缩因子数据如下表所示。

表　关于氧气的压缩因子

p/atm	0.1	20.0	40.0	60.0	80.0	100.0	120.0
z	1.0	0.98654	0.97420	0.96297	0.95286	0.94387	0.93599

试按逸度系数的定义式 $\ln\varphi=\int_0^p \dfrac{z-1}{p}\mathrm{d}p$ 计算其逸度系数 φ。

第 6 章

常微分方程数值解

化工过程中关于反应、扩散、传热及流体流动的很多问题,都采用微分方程来描述,因此微分方程的数值求解在化工计算中具有重要作用。

6.1　常微分方程定义

微分方程是含有某个未知函数的一个或多个导数的方程。如果所有的导数都是对某个独立的自变量求解的,则称这种微分方程为常微分方程;如果方程中包含有偏导数,则称之为偏微分方程。如果微分方程中未知函数导数的最高阶次为 p 阶,则称之为 p 阶微分方程。方程中关于未知函数及其各阶导数均是一次的,则称为线性微分方程。本章重点讨论常微分方程(组)的 MATLAB 求解方法。

常微分方程的求解问题可以分为初值问题(IVP)和边值问题(BVP)。初值问题的一般形式为

$$\begin{cases} y' = f(t,\ y) \\ y(a) = y_0 \end{cases} \tag{6.1}$$

边值问题的一般形式为

$$\begin{cases} y' = f(x,\ y)\ (a \leqslant x \leqslant b) \\ g(y(a),\ y(b)) = 0 \end{cases} \tag{6.2}$$

由此可见,这两者的区别在于前者在自变量的一端给定附加条件,而后者在自变量两端给定附加条件。初值问题和边值问题的数值解法相差很大。

在化工计算过程中,初值问题应用比边值问题广泛。对于初值问题的求解,只有常系数线性微分方程等典型简单情况可以获得解析解,而化工过程经常遇到的问题大多是变系数、非线性方程,需要数值求解。边值问题也是化工计算中经常遇到的问题,主要应用在扩散、热传导过程等领域中。

6.2　初值问题的数值解方法

在数值解法中,首先把区间 $[t_0,\ t_f]$ 插入一系列分点 t_i,使 $t_0 < t_1 < \cdots < t_i < \cdots < t_n = t_f$;记 $h_i = t_{i+1} - t_i$,h_i 称为步长。所谓数值解就是求取方程满足定解条件下函数在节点 t_i 上

的近似值 u_i。初值问题数值解法的一般想法就是由初始条件 $y(t_0) = y_0$ 通过一定的方法求得 y_1，再求得 y_2，如此继续即可获得整个求解区域的数值解，这种方法也称为步进法。

6.2.1　欧拉法

将初值问题式(6.1)方程两端积分，有

$$y(t_{i+1}) = y(t_i) + \int_{t_i}^{t_{i+1}} f(t, y) \mathrm{d}t \tag{6.3}$$

式(6.3)即为由 $y(t_i)$ 求 $y(t_{i+1})$ 的关系式，但是由于 $f(t, y)$ 是未知的，因此式(6.3)右端的积分仍然不能求出，为此，把区间 $[t_i, t_{i+1}]$ 上的 $f(t, y)$ 近似地看成是常数 $f(t_i, y_i)$，这样

$$y(t_{i+1}) \approx y(t_i) + f(t_i, y(t_i)) \cdot (t_{i+1} - t_i) = y(t_i) + h_i \cdot f(t_i, y(t_i)) \tag{6.4}$$

式(6.4)给出了由 $y(t_i)$ 求 $y(t_{i+1})$ 的近似值的方法，称为欧拉法，当 $i=0$ 时，公式变为

$$y(t_1) = y(t_0) + h_0 \cdot f(t_0, y(t_0)) \tag{6.5}$$

这里 $y(t_0) = y_0$ 是初始条件，$f(t_0, y(t_0))$ 是 $y(t)$ 在 $t = t_0$ 处的导数值。反复使用式(6.4)即可计算出一系列的近似值 $y(t_1), y(t_2), \cdots, y(t_n)$。这些点就是对曲线 $y(t)$ 的一种近似表达。

欧拉法对 $f(t, y)$ 的积分实际上使用的是矩形公式，被积函数在求积区间的左端点被计算一次。所以当 $f(t, y)$ 为常数时该方法是准确的，但当 $f(t, y)$ 为线性时则不然，并且误差和 h 成正比，所以为了获得一定位数的精度需要选很小的步长。而且，欧拉法的最大缺点是没有提供误差估计的方法，也就无法自动确定步长以得到期望的精度。

如果在欧拉法基础上再增加一次函数求值，则可能得到一个解决办法。类似于积分中的中点公式和梯形公式，这里也有两种选择。类比中点公式，先用欧拉法计算区间的一半，在中点处估算函数值，然后再用这里的斜率，进行实际的一步计算：

$$K_1 = f(t_i, y_i) \tag{6.6}$$

$$K_2 = f\left(t_i + \frac{h}{2}, y_i + \frac{h}{2} K_1\right) \tag{6.7}$$

$$y_{i+1} = y_i + h K_2 \tag{6.8}$$

$$t_{i+1} = t_i + h \tag{6.9}$$

类比梯形公式，先用欧拉法试探性地计算区间终点处的函数值，然后取区间的起点和终点两处斜率的平均进行实际的一步计算：

$$K_1 = f(t_i, y_i) \tag{6.10}$$

$$K_2 = f(t_i + h, y_i + h K_1) \tag{6.11}$$

$$y_{i+1} = y_i + h \frac{K_1 + K_2}{2} \tag{6.12}$$

$$t_{i+1} = t_i + h \tag{6.13}$$

如果同时使用这两种方法,它们会产生两个不同的 y_{i+1} 值,这两个值的差可以作为误差估计从而自动选择步长。

6.2.2　龙格-库塔法

继续以上方法就可以得到求解常微分方程单步法的主要思想。对 t_i 和 t_{i+1} 之间的几个不同 t 值,估算函数值 $f(t)$,然后由这些 f 值的线性组合加上 y_i 得到需要的 y_{i+1} 值。单步法通常也被称为龙格-库塔法,是以德国数学家 C. Runge 及 M. W. Kutta 来命名的,至今还被称作为高精度的单步法广泛使用。

以上采用梯形公式的积分式(6.12)就是二阶龙格-库塔公式。如果采用辛普森计算式(6.3)中的积分,则有

$$K_1 = f(t_i,\ y_i) \tag{6.14}$$

$$K_2 = f\left(t_i + \frac{1}{2}h,\ y_i + \frac{1}{2}hK_1\right) \tag{6.15}$$

$$K_3 = f(t_i + h,\ y_i - hK_1 + 2hK_2) \tag{6.16}$$

$$y_{i+1} = y_i + \frac{h}{6}(K_1 + 4K_2 + K_3) \tag{6.17}$$

同理,如果采用三次多项式代替式(6.3)中 $f(t,y)$ 计算积分,则有

$$K_1 = f(t_i,\ y_i) \tag{6.18}$$

$$K_2 = f\left(t_i + \frac{1}{2}h,\ y_i + \frac{1}{2}hK_1\right) \tag{6.19}$$

$$K_3 = f\left(t_i + \frac{1}{2}h,\ y_i + \frac{1}{2}hK_2\right) \tag{6.20}$$

$$K_3 = f(t_i + h,\ y_i + hK_3) \tag{6.21}$$

$$y_{i+1} = y_i + \frac{h}{6}(K_1 + 2K_2 + 2K_3 + K_4) \tag{6.22}$$

类似地,可以构造出更高阶的龙格-库塔法,这也是 MATLAB 求解常微分方程初值问题功能函数所采用的主要算法。

6.2.3　阿达姆斯法

龙格-库塔法在求 y_{i+1} 时,只用到前一个信息 y_i,因此此方法为单步法。经过多次单步法计算,得到一系列的近似值 $y_0,y_1,\cdots,y_i$,利用前面已知的信息来计算 y_{i+1},就是多步法的基本思想。

利用前面第 4 章叙述的方法构造插值多项式 $P(t)$ 来逼近 $f(t,y)$,可得到

$$y(t_{i+1}) \approx y(t_i) + \int_{t_i}^{t_{i+1}} P_r(t,\ y_{i+1},\ y,\ y_{i-1},\ \cdots,\ y_{i-\rightarrow})\mathrm{d}t$$

其中 P_r 为用到前$(r+1)$个点的插值多项式。因此用什么数值求积方法，即可得到相应的多步法。如用$(r+1)$个数据 f_i，…，$f_{i-r}(f_k = f(t_k, y_k))$利用牛顿向后插值公式，可得到阿达姆斯显式方法，如常用的阿达姆斯四步显式方法：

$$y_{i+1} = y_i + \frac{h}{24}(55f_i - 59f_{i-1} + 37f_{i-2} - 9f_{i-3})$$

再如对$(r+1)$个数据 f_{i+1}，f_i，…，f_{i-r+1}利用牛顿向后插值公式，可得到阿达姆斯隐式方法，如常用的阿达姆斯三步隐式方法：

$$y_{i+1} = y_i + \frac{h}{24}(9f_{i+1} + 19f_i - 5f_{i-1} + f_{i-2})$$

6.3 MATLAB 求解初值问题方法

6.3.1 MATLAB 求解初值问题的基本步骤与函数

MATLAB 为求解常微分方程初值问题提供了一组配套齐全、结构严谨的指令，包括微分方程解算指令（Solver）、被解算指令调用的 ODE 文件格式指令、积分算法参数选项 options 处理指令，以及输出处理指令等，详见表 6.1。

表 6.1　与常微分方程解算有关的函数表

函数分类	函　　数
求解函数	ode45，ode23，ode113，ode23t，ode15s，ode23s，ode23tb，ode15i
求解选项函数	odeset，odeget
求解输出函数	odeplot，odephas2，odephas3，odeprint
扩展函数	deval，odextend

利用以上函数求解常微分方程时，一般需进行以下三步。

（1）编写一个函数文件表示所要求解的常微分方程（组）；

（2）选择一个合适的求解函数；

（3）根据需要设置调节求解函数的输出、求解精度等性质。

以下几节将分别介绍这几步如何完成。

6.3.2 常微分方程组在 MATLAB 中的表示

6.3.2.1 一阶常微分方程（组）

MATLAB 用于定义微分方程的函数，要求最少将自变量 t 和因变量 y 作为输入变量，且 t 作为第一输入变量，y 作为第二输入变量；输出一个列向量表示 y 的一阶导数 y' 的表达式。

例题 1　定义一个 MATLAB 函数表示以下微分方程。

$$\begin{cases} y' = y - \dfrac{2x}{y} \\ y(0) = 1 \end{cases}$$

解：

function dydx = Deq6_1(x, y)

dydx = y − 2 * x/y;

注：

（1）在编辑窗口编写好以上函数后，可以单独保存成一个函数文件，也可以作为整个求解过程函数的子函数。一般情况下，由于需要求解的微分方程常常是一个特定的问题，通用性不强，因此建议将其作为求解函数的子函数。

（2）对于简单的微分方程也可以采用内联函数或匿名函数表示，对于本例中的微分方程可以表示为

dy = inline(′y − 2 * x/y′)

或 dy = @(x, y)y − 2 * x/y

例题 2　定义一个 MATLAB 函数表示以下微分方程组。

$$\begin{cases} y_1' = 0.04(1 - y_1) - (1 - y_2)y_1 + 0.0001(1 - y_2)^2 \\ y_2' = -10^4 y_1' + 3000(1 - y_2)^2 \\ y_1(0) = 0,\ y_2(0) = 1,\ 0 \leqslant x \leqslant 100 \end{cases}$$

解：

function dy = Deq6_2(x, y)

dy1 = 0.04 * (1 − y(1)) − (1 − y(2)). * y(1) + 0.0001 * (1 − y(2)).^2;

dy2 = −1e4 * dy1dx + 3000 * (1 − y(2)).^2;

dy = [dy1; dy2];

注：

（1）输出变量 dy 必须是一个列向量；

（2）本例中微分方程组由两个方程组成，因此输出变量 dy 包括两个元素，分别表示两个方程。

6.3.2.2　高阶常微分方程(组)

对于高阶常微分方程 $\begin{cases} y^{(m)} = f(x, y, y', \cdots, y^{(m-1)}) \\ y(x_0) = y_0,\ y'(x_0) = y_1,\ \cdots,\ y^{(m-1)}(x_0) = y_{m-1} \end{cases}$，可以做如下变量代换：

$$y_1 = y,\ y_2 = y',\ \cdots,\ y_m = y^{(m-1)}$$

则原 m 阶微分方程可以转化为 m 个一阶微分方程组成的方程组：

$$\begin{cases} y_1' = y_2 \\ y_2' = y_3 \\ \vdots \\ y_{m-1}' = y_m \\ y_m' = f(x, y_1, y_2, \cdots, y_m) \end{cases}$$

则可以参考上节方法定义一个 MATLAB 函数进行表示。

例题 3　定义一个 MATLAB 函数表示以下微分方程。

$$y'' + a(t)(y')^2 + b(t)y = e^t \cos 2\pi t$$

其中，$a(t) = -e^{-t} + \cos 2\pi t e^{-2t}$，$b(t) = \cos(2\pi t)$

解：

$y_1 = y$；$y_2 = y'$，则原 2 阶方程可以转化为

$$\begin{cases} y_1' = y_2 \\ y_2' = -ay_2^2 - by_1 + e^t \cos 2\pi t \end{cases}$$

则可以编写如下函数进行表示。

```
function f = Deq6_3(t, y)
a = -exp(-t) + cos(2 * pi * t) * exp(-2 * t);
b = cos(2 * pi * t);
f = [y(2); -a * y(2)^2 - b * y(1) + exp(t) * b];
```

例题 4　定义一个 MATLAB 函数表示以下微分方程。

$$\begin{cases} y_1' = xy_2' + y_1 \\ y_2'' = y_1' + \sin(x)y_2 \end{cases}$$

解：

本例中的第 2 个方程为 2 阶方程，可进行变量代换转化成两个 1 阶微分方程，与原第 1 个方程一起组成一个新的包括三个方程的方程组。

变量代换：$y(1) = y_1$，$y(2) = y_2$，$y(3) = y_2'$，则可以编写如下函数进行表示。

```
function f = Deq6_4(x, y)
f = zeros(3, 1);
f(1) = x * y(3) + y(1);
f(2) = y(3);
f(3) = f(1) + sin(x) * y(2);
```

6.3.3　求解函数的使用

在编写完表示微分方程的函数以后，就可以选用一个 MATLAB 求解函数进行求解，下面以 ode45 为例介绍求解函数的使用方法。

ode45 调用格式:

(1) [T, Y]=ode45(@fun, TSPAN, Y0)

(2) [T, Y]=ode45(@fun, TSPAN, Y0, options)

(3) [T, Y]=ode45(@fun, TSPAN, Y0, options, P1, P2, …)

(4) sol=ode45(@fun, TSPAN, Y0, options, P1, P2, …)

(5) ode45(@fun, TSPAN, Y0, options, p1, p2, …)

(6) [T, Y, TE, YE, IE]=ode45(@fun, TSPAN, Y0, options, P1, P2, …)

6.3.3.1　ode45 的输入变量

在最简单的格式下,ode45 需要有三个输入变量:@fun,TSPAN 和 Y0,它们分别表示待求解方程的函数句柄,TSPAN 是求解区间,Y0 是初始条件。其余输入变量则可根据实际情况选用,其中第 4 个输入变量为求解函数的参数选项,通过这些选项可以控制求解函数的精度、算法等。第 5 个以后的变量都是要传递至表示微分方程的子函数 fun 中的变量。对于各输入变量有如下规定。

(1) @fun 为表示待求解微分方程子函数的函数句柄;当待求解方程以匿名函数或内联函数表示时,求解函数的第一个输入变量是匿名函数或内联函数的函数名;

(2) TSPAN 表示待求解方程的求解区间;它是一个向量,必须包括两个以上的元素;当 TSPAN 仅有两个元素时,这两个元素分别表示求解区间的起始与终止时刻;当 TSPAN 含有三个及以上元素时,TSPAN(1)和 TSPAN(end)表示求解区间的起始与终止时刻,中间各元素为指定求解函数必须求解的时刻;实际上,求解函数的积分步长与 TSPAN 中含有几个元素无关,TSPAN 元素个数的不同仅改变了求解函数的输出值;

(3) Y0 为初始条件,它也是一个向量,其元素的个数与表示微分方程的子函数返回值长度相同;

(4) options 用于设置一些可选的参数值,可以缺省。6.3.6 节列出了 options 中可以设置的参数及可选值,具体的使用将在第 6.3.6 节和第 6.3.7 节中介绍;

(5) P1, P2, …的作用是传递附加参数 P1, P2, …到表示微分方程的子函数。当 options 缺省时,应在相应位置保留[](空阵),以便正确传递参数。

6.3.3.2　ode45 的输出变量

MATLAB 微分方程求解函数的输出变量可以有 0、1、2 或 5 个,最常用的是 2 个输出变量,如 ode45 调用格式的(3)。以下将说明这些输出变量的意义与规定。

(1) 输出变量 T 为返回求解节点的列向量;当 TSPAN 中仅含有两个元素时,T 的元素个数为求解函数自行选择;当 TSPAN 含有三个及以上元素时,T 中元素的个数与 TSPAN 相同;

(2) 输出变量 Y 为返回的各因变量的值;它是一个矩阵,矩阵的列数与待求解的因变量数相同;行数与 T 相同,每行元素为对应 T 所在行时刻的值;

(3) 输出变量可以仅有一个,如调用格式 4。当待求解方程是通过函数句柄(不能是内联或匿名函数名)传递给求解函数时,它将是一个结构体,其中包括三个域,sol. x 是 MATLAB 自行选择求解节点;每一列的 sol. y(:, i)是与 sol. x(i)对应的解;sol. solver 是求解函数的函数名;如果求解函数的控制选项中定义了事件(参见第 6.3.8 节),则 sol 中

还含有与之相关的三个域。sol 与 deval 函数配合使用可以获得求解区间内任意时刻的函数值;

（4）deval 的调用格式是 sxint＝deval(sol，xint)，sol 为求解函数返回的结构体，xint 为需要计算函数值的节点，返回值 sxint 为计算所得函数值;

（5）输出变量也可以没有，如 ode45 调用格式（5）。此时求解函数将调用 odeplot 函数，绘制因变量与自变量的关系图;

（6）当在求解函数的控制选项中定义了事件，则输出变量可以有 5 个，T，Y 的意义与 ode45 调用格式（3）相同，TE，YE 和 IE 分别为事件发生的时刻、发生时的函数值及事件发生的次数。

下面将通过几个实例进一步说明求解函数的选用。

例题 5 求解初值问题：$\begin{cases} y' = y - \dfrac{2x}{y} \\ y(0) = 1 \end{cases}$ （$0 \leqslant x \leqslant 1$）。

解：

```
function Cha6demo5
y0 = 1;
[x1, y1] = ode45(@Deq6_1, [0, 1], y0)
function dydx = Deq6_1(x, y)
dydx = y - 2 * x/y;
```

在编辑窗口输入以上程序并保存为"Cha6demo5. m"，在命令窗口中运行该文件，则屏幕显示运算结果 x_1 和 y_1 的值，即函数在 x_1 处对应的 y_1 的值，原方程得到求解。不过由于采用表格型输出，不容易观察到 x 和 y 的关系，一种解决办法就是将 x 和 y 的关系采用图形方式输出。MATLAB 中可以通过以下两种方法实现，一是计算获得 x 和 y 后，自行使用 plot 函数作图，如以下 Cha6demo5_A. m 所示;另一种则是利用 MATLAB 自带的输出函数绘图，如以下 Cha6demo5_B. m 所示。

```
function Cha6demo5_A
y0=1;
[x1, y1]=ode45(@Deq6_1, [0, 1], y0);
plot(x1, y1, 'b-o')
function dydx=Deq6_1(x, y)
dydx=y-2 * x/y;
```

```
function Cha6demo5_B
y0=1;
ode45(@Deq6_1, [0, 1], y0)
function dydx=Deq6_1(x, y)
dydx=y-2 * x/y;
```

除了以图形形式输出函数关系外，有时我们感兴趣的是函数在指定节点处的值，例如，反应物经过一定停留时间浓度为多少。这种情况也可以采用两种方法解决。以例题 5 为例，现要求解 $x=0.5$ 时 y 的值。

第一种方法如以下 Cha6demo5_C. m 所示，采用语句 $t=0:0.1:1$ 将感兴趣的节点定义指定在求解节点中，然后采用 find 函数查找与 $x=0.5$ 对应的 y 值。第二种方法如以下 Cha6demo5_D. m 所示，采用一个返回值的调用格式，然后与 deval 配合使用计算指定节点的函数值。

```
function Cha6demo5_C
y0=1;
t=0:0.1:1;
[x1,y1]=ode45(@Deq6_1,t,y0);
%查找与 x=0.5 对应的 y 值
yout=y1(find(x1==0.5))
function dydx=Deq6_1(x,y)
dydx=y-2*x/y;
```

```
function Cha6demo5_D
y0=1;
sol=ode45(@Deq6_1,[0,1],y0);
yout=deval(sol,0.5)
function dydx=Deq6_1(x,y)
dydx=y-2*x/y;
```

例题 6　在三个串联的 CSTR 反应器中,发生简单的一级不可逆反应:A $\xrightarrow{k}$ B,三釜内 A 的初始浓度分别为 $c_{A10}=0.4$ kmol/m³,$c_{A20}=0.2$ kmol/m³,$c_{A30}=0.1$ kmol/m³,从某时刻开始向第一个反应器加入 A 溶液,浓度为 $c_{A0}=1.8$ kmol/m³,此时三个反应器中组分 A 浓度随时间的变化规律满足以下微分方程:

$$\frac{\mathrm{d}c_{A1}}{\mathrm{d}t}=\frac{c_{A0}-c_{A1}}{\tau}-kc_{A1}$$

$$\frac{\mathrm{d}c_{A2}}{\mathrm{d}t}=\frac{c_{A1}-c_{A2}}{\tau}-kc_{A2}$$

$$\frac{\mathrm{d}c_{A3}}{\mathrm{d}t}=\frac{c_{A2}-c_{A3}}{\tau}-kc_{A3}$$

其中 c_{A1},c_{A2},c_{A3} 分别为 3 个反应器中 A 的浓度,$k=0.5$ min⁻¹ 为反应速率常数,$\tau=2$ min 为停留时间,试求在 A 溶液加入后 3 个反应器中 A 浓度随时间的变化。

解:

```
function Cha6demo6
CA10=0.4;CA20=0.2;CA30=0.1;
stoptime=10;
[t,y]=ode45(@CSTR,[0 stoptime],[CA10 CA20 CA30]);
plot(t,y(:,1),'k--',t,y(:,2),'b:',t,y(:,3),'r-')
legend('CA_1','CA_2','CA_3')
xlabel('Time (min)')
ylabel('Concentration')
%-------------------------------------
function dCdt=CSTR(t,y)
CA0=1.8;
k=0.5;tau=2;
CA1=y(1);
CA2=y(2);
CA3=y(3);
dCA1dt=(CA0-CA1)/tau-k*CA1;
dCA2dt=(CA1-CA2)/tau-k*CA2;
dCA3dt=(CA2-CA3)/tau-k*CA3;
```

```
dCdt=[dCA1dt;dCA2dt;dCA3dt];
```

通过输出图形可以观察到,A 溶液加入后 CSTR 处于动态过程,经过约 6 min 后重新达到稳态操作,三个反应器中 A 的浓度不变。

例题 7 固定床反应器一维拟均相模型的求解

在固定床反应器中进行乙烯催化氧化制备环氧乙烷反应,如果忽略环氧乙烷的燃烧反应,则反应器内进行的反应如下。

$$R_1: \quad O_2 + 2C_2H_4 \xrightarrow{R_1} 2C_2H_4O$$

$$R_2: \quad O_2 + \frac{1}{3}C_2H_4 \xrightarrow{R_2} \frac{2}{3}CO_2 + \frac{2}{3}H_2O$$

单位体积催化剂上氧气的反应速率如下。

$$R_1 = 810k_1c_{O_2}, \quad k_1 = 35.2\exp[-59860/(RT)]$$

$$R_2 = 2430k_2c_{O_2}, \quad k_2 = 24700\exp[-89791/(RT)]$$

试采用以下固定床反应器模型进行模拟,求产物环氧乙烷浓度和反应器温度沿反应器管长的变化。

反应器模型如下

$$
\begin{cases}
u_s \dfrac{dc_{C_2H_4}}{dz} = -\left(2R_1 + \dfrac{1}{3}R_2\right) \\[2mm]
u_s \dfrac{dc_{O_2}}{dz} = -(R_1 + R_2) \\[2mm]
u_s \dfrac{dc_{C_2H_4O}}{dz} = 2R_1 \\[2mm]
u_s\rho_f c_p \dfrac{dT}{dz} = (-\Delta H_1 R_1 - \Delta H_2 R_2) - \dfrac{4K_w}{d_t}(T - T_w)
\end{cases}
$$

计算所需的参数如下:反应器管径 $d_t = 0.0508$ m;反应器管长 $L = 12$ m;反应气体表观流速 $u_s = 1.3$ m/s;流体密度 $\rho_f = 6.06$ kg/m³;流体比热容不随组成和温度变化,$c_p = 1160$ J/(kg·K);反应器管壁温度 $T_w = 498$ K;反应器的总传热系数 $K_w = 270$ W/(m²·K);R_1 为反应的反应热,$-\Delta H_1 = 210000$ J/mol;R_2 为反应的反应热,$-\Delta H_2 = 473000$ J/mol。以上数据来自参考文献[18]。

反应器初始条件:反应器入口温度 $T_0 = 498$ K;氧气入口浓度 $c_{O_2,0} = 14$ mol/m³,乙烯入口浓度 $c_{C_2H_4,0} = 224$ mol/m³,进口气体中不含任何反应产物。

解:

这是一个常微分方程组初值问题,可采用 ode45 直接求解。

```
function EOModelA
%modeling Ethylene oxide reactor by using 1-D pseudo-homogeneous
  model
C0=[224  14  0  498];
L=12;  %m
```

```
[L, C] = ode15s(@modelA, [0 L], C0);
plot(L, C(:, 3), 'Linewidth', 2);
xlabel('Bed Length [m]', 'fontsize', 16)
ylabel('EO Concentration [mol/m^3]', 'fontsize', 16)
set(gca, 'Fontsize', 16)      %设置坐标刻度字体大小为 16 磅
figure
plot(L, C(:, 4), 'Linewidth', 2)
xlabel('Bed Length [m]', 'fontsize', 16)
ylabel('Bed Temperature [K]', 'fontsize', 16)
set(gca, 'Fontsize', 16)
function dCT = modelA(z, C)
CEH = C(1); CO2 = C(2); CEO = C(3); T = C(4);
us = 1.3; %m/s
dt = 0.0508; %m
rhouf = 6.06; %kg/m3;
cp = 1160; %J/kg/K;
Tw = 498; %K
Kw = 270; %W/m2/K
dH1 = -210000; %J/mol;
dH2 = -473000; %J/mol
R = 8.314;
k1 = 35.2 * exp(-59860/R/T);
k2 = 24700 * exp(-89791/R/T);
R1 = 810 * k1 * CO2;
R2 = 2430 * k2 * CO2;
dCT = zeros(4, 1);
dCT(1) = -(2 * R1 + 1/3 * R2)/us;
dCT(2) = -(R1 + R2)/us;
dCT(3) = 2 * R1/us;
dCT(4) = ((-dH1 * R1 - dH2 * R2) - 4 * Kw * (T - Tw)/dt)/(us * rhouf * cp);
```

6.3.4 参数传递

有时求解过程需要从主函数传递一些参数到描述微分方程的子函数中,此时在调用求解函数时需要使用五参数以上的调用格式。例如,在例题 6 的求解函数中,如果将 c_{A0},k 和 τ 定义在主函数中,则需要将其传递到 CSTR 子函数中,参考程序如下。

```
function Cha6demo6_2
CA10 = 0.4; CA20 = 0.2; CA30 = 0.1;
stoptime = 10;
CA0 = 1.8;
k = 0.5; tao = 2;
[t, y] = ode45(@CSTR, [0 stoptime], [CA10 CA20 CA30], [], CA0, k, tao);
plot(t, y(:, 1), 'k--', t, y(:, 2), 'b:', t, y(:, 3), 'r-')
legend('CA_1', 'CA_2', 'CA_3')
xlabel('Time (min)')
ylabel('Concentration')
%-----------------------------------
function dCdt = CSTR(t, y, CA0, k, tao)
CA1 = y(1);
CA2 = y(2);
CA3 = y(3);
dCA1dt = (CA0 - CA1)/tao - k * CA1;
dCA2dt = (CA1 - CA2)/tao - k * CA2;
dCA3dt = (CA2 - CA3)/tao - k * CA3;
dCdt = [dCA1dt; dCA2dt; dCA3dt];
```

参数传递的另一种方法是通过 global 定义全局变量。

6.3.5 求解函数的选择

从应用的角度看,MATLAB 提供的初值问题解算指令可以分为两类,一类是求解普通初值问题的指令,而另一类则是用于刚性问题求解的指令。

6.3.5.1 刚性

自然界各种现象发生的每一个过程都是极其复杂的,往往包含许多子过程及它们的相互作用,其中有些子过程表现为快变化,有些则变化较慢,它们的数量级可以相差非常大,相应地描述这些子过程的常微分方程组的解中也将包含快变化和慢变化分量,如果在一个过程中的快变化子过程与慢变化子过程变化速率相差非常大,在数学上称这种过程具有"刚性",而描述这种过程的常微分方程组称为刚性方程组(也可称为病态方程组)。这种性质将使得一般的数值解法效率很低。

一个微分方程的解在任意一点 (t_c, y_c) 附近的局部性质可以通过 $f(t, y)$ 的二维泰勒展开加以分析：

$$f(t, y) = f(t_c, y_c) + \alpha(t - t_c) + J(y - y_c) + \cdots \tag{6.23}$$

其中 $\alpha = \dfrac{\partial f}{\partial t}(t_c, y_c)$，$J = \dfrac{\partial f}{\partial y}(t_c, y_c)$。

这个展开项中最重要的项是涉及雅可比矩阵 J 的项。对于一个含有 n 个分量的微分方程系统，有

$$\frac{\mathrm{d}}{\mathrm{d}t}\begin{bmatrix} y_1(t) \\ y_2(t) \\ \vdots \\ y_n(t) \end{bmatrix} = \begin{bmatrix} f_1(t, y_1, \cdots, y_n) \\ f_2(t, y_1, \cdots, y_n) \\ \vdots \\ f_n(t, y_1, \cdots, y_n) \end{bmatrix} \tag{6.24}$$

雅可比矩阵是由偏导数组成的 $n \times n$ 矩阵：

$$J = \begin{bmatrix} \dfrac{\partial f_1}{\partial y_1} & \dfrac{\partial f_1}{\partial y_2} & \cdots & \dfrac{\partial f_1}{\partial y_n} \\ \dfrac{\partial f_2}{\partial y_1} & \dfrac{\partial f_2}{\partial y_2} & \cdots & \dfrac{\partial f_2}{\partial y_n} \\ \vdots & \vdots & & \vdots \\ \dfrac{\partial f_n}{\partial y_1} & \dfrac{\partial f_n}{\partial y_2} & \cdots & \dfrac{\partial f_n}{\partial y_n} \end{bmatrix} \tag{6.25}$$

令 J 的特征值为 $\lambda_k (k = 1, 2, \cdots, n)$。对于刚性矩阵，最大和最小特征值相差几个数量级，可以定义刚性比

$$\mathrm{SR} = \frac{\max\limits_{1 \leqslant i \leqslant n}(\mathrm{Real}(\lambda_i))}{\min\limits_{1 \leqslant i \leqslant n}(\mathrm{Real}(\lambda_i))} \tag{6.26}$$

当刚性比很大时，称此类微分方程为刚性微分方程。刚性微分方程需采用特殊求解函数。在实际使用时，一般不需要分析微分方程的刚性比具体是多少，可以首选精度较高的 ode45 进行试算。如果 ode45 求解很慢，或无法得到解时，则应选择刚性问题的求解指令，如 ode23s 和 ode15s。

例题 8　解刚性常微分方程组 $\begin{cases} y_1' = 0.04(1 - y_1) - (1 - y_2)y_1 + 0.0001(1 - y_2)^2 \\ y_2' = -10^4 y_1' + 3000(1 - y_2)^2 \\ y_1(0) = 0, y_2(0) = 1, 0 \leqslant x \leqslant 100 \end{cases}$。

解：

程序如下。

```
function Cha6demo8
figure
ode23s(@fun, [0, 100], [0; 1])
figure,
ode45(@fun, [0, 100], [0; 1])
```

```
function f = fun(x, y)
dy1dx = 0.04 * (1 - y(1)) - (1 - y(2)). * y(1) + 0.0001 * (1 - y(2)). ^2;
dy2dx = - 1e4 * dy1dx + 3000 * (1 - y(2)). ^2;
f = [dy1dx; dy2dx];
```

以上程序运行后,通过图形可以直观地发现,采用 ode23 可以很快获得解,而 ode45 则计算很慢。这说明 ode45 不适用于刚性问题的求解。当程序运行很久不出现结果时,可以在激活命令窗口中按下"Ctrl+C"强行终止程序。

6.3.6　求解函数的输出控制

在例题 5、7 中,调用解算指令时,采用了无输出变量的调用格式,则求解函数自动调用默认的输出函数 odeplot 将结果以图形的形式输出。odeplot 所绘制的每条曲线即为求解值对时间的曲线。除了以 odeplot 形式输出外,还可以以 odephas2 和 odephas3 的形式输出。其中 odephas2 绘制的解向量中前两个分量确定的二维相平面图(y_1 和 y_2 的关系),odephas3 则绘制解向量前三个分量确定的三维相平面图(y_1, y_2 和 y_3 的关系),也可绘制指定向量确定相平面图。此外还可以以 odeprint 控制显示积分过程的每一步的解。这些功能均可以通过 options 选项的设置实现。

在 MATLAB 的命令窗口中,键入 odeset 可以查看解算指令中输入变量 options 可控制的解算过程变量,如下所示。

```
AbsTol: [ positive scalar or vector{1e-6} ]
RelTol: [ positive scalar{1e-3} ]
NormControl: [ on |{off} ]
NonNegative: [ vector of integers ]
OutputFcn: [ function_handle ]
OutputSel: [ vector of integers ]
Refine: [ positive integer ]
Stats: [ on |{off} ]
InitialStep: [ positive scalar ]
MaxStep: [ positive scalar ]
BDF: [ on |{off} ]
MaxOrder: [ 1 | 2 | 3 | 4 |{5} ]
Jacobian: [ matrix | function_handle ]
JPattern: [ sparse matrix ]
Vectorized: [ on |{off} ]
Mass: [ matrix | function_handle ]
MStateDependence: [ none |{weak} | strong ]
MvPattern: [ sparse matrix ]
MassSingular: [ yes | no |{maybe} ]
InitialSlope: [ vector ]
```

Events：[function_handle]

在这里对比较常用的选项加以说明。

（1）RelTol——相对误差，它应用于解向量的所有分量。在每一步积分过程中，第 i 个分量误差 $e(i)$ 满足：$e(i) <= \max(RelTol * abs(y(i), AbsTol(i))$。

（2）AbsTol——绝对误差，若是实数，则应用于解向量的所有分量，若是向量，则它的每一个元素应用于对应位置解向量元素。

（3）OutputFcn——可调用的输出函数名。每一步计算完后，这个函数将被调用输出结果，可以选择的值为 odeplot，odephas2，odephas3，odeprint。

（4）OutputSel——输出序列选择。指定解向量的哪个分量被传递给 OutputFcn。

（5）MaxStep——步长上界，缺省值为求解区间的 1/10。

（6）InitialStep——初始步长，缺省时自动设置。

（7）Events——事件记录，取'on'时，是相应的 ode 文件返回事件记录。

本节介绍求解输出函数的选项 OutputFcn 和 OutputSel，前者确定求解函数选择何种方法输出图形，后者选择图形输出哪些变量。例如当需要输出相平面图时，需在程序中加入以下语句。

```
opt = odeset('OutputFcn', 'odephas2')
```

然后将 opt 代入至求解函数的输入变量的对应位置即可。如果需要绘制输出 y 的第 1 和第 3 分量（第 1 列和第 3 列）的相平面图，则应采用以下语句定义 options 选项：

```
opt = odeset('OutputFcn', 'odephas2', 'OutputSel', [1, 3])
```

例如例题 6，要求输出 c_{A2} 和 c_{A3} 浓度的关系，则可以通过以下程序实现。

```
function Cha6demo6_3
CA10 = 0.4; CA20 = 0.2; CA30 = 0.1;
stoptime = 10;
opt = odeset('OutputFcn', 'odephas2', 'OutputSel', [2, 3])
[t, y] = ode45(@CSTR, [0 stoptime], [CA10 CA20 CA30], opt);
title('The relationship between CA2 and CA3')
xlabel('Time (min)')
ylabel('Concentration')
%------------------------------------
function dCdt = CSTR(t, y)
CA0 = 1.8;
k = 0.5; tao = 2;
CA1 = y(1);
CA2 = y(2);
CA3 = y(3);
dCA1dt = (CA0 - CA1)/tao - k * CA1;
dCA2dt = (CA1 - CA2)/tao - k * CA2;
dCA3dt = (CA2 - CA3)/tao - k * CA3;
```

```
dCdt = [dCA1dt; dCA2dt; dCA3dt];
```

6.3.7 求解函数的误差控制

一般而言,使用 MATLAB 求解函数的默认设置可以获得满意的解,然而在某些情况下,如解剧烈变化、振荡等,使用求解函数的默认设置可能精度不够,此时也需要采用 odeset 函数将求解函数的 RelTol 和 AbsTol 选项修改至更小的值。如将 RelTol 改为 $1e-10$,可以采用如下语句。

```
opt = odeset('RelTol', 1e - 10)
```

例题 9 在一连续搅拌釜式反应器(CSTR)中进行反应:$A \xrightarrow{k} B$,反应速率为 $r = kc_A$,其中 $k = k_0 \exp[-E(1/T - 1/T_m)]$。CSTR 的质量和能量衡算式如下。

$$\begin{cases} \dfrac{dc_A}{dt} = \dfrac{c_{Af} - c_A}{\tau} - kc_A \\ \dfrac{dT}{dt} = \dfrac{K}{\rho c_p}(T_a - T) + \dfrac{T_f - T}{\tau} - \dfrac{\Delta H}{\rho c_p}kc_A \end{cases}$$

其中 c_A 为反应器中 A 的浓度,T 为反应器温度。求解需要的一些参数如下。

参数	值	单位	参数	值	单位
T_f	298	K	T_a	298	K
T_m	298	K	c_p	4.0	kJ/(kg·K)
c_{Af}	2.0	kmol/m³	k_0	0.004	min⁻¹
E	1.5e4	K	ρ	1000	kg/m³
ΔH	$-2.2e5$	kJ/kmol	K	340	kJ/(m³min·K)
τ	73.1	min			

(1) 采用 ode15s 函数以初始值 $c_{A0}=0.36$ 和 $T_0=315$ K 在时间区间 $[0, 20\tau]$ 内求解上述微分方程,绘制 c_A 与 T 的关系图;

(2) 将 ode15s 求解选项中的 RelTol 和 AbsTol 修改至 sqrt(eps),再次求解以上问题,观察两次求解是否有区别。

解:
程序如下。

```
function Cha6demo9
CA0 = 0.36; T0 = 315;
tao = 73.1;
opt1 = odeset('OutputFcn', 'odephas2');
[t, y] = ode15s(@CSTR, [CA0, T0], [0 20 * tao], opt1, tao);
figure
title('Solved by default settings')
```

```
plotyy(t, y(:, 1), t, y(:, 2))
opt2 = odeset('OutputFcn', 'odephas2', 'RelTol', sqrt(eps), 'AbsTol', sqrt
(eps));
figure
[t2, y2] = ode15s(@CSTR, [CA0, T0], [0 20 * tao], opt2, tao);
title('Solved by adjusted setting')
figure
plotyy(t2, y2(:, 1), t2, y2(:, 2))
function dy = CSTR(t, y, tao)
Tf = 298; Ta = 298; Tm = 298;
Cp = 4.0; CAf = 2.0; km = 0.004; E = 1.5e4; rhou = 1e3;
deltaH = -2.2e5; K = 340;
k = km * exp(-E * (1/y(2) - 1/Tm));
dC = (CAf - y(1))/tao - k * y(1);
dT = K/(rhou * Cp) * (Ta - y(2)) + (Tf - y(2))/tao - deltaH/(rhou * Cp) * k * y(1);
dy = [dC; dT];
```

注意两次求解坐标刻度不一致,显示了求解结果的差别。

6.3.8 事件与求解区间

在求解一个描述实际化工过程的微分方程时,如何确定求解区间的长度呢? 这有两种情况:一是待求解问题是一个操作性问题,即过程的设备参数一定,求某个操作参数,如温度、浓度等的变化,此时求解区间实际已经隐含在设备参数中,如设备的体积、长度,物料的停留时间等;二是待求解问题是一个设计性问题,即求满足操作参数变化时的设备参数,如规定反应物的转化率为 95%,求所需反应器的体积,这时问题相对较为复杂,但在 MATLAB 中可以采用定义 options 选项中的事件来求解这类问题。

这里所谓的事件是指待用户自定义函数到达、离开或通过零点。当求解函数监测到这些事件发生时,可以选择终止求解或仅记录这些事件发生时的时刻,并输出事件发生时的自变量和因变量值,如 6.3.3 节中的 ode45 调用格式(6)。可以通过如下语句定义求解函数的事件选项:

```
opt = odeset('Events', @Events);
```

其中@Events 为用户自定义事件函数的句柄。

自定义的事件函数应具有以下形式:

```
function [value, isterminal, direction] = events(t, y)
```

其中的输出变量 value,isterminal 和 direction 都是向量,其第 i 个元素的值对应于第 i 个事件函数。value(i)是第 i 个事件函数的值;当 value(i)为零时,isterminal(i)=1 表示终止求解,如不终止求解则等于 0;默认 direction(i)=0 表示所有的零点都为事件发生点,direction(i)=+1 表示仅事件函数增加过程中的零点为事件发生点,direction(i)=-1 则为函数递减过程中的零点为事件发生点。

当定义了事件函数且事件发生时,求解函数可以返回 3 个附加输出变量:事件发生的时刻、事件发生时的函数值和求解函数探测到事件发生的类型。在调用求解函数使用[T,Y, TE, YE, IE]＝solver(odefun, tspan, y0, options)的格式时,TE、YE 和 IE 就是以上 3 个附加输出变量。当使用 sol＝solver(odefun, tspan, y0, options)时,3 个附加变量分别为 sol. xe、sol. ye 和 sol. ie。

例题 10 热解苯时可以发生如下两个反应:

$$2C_6H_6 \underset{k_{-1}}{\overset{k_1}{\rightleftharpoons}} C_{12}H_{10} + H_2$$

$$C_6H_6 + C_{12}H_{10} \underset{k_{-2}}{\overset{k_2}{\rightleftharpoons}} C_{18}H_{14} + H_2$$

此时反应物浓度随时间变化的规律满足以下微分方程组:

$$\begin{cases} \dfrac{dc_B}{dt} = -2 * r_1 - r_2 \\[2mm] \dfrac{dc_D}{dt} = r_1 - r_2 \\[2mm] \dfrac{dc_T}{dt} = r_2 \\[2mm] \dfrac{dc_H}{dt} = r_1 + r_2 \end{cases}$$

其中 c_B, c_D, c_T 和 c_H 分别表示 C_6H_6, $C_{12}H_{10}$, $C_{18}H_{14}$ 和 H_2 的浓度;

$$r_1 = k_1 \left(c_B^2 - \frac{c_D c_H}{K_1} \right)$$

$$r_2 = k_2 \left(c_B c_D - \frac{c_T c_H}{K_2} \right)$$

$k_1 = 7 \times 10^5$ L/(mol·h), $k_2 = 4 \times 10^5$ L/(mol·h), $K_1 = 0.31$, $K_2 = 0.48$, c_B 的初始值为 0.0117 mol/L,其余浓度初始值为 0。试计算以上条件下,苯转化率为 50% 时所需的反应时间。

解:

本例可以采用事件选项进行求解。定义事件函数的值为苯的转化率－0.5,当它为零时转化率达到 0.5,终止求解并返回反应时间。程序如下。

```
function Cha6demo10
%事件使用示例
global CB0
CB0 = 0.0117;
C0 = [CB0, 0 0 0];
opt = odeset('Events', @stoptime);
[tout Cout] = ode45(@C6H6Pyro, [0 1000], C0, opt);
plot(tout, Cout)
```

```
tend = tout(end) %返回时间节点的最后一个即为终止时间
CBin = CB0
CBout = Cout(end, 1)
%-------------------------------------
function dC = C6H6Pyro(t, C)
k1 = 7e5；
k2 = 4e5；
K1 = 0.31；
K2 = 0.48；
r1 = k1 * (C(1)^2 - C(2) * C(4)/K1)；
r2 = k2 * (C(1) * C(2) - C(3) * C(4)/K2)；
dC = zeros(4, 1)；
dC(1) = -2 * r1 - r2；
dC(2) = r1 - r2；
dC(3) = r2；
dC(4) = r1 + r2；
%-------------------------------------
function [value Termin Direct] = stoptime(t, C)
%事件函数
global CB0
value = (CB0 - C(1))/CB0 - 0.5；%事件函数的值
Termin = 1；%事件函数值为 0 时终止求解
Direct = 0；
```

6.3.9　微分代数方程

6.3.9.1　微分代数方程

在很多化工实际问题中,模型是由微分方程和代数方程组成的,这类方程组统称为微分代数方程。以下这个多相催化动力学模型就是微分代数方程的代表之一。在固定床反应器中进行气固相催化反应 $A \Longrightarrow B+C$。这一反应的基元步骤包括 A 吸附于催化剂的吸附空位 *,形成吸附中间体 A *,然后发生表面反应生成 B * 和气相物种 C,B * 最后从催化剂表面脱附形成 B 和 *,即:

$$A + \underset{k_{1-}}{\overset{k_{1+}}{\rightleftharpoons}} A *$$

$$A * \underset{k_{2-}}{\overset{k_{2+}}{\rightleftharpoons}} B * + C$$

$$B * \underset{k_{3-}}{\overset{k_{3+}}{\rightleftharpoons}} B + *$$

各基元步骤的速率可以表示为

$$r_{1+} = k_{1+}p_A c_*, \quad r_{1-} - k_{1-}c_{A*}$$
$$r_{2+} = k_{2+}c_{A*}, \quad r_{2-} - k_{2-}c_{B*}p_C$$
$$r_{3+} = k_{3+}c_{B*}, \quad r_{3-} - k_{3-}p_B c_* \tag{6.27}$$

其中 c_{A*}，c_{B*} 和 c_* 分别表示 A，B 吸附物种及催化剂空位的表面浓度，它们满足式 (6.28) 的微分方程组及表面物种守恒方程即式 (6.29)：

$$\begin{cases} \dfrac{\mathrm{d}p_A}{\mathrm{d}t} = -r_{1+} + r_{1-} \\[2mm] \dfrac{\mathrm{d}c_{A*}}{\mathrm{d}t} = r_{1+} - r_{1-} - r_{2+} + r_{2-} \\[2mm] \dfrac{\mathrm{d}c_{B*}}{\mathrm{d}t} = r_{2+} - r_{2-} - r_{3+} + r_{3-} \\[2mm] \dfrac{\mathrm{d}p_C}{\mathrm{d}t} = r_{2+} - r_{2-} \\[2mm] \dfrac{\mathrm{d}p_B}{\mathrm{d}t} = r_{3+} - r_{3-} \end{cases} \tag{6.28}$$

$$c_{A*} + c_{B*} + c_* = c_{\text{tot}} \tag{6.29}$$

式 (6.29) 中的 c_{tot} 表示催化剂表面活性位的总浓度。

式 (6.29) 是一个代数方程，因此，模型是一个微分代数方程。

更一般地，微分代数方程可以写成：

$$M(x)\dot{x} = f(x) \tag{6.30}$$

其中 $M(x)$ 成为质量矩阵，如果 $M(x)$ 非奇异，则式 (6.30) 可以转化为式 (6.31) 表示的常微分方程组。

$$\dot{x} = M^{-1}f(x) \tag{6.31}$$

当 $M(x)$ 为奇异阵时，式 (6.30) 表示微分代数方程。特别是当微分代数方程具有如式 (6.32) 或式 (6.33) 所示的形式时，被称为半显式微分代数方程。

$$\begin{cases} \dot{y} = F(t, y, z) \\ 0 = G(t, y, z) \end{cases} \tag{6.32}$$

或

$$M\dot{x} = \begin{bmatrix} I & 0 \\ 0 & 0 \end{bmatrix} \begin{bmatrix} \dot{y} \\ \dot{z} \end{bmatrix} = \begin{bmatrix} F(t, y, z) \\ G(t, y, z) \end{bmatrix} = f(x) \tag{6.33}$$

6.3.9.2 微分代数方程的求解

微分代数方程的求解目前仍然是数值计算领域的研究课题。在 MATLAB 中，函数 ode15s 和 ode23t 可用于微分代数方程的求解，其中 ode23t 要求质量矩阵各元素必须为常数，而 ode15s 则不要求。但 ode15s 和 ode23t 只能求解指数 (index) 为 1 的微分代数方程。

微分代数方程的指数可以有多种方式定义。这里介绍微分法的定义。对于半显式微分代数方程(6.33)，将 $G(y, z)$ 微分，可以最终将微分代数方程转化为纯粹的微分方程，所需最少的微分次数就是微分代数方程的指数。例如，微分代数方程

$$\begin{cases} y_2' = y_1 + f_1(t) \\ 0 = y_2 + f_2(t) \end{cases} \tag{6.34}$$

将其中第 2 式微分，有：

$$y_2' = -f_2'(t) = y_1 + f_1(t) \Rightarrow y_1 = -f_2'(t) - f_1(t) \tag{6.35}$$

将式(6.35)再次微分，有：

$$y_1' = -f_2''(t) - f_1'(t) \tag{6.36}$$

因此，该微分代数方程的指数为 2。

当微分代数的指数方程为 0 时，通常可以方便地将其转换成常微分方程，如式(6.29)可以改写为 $c_* = c_{\text{tot}} - c_A - c_B$，将其带入式(6.28)，则原方程可以转换成常微分方程组。

微分代数方程的数值解法一般应用隐式的求解方法直接求解，ode15s 和 ode23t 就是采用这种方法进行求解的。下面将以有传质限制的化学反应器为例说明 ode15s 求解微分代数方程的方法。本例题来自文献，原题提供了一种嵌套求解的方法，可供参考。

例题 11　考虑颗粒界面梯度的一维非均相模型

在一管式反应器中进行气固相催化反应，组分 A，B，C 的浓度 c_A，c_B，c_C 沿管长 z 的变化满足以下微分方程组：

$$\begin{cases} u \dfrac{\mathrm{d}c_A}{\mathrm{d}z} = -2kc_{As}^2 \\[2mm] u \dfrac{\mathrm{d}c_B}{\mathrm{d}z} = kc_{As} \\[2mm] u \dfrac{\mathrm{d}c_C}{\mathrm{d}z} = 0 \end{cases} \tag{6.37}$$

其中 k 为反应速率常数；u 为反应物流速；c_{As} 为 A 在催化剂表面浓度。由于存在传质限制，c_{As} 与 c_A 的关系满足以下方程：

$$k_{\text{ma}}(c_A - c_{As}) = kc_{As}^2 \tag{6.38}$$

其中 k_{ma} 为传质速率常数。试在 $u=0.5$，$k=0.3$，$k_{\text{ma}}=0.2$，$z=2.4$，A、B、C 的初始浓度为 [2 0 2] 的条件下求解以上模型。

解：

此模型是一个微分代数方程，首先利用 ode15s 进行求解。

ode15s 求解微分代数方程时，要求将求解方程表示为式(6.33)的形式，对于本例可以写为

$$\begin{bmatrix} 1 & 0 & 0 & 0 \\ 0 & 1 & 0 & 0 \\ 0 & 0 & 1 & 0 \\ 0 & 0 & 0 & 0 \end{bmatrix} \begin{bmatrix} c_A' \\ c_B' \\ c_C' \\ c_{As}' \end{bmatrix} = \begin{bmatrix} \dfrac{-2kc_{As}^2}{u} \\[3mm] \dfrac{kc_{As}}{u} \\[3mm] 0 \\[2mm] kc_{As}^2 - k_{\text{ma}}(c_A - c_{As}) \end{bmatrix} \tag{6.39}$$

接下来就可以编写 odefun 表示式的右端,其方法与一般微分方程 odefun 的编写完全相同;而质量矩阵则需要在求解函数的选项中设置,程序如下。

```
function Cha6demo10
%ode15s 求解微分代数方程示例
C0＝[2 0 2 0];
mass＝[1 0 0 0;0 1 0 0;0 0 1 0;0 0 0 0];%质量矩阵
opt＝odeset('Mass', mass);%设置求解函数的质量矩阵为 mass
ode15s(@TREq, [0 2.4], C0, opt) %也可以使用 ode23t,但 ode45 等不可以
function dC＝TREq(t, C)
k＝0.3;
km＝0.2;
v＝0.5;
dC1＝－2＊k＊C(4)^2/v;
dC2＝k＊C(4)^2/v;
dC3＝0;
dC4＝k＊C(4)^2－km＊(C(1)－C(4));
dC＝[dC1;dC2;dC3;dC4];
```

6.4　边值问题的加权剩余法

从数值方法的角度看,边值问题的求解较初值问题复杂很多。一般说来,微分方程边值问题可能有解,也可能无解,可能有唯一解,也可能有无数解。在假定解唯一的前提下,边值问题常用解法有打靶法、有限差分、有限元法等。这里简单介绍加权剩余法,这种方法采用分段多项式作为方程近似解,因此属于有限元法。更详细的介绍可以参见文献[22]。

考虑以下边值问题的求解:

$$\begin{cases} y' = f(x, y), 0 < x < 1 \\ y(0) = a, \ y(1) = b \end{cases} \tag{6.40}$$

有限元法采用分段多项式 $u(x)$,作为方程的近似解,$u(x)$ 也被称为试函数。假设该试函数可以表示为

$$u(x) = \sum_{j=1}^{m} \alpha_j \varphi_j(x) \tag{6.41}$$

其中 α_j 为待定常数;$\varphi_j(x)$ 是特定的函数,被称为基函数。通常只要求式(6.41)满足部分边界条件或只满足微分方程。如果 $u(x)$ 不满足微分方程,将式(6.41)代入式(6.40),就产生剩余:

$$\varepsilon = u' - f(x, y) \tag{6.42}$$

加权剩余法要求剩余 ε 的加权积分为零,即:

$$\int_\Omega \varepsilon \psi_j \mathrm{d}\Omega = 0, \quad j = 1, 2, \cdots, n \tag{6.43}$$

　　其中 ψ_j 称为权函数，Ω 为求解区域。式(6.43)是一个以 α_j 为未知数的方程组，解此方程组就可以得到边值问题的近似解，这就是所谓的加权剩余法。

　　在实际过程中，取不同形式的权函数，就可以得到各种特殊的加权剩余法。例如，取基函数 $\varphi_j(x)$ 作为权函数，即令

$$\int_\Omega \varepsilon\varphi_j \mathrm{d}\Omega = 0, \quad j = 1, 2, \cdots, n \qquad (6.44)$$

　　这就是伽辽金法。如果只令剩余 ε 在求解区域 Ω 内 n 个不同的点 M_1，M_2，$\cdots$，M_n 上为零，即令

$$\varepsilon(M_i) = 0, \quad i = 1, 2, \cdots, n \qquad (6.45)$$

　　即只要求函数 $u(x)$ 在这 n 个点上满足微分方程，从式(6.45)求解出 α_j，从而得到原方程的一个近似解，这种方法称为配置法，M_1，M_2，$\cdots$，M_n 称为配置点。配置法在配置点的狄拉克 δ 函数：

$$\delta(x-x_i) = \begin{cases} 1, & x = x_i \\ 0, & x \neq x_i \end{cases} \qquad (6.46)$$

为权函数。

例题 12　采用伽辽金法和配置法求解以下边值问题：

$$\begin{cases} y'' + y + x = 0, & 0 < x < 1 \\ y(0) = 0, & y(1) = 0 \end{cases}$$

并与 $x = 0.25$、0.5、0.75 处的精确解值 0.04401、0.06975、0.06006 比较。

解：

　　先采用配置法进行求解，假定试函数采用 $u = \alpha_1[x(1-x)] + \alpha_2[x^2(1-x)]$ 的形式，可见基函数来自函数系

$$\phi_1 = x(1-x)x^0$$
$$\phi_2 = x(1-x)x^1$$
$$\phi_3 = x(1-x)x^2$$

将试函数代入微分方程，将产生残差：

$$\varepsilon = u'' + u + x = \alpha_1(-2 + x - x^2) + \alpha_2(2 - 6x + x^2 - x^3) + x$$

任意选择 $x_1 = 1/4$，$x_2 = 1/2$ 作为配置点，令 $\varepsilon(x_i) = 0$，$i = 1, 2$，则上式为

$$\begin{bmatrix} \dfrac{19}{26} & -\dfrac{35}{64} \\[2mm] \dfrac{7}{4} & \dfrac{7}{8} \end{bmatrix} \begin{bmatrix} \alpha_1 \\ \alpha_2 \end{bmatrix} = \begin{bmatrix} \dfrac{1}{4} \\[2mm] \dfrac{1}{2} \end{bmatrix}$$

解此方程得到：$\alpha_1 = 0.1935$，$\alpha_2 = 0.1843$，则配置获得解的表达式为

$$u = x(1-x)(0.1935 + 0.1843x)$$

　　再采用伽辽金法进行求解，仍然采用试函数 $u = \alpha_1[x(1-x)] + \alpha_2[x^2(1-x)]$，将其代入微分方程，产生剩余 $\varepsilon = \alpha_1(-2 + x - x^2) + \alpha_2(2 - 6x + x^2 - x^3) + x$

将其代入式(6.44)可得

$$\begin{cases} \int_0^1 \varepsilon x(1-x)\mathrm{d}x = 0 \\ \int_0^1 \varepsilon x^2(1-x)\mathrm{d}x = 0 \end{cases},$$

整理并积分可得

$$\begin{cases} -\dfrac{3}{10}\alpha_1 - \dfrac{3}{20}\alpha_2 + \dfrac{1}{12} = 0 \\ -\dfrac{3}{20}\alpha_1 - \dfrac{13}{105}\alpha_2 + \dfrac{1}{20} = 0 \end{cases},$$

解此方程组,可得 $\alpha_1 = 0.1924$,$\alpha_2 = 0.1707$,则伽辽金方法获得解为 $u = x(1-x)(0.1924 + 0.1707x)$。

将 $x = 0.25$、0.5、0.75 代入解的表达式,可得配置法的解为 0.0449、0.0714、0.0622;伽辽金法获得的解值为 0.0441、0.0694、0.0601。在本例中,伽辽金法精确度稍高。

有读者可能有疑问,为什么基函数选择这样形式;更改配置点位置,求解精度会不会提高。前者是加权剩余法固有缺陷,而后者的答案是肯定的。这也是正交配置法得到发展的原因。若选用正交多项式为基函数,并取正交多项式的根作为配置点时,这种方法被称为正交配置法。

对于函数系 $\{\phi_1, \phi_2, \phi_3, \cdots\}$,若

$$\int_a^b w(x)\phi_i(x)\phi_j(x)\mathrm{d}x = \begin{cases} 0, & i \neq j \\ A, & i = j \end{cases} \tag{6.47}$$

则称该函数系为区间 $[a, b]$ 上以 $w(x)$ 为权的正交函数系。对于化工领域的常微分方程边值问题,最重要的正交多项式是以 1 为权的勒让德多项式。勒让德多项式的前几项写出,如下。

$$\begin{cases} L_0(x) = 1 \\ L_1(x) = x \\ L_2(x) = \dfrac{1}{2}(3x^2 - 1) \\ L_3(x) = \dfrac{1}{8}(35x^4 - 30x^2 + 3) \end{cases} \tag{6.48}$$

对于例题 11 的问题,也可以利用正交配置法求解。由于求解区间为 $[0, 1]$,因此采用转移勒让德多项式为基函数,如下。

$$\begin{cases} L_0(x) = 1 \\ L_1(x) = 2x - 1 \\ L_2(x) = 6x^2 - 6x + 1 \\ L_3(x) = 20x^3 - 30x^2 + 12x - 1 \end{cases} \tag{6.49}$$

构造试函数为 $u = \alpha_0 L_0 + \alpha_1 L_1 + \alpha_2 L_2 + \alpha_3 L_3$,此时选择 $L_2(x) = 6x^2 - 6x + 1$ 的零点 $[0.2113, 0.7887]$ 作为两个内配置点,加上两个边界点作为配置点(例题 11 中,试函数满

足边界条件,因此仅选择两个内配置点)。采用与例题 11 相同的方法,可以求得参数 α_i 的值,则方程得到求解。

6.5 边值问题的 MATLAB 求解方法

MATLAB 为求解边值问题提供了一个 bvp4c 函数。这个函数所采用的算法就是配置法。

采用 bvp4c 求解边值问题的过程时,首先将把待解的问题转化为边值问题的标准形式:

$$\begin{cases} y' = f(x, y) \\ g(y(a), y(b)) = 0 \end{cases} \tag{6.50}$$

其中 $a \leqslant x \leqslant b$。

然后按照以下步骤进行求解。

(1) 编写一个函数表示待求解方程,方法与初值问题求解相同。该函数基本形式如下。

dydx = odefun(x, y, parameters, p1, p2, ...)

其中 x,y 分别为自变量和因变量;parameter 是微分方程中的未知参数,边值问题可能仅在某些参数值下才有解,bvp4c 可以处理这类问题,自动寻找方程有解时的参数值。

(2) 编写一个函数表示边界条件,其基本形式为

res = bcfun(ya, yb, parameters, p1, p2, ...)

文件输入变量 y_a,y_b 是列向量,即式(6.50)中的 $y(a)$、$y(b)$,y_a 与 y_b 的第一个分量表示在端点的函数值,第二个分量表示端点处的导数值。注意:bcfun 的输入变量个数应与 odefun 相同。

(3) 在求解问题的函数中,首先采用初始解生成函数 bvpinit 生成初始猜测解,形式如下。

solinit = bvpinit(x, v, parameters)

① x 指定边界区间 $[a, b]$ 上的初始网络,使 $x(1)=a$,$x(\text{end})=b$;网格点要单调排列;对于一般的求解问题,形如 x=linspace(a, b, 10) 的网格已足够满足求解要求,但解有剧烈变化时,需要在相应位置增加网格点;

② v 是对解的初始猜测,它可以是一个向量或函数。当 v 为向量时,表示解分量 y_i 在所有初始网点上的猜测解都取 $v(i)$。当 v 为函数时,表示解向量所有分量在网点 $x(j)$ 上的粗糙猜测值取该函数值;

③ parameter 是方程中未知参数,边值问题可能仅在某些参数值下才有解,bvp4c 可以处理这类问题,自动寻找方程有解时的参数值,此处 parameter 为一个初始的猜测;

④ solinit(可以取别的任意名)是"解猜测网(Mesh)"。它是一个结构体,带如下几个域。solinit. x 是表示初始网格有序节点的 $(1 \times M)$ 一维数组,并且 solinit. x(1) 一定是 a,solinit. x(end) 一定是 b,solinit. y 是表示网点上微分方程解的猜测值的 $(N \times M)$ 二维数组。solinit. y(:, i) 表示节点 solinit. x(i) 处的解的猜测值,solinit. paramter 为方程未知参数的初始猜测值。

(4) 采用边值问题求解函数 bvp4c 求解方程,bvp4c 的调用格式如下。

```
sol = bvp4c(odefun, bcfun, solinit, options, p1, p2,...)
```

① 其中输入变量 odefun，bcfun 为此前编写的表示微分方程和边界条件的函数句柄，solinit 为生成的初始猜测解；

② options 是用来改变 bvp4c 算法的控制参数的。在最基本用法中，它可以缺省，此时一般可以获得比较满意的边值问题解。但如果用户对所得解的精度不满意，对被解问题的物理背景和数学认识较深，那么可以通过对 options 选项进行设置，以进一步提高求解质量。可以通过 bvpset 命令显示 bvp4c 指令 options 的全部属性及其缺省设置；通过 bvpget 命令查看已经存在于工作空间中的 options 选项结构体某个域的设置值。

③ 输入变量 p_1，p_2 等表示希望向被解微分方程传递的已知参数。如果无需向微分方程传递参数，它们可以缺省。

④ 输出变量 sol 也是结构体，它有以下几个域。

（a）sol. x 是指令 bvp4c 所采用的网格节点；

（b）sol. y 是 $y(x)$ 在 sol. x 网点上的近似解值；

（c）sol. yp 是 $y'(x)$ 在 sol. x 网点上的近似解值；

（d）sol. parameters 是微分方程所包含的未知参数的近似解值。当被解微分方程包含未知参数时，该域存在。

（5）计算结果输出，通常会采用图形的方式输出计算结果；对于任意点的解，可以采用 deval 函数计算，其调用格式如下。

```
sxint = deval(sol,xint)
```

其中，sol 为 bvp4c 返回的输出变量；xint 为指定点。

以下通过一些例题介绍 bvp4c 函数求解边值问题的方法。

例题 13　采用 MATLAB 的 bvp4c 函数求解例题 11 的边值问题。

$$\begin{cases} y'' + y + x = 0, & 0 < x < 1 \\ y(0) = 0, & y(1) = 0 \end{cases}$$

采用图形表示求解结果，并在屏幕输出 $x = 0.25$、0.5、0.75 处的结果。

解：

首先令 $y_1 = y$，$y_2 = y'_1$，则原方程组等价于以下标准形式的方程组：

$$\begin{cases} y'_1 = y_2 \\ y'_2 = -y_1 - x \end{cases}$$，边界条件为 $y_1(0) = 0$，$y_1(1) = 0$

程序如下。

```
function Cha6demo13
xinit = linspace(0, 1, 10);
yinit = [0 0];
IG = bvpinit(xinit, yinit);
sol = bvp4c(@odefun, @bcfun, IG)
x = 0:0.05:1;
y = deval(sol, x);
plot(sol.x, sol.y(1, :), 'bo', x, y(1, :), '-')
```

```
xcal = [0.25 0.5 0.75];
ycal = deval(sol, xcal)
function dy = odefun(x, y)
dy1 = y(2);
dy2 = −y(1)−x;
dy = [dy1; dy2];
function res = bcfun(ya, yb)
res = [ya(1); yb(1)];
```

程序运行后结果如下图所示。在指定点的计算结果为 0.0440、0.0697、0.0601，与精确解 0.04401、0.06975、0.06006 十分接近。

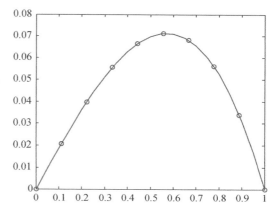

例题 14　求解微分方程 $z'' + (\lambda - 30\cos 2x)z = 0$，边界条件为 $z(0) = 1$，$z'(0) = 0$，$z'(\pi) = 0$。

解：

本例中，微分方程与参数 λ 的数值有关。一般而言，对于任意的 λ 值，该问题无解，但对于特殊的 λ 值（特征值），它存在一个解，这也称为微分方程的特征值问题。对于此问题，可在 bvpinit 中提供参数的猜测值，然后重复求解 BVP 得到所需的参数，返回参数为 sol. parameters。

程序如下。

```
function Cha6demo14
l = 15;
init = bvpinit(linspace(0, pi, 15), [5; 5], l);
sol = bvp4c(@odefun, @bcfun, init);
lambda = sol.parameters
plot(sol.x, sol.y(1, :), 'ro')
%------------------------------------
function dydx = odefun(x, y, lmb)
dydx = [y(2); −(lmb−30 * cos(2 * x)) * y(1)];
%------------------------------------
function bc = bcfun(ya, yb, lmb)
bc = [ya(1)−1; ya(2); yb(2)];
```

边界条件函数中 ya(1)−1 表示左边界函数值等于 1，ya(2) 表示左边界一阶导数等于 0，yb(2) 表示右边界一阶导数等于 0，右边界函数值不指定因此没有出现 yb(1) 项。程序运行后显示当 lambda=25.3759 时，方程有解。

例题 15　在球形催化剂内某组分的扩散-反应过程可由如下微分方程描述：

$$\begin{cases} \dfrac{\mathrm{d}^2 c}{\mathrm{d}r^2} + \dfrac{2}{r}\dfrac{\mathrm{d}c}{\mathrm{d}r} = 3c^2 \\ \dfrac{\mathrm{d}c}{\mathrm{d}r}(0) = 0, \ c(1) = 1 \end{cases}$$

试求解组分浓度 c 随颗粒半径 r 的关系。

解：

方程已知 $r=0$ 的导数值和 $r=1$ 的函数值，因此这是一个典型的边值问题求解问题，可以采用 bvp4c 系列函数求解。令 $y_1=c$，$y_2=y_1'$，原方程可以化为标准形式：

$$\begin{cases} y_1'=y_2 \\ y_2'=3*y_1{}^{\wedge}2-\dfrac{2*y_2}{r} \end{cases}$$

程序如下。

```
function Cha6demo15
cinit=bvpinit(linspace(0, 1, 10), [0 0])
sol=bvp4c(@diff, @bcfun, cinit)
x=linspace(0, 1, 100);
y=deval(sol, x);
plot(sol.x, sol.y(1, :), 'o', x, y(1, :), '-')
xlabel('Radius')
ylabel('Concentration')
function dC=diff(r, C)
dCdr1=C(2);
if r==0
    dCdr2=0;
else
    dCdr2=3*C(1)^2-2*C(2)/r;
end
dC=[dCdr1; dCdr2];
function r=bcfun(Ca, Cb)
r=[Cb(1)-1; Ca(2)];
```

注意：在定义微分方程的函数中，如果不将 $r=0$ 的情况排除，则在求解过程中会出现错误提示：由于奇点的存在导致求解不能进行。

例题 16　固定床反应器一维拟均相轴向分散模型

一个考虑轴扩散的绝热管式反应器可以采用以下方程描述：

$$\begin{cases} \dfrac{1}{Pe}\dfrac{\mathrm{d}^2 c}{\mathrm{d}x^2}-\dfrac{\mathrm{d}c}{\mathrm{d}x}-R(c,\ T)=0 \\ \dfrac{1}{Bo}\dfrac{\mathrm{d}^2 T}{\mathrm{d}x^2}-\dfrac{\mathrm{d}T}{\mathrm{d}x}-\beta R(c,\ T)=0 \end{cases}$$

边界条件：$\begin{cases} \dfrac{1}{Pe}\dfrac{\mathrm{d}c}{\mathrm{d}x}=c-1 \\ \dfrac{1}{Bo}\dfrac{\mathrm{d}T}{\mathrm{d}x}=T-1 \end{cases}\quad x=0;\qquad \begin{cases} \dfrac{\mathrm{d}c}{\mathrm{d}x}=0 \\ \dfrac{\mathrm{d}T}{\mathrm{d}x}=0 \end{cases}\quad x=1$

在 $\beta = -0.05$, $Pe = Bo = 10$, $E = 18$ 及 $R(c, T) = 4c\exp\left[E\left(1 - \dfrac{1}{T}\right)\right]$ 的条件下,计算无因次浓度 c 和温度 T 的分布。

解：

令 $y_1 = c$, $y_2 = y_1'$, $y_3 = T$, $y_4 = y_3'$,则原方程可以转化为以下标准形式：

$$\begin{cases} \mathrm{d}y(1) = y(2) \\ \mathrm{d}y(2) = Pe(R(c, T) + y(2)) \\ \mathrm{d}y(3) = y(4) \\ \mathrm{d}y(4) = Bo(\beta R(c, T) + y(4)) \end{cases}$$

求解程序如下。

```
function Cha6Demo16
global Pe Bo
Pe = 10; Bo = 10;
InitS = bvpinit(linspace(0, 1, 10), [0 0 0 0]);
sol = bvp4c(@odefun, @bcfun, InitS);
x = linspace(0, 1, 100);
y = deval(sol, x);
plot(x, y(1, :), 'b-', x, y(3, :), 'k:')
legend('Dimensionless C', 'Dimensionless T')
xlabel('Dimensionless L')
ylabel('Dimensionless Response')
function dydx = odefun(x, y)
global Pe Bo
beta = -0.05; E = 18;
C = y(1); T = y(3);
R = 4 * C * exp(E/(1 - 1/T));
dydx = zeros(4, 1);
dydx(1) = y(2);
dydx(2) = (R + y(2)) * Pe;
dydx(3) = y(4);
dydx(4) = (beta * R + y(4)) * Bo;
function r = bcfun(ya, yb)
global Pe Bo
r = [ya(2) - Pe * (ya(1) - 1); yb(2); ya(4) - Bo * (ya(3) - 1); yb(4)];
```

习　　题

1. 填空题

(1) 关于未知函数及其各阶导数均是一次的微分方程,称为_____。

（2）微分方程初值问题数值解的一般做法是由初始值 y_0 开始，通过一定的方法求得下一步的 y_1，以此类推，这种方法被称为_____。

2. 求解下列高阶常微分方程。

（1）$\dfrac{\mathrm{d}^2 y}{\mathrm{d}x^2} = 1 + (1+x^2)y$，$y(0)=1$，$y'(0)=3$

（2）$\dfrac{\mathrm{d}^3 y}{\mathrm{d}x^3} = -y$，$y(0)=1$，$y'(0)=0$，$y''(0)=0$

（3）$x^3 \dfrac{\mathrm{d}^3 y}{\mathrm{d}x^3} - 2y \dfrac{\mathrm{d}^2 y}{\mathrm{d}x^2} - 3\dfrac{\mathrm{d}y}{\mathrm{d}x} = 3e^{2x}$，$y(1)=1$，$y'(1)=10$，$y''(1)=30$，$x \in [1, 1.5]$

3. 求解下面的微分方程并作解函数图和相平面图。

$$\begin{cases} x' = -x^3 - y,\ x(0)=1 \\ y' = x - y^3,\ y(0)=0.5 \end{cases}, \quad 0 < t < 30$$

4. 求解 $x'' = \left(\dfrac{-2}{t}\right)x' + \left(\dfrac{2}{t^2}\right)x + \dfrac{10\cos(\ln t)}{t^2}$，其中 $x(1)=1$，$x(3)=3$，输出 $t=1.5$，2，2.5 时 x 的值，并作出 x 的图。

5. 管式反应器计算

在管式反应器中进行 1，3，5-三甲基苯加氢脱烷基生成间二甲苯反应。反应器内发生的反应如下。

$$\mathrm{M+H \longrightarrow X+Me}$$
$$\mathrm{X+H \longrightarrow T+Me}$$

其中 M 表示三甲基苯，H 表示氢气，X 表示二甲苯，Me 表示甲苯。反应器中各物质浓度（c_H：氢气；c_M：三甲基苯；c_X：二甲苯）随停留时间 τ 的变化可由以下常微分方程组表示：

$$\begin{cases} \dfrac{\mathrm{d}c_H}{\mathrm{d}\tau} = -k_1 c_H^{0.5} c_M - k_2 c_X c_H^{0.5} \\[2mm] \dfrac{\mathrm{d}c_M}{\mathrm{d}\tau} = -k_1 c_H^{0.5} c_M \\[2mm] \dfrac{\mathrm{d}c_X}{\mathrm{d}\tau} = k_1 c_H^{0.5} c_M - k_2 c_X c_H^{0.5} \end{cases}$$

反应器进料中含 66.7% 的三甲基苯和 33.3% 的氢气，总摩尔流率为 0.036。反应速率常数 $k_1 = 55.20$，$k_2 = 30.20$，停留时间 $0 \leqslant \tau \leqslant 0.5$。试编写一个 MATLAB 函数实现以下任务。

（1）求出氢气，三甲基苯和二甲苯浓度随停留时间的变化曲线，将计算结果输出如下图所示。

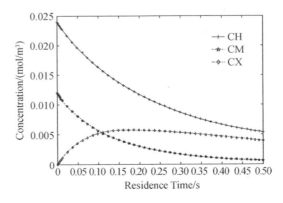

第 5 题图

（2）计算二甲苯产量最高时的停留时间，采用 fprintf 函数结果输出在屏幕上。

6. 绝热活塞流反应器

在直径为 5 cm，长度为 100 cm 的常压绝热固定床反应器中进行甲苯脱甲基反应：

$$C_6H_5CH_3(T) + H_2(H) \longrightarrow C_6H_6(B) + CH_4(H)$$

原料气流量为 3 kmol/h，其中氢气与甲苯的物质的量之比为 1.15。计算反应器进口温度为 800 K 时甲苯的出口转化率。

设反应的动力学方程为

$$r_T = k c_T c_H^{0.5} \text{ mol/(dm}^3 \cdot \text{s)}$$

$$k = 3.5 \times 10^9 \exp\left(\frac{-50900}{RT}\right) \text{ (dm}^3/\text{mol)}^{0.5}/\text{h}$$

$$R = 8.314 \text{ J/(mol} \cdot \text{K)}$$

各组分 298 K 时的标准生成热和比热容关联式 $c_p = A + BT + CT^2 + DT^3$ [单位：J/(mol·K)] 系数如下所列：

	$H_{f,298}$/(J/mol)	A	B	C	D
甲苯	5.003×10^4	-24.355	0.5124	-2.765×10^{-4}	4.911×10^{-8}
氢	0	27.143	9.273×10^{-3}	-1.38×10^{-5}	7.645×10^{-9}
苯	8.298×10^4	-33.917	0.4743	-3.017×10^{-4}	7.13×10^{-8}
甲烷	-7.486×10^4	19.251	5.212×10^{-2}	1.197×10^{-5}	-1.131×10^{-8}

数学模型：列出各组分的物料衡算方程如下。

$$u\frac{dc_T}{dz} = -3.5 \times 10^9 e^{-\frac{50900}{8.314 \times T}} c_T c_H^{0.5}/3600 \text{ mol/(dm}^3 \cdot \text{s)}$$

$$u\frac{dc_H}{dz} = -3.5 \times 10^9 e^{-\frac{50900}{8.314 \times T}} c_T c_H^{0.5}/3600 \text{ mol/(dm}^3 \cdot \text{s)}$$

$$u\frac{dc_B}{dz} = 3.5 \times 10^9 e^{-\frac{50900}{8.314 \times T}} c_T c_H^{0.5}/3600 \text{ mol/(dm}^3 \cdot \text{s)}$$

$$u\frac{dc_M}{dz} = 3.5 \times 10^9 e^{-\frac{50900}{8.314 \times T}} c_T c_H^{0.5}/3600 \text{ mol/(dm}^3 \cdot \text{s)}$$

能量衡算方程如下。

$$uc_p\frac{dT}{dz} = (-\Delta H) \times 3.5 \times 10^9 e^{-\frac{50900}{8.314 \times T}} c_T c_H^{0.5}/3600 \text{ J/(dm}^3 \cdot \text{s)}$$

式中，c_p 为单位体积气体混合物的比热容，可用下式计算：

$$c_p = \sum (A_i + B_i T + C_i T^2 + D_i T^3) x_i \times \frac{298}{22.4 \times T} \text{ J/dm}^3$$

ΔH 为反应温度 T 下的反应热，可用下式计算：

$$\Delta H = (H_{fB}^\circ + H_{fM}^\circ - H_{fT}^\circ - H_{fH}^\circ) + \int_{298}^{T} (\Delta A + \Delta BT + \Delta CT^2 + \Delta DT^3) dT \text{ J/mol}$$

上述微分方程组的初始条件为

$$z = 0 \quad c_T = \frac{1.0}{0.082 \times 800 \times 2.15} = 7.09 \times 10^{-3} \text{ mol/dm}^3$$

$$c_H = 1.15c_T = 8.15 \times 10^{-3} \text{ mol/dm}^3 \quad c_B = c_M = 0 \quad T = 800 \text{ K}$$

7. 求解两点边值问题：$\begin{cases} y'' - y = 10 \\ y(0) = y(1) = 0 \end{cases}$

8. 已知在球形氧化铝催化剂进行环己烷脱氢反应，催化剂直径为 5 mm，操作温度为 700 K，在此温度下，$k=4\mathrm{s}^{-1}$，$D=0.05\ \mathrm{cm}^2/\mathrm{s}$。计算催化剂颗粒内环己烷的浓度分布及催化剂的有效因子。

数学模型：催化剂颗粒内质量传递方程为

$$\frac{\mathrm{d}^2 c}{\mathrm{d}r^2} + \frac{2}{r}\frac{\mathrm{d}c}{\mathrm{d}r} = \phi^2\,\frac{f(c)}{c_\mathrm{s}},\quad 0 < r < 1$$

边界条件：$\dfrac{\mathrm{d}c}{\mathrm{d}r}(0)=0$，$c(1)=1$

式中，c 为浓度；r 为催化剂颗粒半径；c_s 为催化剂颗粒表面浓度；ϕ 为 Thiele 模数，$\phi = r_p\sqrt{\dfrac{k}{D}}$，对于

球形催化剂颗粒，等温有效因子为 $\eta = \dfrac{\displaystyle\int_0^1 f(c)r^2\,\mathrm{d}r}{\displaystyle\int_0^1 f(c_\mathrm{s})r^2\,\mathrm{d}r}$。

第 7 章

偏微分方程数值解

常微分方程只能构成集中参数模型,也就是只考虑系统中有一个自变量的问题。但实际工程问题常需考虑多个自变量,例如研究系统温度场分布及其随时间的变化规律,温度是时间和空间的函数,同样化学反应过程或分离、传热、传质过程中,随着反应、流动、扩散和传递过程的进行,物质浓度也是时间和空间的函数。描述这些物理量在时空域中变化规律的方程,若含有未知函数的偏导数,则构成偏微分方程。

偏微分方程求解方法很多,本章将介绍利用 MATLAB 软件求解偏微分方程数值解的方法。

7.1 微分方程的分类

偏微分方程中出现的偏导数的最高阶数称为方程的阶数。方程经过有理化并消去分式后,若方程中没有未知函数及其偏导数的乘积或幂等非线性项,那就称之为线性偏微分方程(组)。如果有,则称为非线性偏微分方程。如果仅对未知函数的所有最高阶导数来说是线性的,则称之为拟线性偏微分方程(组)。在线性方程中,不含有未知函数及其偏导数的项称为自由项,自由项为零的方程称为齐次方程,否则称为非齐次方程。

例如:$a(x, y)\dfrac{\partial^2 u}{\partial x^2} + \left(\dfrac{\partial u}{\partial y}\right)^2 = 0$ 为二阶拟线性齐次偏微分方程;

$\left(\dfrac{\partial^2 u}{\partial x^2}\right)^2 + \left(\dfrac{\partial^2 u}{\partial y^2}\right)^2 = f(x, y)$ 为二阶非线性非齐次偏微分方程。

化工过程中遇到的主要是二阶偏微分方程。这里只讨论两个自变量的二阶线性方程。若未知函数 $u(x, y)$ 与它的一阶、二阶偏导数存在以下关系式:

$$A\frac{\partial^2 u}{\partial x^2} + B\frac{\partial^2 u}{\partial xy} + C\frac{\partial^2 u}{\partial y^2} + D\frac{\partial u}{\partial x} + E\frac{\partial u}{\partial y} + Fu = f\left(x, y, u, \frac{\partial u}{\partial x}, \frac{\partial u}{\partial y}\right) \quad (7.1)$$

若 A,B,C,D,E,F 都只是 x,y 的函数,则式(7.1)称为线性二阶偏微分方程,又若系数都为常数,则称为常系数线性二阶方程,其中 f 即自由项,为已知函数。式(7.1)中系数 A,B,C 的取值决定二阶线性方程的分类。判别条件如下。

(1) 当 $B^2 - 4AC < 0$ 时,方程称为椭圆型偏微分方程;

(2) 当 $B^2 - 4AC = 0$ 时,方程称为抛物型偏微分方程;

(3) 当 $B^2 - 4AC > 0$ 时,方程称为双曲型偏微分方程。

以上三类偏微分方程分别描述不同范畴的物理现象,所以也常用物理含义来命名方程类别,如:椭圆型方程 $\frac{\partial^2 u}{\partial x^2} + \frac{\partial^2 u}{\partial y^2} + \frac{\partial^2 u}{\partial z^2} = 0$,称为拉普拉斯方程或稳态方程;椭圆型方程可以描述许多物理现象的稳态过程,例如扩散过程,如果达到稳定状态,浓度的空间分布不再随着时间变化而变化,即 $\frac{\partial c}{\partial t} = 0$,于是有 $\nabla^2 c = 0$,这是一个椭圆型方程。再如热传导现象,如果达到稳定状态,温度的空间分布不再变化,则有 $\nabla^2 T = 0$,这也是一个椭圆型方程。

抛物型方程 $\frac{\partial u}{\partial t} = a^2 \left(\frac{\partial^2 u}{\partial x^2} + \frac{\partial^2 u}{\partial y^2} + \frac{\partial^2 u}{\partial z^2} \right)$,称为热传导方程;抛物型偏微分方程在化工领域主要用于描述热传导和扩散过程。如一根均匀细杆的热传导问题,可以由以下方程描述:$\frac{\partial T}{\partial t} = a^2 \frac{\partial^2 T}{\partial x^2}$,$a^2 = \frac{k}{c\rho}$,这是一个抛物型方程。再例如,不考虑主体流动的分子扩散构成的扩散方程通式为 $\frac{\partial c}{\partial t} = D\nabla^2 c$,这和热传导方程类似,也是一个抛物型方程。与此类似的物理问题还有很多。

双曲型方程 $\frac{\partial^2 u}{\partial t^2} = a^2 \left(\frac{\partial^2 u}{\partial x^2} + \frac{\partial^2 u}{\partial y^2} + \frac{\partial^2 u}{\partial z^2} \right)$,称为波动方程;双曲型方程主要描述各种波动的物理现象,与化工有关的双曲型方程主要出现在流体力学研究中等,此外研究化工设备与机器振动问题等都会遇到双曲型方程。

7.2 偏微分方程的定解问题

7.2.1 定解条件

一般来说,偏微分方程的通解包含有任意函数,或者说其通解是不确定的。因此,解偏微分方程,一般都不是先求通解,再由定解条件确定特解(少数情况例外),而是直接求取特解。

一个特定形式的偏微分方程可以描述许多物理现象的共性规律,它可以有很多不同形式的特解,所以可称为"泛定方程"。例如热传导方程(泛定方程中的一种典型)既可以描述传热方程,又可表示扩散传质方程。对于一个确定的物理过程的描述,除了泛定方程外,还需要有定解条件,才是完整地表示该问题的数学模型。定解条件包括初始条件(当方程含有时间变量时)和边界条件(关于空间变量的约束条件)。泛定方程加上定解条件就构成一个确定物理过程的定解问题,此时问题才可能有确定的特解。

7.2.2 初始条件

对于随着时间而发生变化的问题,必须考虑研究对象的初始时刻的状态,即初始条件。对于扩散、热传导等过程,方程中含有对自变量 t 的一阶偏导数,所以需要一个初始条件,说明因变量 $u(x, y, z, t)$ 的初始分布(初始密度分布、初始温度分布),因此初始条件为

$$u(x, y, z, t)\Big|_{t=0} = \varphi(x, y, z) \tag{7.2}$$

其中 $\varphi(x, y, z)$ 为已知函数。

对于振动过程,方程中含有对自变量 t 的二阶偏导数,所以需要两个初始条件,除了给出初始"位移" $u(x, y, z, t)\Big|_{t=0} = \varphi(x, y, z)$ 外,还需要给出初始"速度":

$$\frac{\partial u}{\partial t}\Big|_{t=0} = \Psi(x, y, z) \tag{7.3}$$

当然 $\Psi(x, y, z)$ 也是已知函数。

稳态问题根本没有时间变量 t,因此也不存在初始条件。

对应初始条件的定解问题称为柯西(Cauchy)问题。

7.2.3　边界条件

边界条件一般可分为三类,此外对于某些复杂情况边界还可以加上一种积分-微分边界条件。

1. 第一类边界条件——已知函数

这类边界条件直接给出未知函数 $u(x, y)$ 在边界 $\partial\Omega$ 上的值,可表示为

$$u\Big|_{\partial\Omega} = \varphi(x, y) \tag{7.4}$$

例如 $u(x, t)\Big|_{x=0} = 0$,$u(x, t)\Big|_{x=l} = 0$

第一类边界条件又称 Dirichlet 条件,只具有这类边界条件的问题称为 Dirichlet 问题。

2. 第二类边界条件——已知导数

在边界 $\partial\Omega$ 上给定函数 $u(x, y)$ 的外法向导数值,即

$$\frac{\partial u}{\partial n}\Big|_{\partial\Omega} = \varphi(x, y) \tag{7.5}$$

例如杆的导热问题,设杆的一端 $x = a$ 绝热,则从杆外流入杆内的热量流率为零,有:$\frac{\partial T}{\partial x}\Big|_{x=a} = 0$。

第二类边界条件又称 Neumann 条件,仅含第二类边界条件的问题称为 Neumann 问题。

3. 第三类边界条件——混合边界条件

在边界 $\partial\Omega$ 上给定函数 $u(x, y)$ 与其外法向导数的线性组合值,即:

$$\left(\frac{\partial u}{\partial n} + qu\right)\Big|_{\partial\Omega} = \varphi(x, y) \tag{7.6}$$

其中 $q = q(x, y)$ 为已知函数。

例如轴对称扩散方程,边界上发生一级化学反应,其边界条件可以写为 $-D\frac{\partial c_A}{\partial r}\Big|_{\partial\Omega}$

$=-kc_A\big|_{\partial\Omega}$，即为第三类边界条件。

第三类边界条件称为 Robin 条件，具有第三类边界条件的问题为 Robin 问题。

除了以上三类边界条件外，还有积分-微分边界条件及衔接条件等。

7.3　偏微分方程数值解基本方法

一般而言，偏微分方程的解析求解只有在定解问题比较简单，求解区域比较规则的条件下才有可能应用。实际工程问题中遇到的情况都比较复杂，或由于边界不规则，求解析解很困难，因此大多数问题需采用数值解法。偏微分方程有多种数值解法，如有限差分法、正交配置法、线上法（MOL）、有限元法等。

线上法指将偏微分方程仅有一个自变量保持连续，而将其他变量进行离散从而把偏微分方程转变为常微分方程组进行求解的数值方法。通常线上法选择离散的自变量是空间变量，而将时间变量保持连续，离散的方法可以选择有限差分法或配置法。

考虑一维扩散方程：

$$\frac{\partial w}{\partial t}=D\frac{\partial^2 w}{\partial x^2},\ 0\leqslant x\leqslant 1,\ t>0 \tag{7.7}$$

其中扩散系数 D 为常数。将空间变量 x 采用差分法进行离散。令：

$$h=x_{i+1}-x_i,\ i=1,\,2,\,\cdots,\,N,\ x_1=0,\ x_{N+1}=1$$

则 $\dfrac{\mathrm{d}w}{\mathrm{d}x}\approx\dfrac{w_{i+1}-w_i}{x_{i+1}-x_i}$，$\dfrac{\mathrm{d}^2 w}{\mathrm{d}x^2}\approx\dfrac{w_{i+1}-2w_i+w_{i-1}}{h^2}$，代入式（7.7），则原方程组转化为

$$\frac{\mathrm{d}w_i}{\mathrm{d}t}=D\frac{w_{i+1}-2w_i+w_{i-1}}{h^2}$$

由于转化过程中，原方程的边界条件被包含在离散化过程中，原方程变为常微分方程组的初值问题求解。上一章中讲到的各种方法都可以用于这一方程组的求解。实际上，初值问题的求解方法比较成熟也是选择空间变量进行离散的原因之一。

对于二维过程的离散也类似，例如，二维扩散方程：

$$\frac{\partial w}{\partial t}=D\Big(\frac{\partial^2 w}{\partial x^2}+\frac{\partial^2 w}{\partial y^2}\Big),\ 0\leqslant x\leqslant 1,\ 0\leqslant y\leqslant 1,\ t>0 \tag{7.8}$$

采用相同的方法进行离散，可得：

$$\frac{\mathrm{d}w_i}{\mathrm{d}t}=D\frac{w_{i+1,\,j}-2w_{i,\,j}+w_{i-1,\,j}}{\Delta x^2}+D\frac{w_{i,\,j+1}-2w_{i,\,j}+w_{i,\,j-1}}{\Delta y^2}$$

配置法也可用于偏微分方程的离散。例如，考虑式（7.8），假定方程解可以近似为分段多项式：

$$u(x,\,t)=\sum_{j=1}^m \alpha_j(t)\varphi_j(t) \tag{7.9}$$

注意此时 α_j 是关于 t 的函数，将其代入式(7.8)，可得：

$$\sum_{j=1}^{m} \frac{\partial \alpha_j}{\partial t} \phi_j(x_i, y_i) = D \sum_{j=1}^{m} \alpha_j \left[\frac{\partial^2}{\partial x^2} \phi_j(x_i, y_i) + \frac{\partial^2}{\partial y^2} \phi_j(x_i, y_i) \right], \; i = 1, 2, L, m$$

在实际使用正交配置法进行偏微分方程离散时，不需要从头自己推算配置点和基函数等，而且有方便的方法可以实现编程求解，具体的方法可以参见文献[22]。

有限元法将求解区域分成有限个区域，即有限个元。它不要求这些元的形状是方形的，因此可以适应各种不同形状的求解区域。在这些区域上采用与配置法相同的方法，使用分段多项式逼近解，最终将偏微分方程转化为代数方程组的求解问题。

MATLAB 提供的 MOL 法 pdepe()函数可用于求解一维动态模型，即一维抛物型和椭圆型偏微分方程的初值-边值问题。它采用正交配置法进行空间离散。另外，MATLAB 还提供了采用有限元法求解二维线性和非线性偏微分方程的 PDE 工具箱。对于简单的且具有规定的标准形式的偏微分方程可以实用 pdetool 的图形用户界面求解，当方程形式比较复杂时，可以采用 PDE 工具箱中的函数编程求解。

7.4　pdepe 函数求解偏微分方程方法

7.4.1　pdepe 函数的功能

pdepe 函数用于求解如下形式的问题，偏微分方程组

$$c\left(x, t, u, \frac{\partial u}{\partial x}\right) \frac{\partial u}{\partial t} = x^{-m} \frac{\partial}{\partial x} \left(x^m f\left(x, t, u, \frac{\partial u}{\partial x}\right)\right) + s\left(x, t, u, \frac{\partial u}{\partial x}\right) \quad (7.10)$$

满足初始条件：

$$u(x, t_0) = u_0(x) \quad (7.11)$$

在 $x = a$，$x = b$ 处满足边界条件：

$$p(x, t, u) + q(x, t) f\left(x, t, u, \frac{\partial u}{\partial x}\right) = 0 \quad (7.12)$$

式(7.10)中，$m = 0, 1, 2$ 分别代表平板，圆柱和球形。$f\left(x, t, u, \frac{\partial u}{\partial x}\right)$ 为通量项，$s\left(x, t, u, \frac{\partial u}{\partial x}\right)$ 为源项，$c\left(x, t, u, \frac{\partial u}{\partial x}\right)$ 为对角阵，该对角阵的元素是零或者正数，若元素是零，则为椭圆型方程，若为正数，则为抛物型方程，必须至少有一个方程是抛物型方程才可使用 pdepe 函数求解。

7.4.2　pdepe 函数调用格式

```
sol = pdepe(m, pdepe, icfun, bcfun, xmesh, tspan)
sol = pdepe(m, pdepe, icfun, bcfun, xmesh, tspan, options)
```

```
sol=pdepe(m, pdepe, icfun, bcfun, xmesh, tspan, options, p1, p2, ...)
```

说明：

(1) m 就是式(7.10)中的幂次 m，表示定解问题的对称性，m＝0，1，2 分别代表平板、圆柱和球形。

(2) pdefun 是描述偏微分方程的函数，其格式为[c，f，s]＝pdefun(x，t，u，dudx)。输出变量 c，f，s 是列向量，为式(7.10)中的 c，f 和 s，每个向量元素个数与偏微分方程个数相同；输入变量 x 和 t 为标量，表示空间和时间的自变量，u 和 dudx 分别是问题的解u(x，t)和它对 x 的偏导数的近似。

(3) icfun 描述定解问题初始条件的函数，其格式为 u＝icfun(x)。icfun 计算和返回解的初始值。

(4) bcfun 是描述定解问题边界条件的函数，格式为[pl，ql，pr，qr]＝bcfun(xl，ul，xr，ur，t)。其中 ul 是在左边界 xl＝a 处的近似解，ur 是在右边界 xr＝b 处的近似解。pl 和 ql 是 p 和 q 在 xl 处的列向量值，同样 pr 和 qr 是 p 和 q 在 xr 处的列向量值。当 m＞0 和 a＝0 时，解的有界性要求通量 f 在 a＝0 处为 0，pdepe 会自动处理，并忽略 pl 和 ql 的值。

(5) xmesh 是空间变量 x 的网点向量，pdepe 不会自动选择。xmesh＝[x0，x1，…，xn]，满足 x0＜x1＜…＜xn，且 x_{mesh} 的长度必须大于 3，xmesh(1)＝a 和 xmesh(end)＝b。pdepe 的求解效率与 x_{mesh} 的选择好坏关系很大。通常在梯度较大处应加密网格。

(6) tspan 是时间变量 t 的网点向量，是用户在该处想得到数值解的时间向量。tspan＝[t0，t1，…，tn]，满足 t0＜t1＜…＜tf，且 tspan 的长度必须大于 3，tspan(1)＝t0 和 tspan(end)＝tf。求解效率和 tspan 的疏密关系不大。

(7) sol 是一个三维数组，存放数值解。sol(:，:，i)＝ui 是解向量的第 i 个分量。sol(j，k，i)＝u(j，k)是解向量 ui 在(x，t)＝(tspan(j)，xmesh(k))处的数值解。sol(j，:，i)是解向量第 i 个分向量 ui 在时间 tspan(j)和网格点 xmesh(:)处的数值解。

(8) options 是 MATLAB 常微分方程求解函数(pdepe 函数需调用 ode15s 进行时间积分)options 的一部分，如 RelTol，AbsTol，NormControl，InitialStep 和 MaxStep。一般不用调整 options 的值即可获得满意的解，如果需要改变则可以采用 odeset 函数，这与常微分方程求解是相同的。

(9) p1，p2，...是通过 pdepe 传递给 pdefun，icfun 和 bcfun 的参数。

7.4.3 求解结果的输出

与其他数值计算任务相似，一般可以选择采用图形将计算结果输出。MATLAB 相关的二维和三维图形绘制命令均可以采用。二维曲线绘制方法参见第 1 章，以下简要介绍三维图形绘制命令。

在偏微分方程求解过程的输出中，最常使用的是三维曲面绘制命令 surf，surf 命令的调用格式如下。

```
surf(X, Y, Z)
```

其中，X，Y 和 Z 分别是要绘制曲面的 x、y 和 z 轴坐标。当 X 和 Y 分别是长度为 n 和

m 的向量时，Z 为 $m*n$ 的矩阵。与三维曲面绘制 surf 命令类似的是三维网格绘制命令 mesh，其使用方法与 surf 类似，但绘制的是三维网格线。

pdepe 求解只提供了指定网格点上的值，为了方便后续的数据处理，MATLAB 提供了与 deval 类似的 pdeval 函数，用于计算在求解区间内的函数值和对空间坐标的偏导数值。其调用格式如下。

$$[\text{uout, duoutdx}] = \text{pdeval}(m, \text{xmesh, ui, xout})。$$

其中，ui＝sol(j，:，i) 是问题解的第 i 个分量在时间 t(j) 和网点 xmesh 处的值。xout 是待计算网格点组成的向量。返回变量中 uout 和 duoutdx 分别是 $u_i(x, t)$ 和 $\dfrac{\partial u_i(x, t)}{\partial x}$ 在 xout 处的计算值。

在实际应用过程中，也可以使用 MATLAB 的插值函数，如 pchip 获得解的近似表达式，这样还可以方便地进行积分等后续计算。

7.4.4　pdepe 函数求解偏微分方程示例

例题 1　对于一维扩散问题

$$\frac{\partial w}{\partial t} = D \frac{\partial^2 w}{\partial x^2}, \quad 0 \leqslant x \leqslant 1, \, t > 0$$

边界条件：$w(0, t) = 0$，$w(1, t) = 0$

初始条件：$w(x, 0) = \begin{cases} 2x, & 0 \leqslant x \leqslant \dfrac{1}{2} \\ 2(1-x), & \dfrac{1}{2} \leqslant x \leqslant 1 \end{cases}$

当 $D=1$ 时，试求解以上方程，采用图形将计算结果输出，并与 $x = 0.3$，$t = 0.005$、0.01、0.02 的精确解 0.5966、0.5799、0.5334 比较。

解：

对比微分方程的标准形式，可知 $m = 0$，$c = 1$，$s = 0$，$f\left(x, t, u, \dfrac{\partial u}{\partial x}\right) = D \dfrac{\partial w}{\partial x}$；初始条件 u 的值与 x 有关，可以在相关函数通过 if 结构实现；对比边界条件的标准形式，可见在左边界 $x = 0$ 处，$p = u_1$，$q = 0$；在右边界 $x = 1$ 处 $p = u_r$，$q_r = 0$。根据以上分析，可以编写 pdepe 求解程序如下。

```
function Cha7Demo01
m = 0;
xmesh = 0:0.01:1;
tspan = 0:0.001:0.1;
sol = pdepe(m, @pdefun, @icfun, @bcfun, xmesh, tspan);
surf(xmesh, tspan, sol)
xlabel('x'), ylabel('time'), zlabel('w')
shading interp
```

```
figure
plot(tspan, sol(1:20:101,:))
xlabel('time'), ylabel('w')
legend('x=0', 'x=0.2', 'x=0.4', 'x=0.6', 'x=0.8', 'x=1.0')
disp('The analytic results for t=0.005  0.01  0.02  @x=0.3 are:')
disp([0.5966  0.5799  0.5334])
disp('The corresponding results obtained from pdepe are:')
disp([sol(6, 31), sol(11, 31), sol(21, 31)])
function [c, f, s]=pdefun(x, t, u, du)
c=1;
D=1;
f=D*du;
s=0;
function u=icfun(x)
if x>=0&x<=1/2
    u=2*x;
elseif x>=1/2&x<=1
    u=2*(1-x);
end
function [pl, ql, pr, qr]=bcfun(xl, ul, xr, ur, t)
pl=ul;
ql=0;
pr=ur;
qr=0;
```

输出的图形结果如下。

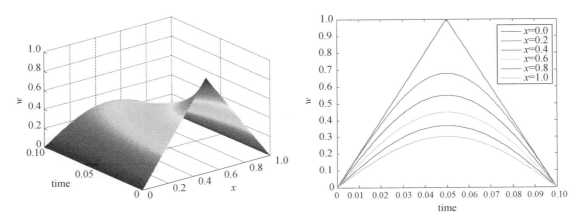

屏幕显示：

The analytic results for t=0.005 0.01 0.02 @x=0.3 are:

    0.5966   0.5799   0.5334

The corresponding results obtained from pdepe are：

     0.5966　　　0.5801　　　0.5335

由上述可见求解精度较高。注意由于 pdepe 不能自动选择求解点，因此解的精度与 x mesh有关，如果减少 x mesh的个数，精度将会下降。

例题 2　求解以下瞬态热传导问题

$$\rho c_p \frac{\partial T}{\partial t} = k\left(\frac{\partial^2 T}{\partial r^2} + \frac{1}{r}\frac{\partial T}{\partial r}\right),\ 0 \leqslant r \leqslant R$$

边界条件：$\dfrac{\partial T}{\partial r}(0,\ t) = 0,\ -k\dfrac{\partial T}{\partial r}(R,\ t) = h[T(R,\ t) - T_r]$

初始条件：$T(r,\ 0) = T_0$

求解所需参数如下：$\rho = 4.92 \times 10^4\ \text{kg/m}^3$，$c_p = 0.4605\ \text{kJ/(kg·K)}$，$R = 0.12\ \text{m}$，$h = 0.17\ \text{kW/(m}^2\cdot\text{K)}$，$k = 0.017\ \text{kW/(m}^2\cdot\text{K)}$，$T_0 = 323\ \text{K}$，$T_r = 293\ \text{K}$。

解：

原方程可以化为标准形式 $\rho c_p\dfrac{\partial T}{\partial t} = kr^{-1}\dfrac{\partial}{\partial r}\left[r\left(\dfrac{\partial T}{\partial r}\right)\right] + 0$，可见 $m = 1$，$c = \rho c_p$，$f = k\dfrac{\partial T}{\partial r}$，$s = 0$。参照边界条件的标准形式，在左边界 $r = 0$ 处，$p = u_l$，$q = 0$；右边界条件为第二类边界条件 $h(T(R,\ t) - T_r) + k\dfrac{\partial T}{\partial r}(R,\ t) = 0$，因此 $p = h*(u_r - T_r)$，$q = k$，据此可以编写求解程序如下。

```
function Cha7Demo02
global h k rhou Cp Tr
h=0.17;
k=0.017;
T0=323; Tr=293;
rhou=4.92e4; Cp=0.4605;
R=0.12;
m=1;
rmesh=linspace(0, R, 15);
tspan=0:0.01:0.1;
sol=pdepe(m, @HeatFun, @icfun, @bcfun, rmesh, tspan)
surf(rmesh, tspan, sol)
xlabel('r'), ylabel('time'), zlabel('Temperature')
shading interp
colormap cool
function [c, f, s]=HeatFun(x, t, u, du)
global h k rhou Cp Tr
c=rhou*Cp;
f=k*du;
```

```
s = 0;
function u = icfun(x)
T0 = 323;
u = T0;
function [pl, ql, pr, qr] = bcfun(xl, ul, xr, ur, t)
global h k rhou Cp Tr
pl = ul; ql = 0;
pr = h * (ur − Tr); qr = k;
```

例题 3　水平圆管中装有静止的牛顿流体,从某个时刻起外加压力 Δp,流体开始流动,这一过程可以采用如下方程描述:

$$\rho \frac{dV}{dt} = \frac{\Delta p}{L} + \mu \frac{1}{r} \frac{\partial}{\partial r} \left(r \frac{\partial V}{\partial r} \right)$$

边界条件:　　$\dfrac{\partial V}{\partial r} = 0, r = 0; V = 0, r = R$

初始条件:　　$V = 0, t = 0$

试在 $\rho = 1000 \text{ kg/m}^3$, $\Delta p = 3 \times 10^5 \text{ Pa}$, $\mu = 1 \text{ Pa} \cdot \text{s}$, $L = 0.5 \text{ m}$, $R = 0.002 \text{ m}$ 的条件下计算出口流速随时间的分布。以达到最大流速的 98% 为达到稳态流动的时间,试在屏幕输出这一时间。

解:

对比方程的标准形式可见, $m = 1$, $c = \rho$, $f = \mu \dfrac{\partial V}{\partial r}$, $s = \dfrac{\Delta p}{L}$。参照边界条件的标准形式,在左边界 $r = 0$ 处,$p = u_l$, $q = 1$;在右边界,$p_r = u_r$, $q = 0$,据此可以编写求解程序如下。

```
function Cha7demo03
global rhou miu deltP
rhou = 1000;
miu = 1;
L = 0.5;
dP = 3e5;
deltP = dP/L;
R = 0.002;
m = 1;
rmesh = linspace(0, R, 15);
tspan = 0:0.001:0.01;
sol = pdepe(m, @FlowFun, @FlowInit, @FlowBC, rmesh, tspan);
surf(rmesh, tspan, sol), shading interp
pp = pchip(sol(:, 1), tspan);
SF = 0.98 * sol(end, 1);
ST = ppval(pp, SF);
```

```
fprintf('The time to reach steady flow is %.4f s\n', ST)
function [c, f, s] = FlowFun(x, t, u, du)
global rhou miu deltP
c = rhou;
f = miu * du;
s = deltP;
function u = FlowInit(x)
u = 0;
function [pl, ql, pr, qr] = FlowBC(xl, ul, xr, ur, t)
pl = ul; ql = 1;
pr = ur; qr = 0;
```

例题 4　固定床反应器的二维拟均相模型求解

在固定床反应器中进行乙烯催化氧化制备环氧乙烷反应,如果忽略环氧乙烷的燃烧反应,则反应器内进行的反应如下。

$$O_2 + 2C_2H_4 \xrightarrow{R_1} 2C_2H_4O$$

$$O_2 + \frac{1}{3}C_2H_4 \xrightarrow{R_2} \frac{2}{3}CO_2 + \frac{2}{3}H_2O$$

试采用二维拟均相反应器模型进行模拟,求产物环氧乙烷浓度和反应器温度沿反应器管长的变化。

反应器模型如下。

$$
\begin{cases}
u_s \dfrac{\partial c_{C_2H_4}}{\partial z} = D_{er}\Big(\dfrac{\partial^2 c_{C_2H_4}}{\partial r^2} + \dfrac{1}{r}\dfrac{\partial c_{C_2H_4}}{\partial r}\Big) - \Big(2R_1 + \dfrac{1}{3}R_2\Big) \\[2mm]
u_s \dfrac{\partial c_{O_2}}{\partial z} = D_{er}\Big(\dfrac{\partial^2 c_{O_2}}{\partial r^2} + \dfrac{1}{r}\dfrac{\partial c_{O_2}}{\partial r}\Big) - (R_1 + R_2) \\[2mm]
u_s \dfrac{\partial c_{C_2H_4O}}{\partial z} = D_{er}\Big(\dfrac{\partial^2 c_{C_2H_4O}}{\partial r^2} + \dfrac{1}{r}\dfrac{\partial c_{C_2H_4O}}{\partial r}\Big) + 2R_1 \\[2mm]
u_s\rho_f c_p \dfrac{\partial T}{\partial z} = \lambda_{er}\Big(\dfrac{\partial^2 T}{\partial r^2} + \dfrac{1}{r}\dfrac{\partial T}{\partial r}\Big) + (-\Delta H_1 R_1 - \Delta H_2 R_2) - \dfrac{4U_w}{d_t}(T - T_w)
\end{cases}
$$

初始条件:

$$c_i = c_{i,0},\ T = T_0,\ z = 0$$

边界条件:

$$
\begin{cases}
\dfrac{\partial c_i}{\partial r} = \dfrac{\partial T}{\partial r} = 0,\ r = 0 \\[2mm]
\dfrac{\partial c_i}{\partial r} = 0,\ r = R \\[2mm]
\lambda_{er} \dfrac{\partial T}{\partial r} = -h_w(T - T_w),\ r = R
\end{cases}
$$

其中 D_{er} 和 λ_{er} 分别为流体径向有效扩散和传热系数，其数值分别为 $D_{er} = 6 \times 10^{-4} \, \mathrm{m^2/s}$，$\lambda_{er} = 0.1 \, \mathrm{J/(m^2 \cdot s \cdot K)}$；$h_w$ 为反应器器壁的导热系数，其值为 $250 \, \mathrm{J/(m^2 \cdot s \cdot K)}$；其他各参数的意义及其取值参见第 6 章例题 7。

解：

将反应器模型写为标准形式如下。

$$
\begin{cases}
\dfrac{u_s}{D_{er}} \dfrac{\partial c_{C_2H_4}}{\partial z} = \dfrac{1}{r} \dfrac{\partial}{\partial r}\left(r \dfrac{\partial c_{C_2H_4}}{\partial r} \right) - \dfrac{1}{D_{er}}\left(2R_1 + \dfrac{1}{3}R_2 \right) \\[3mm]
\dfrac{u_s}{D_{er}} \dfrac{\partial c_{O_2}}{\partial z} = \dfrac{1}{r} \dfrac{\partial}{\partial r}\left(r \dfrac{\partial c_{O_2}}{\partial r} \right) - \dfrac{1}{D_{er}}\left(R_1 + R_2 \right) \\[3mm]
\dfrac{u_s}{D_{er}} \dfrac{\partial c_{C_2H_4O}}{\partial z} = \dfrac{1}{r} \dfrac{\partial}{\partial r}\left(r \dfrac{\partial c_{C_2H_4O}}{\partial r} \right) + \dfrac{2}{D_{er}}R_1 \\[3mm]
\dfrac{u_s \rho_f c_p}{\lambda_{er}} \dfrac{\partial T}{\partial z} = \dfrac{1}{r} \dfrac{\partial}{\partial r}\left(r \dfrac{\partial T}{\partial r} \right) + \dfrac{1}{\lambda_{er}}\left[(-\Delta H_1 R_1 - \Delta H_2 R_2) - \dfrac{4U_w}{d_t}(T - T_w) \right]
\end{cases}
$$

程序如下。

```
function EOModel2DHomo
%modeling Ethylene oxide reactor by using 2D pseudo-homogeneous model
global dt Tw
dt = 0.0508;%m
Tw = 498;%K
L = 12;%m
rmesh = linspace(0, dt, 10);
zmesh = linspace(0, L, 40);
m = 1;
sol = pdepe(m, @model2DHomo, @icfun, @bcfun, rmesh, zmesh);
%求不同床层位置的平均温度和产物浓度
CEO = sol(:,:, 3);
T = sol(:,:, 4);
[row, col] = size(CEO);
for i = 1:row
    cpp = pchip(rmesh, CEO(i,:));
    cav(i) = quadl(@ppval, rmesh(1), rmesh(end),[],[], cpp)/rmesh(end);
    tpp = pchip(rmesh, T(i,:));
    Tav(i) = quadl(@ppval, rmesh(1), rmesh(end),[],[], tpp)/rmesh(end);
end
%绘图
plot(zmesh, cav, 'Linewidth', 2);
xlabel('Bed Length [m]', 'fontsize', 16)
ylabel('EO Concentration [mol/m^3]', 'fontsize', 16)
```

```
set(gca, 'Fontsize', 16)
figure
plot(zmesh, Tav, 'Linewidth', 2)
xlabel('Bed Length [m]', 'fontsize', 16)
ylabel('Bed Temperature [K]', 'fontsize', 16)
set(gca, 'Fontsize', 16)
function [c, f, s] = model2DHomo(r, z, C, dCdr)
global dt Tw
CEH = C(1); CO2 = C(2); CEO = C(3); T = C(4);
us = 1.3; %m/s
rhouf = 6.06; %kg/m3;
cp = 1160; %J/kg/K;
Uw = 270; %W/m2/K
Der = 6e - 4; %m2/s
lbr = 0.1; %J/(m2 s K)
dH1 = - 210000; %J/mol;
dH2 = - 473000; %J/mol
R = 8.314;
k1 = 35.2 * exp( - 59860/R/T);
k2 = 24700 * exp( - 89791/R/T);
R1 = 810 * k1 * CO2;
R2 = 2430 * k2 * CO2;
c = [us/Der; us/Der; us/Der; us * rhouf * cp/lbr];
f = [dCdr(1); dCdr(2); dCdr(3); dCdr(4)];
s = [ - (2 * R1 + 1/3 * R2)/Der;
 - (R1 + R2)/Der;
2 * R1/Der;
(( - dH1 * R1 - dH2 * R2) - 4 * Uw * (T - Tw)/dt)/lbr];
function C0 = icfun(r)
C0 = [224 14 0 498];
function [pl, ql, pr, qr] = bcfun(rl, ul, rr, ur, z)
global dt Tw
hw = 250; %J/(m2 s K)
lbr = 0.6; %J/(m2 s K)
pl = [0; 0; 0; 0];
ql = [1; 1; 1; 1];
pr = [0; 0; 0; - hw * (ur - Tw)/lbr];
qr = [1; 1; 1; 1];
```

求解结果如下图所示。

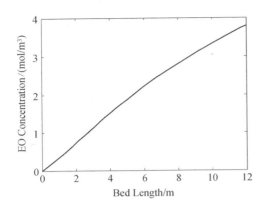 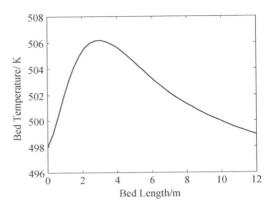

与第 6 章例题 7 对比可见两个模型求解结果有差异,说明径向的扩散对反应结果有影响。

7.5 MATLAB 偏微分方程工具箱的使用

有限元法是近十几年发展起来的一种很有效的计算方法。MATLAB PDE 工具箱正是一个用有限元法求解二维线性和非线性微分方程的工具,它能够求解线性椭圆型、抛物型、双曲型及本征值 PDE 问题,还能求解简单的非线性偏微分方程;微分方程的边界条件可以是 Dirichlet 型、广义 Neumman 型及混合型边界条件。

7.5.1 偏微分方程工具箱求解问题的类型与方法

7.5.1.1 方程类型

偏微分方程工具箱求解的基本方程有椭圆型方程、抛物型方程、双曲型方程、特征值方程、椭圆型方程组及非线性椭圆型方程。

椭圆型方程:

$$-\nabla \cdot (c\,\nabla u) + au = f, \text{in}\,\Omega$$

其中 Ω 是平面有界区域,c,a,f 及未知函数 u 是定义在 Ω 上的函数。

抛物型方程:

$$d\frac{\partial u}{\partial t} - \nabla \cdot (c\,\nabla u) + au = f, \text{ in }\Omega$$

双曲型方程:

$$d\frac{\partial^2 u}{\partial t^2} - \nabla \cdot (c\,\nabla u) + au = f, \text{ in }\Omega$$

特征值方程:

$$-\nabla \cdot (c\,\nabla u) + au = \lambda du, \text{ in }\Omega$$

其中 d 是定义在 Ω 上的函数，λ 是待求的特征值。在抛物型和双曲型方程中，系数 c，a，f 和 d 可以依赖于时间 t。

偏微分方程工具箱还可以求解非线性椭圆型方程：

$$-\nabla \cdot (c(u) \nabla u) + a(u)u = f(u)，\text{in}\Omega$$

其中，c，a 和 f 是解 u 的函数。还可以求解如下 PDE 方程组：

$$\begin{cases} -\nabla \cdot (c_{11} \nabla u_1) - \nabla \cdot (c_{12} \nabla u_2) + a_{11}u_1 + a_{12}u_2 = f_1 \\ -\nabla \cdot (c_{21} \nabla u_1) - \nabla \cdot (c_{22} \nabla u_2) + a_{21}u_1 + a_{22}u_2 = f_2 \end{cases}$$

以上各方程都是二维的，所以 $\nabla \cdot c\nabla u = \dfrac{\partial}{\partial x}c\dfrac{\partial u}{\partial x} + \dfrac{\partial}{\partial y}c\dfrac{\partial u}{\partial y}$。

7.5.1.2　边界条件

1. Dirichlet 条件　　$hu = r$

式中 h 是一个标量，r 为因变量 u 在边界 Ω 上的数值。

对于二维体系有：$\begin{cases} h_{11}u_1 + h_{12}u_2 = r_1 \\ h_{21}u_1 + h_{22}u_2 = r_2 \end{cases}$

2. 广义 Neumann 条件　　$n \cdot c\nabla u + qu = c\dfrac{\partial u}{\partial n} + qu = g$

式中，$\boldsymbol{n}$ 是外法线向量，而 c 是 PDE 方程中的系数，系数 q 和 g 为常数或待定函数。

对于二维体系有：$\begin{cases} \vec{n}(c_{11}\nabla u_1) + \vec{n}(c_{12} \nabla u_2) + q_{11}u_1 + q_{12}u_2 = g_1 \\ \vec{n}(c_{21}\nabla u_1) + \vec{n}(c_{22} \nabla u_2) + q_{21}u_1 + q_{22}u_2 = g_2 \end{cases}$

3. 混合边界条件即 Drichlet 和 Neumann 型边界条件的线性组合：

$$\begin{cases} hu = r \\ \vec{n} \cdot c \nabla u + qu = c\dfrac{\partial u}{\partial n} + qu = g + h'l \end{cases}$$

对于二维体系有：

$$\begin{cases} h_{11}u_1 + h_{12}u_2 = r_1 \\ \vec{n}(c_{11}\nabla u_1) + \vec{n}(c_{12}\nabla u_2) + q_{11}u_1 + q_{12}u_2 = g_1 + h_{11}\mu \\ \vec{n}(c_{21}\nabla u_1) + \vec{n}(c_{22}\nabla u_2) + q_{21}u_1 + q_{22}u_2 = g_2 + h_{12}\mu \end{cases}$$

应注意，PDE 工具箱中的边界条件术语与 7.2.3 节中有所不同。PDE 工具箱中的广义 Neumann 条件相当于 7.2.3 节中的混合边界条件，而 PDE 工具箱中的混合边界条件则是 7.2.3 节中没有涉及的。此处的混合边界条件值适用于 PDE 方程组。

7.5.1.3　初始条件

对于抛物型和双曲型方程的定解问题，还需要以下初始条件。

抛物型方程：$\qquad\qquad\qquad u(t_0) = u_0(x)$

双曲型方程：$\qquad\qquad\qquad u(t_0) = u_0(x)$

$$u'(t_0) = u'_0(x)$$

7.5.2 图形用户界面(GUI)求解偏微分方程

利用 MATLAB 偏微分方程工具箱求解偏微分方程问题可以有两种方法,一是利用工具箱的图形用户界面(GUI),这可以求解一些方程和定解条件符合标准形式的方程;二是利用工具箱提供的各种函数编程求解非标准形式的问题。这里将主要介绍采用 GUI 求解偏微分方程的方法。

7.5.2.1 GUI 求解 PDE 问题的一般步骤

在 MATLAB 的命令窗口中键入 pdetool 命令,则显示如图 7.1 所示的 PDE 工具箱 GUI 界面。

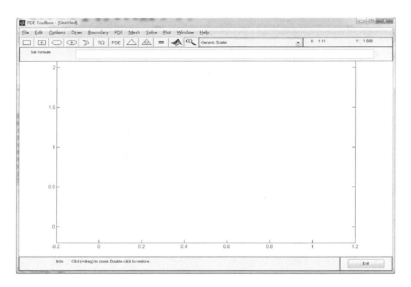

图 7.1 MATLAB 偏微分方程工具箱 GUI 界面

采用 GUI 求解偏微分方程,其步骤如下。
(1) 画求解区域;
(2) 设置边界条件;
(3) 设置方程;
(4) 网格剖分;
(5) 解方程,输出网格和解的数值;
(6) 图形结果。

以上步骤的实现可以利用菜单栏或工具栏来实现。菜单栏和工具栏位于标题栏下方,如图 7.2 所示。

图 7.2 偏微分方程工具箱 GUI 的菜单栏和工具栏

菜单栏上的 File 和 Edit 菜单主要用于建立、储存、编辑几何结构实体模型（Constructive Solid Geometry，即求解区域的几何模型），Options 为控制选项，主要控制 GUI 的显示选项和应用模式，Window 用于窗口管理，Help 则为帮助。菜单栏上从 Draw 到 Plot 六个菜单，正好与利用 GUI 求解偏微分方程的步骤相同。

工具栏的前 5 个为绘图，从第 6 个开始依次为边界模式、方程设置、初始化网格、网格加密、求解和图形绘制选项设置和坐标轴调整。

下面将结合例题介绍以上各个菜单的使用。

7.5.2.2　求解示例

例题 5　计算高宽比为 2∶1 的矩形管内不可压缩层流的流速分布，并求该矩形管内的平均流速。已知该管内流速符合以下方程：

$$\frac{\partial^2 u}{\partial x^2} + \frac{\partial^2 u}{\partial y^2} + 256 = 0$$

边界条件：$u = 0$（$x = 0$，$x = 1$，$y = 0$，$y = 1$），即壁面处速度为 0

解：

以上方程为椭圆型偏微分方程，具有 Dirichlet 边界条件。

（1）绘制求解区域

首先利用 Draw 菜单（工具栏图标 ▭）绘制矩形求解区域。Draw 菜单的各选项意义如表 7.1 所示。

表 7.1　PDE 工具箱 Draw 菜单选项与意义

菜单栏选项	意　　义
Draw Mode	进入绘图模式
Rectangle/square	以角点方式绘制矩形或正方形（按住 Ctrl 键绘制正方形）
Rectangle/square(centered)	以中心方式绘制矩形或正方形（按住 Ctrl 键绘制正方形）
Ellipse/circle	以角点方式绘制椭圆或圆形（按住 Ctrl 键绘制圆形）
Ellipse/circle(centered)	以中心方式绘制椭圆或圆形（按住 Ctrl 键绘制圆形）
Polygon	绘制多边形
Rotate	图形旋转
Export Geometry Description	输出求解区域模型

选择"Rectangel/square"选项，将鼠标移动至绘图区域，在绘图区域拖动，绘制一个矩形，MATLAB 会自动给这一区域命名。在本例中，由于绘制的是第一个矩形，因此被命名为 R1。绘制后双击图形，弹出如图 7.3 所示的设置对话框。输入 Left＝0，Bottom＝0，Width＝1，Height＝2，确定完成几何模型绘制。

有时获得的图形超过了绘图区的坐标轴范围，无法完全显示，可以通过 options 菜单中的 Axis Limits 选项进行设置。本例绘制的几何模

图 7.3　几何模型设置对话框

型图如图 7.4 所示。

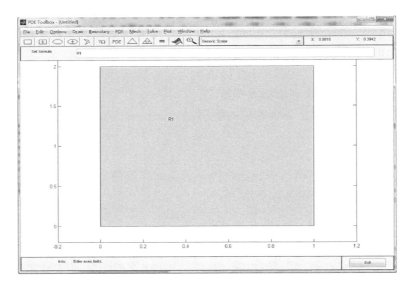

图 7.4 几何模型图

（2）定义边界条件

在 Boundary 菜单中点击"Boudary Mode"选项（或选择工具栏 ?Ω 图标），则进入边界条件模式，此时几何模型图中的边界会变成红色箭头所示，每两个箭头为一段独立的边界。用鼠标单击边界，则边界变黑，表明它已被选中。按住 Shift 键可以连续选择多段边界。选择结束以后，则边界上双击或点击 Boundary 菜单上的"Specify Boundary Conditions"选项，则弹出如图 7.5 所示的边界条件设置对话框。

图 7.5 边界条件设置对话框

本例为 Dirichlet 边界条件，$h = 1$，$r = 0$。因此，选中对话框左侧的 Dirichlet 按钮，在右侧对应位置输入 h 和 r 的值。点击"OK"，则完成边界条件设置。

Boundary 菜单中的最后一项可用于把生成的几何模型和边界条件数据输出至 MATLAB 的变量空间中。点击"Export Composed Geometry"选项，则得到如图 7.6 所示的几何模型和边界条件输出对话框。在对话框下边输入两个变量名，如 g 和 b，分别表示几何模型和边界条

图 7.6 几何模型和边界条件输出对话框

件,点击"OK",则将它们输入变量空间,此时,可在 MATLAB 的变量空间看到这两个变量。

（3）设置方程

选中 PDE 菜单中的 PDE Mode（或按下工具栏 PDE 按钮）则进入 PDE 设置模式,此时几何模型以灰色图形显示。选中 PDE 菜单中的 PDE Specification 选项,则弹出如图 7.7 所示的 PDE 设置对话框。

图 7.7　PDE 设置对话框

本例中,所求解方程为椭圆型方程,写为标准形式

$$-\nabla \cdot (-1\nabla u) + 0 \cdot u = -256$$

因此,首先在对话框左侧的方程类型中,选中"Elliptic"按钮,表明求解方程为椭圆型。对应椭圆型方程的标准形式,可知 $c = -1$, $a = 0$, $f = -256$,在右侧方程系数的对应位置输入对应的 c, a, f,点击"OK",则完成方程设置。

（4）网格剖分

选中 Mesh 菜单中的"Mesh Mode"则进入网格剖分模式,并自动生成初始网格,这与点击 Initial Mesh 选项（工具栏中的 △ 按钮）的效果相同。选中 Remesh 选项（工具栏中的 △ 按钮）,则将自动加密网格,效果如图 7.8 所示。

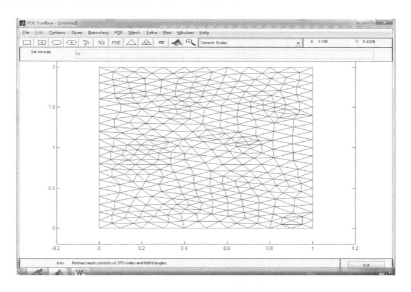

图 7.8　求解区域网格初始化

选择"Display Triangle Quality"选项,将显示网格质量。图中,三角形网格质量最好定为 1,并以红色表示,质量最差的定为 0,以蓝色表示,两者之间的网格以红色和蓝色之间的过渡色表示。如果对网格质量不满意可以继续加密网格,还可以利用 Mesh 菜单中的 Jiggle Mesh 选项对网格进行微调。

执行"Export Mesh"选项,则可将生成的网格数据输出至变量空间的三个变量中。

（5）求解方程

在 Solve 菜单中选择"Solve PDE"选项（或工具栏 = ），即可对此前定义的 PDE 问题进行求解，并获得如图 7.9 所示的默认图形解。

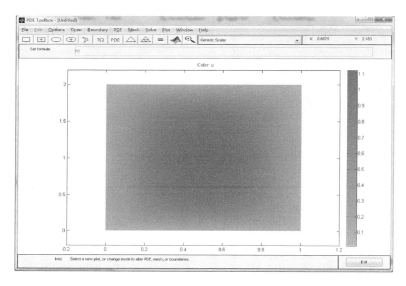

图 7.9 例题 6 的默认图形解

Solve 菜单中的 Parameters 选项可用于设置求解方法和参数，Export solution 可将解输出至变量空间。

（6）解的图形显示

PDE 工具箱默认的图形解为色彩图，除此之外，PDE 工具箱还可以多种图形方式显示解。选中 Plot 菜单中的"Parameters"选项（或点击工具栏的 ），进入如图 7.10 所示的对话框。

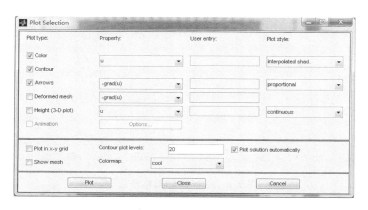

图 7.10 方程图形解设置对话框

对话框中第一列 Plot type 指定绘制图形的种类：

Color   生成解的色彩图

Contour   生成解的等值线图

Arrows   生成解的矢量图

Deformed mesh　　　　　　　　生成解的变形网格图

Height(3-D Plot)　　　　　　　生成解的三维图

Animation　　　　　　　　　　生成解的动画

第二列指定对应前列图形中的因变量种类。如图 7.10 所示,Color 和 Contour 图将绘制 u 的数值,Arrows 将绘制-grad(u),即负速度梯度的数值,也可以选择绘制自定义的变量数值。在本例中,选中 Corlor,Contour 和 Arrows 三个选项,则可获得如图 7.11 所示的图形解。

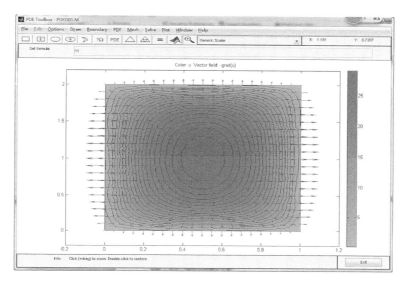

图 7.11　例题 6 的图形解示例

（7）解的后处理

最后需要求平均速率,可以点击"Solve→Export solution"选项,如图 7.12 所示。

指定一个变量名,如 velocity,点击"OK",则可以将求解结果输出到 MATLAB 的变量空间中。在命令窗口输入：

图 7.12　输出解的设置对话框

$$\gg U=\text{mean}(velocity)$$

计算得到平均值即为平均流速,结果为 14.41。

例题 6　在房间地板铺设边长为 24 cm 的立方体空心方砖,空心半径为 8 cm,可以通入热空气加热。方砖内的热传导方程如下：

$$\frac{\partial T}{\partial t}=\frac{\partial^2 T}{\partial x^2}+\frac{\partial^2 T}{\partial y^2}$$

假设方砖之间彼此没有热传导,与地接触的面绝热。初始时刻空心砖的温度为 5℃,在空心内通入温度为 80℃的热空气,当与空气接触面温度为 25℃时,求空心砖温度稳定时的温度分布。

解：

（1）绘制求解区域：选择"Draw→Rectangle/Square"选项,按下 Ctrl 键,在窗口拖动鼠标绘制出正方形 SQ1，双击图形，在设置窗口中输入"Left＝0，Bottom＝0，Width＝0.024，Height＝0.024"，点击"确定"；选择"Draw→Ellipse/Circle"选项，按下 Ctrl 键，在窗口绘制一个圆 C1，双击"图形"，在设置窗口中输入 X-center＝0.012，Y-center＝0.012，Radius＝0.008，点击"确定"；在 Set Formula 中将"SQ1＋C1"改为"SQ1－C1"；

（2）进入边界模式，按下 Shift 键选择 C1 的四条边界，然后双击，在设置窗口中设置为 Dirichlet 边界条件，$h＝1$，$r＝80$；选择 SQ1 的左右和下边界，然后双击，设置为 Neumann 边界条件，输入"q＝0,g＝0"；选择 SQ1 上边界，设置为 Neumann 边界条件，输入"h＝1,r＝25"；

（3）剖分网格，点击工具栏中的 △ 按钮和 △ 按钮各一次；

（4）设置微分方程：点击"PDE→PDE Specification"，选择方程类型为 Parabolic，输入"c＝1, a＝0, d＝1, f＝0"，然后点击"确定"；

（5）设置求解参数：选择"Solve→Solve Parameters"，在弹出的对话框中，Time：输入 0：10，表示求解的时间格点为 0，1，2，…，10（由于不确定达到稳定态时的时间，可以设置不同的停止时刻，当两次结果不变时，可认为达到稳定态）；$u(t_0)$ 中输入 5 表示初始条件，点击"确定"；

（6）点击"Solve→Solve PDE"，获得解；

（7）在 Plot→Parameter 中设置 Color 图绘制 u，矢量图绘制-grad(u)，点击"Plot"。

最后得到的结果如下图所示。

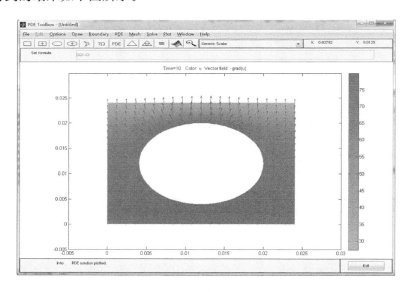

习　题

1. 采用 pdepe 函数求解一维热传导方程：

$$\frac{\partial u}{\partial t} = \pi^{-2} \frac{\partial^2 u}{\partial x^2}, \quad x \in [0, 1], t \geqslant 0$$

初始条件：$u(x, 0) = \sin(\pi x)$

边界条件：$u(0, t) = 0$，$\pi e^{-t} + \dfrac{\partial u}{\partial x}(1, t) = 0$

2. 采用 pdepe 函数求解问题

$$\frac{\partial u_1}{\partial t} = 0.024\frac{\partial^2 u_1}{\partial x^2} - F(u_1 - u_2)$$

$$\frac{\partial u_2}{\partial t} = 0.170\frac{\partial^2 u_2}{\partial x^2} + F(u_1 - u_2)$$

这里 $F(u) = \exp(5.73u) - \exp(-11.46u)$，$x \in [0, 1]$，$t \geqslant 0$。

它满足初始条件 $u_1(x, 0) = 1$，$u_2(x, 0) = 0$，和边界条件 $\frac{\partial u_1}{\partial x}(0, t) = 0$，$u_2(0, t) = 0$，$\frac{\partial u_2}{\partial x}(1, t) = 1$，$u_1(1, t) = 0$。

3. 在一管长为 3 m，管径为 2.54 cm 的管式固定床反应器中进行反应，该反应可按如下并串联反应处理：

$$A+O \xrightarrow{k_1} B+O \xrightarrow{k_2} C$$
$$\xrightarrow{k_3}$$

反应器操作压力接近常压（1 atm），由于进料中 O 大大过量，反应过程中 O 分压可视为恒定（0.208 atm），上述三个反应均可视为一级反应，三个反应的动力学方程和速率常数分别为

$$r_1 = k_1 p_A p_O, \quad k_1 = \exp\left(-\frac{113040}{RT} + 19.837\right)$$

$$r_2 = k_2 p_B p_O, \quad k_2 = \exp\left(-\frac{131500}{RT} + 20.86\right)$$

$$r_3 = k_3 p_A p_O, \quad k_3 = \exp\left(-\frac{119700}{RT} + 18.97\right)$$

式中，R 为摩尔气体常数，其值为 8.314 kJ/(kmol·K)。

已知气体混合物的表观质量流率为 4684 kg/(m²·h)，以流体平均密度 0.58 kg/m³ 计算，求得空管线速约为 8000 m/h。计算所需的其他数据为：催化剂床层堆密度 $\rho_b = 1300$ kg/m³，径向有效扩散系数 $D_{er} = 2.4$ m²/h，径向有效导热系数 $\lambda_{er} = 2.80$ kJ/(m·h·K)，管壁给热系数 $h_w = 868$ kJ/(m²·h·K)，反应气流比热容 $c_p = 0.991$ kJ/(kg·K)，反应热 $(-\Delta H_1) = 1.285 \times 10^6$ kJ/kmol，$(-\Delta H_3) = 4.564 \times 10^6$ kJ/kmol。试用拟均相二维模型计算当反应物流进口温度与管外冷却介质（融盐）温度均为 632 K 时 A 的转化率和 B 的收率及管内平均温度沿管长的分布。

数学模型：

在此反应体系中独立反应数为 2，选 A 和 B 为关键组分，写出反应器的物料衡算方程和热量衡算方程：

$$u\frac{\partial c_A}{\partial z} = D_{er}\left(\frac{\partial^2 c_A}{\partial r^2} + \frac{1}{r}\frac{\partial c_A}{\partial r}\right) - \rho_b r_A$$

$$u\frac{\partial c_B}{\partial z} = D_{er}\left(\frac{\partial^2 c_B}{\partial r^2} + \frac{1}{r}\frac{\partial c_B}{\partial r}\right) + \rho_b r_B$$

$$u\rho c_p\frac{\partial T}{\partial z} = \lambda_{er}\left(\frac{\partial^2 T}{\partial r^2} + \frac{1}{r}\frac{\partial T}{\partial r}\right) + (-\Delta H_1)\rho_b r_A + (-\Delta H_2)\rho_b r_C$$

上述方程中，

$$r_A = (k_1 + k_3)p_A p_O$$
$$r_B = k_1 p_A p_O - k_2 p_B p_O$$
$$r_C = k_3 p_A p_O + k_2 p_B p_O$$
$$p_A = c_A RT \qquad p_B = c_B RT$$

方程的定解条件为

初始条件

$$z = 0 \quad c_A = \frac{p y_{A0}}{RT} = \frac{1 \times 0.009}{0.08205 \times 632} = 1.736 \times 10^{-4} \quad (\text{kmol/m}^3)$$

$$c_B = 0 \quad T = 632 \text{ K}$$

边界条件

$$r = 0 \quad \frac{\partial c_A}{\partial r} = \frac{\partial c_B}{\partial r} = \frac{\partial T}{\partial r} = 0$$

$$r = \frac{d_t}{2} = 0.00125 \quad \frac{\partial c_A}{\partial r} = \frac{\partial c_B}{\partial r} = 0 \quad \lambda_{er} \frac{\partial T}{\partial r} = h_w (632 - T)$$

4. 采用 PDE 工具箱求解抛物型热传导方程

金属板导热问题：一个带有矩形孔的金属板，板的左边保持在 100℃，右边热量从板向环境空气定常流动，其他边及内孔边界保持绝热。初始时板的温度为 0℃。金属板的外边界坐标为 (-0.5, -0.8)，(0.5, -0.8)，(0.5, 0.8)，(-0.5, 0.8)，内边界坐标为 (-0.05, -0.4)，(-0.05, -0.4)，(-0.05, -0.4)，(-0.05, -0.4)。计算 5 s 时金属块的温度分布。该问题可以描述如下。

$$\begin{cases} d \dfrac{\partial u}{\partial t} - \Delta u = 0 \;(d \text{ 为系数}, u \text{ 为温度}) \\[2mm] u = 100 \;(\text{左边界}) \\[2mm] \dfrac{\partial u}{\partial n} = -10 \;(\text{右边界}) \\[2mm] \dfrac{\partial u}{\partial n} = 0 \;(\text{其他边界}) \\[2mm] u \Big|_{t=t_0} = 0 \;(\text{初始条件}) \end{cases}$$

第 8 章

概率论与数理统计

8.1 化工数学模型概论

经过近百年的发展,化学工程学科发展已日益成熟,在各专业方向上基本建立了系统的模型,可以帮助化学工程师完成研发过程中各个阶段的研究和设计任务。化工模型根据模型物理背景的不同可以分为机理模型和经验(统计回归)模型两类。前者的建立基于基本的物理原理,如守恒定律、传递现象、热力学定律等,模型方程由严格的数学推导获得。后者的建立则类似黑箱过程,通过实验获得各种变量与输入的关系,通过回归建立模型。以下流动压降计算的例子,可以清楚地说明各种模型方法的优缺点。

假定密度为 ρ,黏度为 μ 的流体稳定地以层流流过一圆管,圆管长度为 L,半径为 R,现需建立单位管长压降与平均流量的关系。对于层流流动而言,其压降的来源是流体之间的相互摩擦,据此可以根据动量守恒方程建立模型,这就是著名的哈根-泊稷叶方程,如下。

$$V = \frac{\pi(p_0 - p_L)}{8\mu L}R^4 \tag{8.1}$$

再来看另外一种情况。当密度为 ρ,黏度为 μ 的流体稳定地流过装有沙子的圆管,沙子的填充长度为 L,圆管的内径为 R,试建立单位床层压降与平均流量的关系。对于这种情况,压降来自流体之间的摩擦、流体与多孔介质的摩擦、流体的合并与分散等。此时描述过程的流动方程和边界条件复杂,因此很难使用类似层流圆管压降模型的建立方法,需要采用另外的方法。多孔介质中流动压降模型的建立,最早由 Darcy 完成。他测量了装填有不同填料床层中水的流动压降,得到了著名的 Darcy 方程,如下。

$$\frac{\partial p}{\partial x} = -\frac{\mu v}{\kappa} \tag{8.2}$$

这一关系式与流动的机理并没有直接联系,但它可以描述压降的主要影响因素流体的黏度 μ、流速 v 及与填料性质相关的渗透系数 κ 之间的关系,因此是一个经验模型。

由此可见,与机理模型相比,采用经验模型可以方便、快速地建立模型输出与各种变量之间的关系。由于模型的数学形式可以自由选择,其求解也更加简便。它比较适用于过程的影响因素复杂,或者机理模型难以求解等情况。

当然,经验模型也具有一定局限性。首先,经验模型往往有适用范围,超过实验数据以外使用时具有一定的风险。例如,对于多孔介质的流动阻力问题,人们发现在较高流速条件下压降与流速近似呈平方关系而不是线性关系,因此需要对 Darcy 方程进行修正,如著名的 Forchheimer 方程,如下。

$$\frac{\Delta p}{L} = \frac{\mu}{\kappa}u + \beta \rho u^2 \qquad (8.3)$$

其次,经验模型的准确性也受到实验数据精度的影响。此外,经验模型往往在无法得知过程细节的基础上建立,可能遗漏某些重要因素的影响。因此,建立复杂过程的机理性模型一直是化学工程领域研究的重要内容。但目前,经验模型的使用仍在化学工程学科的实践过程中占据重要地位。

从本章开始,将以经验模型的建立过程为主线,分别讲述概率论与数理统计、最优化方法及神经网络等相关知识及其在 MATLAB 中的实现。本章中,将主要学习实验设计及数据处理的相关知识,这相当于经验建模过程的数据准备阶段。

8.2　概率论与数理统计基础

在客观世界的各种现象中,大体可以分为两类:一类是确定性现象,指一个现象在一定的条件下必然发生,例如水在 1 atm 下 100℃时沸腾;而一个现象在相同的条件下存在多种不能预知的结果时,就是随机现象,例如布朗运动中分子的运动方向。概率论与数理统计就是研究这种随机现象方法的数学分支。

对于经验模型的依据——实验数据而言,不可避免地受到实验误差的影响。实验误差就是一种典型的随机变量,因此概率论与数理统计知识在这一化工建模过程中也扮演着重要角色。Berty 为我们提供了一个生动的例子。20 世纪 50 年代,Berty 在 UnionCarbon 公司(现属 Dow 公司)从事环氧乙烷生产工艺的开发。在对过程影响因素考察的实验过程中,统计学家得到一个重要结论是乙烷对过程的选择性有着重要影响。可是因为乙烷在反应进料中只有几十 ppm[①] 的含量,而且既不参与反应也不在催化剂表面化学吸附,化学家与化学工程师们都不相信这一结论。但是十几年后,统计学家的这一结论在中试过程中得到了确证。原因是乙烷可以去除对反应选择性不利的痕量氯,从而起到了提高反应选择性的作用。可见运用概率论和数理统计的知识可以识别实验数据中偶然因素的影响,保证数据可靠性;并从大量的数据中回归获得更加客观的模型。

以下将以化工实验设计和数据处理过程中可能遇到的计算问题为主线,介绍数理统计的相关内容及其 MATLAB 计算方法,对于统计概念不熟悉的读者可以参见文献[29]～[31]或其他概率论与数理统计教材。

8.2.1　基本概念

8.2.1.1　随机事件及其概率

在一定条件下对随机现象进行的一次观察称为随机试验,观察得到的每一种可能结果

---

① 　ppm 为浓度单位,相当于 10^{-6} mg/m³。

称为随机事件。在大量的重复观察中,一个随机事件 A 出现的可能性有大有小,这种可能性大小就是该事件的发生概率,记作 $P(A)$。

例如,在大量重复掷硬币的试验中,出现正面的次数大约为总次数的一半。如果 A 表示"出现正面"这个随机事件,则其概率为 $P(A) = 0.5$。

根据概率的定义,可知概率有如下性质。

(1) 对于任意事件 A,有 $0 \leqslant P(A) \leqslant 1$;

(2) 对于必然事件,有 $P(A) = 1$;

(3) 对于不可能事件,有 $P(A) = 0$;

(4) 对于不相容事件 $A_1, A_2, \ldots, A_n$,有 $P(A_1 + A_2 + \cdots + A_n) = P(A_1) + P(A_2) + \ldots + P(A_n)$。

8.2.1.2　随机变量及其分布

如果把一个随机事件以数量的形式描述,则称它为随机变量。对于随机变量最重要的是要知道它在给定值或给定区间的概率。定义随机变量的分布函数为

$$F(x) = P(X \leqslant x) \tag{8.4}$$

可见分布函数给出了随机变量 X 小于或等于 x 的概率。通过概率分布函数可以计算随机变量的各种性质。

不同随机变量 X 服从不同的概率分布,可以用不同的分布函数来表示。P 只能取某些离散值的称为离散随机变量,对于这种变量采用概率分布律(分布列):

$$P(X = x_i) = p_i \tag{8.5}$$

来表示它们在指定点上的取值,则其概率分布函数为

$$F(x) = P(X \leqslant x) = \sum_{x_k \leqslant x} p_k \tag{8.6}$$

当随机变量的概率可以取一个有限(或无限)区间所有值时称为连续随机变量。对连续随机变量则采用概率密度函数:

$$f(x) = \frac{\mathrm{d}F(x)}{\mathrm{d}x} \tag{8.7}$$

表示指定小区间的取值概率,则概率分布函数为

$$F(x) = P(X \leqslant x) = \int_{-\infty}^{x} f(t)\,\mathrm{d}t \tag{8.8}$$

由分布函数的定义可以知,随机变量在指定区间 $[a, b]$ 之间的取值概率为

$$P(a < X \leqslant b) = P(X \leqslant b) - P(X \leqslant a) = F(b) - F(a) \tag{8.9}$$

分布函数的逆函数也称为分位数(或分位点),即对给定的 $0 \leqslant p \leqslant 1$,某个分布函数 $F(x)$ 的 p 分位数 x_p 应满足

$$F(x_p) = p \tag{8.10}$$

8.2.1.3 正态分布

正态分布是应用最广泛的、最重要的一种概率分布。自然界大量的随机现象都服从正态分布,而且可以证明,如果一个随机变量受到诸多因素的影响,但其中任何一个因素都不起决定性作用,则该随机变量一定服从或近似服从正态分布。我们关心的实验观察值也服从这一分布。

若随机变量 X 的概率密度为

$$f(x) = \frac{1}{\sigma\sqrt{2\pi}}\exp\left[-\frac{(x-\mu)^2}{2\sigma^2}\right], \quad -\infty < x < +\infty \tag{8.11}$$

其中 μ, σ^2 为常数,则称 X 服从参数为 μ, σ^2 的正态分布,记为 $X \sim N(\mu, \sigma^2)$。

正态分布函数为

$$F(x) = \int_{-\infty}^{x} \frac{1}{\sigma\sqrt{2\pi}}\exp\left[-\frac{(t-\mu)^2}{2\sigma^2}\right]\mathrm{d}t, \quad -\infty < x < +\infty \tag{8.12}$$

特别地,当 $\mu = 0$, $\sigma = 1$ 时,称 X 为标准正态分布,记作 $X \sim N(0, 1)$,此时其概率密度用 $\varphi(x)$ 表示

$$\varphi(x) = \frac{1}{\sqrt{2\pi}}\mathrm{e}^{-\frac{x^2}{2}}, \quad -\infty < x < +\infty \tag{8.13}$$

相应地,分布函数用 $\Phi(x)$ 表示

$$\Phi(x) = \int_{-\infty}^{x} \frac{1}{\sqrt{2\pi}}\mathrm{e}^{-\frac{t^2}{2}}\mathrm{d}t, \quad -\infty < x < +\infty \tag{8.14}$$

若 $X \sim N(0, 1)$,则对任意 $a < b$,有:

$$P(a < X \leqslant b) = \int_{a}^{b} \frac{1}{\sqrt{2\pi}}\mathrm{e}^{-\frac{t^2}{2}}\mathrm{d}t = \Phi(b) - \Phi(a) \tag{8.15}$$

若 $X \sim N(\mu, \sigma^2)$,则对任意 $a < b$,有:

$$P(a < X \leqslant b) = \Phi\left(\frac{b-\mu}{\sigma}\right) - \Phi\left(\frac{a-\mu}{\sigma}\right) \tag{8.16}$$

很多参考书中,都给出了 $\Phi(x)$ 的值,因此可以方便地计算正态分布随机变量的取值概率。

例题 1 设随机变量 $X_1 \sim N(0, 1)$, $X_2 \sim N(3, 4)$,求:
(1) $P\{1 \leqslant X_1 < 3\}$;(2) $P\{-2 \leqslant X_1 < 3\}$;(3) $P\{5 \leqslant X_2 < 7\}$

解:
(1) $P\{1 \leqslant X_1 < 3\} = \Phi(3) - \Phi(1) = 0.9987 - 0.8413 = 0.1574$
(2) $P\{-2 \leqslant X_1 < 3\} = \Phi(3) - \Phi(-2) = \Phi(3) - 1 + \Phi(2) = 0.9987 - 1 + 0.9772$
$\qquad\qquad\qquad\qquad = 0.9759$

注意,由于一般的正态分布表中都没有 X 为负数的值,因此使用 $\Phi(-X) = 1 - \Phi(X)$ 的关系。

(3) $P\{5 \leqslant X_2 < 7\} = \Phi\left(\dfrac{7-3}{2}\right) - \Phi\left(\dfrac{5-3}{2}\right) = \Phi(2) - \Phi(1) = 0.9772 - 0.8413$
$$= 0.1359$$

8.2.1.4　随机变量的数字特征

随机变量的分布函数可以完整地描述随机变量的取值规律,但在很多实际问题中,我们仅需知道随机变量的某些特征就够,这就是随机变量的数字特征。例如,为了比较两个催化剂的活性差异,通常我们会各取几个样品进行实验,然后计算每种催化剂上的平均收率,平均收率高的被认为活性高。这里的平均值就是收率的一种数字特征。

1. 数学期望(均值)

数学期望是算式平均值概念的推广,即概率意义下的平均。

设离散型随机变量 X 的分布列为 $P(X = x_k) = p_k(k = 1, 2, 3, \ldots)$,若 $\sum\limits_{k=1}^{\infty} |x_k| p_k$ $< \infty$,则称 $\sum\limits_{k=1}^{\infty} x_k p_k$ 为随机变量 X 的数学期望,记作 EX 或 $E(X)$。

设 X 为连续型随机变量,其概率密度为 $f(x)$,若 $\int_{-\infty}^{+\infty} |x| f(x) \mathrm{d}x < \infty$,则称 $\int_{-\infty}^{+\infty} x f(x) \mathrm{d}x$ 为随机变量 X 的数学期望。

例题 2　设 $X \sim N(\mu, \sigma^2)$,求 $E(x)$。
解:

由于 $X \sim N(\mu, \sigma^2)$,所以 $f(x) = \dfrac{1}{\sigma\sqrt{2\pi}} \exp\left[-\dfrac{(x-\mu)^2}{2\sigma^2}\right]$,$-\infty < x < +\infty$,由定义

$$E(x) = \int_{-\infty}^{+\infty} x \dfrac{1}{\sigma\sqrt{2\pi}} \exp\left[-\dfrac{(x-\mu)^2}{2\sigma^2}\right] \mathrm{d}x \xlongequal{\frac{x-\mu}{\sigma}=t} \int_{-\infty}^{+\infty} \dfrac{\sigma t + \mu}{\sigma\sqrt{2\pi}} \exp\left(-\dfrac{t^2}{2}\right) \mathrm{d}t$$
$$= \int_{-\infty}^{+\infty} \dfrac{\sigma t}{\sigma\sqrt{2\pi}} \exp\left(-\dfrac{t^2}{2}\right) \mathrm{d}t + \mu \int_{-\infty}^{+\infty} \dfrac{1}{\sigma\sqrt{2\pi}} \exp\left(-\dfrac{t^2}{2}\right) \mathrm{d}t = 0 + \mu = \mu$$

由上述可见,正态分布 $N(\mu, \sigma^2)$ 中的参数 μ 就是 X 的数学期望。

2. 方差

数学期望是描述随机变量取值的集中位置的一个数字特征,在实际问题中,有时只知道数学期望是不够的。例如一批催化剂,其平均寿命周期是 $E(X) = 3000$ h,仅由这一指标还不能确定其质量的好坏。例如有可能大部分催化剂的寿命都在 2900～3100 h 之间,也有可能其中一半是高质量的,寿命约为 4500 h,另一半质量很差,寿命约为 1500 h。为了评定这批催化剂的好坏,还需进一步考察催化剂寿命 X 与其均值 $E(X)$ 的偏离程度。若偏离程度小,表示质量比较稳定,从这一意义上说其质量较好。

设 X 是随机变量,若 $E(X - E(X))^2$ 存在,定义 $E(X - E(X))^2$ 为 X 的方差,记为 DX 或 $D(X)$。称 $\sqrt{DX}$ 为随机变量的均方差或标准差。方差表达了随机变量 X 的取值与均值 $E(X)$ 的偏离程度。X 的取值越集中,则 $D(X)$ 越小,反之则 $D(X)$ 较大。因此,方差 $D(X)$ 是描述 X 取值分散程度的量。

由定义 $D(X) = E(X - E(X))^2 = E(X^2 - 2XE(X) + E(X)^2) = E(X^2) - 2(E(X))^2$

$+(E(X))^2$，得方差的计算公式：

$$D(X) = E(X^2) - (E(X))^2 \tag{8.17}$$

例题 3 设 $X \sim N(\mu, \sigma^2)$，求 $D(X)$。

解：

由例题 2 知，$E(X) = \mu$，下面计算 $E(X^2)$。

$$E(x^2) = \int_{-\infty}^{+\infty} x^2 \frac{1}{\sigma \sqrt{2\pi}} \exp\left[-\frac{(x-\mu)^2}{2\sigma^2}\right] dx$$

$$\overset{\frac{x-\mu}{\sigma}=t}{=} \frac{1}{\sqrt{2\pi}} \int_{-\infty}^{+\infty} (\sigma^2 t^2 + 2\sigma t\mu + u^2) \exp\left(-\frac{t^2}{2}\right) dt$$

$$= \sigma^2 \int_{-\infty}^{+\infty} \frac{t^2}{\sqrt{2\pi}} \exp\left(-\frac{t^2}{2}\right) dt + 0 + \mu^2 \int_{-\infty}^{+\infty} \frac{1}{\sqrt{2\pi}} \exp\left(-\frac{t^2}{2}\right) dt$$

因为 $\int_{-\infty}^{+\infty} \frac{t^2}{\sqrt{2\pi}} \exp\left(-\frac{t^2}{2}\right) dt = \int_{-\infty}^{+\infty} \frac{1}{\sqrt{2\pi}} \exp\left(-\frac{t^2}{2}\right) dt = 1$，上式 $= \sigma^2 + \mu^2$，所以

$$E(x^2) = \sigma^2 + \mu^2,$$

则 $D(X) = E(X^2) - (E(X))^2 = \sigma^2$。

8.2.2 MATLAB 的概率分布函数

概率分布函数的种类很多，MATLAB 中大约可以进行 30 种概率分布的计算。在命令窗口键入 disttool 则打开如图 8.1 所示的分布函数图形界面。

图 8.1 中 Distribution 对话框中显示的是正态分布（Normal），Function type 显示为累计概率（CDF）曲线。此图下方的 Mu 和 Sigma 分别是此正态分布的数学期望和方差，图 8.1 中它们分别为 0 和 1。左侧的 Probability 对话框显示的是 $x \leqslant 0$（下方 x 对话框）的概率。如需知道此分布 0.95 的分位数，可在左侧的 Probability 框中键入 0.95，则可在 x 的框中显示结果为 0.12099。

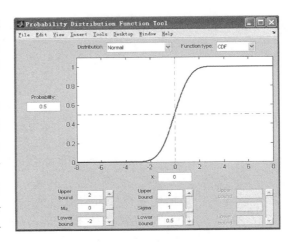

图 8.1 MATLAB 的概率分布函数图形界面

调整 Function type 的下拉菜单，选择 PDF，可以查看正态分布的概率密度曲线。可以发现正态分布曲线是一种钟形曲线，改变不同的 Mu 值，可以发现，Mu 决定着曲线的中心位置，Mu 增大时，曲线右偏移；而 Sigma 则决定了曲线的扁平程度，Sigma 越大曲线越扁平。

以上图形界面的功能也可以通过函数实现，下面将主要以正态分布为例介绍 MATLAB 概率分布相关函数，并介绍几种常见的分布。

对于每种概率分布，MATLAB 提供了如下 6 种功能函数。

（1）概率密度函数：* pdf；

（2）累积分布函数：* cdf；

（3）分位数函数：* inv；

（4）分布统计函数：* stat；

（5）分布拟合函数：* fit；

（6）随机数生成函数：* rnd。

其中 * 为代表概率分布种类的字符，如表 8.1 所示。例如 normpdf 表示正态分布概率密度、finv 表示 f 分布的分位数函数等。

表 8.1　MATLAB 统计工具箱中的概率分布及其表示

随机变量分布	表示字母	随机变量分布	表示字母
二项分布	bino	负二项分布	nbin
几何分布	geo	超几何分布	hype
泊松分布	poiss	离散均匀分布	unid
正态分布	norm	伽玛分布	gam
贝塔分布	beta	卡方分布	chi2
非中心卡方分布	ncx2	t 分布	t
非中心 t 分布	nct	F 分布	f
非中心 F 分布	ncf	对数正态分布	logn
连续均匀分布	unif	指数分布	exp
威布尔分布	weib	瑞利分布	rayl

8.2.2.1　正态分布

下面以正态分布为例，解释各种函数的用法。

1. 函数 normcdf

命令 p＝normcdf(X，Mu，Sigma)是计算以 Mu 和 Sigma 为参数（Mu＝μ，Sigma＝σ）的正态分布函数在 X 处的值，即左端输出变量 p 为服从参数为（μ，σ^2）的正态分布在区间（$-\infty$，X]的累积概率。此处 Sigma 必须为正值。X，Mu 和 Sigma 可以为相同大小的向量或矩阵。

2. 函数 normpdf

命令 p＝normpdf(X，Mu，Sigma)是计算以 Mu 和 Sigma 为参数（Mu＝μ，Sigma＝σ）的正态分布函数在 X 处的概率密度。

3. 函数 normspec

函数 normspec 计算两个指定值之间的取值概率并绘制正态分布密度曲线，其调用格式可以为

normspec(specs, Mu, Sigma)

p＝normspec(specs, Mu, Sigma)

[p, h]＝normspec(specs, Mu, Sigma)

其中 Mu 和 Sigma 的意义与规定同前，specs 表示一个二维向量，两个分量分别是区间的左右端点，当其取值为－Inf 或＋Inf 时，表示没有上下限。第一种调用格式仅输出概率

密度曲线;第二种返回在区间 specs 的取值概率为 p,并返回概率密度曲线;第三种格式输出的 h 是返回的图形对象句柄。

4. 函数 norminv

norminv 函数是计算正态分布的分位数。调用格式为

X = norminv(P, Mu, Sigma)

输入参数 P 为指定的概率,Mu 和 Sigma 的意义与规定同前。

例题 4 设随机变量 $X_1 \sim N(0, 1)$,$X_2 \sim N(3, 4)$,采用 MATLAB 求:

(1) $P\{1 \leqslant X_1 < 3\}$;(2) $P\{-2 \leqslant X_1 < 3\}$;(3) $P\{2 \leqslant X_2 < 6\}$

解:

(1) 在 MATLAB 命令窗口中键入如下命令。

$\gg$ p = normspec([1 3])

则可得计算结果为 0.1573,同时输出如下图形,见 8.2。

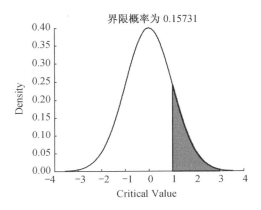

图 8.2 输出图形

本例中没有输入 Mu 和 Sigma 的值,表示它们取默认值 0 和 1,即标准正态分布。

也可以通过输入以下命令获得相同的计算结果。

$\gg$ p = normcdf([1 3]);
$\gg$ dp = p(3) - p(1)

(2) 在 MATLAB 命令窗口键入如下命令。

$\gg$ p = normspec([-2 3])

可得计算结果 $p = 0.9759$。

(3) 在 MATLAB 命令窗口键入如下命令。

$\gg$ p = normspec([2 6], 3, 2)

可得计算结果 $p = 0.6247$。

例题 5 求标准正态分布的包含 95% 取值的区间。

解:

当然,包含 95% 取值的区间有很多种,如分位数从 [0.01, 0.96] 或 [0.02, 0.97] 等。考

虑到标准正态分布密度函数在 $x=0$ 处的对称性及峰值位置,所求区间 $[a, b]$ 以 $x=0$ 对称时,所求的区间最短,此时 $a=-b$,则 $\Phi(a)=1-\Phi(b)$。由 $\Phi(b)-\Phi(a)=0.95$ 可知,$\Phi(b)=0.975$,$\Phi(a)=0.025$,在 MATLAB 命令窗口键入以下命令。

$>>$ x = norminv([0.025 0.975])

可得计算结果 $x=-1.9600\qquad 1.9600$

8.2.2.2 卡方分布

如果随机变量 $x_i(i=1, 2, 3, \ldots, n)$ 相互独立,且都服从正态分布,则随机变量:

$$\chi^2 = \sum_{i=1}^{n} x_i^2 \tag{8.18}$$

服从自由度为 n 的卡方分布,常用 $\chi^2(n)$ 表示。卡方分布的密度函数为

$$y = f(x \mid n) = \frac{x^{\frac{n-2}{2}}}{2^{\frac{n}{2}} \Gamma\left(\frac{n}{2}\right)} \mathrm{e}^{-\frac{x}{2}}, \quad x > 0 \tag{8.19}$$

卡方分布的数学期望和方差分别为 n,$2n$。如果 n 个观测值来自均值为 0,方差为 σ^2 的正态总体,记样本方差为 $S^2 = \frac{1}{n-1} \sum_{i=1}^{n} (X_i - \bar{X})^2$,则 $\frac{(n-1)S^2}{\sigma^2} \sim \chi^2(n-1)$。

MATLAB 统计工具箱中,卡方分布以 Chi2 表示。

8.2.2.3 t 分布

如果 X 服从标准正态分布,S^2 服从自由度为 n 的卡方分布,且它们相互独立,那么随机变量

$$t = \frac{X}{\sqrt{\dfrac{S^2}{n}}} \tag{8.20}$$

服从自由度为 n 的 t 分布。其概率密度函数为

$$y = f(x \mid n) = \frac{\Gamma\left(\dfrac{n+1}{2}\right)}{\Gamma\left(\dfrac{n}{2}\right)} \frac{1}{\sqrt{n\pi}} \frac{1}{\left(1+\dfrac{x^2}{n}\right)^{\frac{n+1}{2}}} \tag{8.21}$$

当 $n \to \infty$ 时的极限分布即为标准正态分布。这个分布包括一个参数 n,其数学期望和方差分别为 0,$\dfrac{n}{n-2}$ $(n>2)$。常用 $t(n)$ 表示 n 个自由度的 t 分布。

MATLAB 统计工具箱中,t 分布以 t 表示。

8.2.2.4 F 分布

F 分布与卡方分布有密切关系。设 $X_1 \sim \chi^2(n_1)$,$X_2 \sim \chi^2(n_2)$ 且相互独立,那么随机

变量 $F = \dfrac{\dfrac{X_1}{n_1}}{\dfrac{X_2}{n_2}}$ 服从参数为 n_1，n_2 的 F 分布，记为 $F \sim F(n_1, n_2)$，其密度函数为

$$f(x \mid n_1, n_2) = \frac{\Gamma\left(\dfrac{n_1+n_2}{2}\right)}{\Gamma\left(\dfrac{n_1}{2}\right)\Gamma\left(\dfrac{n_2}{2}\right)} \left(\frac{n_1}{n_2}\right)^{\frac{n_1}{2}} \frac{x^{\frac{n_1-2}{2}}}{\left(1+\dfrac{n_1}{n_2}x\right)^{\frac{n_1+n_2}{2}}}, \quad x > 0 \qquad (8.22)$$

F 分布在方差分析及回归分析的假设检验中具有重要应用。这个分布包含两个参数 $n_1 \geqslant 1$，$n_2 \geqslant 1$，其数学期望和方差分别为 $\dfrac{n_2}{n_2-2}$（$n_2 > 2$）和 $\dfrac{2n_2^2(n_1+n_2-2)}{n_1(n_2-2)^2(n_2-4)}$（$n_2 > 4$）。

MATLAB 统计工具箱中，F 分布以 f 表示。

例题 6 在 MATLAB 的命令窗口中输入 disttool 命令打开概率分布函数图形界面，观察：

（1）当 $n = 1, 2, 10, 100$ 时，卡方分布的概率密度曲线；

（2）当 $n = 1, 2, 5, 100$ 时，t 分布的概率密度曲线；

（3）当 $n_1 = 5$，$n_2 = 5$；$n_1 = 2$，$n_2 = 5$；$n_1 = 5$，$n_2 = 2$ 时 F 分布的概率密度曲线形状。

解：

（1）首先在 Distribution 的下拉菜单中选择分布为"Chisquare"（卡方分布），Function Type 的下拉菜单中选择"PDF"，表示概率密度曲线，如图 8.3 所示。通过改变窗口下部的 df 的值为 1，2，10 和 100 时，可以看到，卡方分布的密度曲线首先是以纵轴为渐近线的反 J 形曲线，当自由度逐渐增加后，曲线逐渐趋于左右对称，当 df>30 时，接近正态分布曲线。

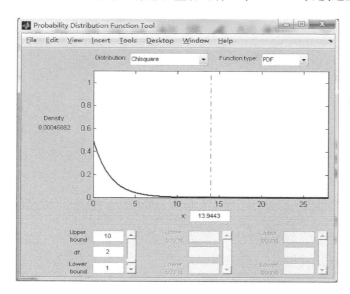

图 8.3 概率分布函数图形界面

（2）在 Distribution 的下拉菜单中选择分布为 t（t 分布），同时改变 df 的值。可以观察到，t 分布曲线以纵轴为对称轴左右对称，在 $x=0$ 时取得最大值。随着 df 的增大，t 分布曲线的顶部逐渐升高，当 df>30 后，t 分布曲线也逐渐接近正态分布曲线。

（3）在 Distribution 的下拉菜单中选择分布为 F（F 分布），同时改变 df1 和 df2 值。可见 F 分布曲线的形状与 df1 和 df2 有关。当 df1=2 时，F 分布曲线类似反 J 形曲线；当 df>3 后，转为左偏曲线。改变 df1 和 df2，曲线的顶端位置和高低均会发生变化。

8.3　数理统计的几个基本概念

由上节内容可知，当随机变量 X 的分布已知时，总可以获得关于 X 的各种性质。但在实际问题中，X 的分布通常是未知的。要确切获得 X 的分布，应收集其全部可能的取值，这是现实所不允许的。通常我们想用少量的检验结果代表全部结果，这就需要用到数理统计的知识。

把研究对象的全体称为总体，也就是随机变量 X 所有可能取值的集合。样本就是从总体中随机地抽取 n 个独立的可能取值（即做 n 次实验）$X_1, \cdots, X_n$ 组成的集合。研究总体和样本之间的关系是统计学的中心内容。这种研究可以分为两类，一是从总体到样本，即抽样分布问题；二是从样本到总体，即统计推断问题。

由总体中随机地抽取若干个体组成样本，即使每次抽取的样本含量相等，其统计量（如平均值和方差）也将随着样本的不同而有所不同，因而样本统计量也是随机变量，也有其概率分布，样本统计量的概率分布称为抽样分布。几种常见的抽样分布如下。

（1）当总体标准差 σ 未知时，以样本标准差 S 代替 σ 所得到的统计量 $(\bar{x}-\mu)/S$ 记为 t，则 t 变量不再服从标准正态分布，而是服从自由度 $(n-1)$ 的 t 分布；

（2）若用样本平均数 $\bar{x}$ 代替总体平均数 μ，则 $\dfrac{(n-1)S^2}{\sigma^2}$ 服从自由度为 $(n-1)$ 的 χ^2 分布；

（3）设在一正态总体 $N(\mu, \sigma^2)$ 中随机抽取样本容量为 n_1 和 n_2 的两个样本，则 $F = \dfrac{S_1^2}{S_2^2}$ 服从自由度为 (n_1-1)、(n_2-1) 的 F 分布。

而所谓的统计推断，则是在一定的置信程度下，对总体的特征做出估计和预测的方法，它包括参数估计和假设检验等。当样本的概率分布已知时，则各种统计推断问题容易解决。但由于获得概率分布需要大量的时间与精力，有时我们也根据样本的数字特征进行一些简单的判断。样本的数字特征包括位置特征和变异特征两类。

样本位置特征表示了样本数据的集中趋势，常用表示样本位置特征的统计量包括如下。

（1）样本均值：有一组测量值 $x_j(j=1, 2, \cdots, n)$，样本平均值为

$$\bar{x} = \frac{1}{n}\sum_{j=1}^{n} x_j \tag{8.23}$$

（2）几何平均值：几何平均值定义为样本中 n 个测量数据乘积的 n 次方根，即：

$$\bar{x}_g = \sqrt[n]{\prod_{j=1}^{n} x_j} \qquad (8.24)$$

（3）中位数：将样本按降序或升序排列，当 n 为奇数时,位置在 $(n+1)/2$ 处样本测量值,或 n 为偶数时,中间两个元素的平均值；

（4）切尾平均值：将样本测量值中一定比例的最大值和最小值去除后的样本均值称为切尾平均值；

（5）调和平均值：样本数量除以测量值倒数的算术平均值称为调和平均值,即：

$$\bar{x}_h = \frac{n}{\sum_{j=1}^{n} \dfrac{1}{x_j}} \qquad (8.25)$$

（6）众数：样本中出现频率最高的随机变量的值。

以上几个统计量中最常使用的是样本均值。但是样本均值会受到异常数据的影响,有时其他几种统计量可以更好地描述样本特征。

例题 7　实验测得某种复合材料的拉伸强度值如下。

序号	1	2	3	4	5	6	7	8	9	10
测量值/MPa	15.8	16.9	12.3	15.5	16.6	17.0	14.8	14.6	105.0	11.2

计算这组样本的算术平均值、中位数和 20% 的切尾平均值,判断哪种均值更能代表该种材料的拉伸强度。

解：

按照各种均值的定义,容易计算

算术平均值：$(15.8+16.9+12.3+15.5+16.6+17.0+14.8+14.6+105.0+11.2)/10 = 23.97$；

中位数：由于中间两个元素的值为 15.5 和 15.8,因此中位数为 $(15.5+15.8)/2 = 15.65$；

切尾平均值：将最大和最小元素值（最大和最小的 10%）去除后得到切尾平均值为

$$(15.8+16.9+12.3+15.5+16.6+17.0+14.8+14.6)/8 = 15.4375。$$

观察样本数据,可以发现大多数测量值集中在 $14\sim16$ MPa 之间,因此中位数和切尾平均值更能代表这种材料的拉伸强度。算术平均值计算结果偏大的原因是因为有一个异常数据 105.0 的影响。

样本的变异特征表示数据的离散程度,常用表示样本变异特征的统计量包括如下几种。

（1）样本方差：表示了样本测量值与平均数之差的平方和的平均数,即：

$$S^2 = \frac{1}{n-1} \Big[\sum_{j=1}^{n} (x_j - \bar{x})^2 \Big] \qquad (8.26)$$

（2）样本标准差：样本方差的平方根。

（3）极差：样本中极大值与极小值的差。

（4）平均绝对偏差：样本测量值与平均值偏差绝对值的平均值,即：

$$m = \frac{\sum_{j=1}^{n} |x_j - \bar{x}|}{n} \tag{8.27}$$

（5）四分位极差：将样本顺序排列，样本 3/4 处与 1/4 处元素的差值。

极差是最简单的变异特征，但当数据存在异常值时，异常值可能称为最大值或最小值，因此，极差对异常值不是稳健的。标准差和方差是最常用的变异特征量，对正态总体，样本方差是参数 σ^2 的最小方差无偏估计。标准差具有与数据相同的单位，解释比较方便。但它们对于异常值都不是稳健的，当有一个数据远离主体时，可能引起统计量有任意大的增加。平均绝对偏差对异常值也是敏感的，但与方差及标准差比较，受坏数据的影响较小。四分位极差只受中间一半数据的影响，因此对异常值是稳健的。

8.4　MATLAB 实验数据的初步处理

8.4.1　数据在 MATLAB 中的表示与储存

在采用 MATLAB 处理各种实验数据时，首先需要将数据输入 MATLAB，这可以通过 1.4.1 节介绍过的各种方法完成。输入 MATLAB 的数据可以采用不同的数据类型保存，数值矩阵、单元数组和结构体都可以用于保存实验（样本）数据。以上各种数据类型的赋值参见 1.2 节。

数值矩阵用于表示实验数据最简单，但只储存一种类型的数据，而且要求矩阵的各维数据数量相等。数据不等时，有时可以使用 NaN 补足。存储时一般每列元素表示相同条件下的重复数据，每行元素表示实验条件不同时的数据；由于只能表示数值数据，因此很多实验信息则只能采用另外的方法保存。当需要保存实验数据的类型不止一种时，可以采用结构体或单元数组进行储存。这可以将一些相关联的信息存储在一个变量中，方便查找。但是 MATLAB 大多运算函数仅针对数值元素操作，必须将结构体和单元数组中的数值数据取出才能进行其他运算。总之，各种数据类型储存实验结果各有优势，可以根据具体要求灵活选择。

例题 8　考察不同催化剂制备条件对催化剂性能的影响，获得了实验数据如表 8.2 所示。

表 8.2　不同催化剂制备条件对催化剂性能的影响

序号	催化剂组成	负载方法	后处理方法	实验转化率
1	A	A	A	52.7
2	B	A	A	60.1
3	A	B	A	53.5
4	B	B	A	62.3
5	A	A	B	55.4
6	B	A	B	66.0
7	A	B	B	59.1
8	B	B	B	68.0

（1）采用一个结构体变量表示表 8.2 数据，并计算催化剂组成为 A 时的平均转化率；

（2）采用数值数组表示实验转化率，单元数组表示制备条件；计算催化剂组成为 B 时的平均转化率；

（3）采用合适的方法表示实验数据，计算催化剂组成变化对产率的影响，即组成为 A 时的平均产率与组成为 B 时的平均产率之差。

解：

（1）程序如下。

```
Cat(1).comp = 'A'; Cat(1).load = 'A'; Cat(1).ptr = 'A'; Cat(1).R = 52.7;
Cat(2).comp = 'B'; Cat(2).load = 'A'; Cat(2).ptr = 'A'; Cat(2).R = 60.1;
Cat(3).comp = 'A'; Cat(3).load = 'B'; Cat(3).ptr = 'A'; Cat(3).R = 53.5;
Cat(4).comp = 'B'; Cat(4).load = 'B'; Cat(4).ptr = 'A'; Cat(4).R = 62.3;
Cat(5).comp = 'A'; Cat(5).load = 'A'; Cat(5).ptr = 'B'; Cat(5).R = 55.4;
Cat(6).comp = 'B'; Cat(6).load = 'A'; Cat(6).ptr = 'B'; Cat(6).R = 66.0;
Cat(7).comp = 'A'; Cat(7).load = 'B'; Cat(7).ptr = 'B'; Cat(7).R = 59.1;
Cat(8).comp = 'B'; Cat(8).load = 'B'; Cat(8).ptr = 'B'; Cat(8).R = 68.0;
RT = 0; n = 0;
for i = 1:length(Cat)
    if Cat(i).comp == 'A'
      RT = RT + Cat(i).R;
      n = n + 1;
    end
end
RavA = RT/n
```

（2）程序如下。

```
Yield = [52.7  60.1  53.5  62.3  55.4  66.0  59.1  68.0];
Composition = {'A'; 'B'; 'A'; 'B'; 'A'; 'B'; 'A'; 'B'};
Load = {'A'; 'A'; 'B'; 'B'; 'A'; 'A'; 'B'; 'B'};
Ptr = {'A'; 'A'; 'A'; 'A'; 'B'; 'B'; 'B'; 'B'};
RT = 0; n = 0;
for i = 1:length(Composition)
    if Composition{i} == 'B'
      RT = RT + Yield(i);
      n = n + 1;
    end
end
RavB = RT/n
```

（3）程序如下。

```
ExpData = [ 1    1  1  52.7;
           -1    1  1  60.1;
            1   -1  1  53.5;
```

```
       -1   -1    1   62.3;
        1    1   -1   55.4;
       -1    1   -1   66.0;
        1   -1   -1   59.1;
       -1   -1   -1   68.0];
RD = ExpData(:, 1)′ * ExpData(:, 4)/4
```

由以上程序可见,第一种方法采用结构体表示结果赋值比较复杂,但信息表示清楚;第二种表示方法比较简洁,这种方法在 MATLAB 统计推断问题中经常使用;第三种方法最为简单,而且由于完全是数值矩阵,后续计算问题非常简便,不利之处在于由于对于初始信息进行了一次编码,增加了犯错误的概率。

8.4.2　样本数字特征的计算

MATLAB 计算样本数字特征的函数如表 8.3 所示。

表 8.3　MATLAB 样本数字特征计算函数

数字特征	计算函数	数字特征	计算函数
样本均值	mean	样本方差	var
几何均值	geomean	标准差	std
中位数	median	极差	range
切尾平均值	trimmean	平均绝对偏差	mad
调和平均值	harmmean	四分位极差	iqr

mean、geomean、median 和 harmmean 的使用方法相同,以 mean 为例说明。

M = mean(X)

mean 函数计算数组不同维上的平均值。当 X 为向量时,mean(X)返回 X 的平均值;如果 X 为矩阵,则 mean 将计算 X 的每列元素的平均值,返回值 M 为一行向量。

M = mean(X, dim)

此种调用将计算数组指定维 dim 上的平均值,例如 mean(X, 2)计算 X 的行向量平均值。

trimmean 的使用方法如下。

M = trimmean(X, percent)

M = trimmean(X, percent, dim)

M = trimmean(X, percent, flag)

M = trimmean(x, percent, flag, dim)

输入变量中的 X 为需要计算的数据,当 X 是向量时,M 为其切尾平均值,当 X 为二维矩阵,则计算每列元素的切尾平均值。percent 取值在 $0 \sim 100$ 之间,为需要去掉的样本数据比例,例如当 percent 为 20 时,表示计算时将去掉最大和最小的 10% 数据,即如果 X 为包括 10 个元素的向量,则将去掉 1 个最大值和 1 个最小值。如果k＝length(X) * percent/100/2 不等于整数时,可以采用 flag 指定的方法取整 flag 的取值包括:'round'表示取最近整数;'floor'取较小整数;'weight'切尾端点有权重的平均值。

表示样本变异特征的几个函数使用也很简单,最简单的格式是只有一个输入参数,即表示样本数据的向量或矩阵 X,函数将计算获得对应的变异特征,例如 std(X)表示计算 X 样本的标准差。其他特殊规定可以通过 MATLAB 帮助自行学习。

例题 9 采用 MATLAB 函数重新计算例题 7,并计算该样本的各项变异特征。

解:

在命令窗口键入:

```
>> x=[15.8  16.91  2.3  15.5  16.6  17.0  14.8  14.6  105.0  11.2];
>> M=[mean(x), median(x), trimmean(x, 20)]
```

结果显示如下,可见与手算结果完全一致。

```
M =
    23.9700   15.6500   15.4375
```

输入以下语句,则分别计算出方差、标准差、极差、平均绝对偏差和四分位差。

```
>> S=[var(x), std(x), range(x), mad(x), iqr(x)]
S = 814.2646   28.5353   93.8000   16.2060     2.3000
```

8.4.3 样本数据的图形化表示

在获得样本数据后,进行图形化表示将有助于辨识数据的质量并进行初步的推断。MATLAB 的二维绘图 plot 命令可以完成图形化工作,除此之外,MATLAB 还提供了其他统计可视化函数,以下将介绍散点图、盒状图、误差图和直方图等几种。

8.4.3.1 散点图

散点图即将数据点以散点的形式绘制在图形上,这样可以观察数据的大致趋势及有无异常。MATLAB 的 plot 命令可以绘制散点图,不过统计工具箱中的函数 gscatter 绘制散点图更为有效。gscatter 的调用格式如下。

```
gscatter(x, y, group)
gscatter(x, y, group, clr, sym, siz)
```

其中,输入变量 x,y 表示原始数据,分别对应 x 轴、y 轴;group 为分组信息,可以是向量、字符数组或单元数组,表示了 x,y 来源的不同;clr、sym 和 siz 分别表示绘制散点的颜色、符号和大小。

例题 10 将例题 8 的数据绘制成两幅散点图,分别表示组成和负载方法对于收率的影响。

解:

首先绘制图形表示组成的影响,程序如下。

```
Yield = [52.7  60.1  53.5  62.3  55.4  66.0  59.1  68.0];
Composition = {'A'; 'B'; 'A'; 'B'; 'A'; 'B'; 'A'; 'B'};
gscatter(1:length(Yield), Yield, Composition, 'rb', 'o*')
xlabel('Sample Number')
ylabel('Yield [%]')
box on
```

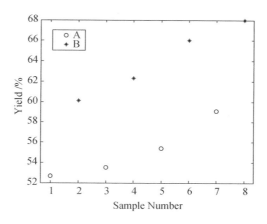

图 8.4　图形显示

结果如图 8.4 所示,可见组成为 B 的催化剂普遍高于组成为 A 的催化剂。

```
Yield = [52.7  60.1  53.5  62.3  55.4  66.0  59.1  68.0];
Load = ['A'; 'A'; 'B'; 'B'; 'A'; 'A'; 'B'; 'B'];
gscatter(1:length(Yield), Yield, Load, 'rk', '+o')
xlabel('Sample Number')
ylabel('Yield [%]')
box on
```

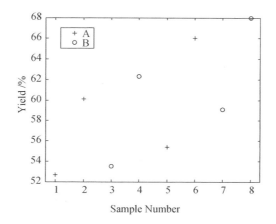

图 8.5　图形显示

结果如图 8.5 所示,可见负载方法 A,B 的影响并不明显。

注意以上程序中,Composition 和 Load 分别定义为单元数组和字符数组,这都是允许的,但应注意数组都是以列的形式排列的,否则程序将会出错。从以上程序也可见,gscatter 命令绘图时,除了在表示不同种类数据比较方便外,其他坐标轴控制等曲线修饰方法与一般二维图形绘制是完全类似的。

8.4.3.2 盒状图

样本数据由于存在误差,因此如果重复实验,则数据应随机分布在平均值附近。采用盒状图可以将样本均值及其他分布性质绘制在一起。盒状图的绘制命令为:boxplot。boxplot 的调用格式如下。

```
boxplot(x, group)
boxplot(..., 'Name', val, ...)
```

其中 x 为需要绘制的数据,可以是矩阵或向量,group 表示 x 的来源的不同,与 gscatter 中 group 的规定相同。'Name' 和 val 控制盒状图的格式。

例题 11 分别采用分光光度法和原子吸收法测定某样品中铁离子的浓度(单位:mg/kg)获得数据如表 8.4 所示。

表 8.4 铁离子的浓度

	1	2	3	4	5	6	7	8
分光光度法	46.0	46.3	54.2	54.6	50.8	47.3	48.5	36.2
原子吸收法	51.8	50.0	53.2	49.3	52.8	66.2	52.3	50.5

试绘制以上数据的盒状图,并根据图形判断两种分析方法是否存在差异。

解:
首先绘制图形表示组成的影响,程序如下。

```
x1 = [46.0  46.3  54.2  54.6  50.8  47.3  48.5  36.2];
x2 = [51.8  50.0  53.2  49.3  52.8  66.2  52.3  50.5];
boxplot([x1', x2'], 'labels', {'SPG', 'AES'}, 'color', 'bk')
ylabel('Fe ion concentration [ppm]')
```

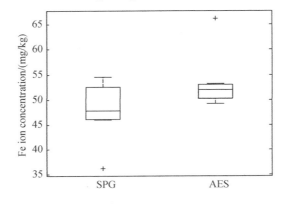

图 8.6 图形显示

图形绘制如图 8.6 所示。图中盒子上下边缘和中间直线表示数据的 25% 分位数(q_1)、75% 分位数(q_3)和中位数,盒子外的竖线表示了 1.5 倍 $q_3 - q_1$ 长度,超过这一数值后的数据被称为异常数据,图中以十字符表示。

由上图结果看,两种方法所得结果数据彼此重叠,说明两种方法没有明显区别。具体的统计推断可在定量分析后做出。

8.4.3.3　误差图

在曲线图上叠加各数据点的误差,则形成误差图。MATLAB 的 errorbar 命令可用于误差图的绘制,其调用格式如下。

```
errorbar(Y, E)
errorbar(X, Y, E)
errorbar(X, Y, L, U)
errorbar(..., LineSpec)
```

其中,Y 表示了 y 轴数据;E 表示误差大小,errorbar 将把 $2*E$ 间距(置信区间)表示在图形上;X 为 x 轴数据;L, U 为指定的误差下、上限;LineSpec 为字符串,可以设定图形格式。

例题 12　在搅拌釜中进行两个配方的对比实验,每个配方进行了三次重复实验,实验获得的反应时间和产品收率如表 8.5 所示。采用 errorbar 绘制下表数据,置信区间间距为 3 倍的样本标准差。根据图形能否确定两个配方的优劣?

表 8.5　反应时间和产品收率

配方 A				配方 B			
反应时间/min	实验 1	实验 2	实验 3	反应时间/min	实验 4	实验 5	实验 6
1.1	10.1%	11.5%	9.6%	0.8	8.5%	9.6%	8.8%
2.0	15.4%	12.6%	17.8%	1.8	14.0%	15.5%	15.2%
3.2	22.5%	21.6%	22.9%	2.9	21.4%	22.6%	22.0%
4.1	31.6%	32.9%	32.4%	4.0	35.1%	33.0%	31.0%

解:
图形绘制的程序如下。

```
t1 = [1.1  2.0  3.2  4.1];
t2 = [0.8  1.8  2.9  4.0];
y1 = [10.1  15.4  22.5  31.6;  11.5  12.6  21.6  32.9;  9.6  17.8  22.9  32.4];
y2 = [8.5  14.0  21.4  35.1;  9.6  15.5  22.6  33.0;  8.8  15.2  22.0  31.0];
y1a = mean(y1);
y1E = 1.5 * std(y1);
y2a = mean(y2);
y2E = 1.5 * std(y2);
```

```
errorbar(t1, y1a, y1E, 'r:')
hold on
errorbar(t2, y2a, y2E, 'b')
xlabel('Reaction Time [min]')
ylabel('Yield [%]')
```

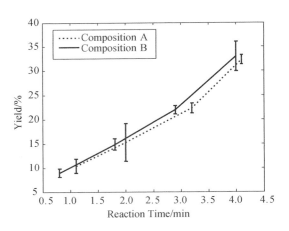

绘制结果如图 8.7 所示。由此可见,虽然方法 B 的最终收率看似略高于 A,但由于置信区间包括了配方 A 的数据,因此不能可靠地判断 B 配方比 A 配方更好。

图 8.7　绘制结果

8.4.3.4　直方图

采用直方图可以直观地考察数据的分布情况。将测量值分布的区域分为相等的 N 段,每段称为一个区间。该区间内的 x_j 应大于或等于其下限值,小于上限值,每个区间的中心元素用 $b_k (k=1, 2, \cdots, N)$ 表示。n_k 即为分布于中心元素为 b_k 的区间内数据的个数。如果将 n_k 看作其中心元素的一个函数,每段区间用一柱条表示,其宽度为区间上限与下限之差,这样得到的图称为直方图。直方图是总体密度曲线的近似。每段区间内所含数据的个数由以下语句求得:

```
[nk, b] = hist(x, N)
```

其中,nk 为 n_k 的向量,b 为 hist 函数求出的区间中心值向量;x 为 n 采样数据,N 为所分区间数。如果 N 值默认,则 MATLAB 将采用 N=10。不带返回值的 hist 函数用于画出直方图,其用法如下。

```
hist(x)
```

例题 13　某次考试的成绩保存为 score.mat 文件,以 45:10:95 为中心元素绘制直方图,观察成绩是否为正态分布。

解:

```
load score
nn = 45 : 10 : 95;
hist(score, nn)
xlabel('Score')
ylabel('Numbers')
```

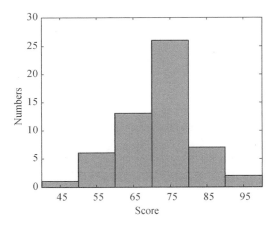

绘制所得的图形如图 8.8 所示,可见图形基本呈钟形曲线的特征,符合正态分布曲线的特征。

图 8.8　绘制结果

8.5　参数估计

这里所说的参数估计是最常用的统计推断问题之一，即如何根据样本观测值推断此样本所属总体中未知参数的取值。当随机变量所服从的概率分布类型已知时，还需确定分布函数中的参数，这样随机变量的分布才能完全确定。

对参数 θ 进行估计有两种方式，即点估计和区间估计。点估计可以用样本数据计算得到总体参数的最好估值，但不能给出包括在估计过程中的误差大小的概念。区间估计则是设想一个随机区间包含未知参数，并计算这个区间包含它的概率。

8.5.1　点估计

点估计要求构造统计量 $\hat{\theta}(X_1, \cdots, X_n)$ 作为参数的近似值。当然，原则上任意统计量都可以作为未知参数的估计量，所以点估计不唯一。但是不同估计量却有着好坏之分。通常采用三个标准来衡量。

（1）无偏差性：若估计值 $\hat{\theta}$ 的数学期望 $E(\hat{\theta})$ 等于总体的未知参数 θ，则称 $\hat{\theta}$ 为 θ 的无偏估计值。无偏的意义就是 $\hat{\theta}$ 估计 θ 时，没有系统偏差。样本均值和方差是总体数学期望和方差的无偏估计值。

（2）有效性：如果 $\hat{\theta}$ 与 θ 为无偏估计，若存在 $D(\theta_1) \leqslant D(\theta_2)$，则称 $\hat{\theta}_1$ 较 $\hat{\theta}_2$ 有效。有效性的概念表示了精度的高低。

（3）一致性：对任意给定的正数 ε，总有 $\lim\limits_{n \to \infty} P(|\hat{\theta}_n - \theta| < \varepsilon) = 1$，则称 θ 与估计值 $\hat{\theta}$ 是一致的。例如，当样本容量增加时，样本均值 $\overline{X}$ 接近总体的平均值 μ，因此可以说 $\overline{X}$ 是 μ 的一致估计值。

按照构造统计量的方法不同，点估计又可以分为矩法、最大似然估计法、最小二乘法等，这里只介绍最大似然估计法。

当某组观测值 $x_1, x_2, \cdots, x_n$ 是从依赖于一些参数的某一特定概率分布 $f(x, \theta)$ 得到时，则出现这组观测值的概率（或概率密度）为

$$L(\theta) = L(x_1, \cdots, x_n; \theta) = \prod_{i=1}^{n} f(x_i; \theta) \tag{8.28}$$

称为似然（Likehood）函数。似然函数值达到最大的参数值 $\hat{\theta}$ 来估计参数真值的方法称为最大似然法。$\hat{\theta}$ 称为 θ 的最大似然估计。

由于 $\ln L$ 与 L 在同一点上达到最大，所以利用最大似然估计法只要解方程组

$$\frac{\partial(\ln L)}{\partial \theta_i} = 0, \ i = 1, 2, \cdots, n \tag{8.29}$$

即可确定所求 $\theta_1, \theta_2, \cdots, \theta_n$。

8.5.2　区间估计

点估计可以给出一个总体参数的估计值，但这个估计值是受样本数据影响的，因此还

希望知道这一估计值的偏差程度,这就是区间估计的问题,即假定 $\hat{\theta}$ 为一个估计值,确定下式中 l 和 u 的值:

$$P(l \leqslant \hat{\theta} \leqslant u) = 1 - \alpha \tag{8.30}$$

式中,$1 - \alpha$ 称为置信度,$0 < \alpha < 1$。上式说明,在容量为 n 的样本中找出包含 θ 真值的区间的概率为 $1 - \alpha$,该区间 $l \leqslant \theta \leqslant u$ 称为置信度为 $100(1 - \alpha)\%$ 的 θ 的双限置信区间。l 和 u 分别称作置信上限和下限。与之类似,置信度为 $100(1 - \alpha)\%$ 的下限置信区间为:$l \leqslant \theta$;置信度为 $100(1 - \alpha)\%$ 的上限置信区间为 $\theta \leqslant u$。

区间估计的基本思路如下,将式(8.30)的求解转化为如下问题:

$$P(a < L(x_1, x_2, \ldots, x_n; \theta) < b) = 1 - \alpha \tag{8.31}$$

其中 $L(x_1, x_2, \cdots, x_n; \theta)$ 为样本数据和待估计参数 θ 的函数。当 a,b 的值已知时,则可以直接求解得到 θ 的取值区间。

对于正态总体分布而言,人们通过大量的实践总结出了正态总体抽样统计量的分布如表 8.6 所示。

表 8.6 常用正态总体抽样统计量及其分布

待估参数	条件	统计量及其分布
μ	已知 σ^2	$U = \dfrac{(\overline{X} - \mu)}{\dfrac{\sigma}{\sqrt{n}}} \sim N(0, 1)$
μ	未知 σ^2	$T = \dfrac{(\overline{X} - \mu)}{\dfrac{S}{\sqrt{n}}} \sim t(n - 1)$
σ^2	—	$\chi^2 = \dfrac{(n - 1)S^2}{\sigma^2} \sim \chi^2(n - 1)$
$\mu_1 - \mu_2$	已知 σ_1^2, σ_2^2	$U = \dfrac{(\overline{X} - \overline{Y}) - (\mu_1 - \mu_2)}{\sqrt{\dfrac{\sigma_1^2}{n_1} + \dfrac{\sigma_2^2}{n_2}}} \sim N(0, 1)$
$\mu_1 - \mu_2$	未知 σ_1^2, σ_2^2	$T = \dfrac{(\overline{X} - \overline{Y}) - (\mu_1 - \mu_2)}{\sqrt{\dfrac{(n_1 - 1)S_1^2 + (n_2 - 1)S_2^2}{n_1 + n_2 - 2}} \sqrt{\dfrac{1}{n_1} + \dfrac{1}{n_2}}} \sim t(n_1 + n_2 - 2)$
$\dfrac{\sigma_1^2}{\sigma_2^2}$		$F = \dfrac{\dfrac{S_1^2}{\sigma_1^2}}{\dfrac{S_2^2}{\sigma_2^2}} \sim F(n_1 - 1, n_2 - 1)$

当统计量的概率分布已知时,进行区间估计就很容易了。例如对于上表第一种情况,估计 μ 的区间。采用 U 统计量,它服从标准正态分布,假定置信度为 $1 - \alpha$,μ 区间估计变为求以下不等式:

$$P\{-\mu_{\frac{\alpha}{2}} \leqslant U \leqslant \mu_{\frac{\alpha}{2}}\} = 1 - \alpha \tag{8.32}$$

即:

$$P\left\{-\mu_{\frac{\alpha}{2}} \leqslant \frac{(\overline{X}-\mu)}{\frac{\sigma}{\sqrt{n}}} \leqslant \mu_{\frac{\alpha}{2}}\right\} = 1-\alpha \tag{8.33}$$

上式中 $\overline{X}$，σ，n 均已知，可以方便地求出 μ 的置信区间为

$$\left[\overline{X}-\mu_{\frac{\alpha}{2}}\frac{\sigma}{n}, \ \overline{X}+\mu_{\frac{\alpha}{2}}\frac{\sigma}{n}\right] \tag{8.34}$$

再例如，对于表 8.6 中的最后一种情况估计两个样本的方差比 $\frac{\sigma_1^2}{\sigma_2^2}$。选择用 F 统计量，假定置信度为 $1-\alpha$，区间估计即求：

$$P\left\{F_{\frac{\alpha}{2}}(n_1-1, \ n_2-1) \leqslant \frac{\frac{S_1^2}{\sigma_1^2}}{\frac{S_2^2}{\sigma_2^2}} \leqslant F_{1-\frac{\alpha}{2}}(n_1-1, \ n_2-1)\right\} = 1-\alpha \tag{8.35}$$

因此，$\frac{\sigma_1^2}{\sigma_2^2}$ 的置信区间为

$$\left[\frac{\frac{S_1^2}{S_2^2}}{F_{1-\frac{\alpha}{2}}(n_1-1, \ n_2-1)}, \ \frac{\frac{S_1^2}{S_2^2}}{F_{\frac{\alpha}{2}}(n_1-1, \ n_2-1)}\right] \tag{8.36}$$

8.5.3 MATLAB 参数估计方法

8.5.3.1 最大似然法估计函数

MATLAB 的函数 mle 和 *fit 是采用最大似然法进行参数估计的函数。

函数 mle 的调用格式如下。

```
[phat, pci]=mle('dist', data)
[phat, pci]=mle('dist', data, alpha)
```

输入变量中，data 为原始数据，dist 指定特定的分布类型，其可能的取值见表 8.1；返回值中，phat 为参数的最大似然估计值，pci 为参数 95％的置信区间（即参数落在该区间内的概率是 95％）。如果置信水平不是 95％，可以同 alpha 输入变量中定义。

函数 *fit

这里的 * 表示随机变量概率分布函数的种类的字符，即表 8.1 中的字符。*fit 的功能与 mle 函数相同，可以计算各种分布时参数的最大似然估计及置信区间的函数。例如，命令

```
[phat, pci]=betafit(x, alpha)
```

给出了数据 x 的贝塔分布参数 a，b 的最大似然估计值 phat 和置信水平为 alpha 的置信区间 pci。

例题 14 从某材料中随机抽取的 19 个样品,在一定条件下进行寿命实验,得到其寿命为 0.19,0.78,0.96,1.31,2.78,3.16,4.15,4.67,4.85,6.50,7.35,8.01,8.27,12.00,13.95,16.00,21.21,27.00,34.95 分钟。已知材料寿命服从威布尔分布,求这种材料的平均寿命与分布参数的最大似然估计及参数的 95% 的置信区间。

解:

程序如下。

```
x = [0.19  0.78  0.96  1.31  2.78  3.16  4.15  4.67  4.85  6.50  7.35
     8.01  8.27  12.00  13.95  16.00  21.21  27.00  34.95];
m1 = mean(x)
[phat, pci] = wblfit(x)
```

8.5.3.2 正态总体参数的区间估计

在 MATLAB 的统计工具箱中没有专门的区间估计函数。但是,根据 8.5.2 节介绍了正态总体参数估计常用的统计量和求解思路,可以方便地使用 MATLAB 概率分布分位点函数,即 * inv,求解区间估计问题。

例题 15 已知某零件的直径服从正态分布,从该批产品中随机抽取 10 件,测得平均直径为 202.5 mm,已知总体标准差 $\sigma = 2.5$ mm,试建立该种零件平均直径的置信区间,给定置信度为 0.95。

解:

这是总体方差已知,求总体均值的区间估计问题,即表 8.7 的第 1 种情况。求解程序如下。

```
n = 10;
mean = 202.5;
sigma = 2.5;
Interval = [mean − norminv(0.025) * sigma/sqrt(n), mean + norminv(0.025) *
sigma/sqrt(n)]
```

结果:Interval = 204.0495   200.9505

因此该种零件的平均直径的置信区间为[200.95,204.05]。

例题 16 Bodenstein 在 629 K 测定 HI 的解离度 x,得到下列数值:0.1914,0.1953,0.1956,0.1973,0.1968,0.1938,0.1949,0.1948,0.1954,0.1947。已知解离度与平衡常数 K 的关系如下。

$$K = \left[\frac{x}{2(1-x)} \right]^2 \tag{8.37}$$

求 629 K 时平衡常数及其 95% 置信区间。

解:

由测得的解离度数据 x,通过式(8.37)可以计算平衡常数 K。因此,这是一个总体方差未知,求总体均值的区间估计问题,即表 8.7 的第 2 种情况。求解程序如下。

```
x = [0.1914  0.1953  0.1956  0.1973  0.1968  0.1938  0.1949  0.1948
```

```
0.1954   0.1947];
n = length(x);
K = (x./(2*(1−x))).^2;
Kmean = mean(K);
S = std(K);
Interval = [Kmean − tinv(0.025, n−1) * S/sqrt(n), Kmean + tinv(0.025, n−1)
           * S/sqrt(n)]
```

结果：Interval = 0.0145   0.0149

因此解离平衡常数的置信区间为 $[0.0145, 0.0149]$。

例题 17　采用两种方法测定溶液中铁离子浓度，数据见例题 11。求方差比的 95％ 的双限置信区间。

解：

这是两总体样本方差比的区间问题，即表 8.7 中的最后一种情况。求解程序如下。

```
x1 = [46.0   46.3   54.2   54.6   50.8   47.3   48.5   36.2];
x2 = [51.8   50.0   53.2   49.3   52.8   66.2   52.3   50.5];
n1 = length(x1);
n2 = length(x2);
S1 = var(x1);
S2 = var(x2);
r = S1/S2;
alpha = 0.05;
Interval = [r/finv(1−alpha/2, n1−1, n2−1), r/finv(alpha/2, n1−1, n2−1)]
```

结果：Interval = 0.2316   5.7777

因此两样本方差比的置信区间为 $[0.2316, 5.7777]$。

8.6　假设检验

8.6.1　假设检验的基本概念与思想

在工程上，许多情况下需要根据样本数据进行推断，做出接受或拒绝某些假设，这就是假设检验问题。例如，某化肥厂出厂化肥的重量标准是 (50 ± 1) kg 每袋。某天，工作人员抽取其中 10 袋进行检验，称取其重量分别为 49.1、48.5、50.1、50.3、51.0、49.8、48.4、51.1、50.9、48.9 kg。那么能否据此数据判断包装过程是不是正常的呢？

做出以上推断的困难在于，包装重量是一个随机变量，正常的生产过程也可能出现偶然重量不符合要求的情况，关键是这种"偶然"的不正常现象出现的概率多大，如果不大，那么就不能做出不正常的推断。这就是假设检验的基本思想：小概率事件在一次实验中不能发生。

通常假设检验可以分为以下步骤。

（1）提出原假设 H_0 和与之对立的备择假设；

（2）建立合适的检验统计量 q_0 并确定其分布；

（3）选择显著性水平，计算此水平下的拒绝域；

（4）计算检验统计量 q_0 的值；

（5）如果 q_0 的值落在拒绝内，则拒绝原假设，否则就接受原假设。

对于备择假设，用 H_1 表示，有下列三种情况需要考虑。

（1）$H_0:\theta=\theta_0$　　$H_1:\theta\neq\theta_0$　称为双边检验；

（2）$H_0:\theta=\theta_0$　　$H_1:\theta>\theta_0$ 或 $H_0:\theta\leqslant\theta_0$　　$H_1:\theta>\theta_0$，称为右边检验；

（3）$H_0:\theta=\theta_0$　　$H_1:\theta<\theta_0$ 或 $H_0:\theta\geqslant\theta_0$　　$H_1:\theta<\theta_0$，称为左边检验。

其中 θ_0 是已知常数。

在假设检验中可能会得出两种类型的错误结论。

第 1 种错误:原假设 H_0 为真时被拒绝；

第 2 种错误:原假设 H_0 为假时被接受。

产生第 1 种错误的概率用 α 表示,产生第 2 种错误的概率用 β 表示。在样本容量固定时,是不可能使 α 和 β 同时变小的。通常,一般检验控制对犯第一类错误的最大概率 α 进行控制,因此 α 也被称为假设检验的显著性水平。

以上的检验过程中,统计量的分布类型是已知的,仅需针对一个或几个参数进行检验,这种检验称为参数假设检验。如果统计量的分布类型未知,需要检验总体的分布函数形式,这就是非参数假设检验问题。

8.6.2　MATLAB 的参数假设检验函数

MATLAB 的统计工具箱包括了很多参数和非参数的假设检验函数,这里只介绍参数假设检验函数。表 8.7 列出了这些函数的名称和用途。

表 8.7　MATLAB 的参数假设检验函数

情况	原假设 H_0	检验统计量	MATLAB 函数	备　　注
1	$\mu=\mu_0$（已知 σ）	$z_0=\dfrac{\bar{x}-\mu_0}{\dfrac{\sigma}{\sqrt{n}}}$	ztest	单总体方差已知的总体均值检验(U 检验)
2	$\mu=\mu_0$（未知 σ）	$t_0=\dfrac{\bar{x}-\mu_0}{\dfrac{s}{\sqrt{n}}}$	ttest	单总体方差未知的总体均值检验(t 检验)
3	$\mu_1=\mu_2$（未知 σ_1，σ_2）	$t_0=\dfrac{\bar{x}_1-\bar{x}_2}{s_p\sqrt{\dfrac{1}{n_1}+\dfrac{1}{n_2}}}$	ttest2	两总体方差未知,总体均值的检验(t 检验)
4	$\sigma^2=\sigma_0^2$	$\chi_0^2=\dfrac{(n-1)s^2}{\sigma_0^2}$	vartest	单总体方差检验(χ^2 检验)
5	$\sigma_1^2=\sigma_2^2$	$f_0=\dfrac{s_1^2}{s_2^2}$	vartest2	两总体方差的检验(F 检验)

以下通过几个具体实例,学习 MATLAB 假设检验函数的使用和检验方法。

8.6.2.1　ztest 函数

函数 ztest 可用于单总体样本方差已知时总体均值的检验。ztest 函数的调用格式如下。

```
[h, p, ci, zval] = ztest(x, m, sigma, alpha, tail)
```

其中,输入变量包括:

x——样本数据;

m——总体均值(0 为默认值);

sigma——总体方差;

alpha——显著性水平(0.05 为默认值);

tail——可以为$'both'$(默认值)、$'right'$和$'left'$,分别表示双边、右边和左边检验;

输出变量包括:

h——0 或 1,0 为接受原假设;

p——p 值;

ci——总体均值的 $100 * (1-alpha)$ 置信区间;

zval——z 统计量的值;

p,ci 和 zval 几个变量的值可以根据需要选择是否输出。

例题 18　已知某反应正常时收率平均值为 45.5%,实验测定的方差为 1.08%。现在改变设备进行了 5 次测定,其收率分别为 43.0%,43.8%,44.0%,43.7%,43.7%,问设备改变对反应收率是否有影响? 假定置信度为 95%。

解:

可以根据设备改变后的收率与改变前是否相等判断设备改变是否有影响,因此,可以建立原假设和备择假设。

H_0: $\mu = 0.455$;

H_1: $\mu \neq 0.455$;

由于总体方差已知为 1.08%,这属于表 8.7 中的第 1 种情况,可以使用 ztest 函数进行检验。

在 MATLAB 的命令窗口,输入以下语句。

```
>>yield = [43.0, 43.8, 44.0, 43.7, 43.7];
>>Y = 45.5;
>>sigma = 1.08
>>[h, p, ci, zval] = ztest(yield, Y, sigma, 0.05)
```

回车后显示如下结果。

```
h = 1
p = 1.1763e - 04
ci = 42.6934   44.5866
zval = - 3.8510
```

由于 $h = 1$,可以做出拒绝原假设的判断,即改变设备对产率有影响。

下面解释一下这些计算值是如何获得的。

由于这是总体方差已知时关于单总体均值的检验,因此选择统计量是表 8.7 的 z 统计量,按其定义式 $z_0 = \dfrac{\bar{x} - \mu_0}{\dfrac{\sigma}{\sqrt{n}}}$,其值可以由以下语句计算:

$\gg$ (mean(yield) $-$ Y)/(1.08/sqrt(length(yield)))

运行后结果即为 -3.8510,这就是 zval 值的计算方法。细心的读者可能注意到这与区间估计的计算方法是一样的。

对于 z 统计量,已知其符合标准正态分布,zval 值的发生概率

$\gg$ 2 $*$ normcdf(zval, 0, 1)

结果为 $1.1763e-04$,即为 p 值。上式中乘以 2 是因为进行的是双边检验。

由于获得的 p 值小于指定的显著性水平,即随机事件的发生概率很小,因此 $h=1$ 应拒绝原假设。拒绝原假设还可以这样理解。对于指定的显著性水平,接受原假设的区间是 $[-1.96, 1.96]$,而统计量的值位于这一区间外,因此应拒绝原假设。

8.6.2.2　ttest 函数

函数 ttest 可用于总体方差未知时单总体均值的检验。ttest 函数的调用格式如下。

[h, p, ci, stats] = ttest(x, m, alpha, tail)

其中,输入变量中 x、m、alpha 和 tail 与 ztest 函数的规定相同。

输出变量中 h、p 和 ci 的意义同 ztest 函数。stats 是一个结构体,包括了 stats、df 和 sd 三个域,分别表示了 t 统计量的值、自由度和样本标准差。除了第一个输出变量外,其他几个变量的值可以根据需要选择是否输出。

例题 19　已知某标准样品的浓度为 $100\ mg/g$,用某种分析方法测定 8 个样品,其值分别为 99.3, 98.7, 100.5, 98.3, 99.7, 99.5, 102.1, 100.5 mg/g,试问这一分析方法是否正常(alpha$=0.05$)?

解:

要判断分析方法是否正常,即判断 8 个样品的均值是否等于总体均值 100,因此可以提出假设。

H_0: $\mu=100$;

H_1: $\mu \neq 100$

由于总体方差未知,这属于表 8.7 中的第 2 种情况,可以采用 ttest 函数求解,程序如下。

con$=$[99.3, 98.7, 100.5, 98.3, 99.7, 99.5, 102.1, 100.5];
constd$=$100;
[h, p, ci]$=$ttest(con, constd, 0.05)

结果显示 $h=0$,即原假设不能被拒绝,分析方法正常。

8.6.2.3　ttest2 函数

函数 ttest2 用于两总体方差未知时总体均值是否相等的检验,即表 8.7 中第 3 种情况。

ttest2 函数的调用格式如下。

[h, p, ci, stats] = ttest2(x, y, alpha, tail, vartype)

其中,输入变量中 x、y 分别表示了两组样本数据;alpha 和 tail 与 ztest 函数的规定相同,vartype 可以取 'equal' 或 'unequal',分别表示了两组样本数据的方差相等或不等。

输出变量中 h、p、c 和 stats 的意义同 ttest 函数。当指定两组样本的方差不等时,stats.sd 将为一个向量,分别给出了两组样本不同的方差。

例题 20　例题 11 中给出了采用分光光度法和原子吸收法测定某样品中铁离子浓度的数据。试判断这两种方法获得的样本浓度是否相等(alpha=0.05)。

解:

根据题意,可以建立假设

$H_0 : \mu_1 = \mu_2$;

$H_1 : \mu_1 \neq \mu_2$

可以采用 ttest2 函数进行求解如下。

```
x1 = [46.0  46.3  54.2  54.6  50.8  47.3  48.5  36.2];
x2 = [51.8  50.0  53.2  49.3  52.8  66.2  52.3  50.5];
[h, p, ci, stats] = ttest2(x1, x2, [], [], 'unequal')
```

结果显示 $h = 0$,即原假设不能被拒绝,即两种分析方法获得的样本浓度相等。这与例题 11 中通过图形获得的直观判断是一致的。

8.6.2.4　vartest 函数

函数 vartest 可用于单总体方差的检验,即表 8.7 中的第 4 种情况。vartest 函数的调用格式如下。

[h, p, ci, stats] = vartest(X, V, alpha, tail)

其中,输入变量中 x、alpha 和 tail 与 ztest 函数的规定相同,V 为指定的总体方差。

输出变量中 h、p 和 ci 的意义同 ztest 函数。stats 是一个结构体,包括了 stats、df 两个域,分别表示了 χ^2 统计量的值和自由度。

例题 21　已知某厂采用原有工艺生产的产品中含水率的方差为 0.1,现采用新工艺生产,测得一组样本产品的含水率为 4.42、4.16、4.32、4.30、4.12、4.25,试问采用这一新工艺是否可以提高产品含水率的稳定性(alpha=0.05)?

解:

如果样本方差小于原工艺生产产品的方差,则可以认为该工艺可以提高产品的稳定性。因此可以提出假设:

$H_0 : \sigma < 0.1$;

$H_1 : \sigma \geq 0.1$

这是单总体方差的检验,可以采用 vartest 函数求解,程序如下。

```
Hydro = [4.42  4.16  4.32  4.30  4.12  4.25];
sigma = 0.1;
```

```
h = vartest(Hydro, sigma, [], 'right')
```

结果显示 $h=0$，即原假设应被接受，新工艺可以提高含水率的稳定性。

对于本例，可以提出如下假设：$H_0: \sigma \geqslant 0.1$；$H_1: \sigma < 0.1$。只需在程序中，将 tail 的输入更改为 'left' 即可。当然，运行结果将变为1，原假设将被拒绝。最终结论仍是相同的。

8.6.2.5 vartest2 函数

函数 vartest2 可用于两总体方差的检验，即表8.7中的第5种情况。vartest2 函数的调用格式如下。

```
[h, p, ci, stats] = vartest(X, Y, alpha, tail)
```

其中，输入变量中 X、Y 为样本数据；alpha 和 tail 与 ztest 函数的规定相同。输出变量中 h、p 和 ci 的意义同 ztest 函数。stats 是一个结构体，包括了 fstats、df1、df2 三个域，分别表示了 F 统计量的值和 F 统计量的两个自由度。

例题 22 例题11中给出了采用分光光度法和原子吸收法测定某样品中铁离子浓度的数据。试判断这两种方法中哪种方法的测量稳定性更高（alpha＝0.05）。

解：

样本方差是样本数据离散程度的指标，可以作为判断稳定性的依据。据此可以提出假设：

$H_0: \sigma_1 > \sigma_2$；

$H_1: \sigma_1 \leqslant \sigma_2$

这是两总体方差的检验，可以采用 vartest2 函数求解，程序如下。

```
x1 = [46.0  46.3  54.2  54.6  50.8  47.3  48.5  36.2];
x2 = [51.8  50.0  53.2  49.3  52.8  66.2  52.3  50.5];
[h, p, ci, stats] = vartest2(x1, x2, [], 'left')
```

结果显示 $h=0$，即原假设应被接受，原子吸收法的稳定性更高。以上程序中的输入变量中的 []，表示 alpha 取默认值。

8.7 方差分析

8.7.1 方差分析的基本概念与思想

方差分析是数理统计的一个重要概念，它通过数据分析找出对该事物有显著影响的因素，各因素之间的交互作用及显著影响因素的最佳水平等。在化工领域研究中，对模型显著性检验和工艺条件优化实验的判别都具有重要作用。

在实验研究中，所获得的结果是有差异的。脂肪酸盐类凝油剂种类对凝油量影响的实验结果如表8.8所示。

表 8.8　脂肪酸盐类凝油剂种类对凝油量影响实验结果

凝油剂种类	凝油量/(g/g)				凝油剂种类	凝油量/(g/g)			
凝油剂 A	21.0	27.5	22.4	23.8	凝油剂 C	35.2	36.2	28.1	27.4
凝油剂 B	22.9	19.8	21.2	20.0	凝油剂 D	19.5	17.4	16.5	17.5

引起实验结果变化的因素可以分为两类：一类是由于实验条件的变化，如上表中凝油剂 C 和 D 结果，直观感觉两者存在明显的差异，说明凝油剂种类这一实验条件的变化对结果影响较大。另一类则是偶然的误差，如分析误差等引起的。例如，上表中相同的凝油剂种类的实验，虽然实验条件相同，但每次实验结果都不同。另外，不同因素之间有时还存在交互作用，例如上表中凝油剂 A 和 B 的实验结果。虽然两者实验之间值不同，但这种不同是由于偶然误差的影响还是凝油剂种类变化的影响就很难区分。这种情况就需要进行方差分析。

要判断凝油剂种类对凝油量是否有影响，需检验每种凝油剂的平均凝油量是否有区别，即以下假设：

$$H_0: \mu_1 = \mu_2 = \mu_3 = \mu_4$$

只要有一种凝油剂的凝油量与其他的不同，即可以做出判断凝油剂种类对凝油量有很大影响。但是上节介绍的假设检验的方法在此不适用。这是因为对以上假设做出判断，必须检验 $\mu_1 = \mu_2$，$\mu_1 = \mu_3$，$\mu_1 = \mu_4$，$\mu_2 = \mu_3$，$\mu_2 = \mu_4$，$\mu_3 = \mu_4$ 等共 6 种情况，比较复杂；而且当假定每次检验的错误概率为 0.05，则 6 次检验中至少一次错误的概率为 $1 - 0.95^6 = 26.5\%$，可见结果将有很大不可靠性。由于以上原因，方差分析采用不同的方法。将因素变化引起的实验结果变化称为条件误差，偶然的误差称为随机误差，前者反映了必然性而后者反映了偶然性，将两者进行比较，通过 F 检验确定假设检验是否应拒绝。这就是方差分析的基本思想。

以下以单因素实验为例，说明方差分析的基本过程。设实验考察的因素有 m 个水平，每个水平进行了 n 次重复实验，则每次实验结果表示为 $x_{ij}(i = 1, 2, \cdots, m; j = 1, 2, \cdots, n)$。

定义总偏差平方和为每一次实验值 x_{ij} 与总平均值的偏差平方和 $\bar{x}$，如下。

$$S_T = \sum_{i=1}^{m} \sum_{j=1}^{n} (x_{ij} - \bar{x})^2 \tag{8.38}$$

令 $\bar{x}_i = \sum_{j=1}^{n} x_{ij}$，定义：

$$S_A = \sum_{i=1}^{m} \sum_{j=1}^{n} (\bar{x}_i - \bar{x})^2 \tag{8.39}$$

$$S_e = \sum_{i=1}^{m} \sum_{j=1}^{n} (x_{ij} - \bar{x}_i)^2 \tag{8.40}$$

可以证明

$$S_T = S_A + S_e \tag{8.41}$$

这样就将总的数据的波动 S_T 分解为反映因素水平变化的 S_A 和反映随机误差引起的波动 S_e。

由于 S_A 和 S_e 与求和项数有关，为了合理比较因素水平和随机误差的影响水平，需将它们除以自由度。S_T、S_A 和 S_e 的自由度分别为：$f_T = N - 1$（N 为总实验次数）；$f_A = m - 1$；$f_e = N - m = f_T - f_A$。

定义统计量：

$$F = \frac{\dfrac{S_A}{f_A}}{\dfrac{S_e}{f_e}} \sim F(m-1, N-m) \tag{8.42}$$

当 F 很大时，表示结果的变化主要由因素的水平变化引起，即该因素对结果影响显著；反之则说明结果变化主要为随机误差的影响，影响不显著。通常定义显著性水平 α，如 0.05，找到对应的分位数 F_α，当 F 大于 F_α 时，可以拒绝原假设（小概率事件发生），即因素对结果有显著影响。

8.7.2　MATLAB 方差分析函数

MATLAB 的方差分析函数主要有单因素方差分析函数 anova1，双因素方差分析函数 anova2 和多因素方差分析函数 anovan，以及多响应单因素方差分析函数 manova1。以下介绍 anova1、anova2 和 anovan 的使用。

8.7.2.1　anova1 和 multcompare 函数

anova1 的调用格式：

[p, table, stats] = anova1(X, group, displayopt)

输入变量：

X：原始数据，一般每个水平的实验观察值占一列。

group：如果每个水平下数据的重复次数不一致时可以通过 group 进行分组。

displayopt：是否显示计算结果表和图，默认为'on'，即显示 ANOVA 分析表和盒状图。

输出变量：

p：p 值，如果 p 很小，则应拒绝原假设，即各组数据的均值不一致，因素的影响显著。

table：anova1 的计算结果表。

stats：返回的中间计算结果，以便使用 multcompare 函数进行多重比较。

例题 23　为检验三种工艺生产材料的强度是否相同，随机选取样品分别进行了 4 次试验，结果如表 8.9 所示。

表 8.9　不同生产工艺下的材料强度

生产工艺	材料强度/MPa			
工艺 A	82	86	79	83
工艺 B	78	75	76	78
工艺 C	77	78	82	80

试采用 anova1 函数分析各种工艺是否对材料强度有影响（显著性水平 0.05）。

解：

程序如下。

```
Strength = [82  86  79  83;
            78  75  76  78;
            77  78  82  80]';%注意将重复实验结果放置在同一列上。
[p, table, stats] = anova1(Strength)
```

结果如下。

```
p = 0.0184
```

```
table = 'Source'    'SS'          'df'      'MS'          'F'          'Prob>F'
        'Columns'   [66.5000]     [ 2]      [33.2500]     [6.4355]     [0.0184]
        'Error'     [46.5000]     [ 9]      [ 5.1667]     [     ]      [     ]
        'Total'     [     113]    [11]      [     ]       [     ]      [     ]
```

同时还有 ANOVA 分析表和盒状图两张图生成。

由以上结果可见，p 值小于显著性水平 0.05，因此应拒绝原假设，表示因素的影响显著。

Table 输出的是 MATLAB 的 ANOVA 分析表，与输出图形中的一个完全相同。方差分析中间的计算值均显示在此表中，如 S_T、S_A 和 S_e 分别是第 2 列第 2，3，4 行元素。对应第 3 列是自由度，F 统计量的值在第 5 列。

例题 24　与例题 23 相同，但每种工艺所取样品数量不同，结果如表 8.10 所示。

表 8.10　不同生产工艺下的材料强度

生产工艺	材料强度/MPa
工艺 A	82　86　79　83　81
工艺 B	78　75　76　78
工艺 C	77　78　82　80

试采用 anova1 函数分析各种工艺是否对材料强度有影响（显著性水平 0.05）。

解：

程序如下。

```
Strength = [82  86  79  83  81  78  75  76  78  77  78  82  80];
Process = {'A', 'A', 'A', 'A', 'A', 'B', 'B', 'B', 'B', 'C', 'C', 'C', 'C'};
[p, table, stats] = anova1(Strength, Process, 'off')
```

在本例中，通过定义变量 Process，指定对应的实验结果的来源，从而将数据进行了分组。

8.7.2.2　anova2 函数

anova2 的调用格式：

```
[p, table, stats] = anova2(X, reps, displayopt)。
```

其中输入变量中 X 表示样本数据，它是一个矩阵，每列数据表示 A 因素变化，每行表示 B 因素的变化。每列或每行的数据数目必须相等。reps 表示相同条件下的重复试验次数。其余输入输出函数的意义与 anova1 函数相同。

例题 25 实验研究热固性材料强度受固化时间和温度的影响,每个条件下实验重复 3 次,获得数据如表 8.11 所示。试采用 anova2 函数分析固化时间、温度及其交互作用的影响是否显著。

表 8.11   实验数据

固化时间/min	固化温度 40℃			固化温度 45℃			固化温度 50℃		
20	35.5	36.2	36.8	45.5	42.2	43.3	65.2	61.7	66.0
40	41.2	42.7	40.6	45.6	47.5	48.2	66.2	64.5	67.0
60	48.2	49.6	48.5	47.3	46.4	48.5	68.1	64.8	69.2

解:
程序如下。

```
St = [35.5  36.2  36.8  45.5  42.2  43.3  65.2  61.7  66.0;
      41.2  42.7  40.6  45.6  47.5  48.2  66.2  64.5  67.0;
      48.2  49.6  48.5  47.3  46.4  48.5  68.1  64.8  69.2]';%注意转置运算符
[p table stats] = anova2(St, 3, 'off')
```

计算结果显示:p=   1.5356e-07   1.5442e-17   1.6149e-04

分别表示了因素 A,B 和 A-B 交互作用的影响。由于程序中表示原始数据的变量 St 的每列均是在相同固化温度下所得结果,因此固化温度是因素 A,固化时间是因素 B。计算结果三个 p 值均很小,可以断定固化温度和时间及其交互作用对材料强度均有影响。

8.7.2.3   anovan 函数

anovan 的调用格式:

```
[p, table, stats] = anovan(X, group, para1, val1, para2, val2, ...)
```

函数 anovan 的输入输出变量要求与 anova1 和 anova2 基本类似。不同的是其输入变量可以指定一些参数的值,如'alpha'指定显著性水平;'model'参数的值可以为'linear'(默认)、'interaction'、'full'分别表示分析不考虑因素之间交互作用、仅考虑主因素和两因素之间的交互作用及主因素以及所有因素的多重交互作用。其他参数的取值可以运行 doc anovan命令查看 MATLAB 帮助。

例题 26 已知某催化剂的性能与催化剂组成、制备方法和后处理方法有关,实验测得不同条件下制备的催化剂转化率如表 8.12 所示,试分析哪些因素对转化率有明显影响。

表 8.12   不同条件下制备的催化剂转化率

实验号	催化剂组成	制备方法	后处理方法	转化率
1	CA	PA	TA	52.7
2	CB	PA	TA	60.1

续 表

实验号	催化剂组成	制备方法	后处理方法	转化率
3	CA	PB	TA	53.5
4	CB	PB	TA	62.3
5	CA	PA	TB	55.4
6	CB	PA	TB	66.0
7	CA	PB	TB	59.1
8	CB	PB	TB	58.0

解:

程序如下。

```
x=[52.7 60.1 53.5 62.3 55.4 66.0 59.1 58.0];
composition={'ca','cb','ca','cb','ca','cb','ca','cb'};
preparation={'pa','pa','pb','pb','pa','pa','pb','pb'};
postreat={'ta','ta','ta','ta','tb','tb','tb','tb'};
p=anovan(x,{composition, preparation, postreat})
```

结果显示：$p=5.6912e-02$ $8.9980e-01$ $3.6487e-01$。以上 p 值与 group 分组的顺序一致,因此表示催化剂对转化率有明显影响,而其他两个因素影响不显著。如果以上程序的最后一句,修改如下：

```
p=anovan(x,{composition, preparation, postreat},'model','interaction')
```

则返回的 p 有 5 个元素,分别表示催化剂组成、制备方法和后处理方法、组成与制备方法、组成与后处理方法和制备与后处理方法的交互作用的影响。

8.8 回归分析

回归分析是通过一组试验数据研究随机变量之间的相关关系,建立起一个经验模型以用于预测和控制,对模型的可信程度进行统计检验,并判断变量的影响是否显著。由于在本书第 4 章介绍过模型参数回归的方法。在本节中,将以线性回归为例,介绍模型统计检验问题的原理和方法。对于非线性模型的检验方法将在下章中介绍,但其基本思想与线性模型的检验是类似的。

8.8.1 一元线性回归

一元线性回归模型只有一个独立变量,这个自变量与因变量的关系为

$$y = \beta_1 x + \beta_0 \tag{8.43}$$

现需要根据 n 次实验结果 (x_i, y_i), $i=1,2,3,\cdots$,确定式(8.43)中参数 β_1 和 β_0 的估计值:

$$\hat{y} = \hat{\beta}_1 x + \hat{\beta}_0 \tag{8.44}$$

其中 $\hat{\beta}_1$ 和 $\hat{\beta}_0$ 分别为 β_1 和 β_0 的估计值,这就是一元线性回归问题。在第 4 章中介绍过,对于模型中参数的拟合通常采用最小二乘法,MATLAB 的函数 regress 和 polyfit 都可以完成线性回归问题。但第 4 章中没有介绍模型的检验问题,这对于建模过程而言是不完整的,结果也是不可靠的。

假定进行了 n 次实验,自变量的取值为 x_i,而实验结果为 y_i,定义如下。

总离差平方和:

$$S_\mathrm{T} = \sum_{i=1}^{n} (y_i - \bar{y})^2 \tag{8.45}$$

其中 $\bar{y} = \dfrac{1}{n}\sum_{i=1}^{n} y_i$。$S_\mathrm{T}$ 表示了数据中 y 的总变化情况。

回归平方和:

$$S_\mathrm{R} = \sum_{i=1}^{n} (\hat{y}_i - \bar{y})^2 \tag{8.46}$$

其中 $\hat{y}_i$ 为模型预测值,S_R 表示了 $\hat{y}_i$ 的变动情况,该变动是由回归方差中 x 变化引起的,因此表示了自变量的影响程度。

误差平方和:

$$S_\mathrm{E} = \sum_{i=1}^{n} (y_i - \hat{y}_i)^2 \tag{8.47}$$

S_E 表示了 y 与回归线性方差之间的偏差,是由偶然的随机误差引起的。

可以证明:

$$S_\mathrm{T} = S_\mathrm{R} + S_\mathrm{E} \tag{8.48}$$

S_T,S_R,S_E 的自由度分别为 $f_\mathrm{T} = n-1$,$f_\mathrm{R} = 1$,$f_\mathrm{E} = n-2$。

对一元线性模型的检验包括以下几种。

1. 回归方程的显著性检验

有时实验数据的线性关系并不明显,如图 8.9 所示的数据点。但是如果进行回归分析,总可以得到一个线性方程,但显然这种回归是没有意义的。因此,回归方程第一个检验是检验式(8.43)的线性关系是否成立,这实际要求检验假设 $H_0:\beta = 0$,当假设被拒绝时,就说明线性关系成立,回归方程是显著的。

方程的显著性检验可以采用 F 检验的方法,定义 F 统计量如下。

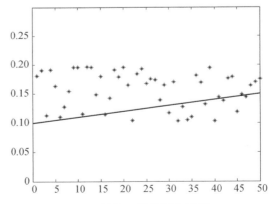

图 8.9 线性无关数据点示例

$$F = \frac{\dfrac{S_\mathrm{R}}{f_\mathrm{R}}}{\dfrac{S_\mathrm{E}}{f_\mathrm{E}}} \tag{8.49}$$

F 统计量符合自由度为 $(1, n-2)$ 的 F 分布。对于一定的显著性水平 α，确定分位点 F_α，当 $|F| > F_\alpha$ 时，可以拒绝假设 $H_0 : \beta = 0$，说明线性关系成立，拟合方程显著。可以这样理解：当 S_R 比 S_E 大时，说明 y 的变化受 x 的影响大，受随机误差的影响小，因此 $\beta \neq 0$。

2. 拟合效果检验

拟合效果检验的是变量 y 的各个观测值聚集在回归直线周围的紧密程度。显然，当 y 的观测值与回归直线越靠近，S_R 在 S_T 中所占的比重就越大，因此定义线性相关系数：

$$r^2 = \frac{S_R}{S_T} = \frac{\sum (\hat{y}_i - \bar{y})^2}{\sum (y_i - \bar{y})^2} \tag{8.50}$$

当所有测量值都落在回归直线上时，$S_E = 0$，$r^2 = 1$，当 x 完全无法解释 y 的偏差，则回归平方和 $S_R = 0$，$r^2 = 0$，由此可见相关系数的取值范围为 $[0, 1]$，越接近 1 表示回归直线与测量值的拟合程度越高。

3. 回归参数和模型预测值的置信区间

通过以上两项检验，说明方程基本可以较好地拟合实验数据。但是这一拟合有多可靠还未知，这就需要进行回归参数和预测值的置信区间。类似于区间估计，当置信区间小时，说明模型的参数和预测值的可靠性高。

$\hat{\beta}_1$ 和 $\hat{\beta}_0$ 是符合以 β_1 和 β_0 为数学期望的正态分布，因此可以定义以下统计量：

$$\frac{\hat{\beta}_0 - \beta_0}{S_T / \sqrt{n}} \sim t(n-2) \tag{8.51}$$

$$\frac{\hat{\beta}_1 - \beta_1}{S_T \sqrt{\sqrt{\sum_{i=1}^{n} (x_i - \bar{x})^2}}} \sim t(n-2) \tag{8.52}$$

$$\frac{\hat{y}_i - y_i}{S_T \sqrt{\left[\frac{1}{n} + \frac{(x_i - \bar{x})^2}{\sum_{i=1}^{n} (x_i - \bar{x})^2} \right]}} \sim t(n-2) \tag{8.53}$$

它们都服从自由度为 $n-2$ 的 t 分布，由此对于指定的显著性水平 α 可以计算出模型参数 $\hat{\beta}_1$ 和 $\hat{\beta}_0$ 和模型预测值 $\hat{y}_i$ 的置信区间。

4. 其他检验

以上通过数理统计的方法检验了模型的有效性、精确度等。除了这些检验方法，还可以使用绘图法观察拟合的效果。通常可以在模拟拟合前，绘图表示直线，观察数据是否呈现线性变化，同时观察是否有异常数据点。在拟合后，将拟合直线与数据点绘制在同一个图上，直观观察拟合效果。还可以将各数据点的拟合残差作图。由于样本数据是关于模型理论值的正态分布，因此残差的分布曲线也应为以 0 为中心的正态分布曲线，即残差应均匀分布在 $y = 0$ 的直线两侧。如果不是这样，可能说明原模型有缺陷。

除了数学检验外，在专业模型的回归时应充分利用专业知识判断模型与参数。

8.8.2 多元线性回归

实际应用中，可能影响过程输出量的因素多于一个，在这种情况下，需要建立多元回归模型,如下。

$$y = \beta_0 + \sum_{j=1}^{m-1} \beta_j x_j \tag{8.54}$$

上式为具有 m 个独立变量的多元线性回归模型。$\beta_j(j = 0, 1, 2, \cdots, m)$ 称作回归系数。

在自变量为 $x_1, x_2, \cdots, x_m$ 得到 n 组观测值 y,则有:

$$\begin{cases} y_1 = \beta_0 + \beta_1 x_{11} + \beta_2 x_{12} + \cdots + \beta_{m-1} x_{1\,m-1} + \varepsilon_1 \\ y_2 = \beta_0 + \beta_1 x_{21} + \beta_2 x_{22} + \cdots + \beta_{m-1} x_{2\,m-1} + \varepsilon_2 \\ \vdots \\ y_n = \beta_0 + \beta_1 x_{n1} + \beta_2 x_{n2} + \cdots + \beta_{m-1} x_{nm-1} + \varepsilon_n \end{cases} \tag{8.55}$$

令

$$Y = \begin{bmatrix} y_1 \\ y_2 \\ \vdots \\ y_n \end{bmatrix}, \ X = \begin{bmatrix} 1 & x_{11} & x_{12} & \cdots & x_{1\,m-1} \\ 1 & x_{21} & x_{22} & \cdots & x_{2\,m-1} \\ \vdots & \vdots & \vdots & & \vdots \\ 1 & x_{n1} & x_{n2} & \cdots & x_{nm-1} \end{bmatrix}, \ \beta = \begin{bmatrix} \beta_0 \\ \beta_1 \\ \vdots \\ \beta_{m-1} \end{bmatrix}, \ \varepsilon = \begin{bmatrix} \varepsilon_1 \\ \varepsilon_2 \\ \vdots \\ \varepsilon_n \end{bmatrix},$$

则上式可以写为矩阵形式:

$$Y = X\beta + \varepsilon \tag{8.56}$$

多元线性回归的总偏差平方和 S_T、回归平方和 S_R 和误差平方和 S_E 的定义与一元线性回归相同,其自由度分别为 $n-1$,$m-1$ 和 $n-m$。它们可以由矩阵形式表示为

$$S_T = Y^T Y - \frac{1}{n} Y^T J Y \tag{8.57}$$

$$S_R = Y^T Y - \hat{\beta}^T X^T Y \tag{8.58}$$

$$S_E = \hat{\beta}^T X^T Y - \frac{1}{n} Y^T J Y \tag{8.59}$$

多元线性回归的统计检验与一元回归的类似,可以通过线性回归的显著性检验判断线性关系是否成立,通过相关系数检验拟合程度。但是应当注意,线性回归的显著性检验显著并不意味着每个回归系数都是显著的。从实用角度看,一般都希望模型的参数尽可能少,因此应当将影响不显著的参数从模型中删除,这样不仅模型更简单,而且也有助于提高模型的预测精度。判断每个回归系数是否显著可以通过参数的置信区间进行判断。

定义 $V_E = \dfrac{S_E}{n-m}$,参数估计值的方差有:

$$S(\hat{\beta}) = V_E (X^T X)^{-1} \tag{8.60}$$

可以证明:

$$t = \frac{\hat{\beta}_j - \beta_j}{S(\hat{\beta})} \sim t(n-m) \tag{8.61}$$

当 t 的计算值 t_0 符合以下关系：

$$|t_0| \geqslant t_{\alpha/2}(n-m) \tag{8.62}$$

则认为该参数不显著，可以从模型中去除。同样由式（8.61）可以求得参数的置信区间为

$$\hat{\beta}_j \pm t_{\alpha/2}(n-m) S(\hat{\beta}_j) \tag{8.63}$$

8.8.3　MATLAB 回归分析检验方法

在第 4 章中介绍了采用 polyfit 和 regress 进行线性回归的方法。当采用 polyfit 进行线性回归后，可利用 polyconf 函数直接计算模型预测值的置信区间，其他检验需自行计算；而采用 regress 时，返回变量就包括了相关统计推断结果。因此，从统计检验的角度看，使用 regress 进行线性回归更为简便。此外，MATLAB 还有专门回归诊断函数 regstats。这些函数的调用格式如下。

[Y, Delta] = polyconf(P, X, S)，其中输入变量 P 和 S 为 polyfit 的第 1 个和第 2 个输出变量；X 为自变量取值；输出 Y 为模型预测值；Delta 为置信区间的一半。

[b, bint, r, rint, stats] = regress(y, X, alpha)，其中输入变量的 alpha 为显著性水平；输出变量中 b 为方程的估计系数；bint 为 b 的 $100*(1-\text{alpha})$ 的置信区间；r 为拟合残差；rint 定义异常数据的区间，当数据超过 rint 后被认为是异常数据；stats 是一个结构体，包括以下几个域：相关系数、显著性检验的 F 统计量值及其对应的 p 值和估计的误差的方差。

stats = regstats(y, X)，其中输入变量 y 和 X 与 regress 的规定相同，输出变量 stats 包括了所有统计检验的相关变量值，其中 beta 为拟合参数，r 为拟合残差，rsquare 为线性相关系数，fstats 为 F 统计量值和对应的 p 值；tstats 为 t 统计量和对应的 p 值，其他域名可以参见 MATLAB 的帮助文件。

例题 27　通过实验确定气体流速 u 与管壁平均热传导系数 λ 的关系，结果如表 8.13 所示。

表 8.13　u 与 λ 的关系

$u/(\text{m/s})$	8.00		10.50		13.00		15.50		18.00	
$\lambda/[\text{W}/(\text{m}\cdot\text{K})]$	8.08	9.95	11.21	12.36	14.12	15.96	16.80	18.62	19.60	20.08
	9.26		12.98						20.90	20.16

由以上数据回归方程：$\lambda = b_0 + b_1 * u$，获得方程系数 b_0 和 b_1 的值，并采用合适的检验方法判断以上模型回归是否合理。

解：

```
function Cha8Demo27
u = [8.00   8.00   8.00   10.50   10.50   10.50   13.00   13.00
     15.50   15.50   18.00   18.00   18.00   18.00];
```

```
lambda = [8.08  9.95  9.26  11.21  12.36  12.98  14.12  15.96 ···
          16.80  18.62  19.60  20.08  20.90  20.16];
n = length(u)
X = [ones(n, 1), u'];
[b bint r rint stats] = regress(lambda', X);
x = 7.5:0.1:18.5;
y = b(1) + b(2). * x;
plot(u, lambda, 'bo', x, y, 'r-')
legend('Experimental', 'Simulation')
xlabel('u'), ylabel('\lambda')
figure
rcoplot(r, rint)
if stats(3) < 0.05
  disp('The relationship is linear')
  fprintf('The regressed correlation is:\n')
  disp(strcat('y = ', num2str(b(1)), '+', num2str(b(2)), ' * x'))
  fprintf('The correlation coefficient is %.4f\n', stats(1))
  fprintf('The confidential interval for b0 is %.4f\n', (bint(1, 2) - bint(1,
  1))/2)
  fprintf('The confidential interval for b1 is %.4f\n', (bint(2, 2) - bint(2,
  1))/2)
elseif stats(3) >= 0.05
    disp('The relationship is not linear')
    return
end
```

程序运行后显示图形如下,见图 8.10。

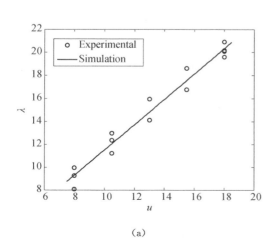

(a)

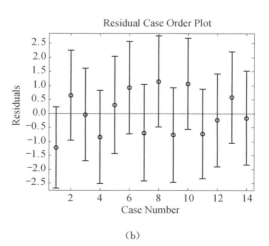

(b)

图 8.10　图形显示

从图 8.10(a)看,数据点基本呈线性关系,拟合直线从数据点中间穿过,图 8.10(b)由 rcoplot 命令绘制的残差图,可见残差均匀分布在 x 轴两侧,其置信区间均包括 x 轴,说明拟合基本合理。当 rint 的值不包括 0 时,说明对应的数据点异常,应将其从原始数据中删除。采用语句 normplot(r)可以检查残差是否呈正态分布。如果残差均落在直线上,则说明符合正态分布,模拟合理。

屏幕输出结果如下。

```
The relationship is linear
The regressed correlation is:
y = 0.47555 + 1.1026 * x
The correlation coefficent is 0.9690
The confidential interval for b0 is 1.7031
The confidential interval for b1 is 0.1241
```

可见线性关系成立,不足的是 b_0 的置信区间稍大。

例题 28　在 CO_2 水合物生成实验中获得了一系列温度与压力的关系,如表 8.14 所示。

表 8.14　温度与压力的关系

温度/K	270.4	270.6	272.3	273.6	274.1	275.5	276.2	277.1
压力/MPa	1.502	1.556	1.776	2.096	2.281	2.721	3.001	3.556

试根据以上数据回归方程:

$$\ln p = A + BT + CT^{-2}$$

并进行相关检验。

解:

将 T 视为 x_1,T^{-2} 视为 x_2,$\ln p$ 视为 y,则回归方程为 $y = A + B * x_1 + C * x_2$,这是一个多元线性回归问题。程序如下。

```
function Cha8Demo28
T = [270.4  270.6  272.3  273.6  274.1  275.5  276.2  277.1]';
P = [1.502  1.556  1.776  2.096  2.281  2.721  3.001  3.556]';
x1 = T; x2 = T.^-2; y = log(P);
stats = regstats(y,[x1, x2]);
if stats.fstat.pval<0.05
    disp('The relationship lnP = A+BT+CT^-2 is right')
    fprintf('The coefficients for A B and C are %.4f,%.4f,%.4f\n', stats.beta)
end
if stats.fstat.pval<0.05
    disp('A could be deleted')
elseif stats.tstat.pval(2)>=0.05
    disp('B could be deleted')
```

```
elseif stats.tstat.pval(3)>=0.05
    disp('C could be deleted')
else
    disp('No parameter could be deleted')
end
xc=min(T):0.1:max(T);
yc=stats.beta(1)+stats.beta(2)*xc+stats.beta(3)*xc.^-2;
pc=exp(yc);
plot(T, P, 'bo', xc, pc, 'k-')
xlabel('T [K]')
ylabel('P [MPa]')
legend('Experiment', 'Regression')
```

上述程序中语句 if stats. fstat. pval<0.05 进行的是线性关系的显著性检验;第二组 if stats. fstat. pval<0.05 进行了参数的显著性检验。最后的绘图采用直观的方法判断拟合效果。运行后屏幕显示结果如下。

```
The relationship lnP=A+BT+CT^-2 is right
The coefficients for A B and C are -557.9280, 1.4029, 13087245.4819
No parameter could be deleted
```

由上述可见,待拟合的函数关系是成立的。程序同时生成图形如图 8.11 所示,可见拟合效果良好。

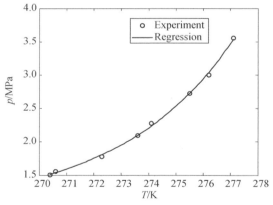

图 8.11　图形显示

以上介绍了线性模型的回归检验,对于非线性模型的回归与检验将在第 9 章介绍。

8.9　实验设计

8.9.1　实验设计方法概述

实验研究是当今化工过程的主要研究方法。但是化工过程研究的对象通常十分复杂,受到众多因素的影响,往往研究者仅有有限的时间和经费研究各因素的影响。例如,某过程的产品收率受到过程温度、压力、原料 A 和 B 的浓度等四个因素的影响,现要通过实验找到使产品收率达到最大的最优工艺条件。假定每个因素取 4 个水平(4 个不同的值),如果要考虑全部的因素与水平组合,则需要进行 $4^4 = 256$ 次实验,显然工作量很大。因此,研究如何合理有效地安排实验,以最小的代价获得可靠的结论就十分有必要。这也正是实验设计的目标。

任何实验其结果总要受到误差的影响,因此为了得到统计学可靠的结论,应将统计学的方法和实验方案的设计相结合。20 世纪 20 年代,由于农业试验的需要,R. A. Fisher 在试验设计和统计分析方面做出了一系列先驱工作,经过后人的努力,实验设计已成为统计科学的一个分支。

通过实验设计的方法完成一项研究任务通常可以分为计划阶段、设计阶段、实验阶段和分析阶段。在计划阶段,需要确定研究目的,归纳过程的影响因素和水平,确定能判断过程优劣的实验指标。在这一阶段中,应充分利用研究者的专业知识和经验,使研究目的明确,选择的实验因素和水平尽可能包括了所有有意义的因素和水平,又排除不必要的因素,从而提高研究的效率和结论的可靠性。在设计阶段,需要根据因素和水平数量、是否考虑因素的交互作用及响应值(实验值)和因素的关系等,选定合适的实验设计方法,编制合理的实验方案。在实验阶段,按照编制好的实验方案进行实验,注意各次实验的顺序应随机选取,与实验方案的排列顺序应不同。收集好所有实验结果后,进行数据分析和统计检验,最终得到可靠的结论。

根据实验设计的目的不同,实验设计可以分为两大类:一类是定性的因素筛选和条件寻优设计;另一类是定量的面向模型回归的设计。常见的实验设计方法和对应的 MATLAB 函数如表 8.15 所示。

表 8.15 常见实验设计方法和用途

实验设计方法	应 用	MATLAB 函数
简单对比实验	单因素影响	—
随机区块和拉丁方	排除实验条件不同计算因素的影响	—
部分因素设计	因素筛选	fracfact
全因素设计	因素筛选、计算主影响因素和交互作用	fullfact
响应面设计	二次模型回归	ccdesign, bbdesign
单纯格子设计	二次及二次以上模型回归	—
D 优化设计	模型回归	cordexch, rowexch
序贯实验设计	一般非线性模型回归	最优化相关

在本章中将首先介绍用于因素筛选的几种二水平实验设计方法、数据处理及其在 MATLAB 中的实现。这些内容将有助于读者完成工艺条件优化等研究任务和线性模型的回归,随后简单介绍多水平的响应面设计和 D 最优设计方法。在下一章中,将介绍序贯实验设计方法。需要了解更多基础知识的读者可以参见文献[29,32],文献[33,34]给出了实验设计在化工中应用的实例,特别是定性的因素筛选和条件寻优设计。

8.9.2 实验设计实验结果的数据处理方法

在介绍实验设计方法前,将常用的可用于实验设计结果的数据处理方法总结如下。

1. 因素影响曲线

将各因素在不同水平上的平均响应值对因素水平作图,形成的曲线成为因素影响曲线,如图 8.12 所示。

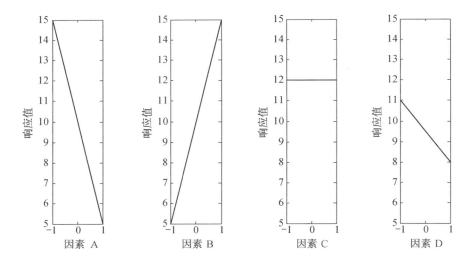

图 8.12　因素影响曲线示例

曲线的方向表示了影响的趋势。例如,上图中 A 因素的影响曲线,随着 A 水平的提高响应值减小,曲线向下,说明因素 A 的影响不利;而 B 因素的影响正相反,C 因素的水平对响应值没有影响。曲线的垂直间距表示影响的大小。例如图 8.12 中,A 因素水平变化后,响应值由 15 变为 5,减少了 10,同时 D 因素响应值减小了 3,说明 A 因素的影响比 D 因素的大。

在 MATLAB 中,因素影响曲线采用 plot 命令绘制,图 8.12 的绘制程序如下。

```
xa = [1 −1]; xb = [1 −1]; xc = [1 −1]; xd = [1 −1];
ya = [5 15];  yb = [15 5];  yc = [12 12]; yd = [8 11];
subplot(1, 4, 1)
plot(xa, ya), xlabel('Factor A'), ylabel('Response Value')
subplot(1, 4, 2)
plot(xb, yb), xlabel('Factor B'), ylabel('Response Value')
subplot(1, 4, 3)
plot(xc, yc), xlabel('Factor C'), ylabel('Response Value')
subplot(1, 4, 4)
plot(xd, yd), xlabel('Factor D'), ylabel('Response Value')
set(gca, 'ylim',[5 15])
```

2. 交互作用影响曲线

因素影响曲线仅考察了因素自身的影响,没有考虑到因素之间的交互作用。交互作用的影响可以通过交互作用影响曲线表示。当考虑两个因素 A 和 B 的交互作用时,将 A 和 B 在不同水平组合下获得实验值作图,如 A(一)B(一)到 A(+)B(一),A(一)B(+)到 A(+)B(+)(正、负号分布表示高水平和低水平),得到图形称为交互影响曲线,如图 8.13 所示。

图 8.13 中,两线相交表示两个因素的交互作用不利;不平行不相交表示存在协同交互作用;如果两线平行则表示没有交互作用的影响。图 8.13 也是采用 plot 命令绘制的。

3. 排列图

排列图是一种柱状图,柱子的高度表示各因素和/或交互作用影响大小。与一般的柱状图不同,排列图中会按柱子的高低进行排列。MATLAB 的命令 pareto 专门用于绘制排列图。

pareto 命令的使用格式如下。

pareto(Y)

pareto(Y, names)

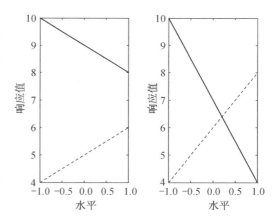

图 8.13　交互作用影响曲线示例

其中 Y 为表示各因素影响大小的向量;names 为字符矩阵或单元数组,表示各因素的名称。

例如,考察某过程压力 p,温度 T 和浓度 c 三个因素及其两两交互作用对过程产率的影响,极差分析结果如下。

影响因素	p	T	c	$p * T$	$T * c$	$p * c$
响应值差	35	62	5	54	18	6

注:p、T、c、$p * T$、$T * c$ 和 $p * c$ 分别表示压力、温度、浓度、压力-温度、温度-浓度和压力-浓度交互作用。

可以采用以下命令做出排列图。

Yield = [35　62　5　54　18　6];
Factor = {'P', 'T', 'C', 'P * T', 'T * C', 'P * C'}
pareto(Yield, Factor)

图形如图 8.14 所示。

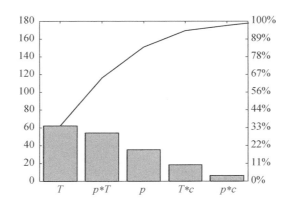

图 8.14　图形显示

可见各因素影响程度由大到小为 $T > p * T > p > T * c > p * c$。图中没有绘制 c 的影响,是因为 pareto 仅绘制累计和在 95% 以内的值,c 的影响 $5/(35+62+5+45+18+6)=0.0278$ 位于 95% 以外,因此没有绘制在图形内。

4. 定量分析

如果实验设计的目的是判别因素影响的大小,选择最优条件,可以通过方差分析或极差分析进行。极差的计算和方差分析与 8.4 节和 8.7 节中介绍的方法相同。

也可以采用响应函数进行数据回归。通常采用多项式函数回归响应值与因素水平的关系:

$$\hat{y} = \beta_0 + \beta_1 x_1 + \beta_2 x_2 + \cdots + \beta_{12} x_1 x_2 + \beta_{13} x_1 x_3 + \cdots + \varepsilon \tag{8.64}$$

式(8.64)考虑了不同因素之间的交互作用,如式中的 $x_1 x_2$,$x_1 x_3$ 等项,交互作用不计入多项式的次数,因此上式为线性方程。由于两点确定一条直线,因此线性方程的回归通常采用 2 水平实验即可以完成。

当线性关系不成立时,回归函数也可以具有二次方项,如下式:

$$\hat{y} = \beta_0 + \beta_1 x_1 + \beta_2 x_2 + \cdots + \beta_{11} x_1^2 + \beta_{11} x_2^2 + \cdots + \beta_{12} x_1 x_2 + \beta_{13} x_1 x_3 + \cdots + \varepsilon \tag{8.65}$$

当存在二次方项时,通常需要采用更多的水平数进行实验设计,响应面设计等方法特别适用于二次关系模型的回归。

8.9.3　完全析因设计

完全析因设计方案中包括所有因素和水平的各种组合。假设考察 k 个因素的影响,各因素所取的水平数为 $m_i(i=1,2,\cdots,k)$,则完全析因实验共需进行 $\prod_{i=1}^{k} m_i$ 次实验。特别地,由于完全析因实验的次数较多,经常每个因素均取 2 水平,如果考察 k 个因素的影响,则实验次数为 2^k,这种设计也称为 2^k 完全析因设计。

MATLAB 的函数 fullfact 可以生成完全析因实验的方案。fullfact 的调用格式如下。

```
dFF = fullfact(n)
```

其中输入参数 n 为一个长度为 k 的向量,它的每个元素表示对应因素所取的水平数;返回的 dFF 是一个矩阵,每行代表一次实验的条件,不同的数字表示不同的水平。

MATLAB 函数 ff2n 特别可用于生成 2^k 完全析因设计方案。ff2n 的调用格式为

dFF = ff2n(n),其中输入参数 n 为需要考察的因素个数。返回的 dFF 意义与 fullfact 相同,但采用 0 代表低水平,1 代表高水平。

在 MATLAB 命令窗口输入:

```
>> dFF = fullfact([2  2  2])
```

则返回

```
dFF =[1  1  1;  2  1  1;  1  2  1;  2  2  1;
      1  1  2;  2  1  2;  1  2  2;  2  2  2]
```

可见 3 因素的 2 水平实验共需进行 8 次实验(8 行),每一列代表一个因素,矩阵中的元素 1 代表低水平,2 代表高水平。将待考察的 3 个因素分别采用 A、B 和 C 表示,采用 −1 和 1 分别表示低水平和高水平。根据以上矩阵可以列出实验方案如表 8.16 所示。

表 8.16　2^3 实验设计方案

实验序号	A	B	C	A * B	A * C	B * C	A * B * C	I
1	−1	−1	−1	1	1	1	−1	+1
2	1	−1	−1	−1	−1	1	1	+1
3	−1	1	−1	−1	1	−1	1	+1
4	1	1	−1	1	−1	−1	−1	+1
5	−1	−1	1	1	−1	−1	1	+1
6	1	−1	1	−1	1	−1	−1	+1
7	−1	1	1	−1	−1	1	−1	+1
8	1	1	1	1	1	1	1	+1

上表中后几列分别表示各因素的交互作用,所取的水平为对应列元素的乘积。可以注意到上表中没有任意两列的水平排列是相同的,说明通过这一实验设计方案各因素及交互作用的影响分析不会互相干扰。

以下通过实例说明完全析因实验的数据处理方法。

例题 29　采用 2^k 实验设计研究一个化学过程的温度、压力和反应时间对产率的影响,各因素所取的水平如表 8.17 所示。

表 8.17　三因素所取水平

因素	代表符号	高水平	低水平
温度	T	80	120
压力	P	50	70
反应时间	R	5	15

根据实验方案,每个条件进行了三次重复实验,结果如表 8.18 所示。

表 8.18　实验结果

实验序号	$T/℃$	P/MPa	R/min	收率/%		
1	80	50	5	61.43	58.58	57.07
2	120	50	5	75.62	77.57	75.75
3	80	70	5	27.51	34.03	25.07
4	120	70	5	51.37	48.49	54.37
5	80	50	15	24.80	20.69	15.41
6	120	50	15	43.58	44.31	36.99
7	80	70	15	45.20	49.53	50.29
8	120	70	15	70.51	74.00	74.68

试采用合理的方法分析以下问题。

(1) 哪些因素及其交互作用对过程产率影响最大?

(2) 哪些因素及其交互作用对过程产率的波动影响最大?

（3）产率最大的最优工艺条件是什么？

解：

（1）为了判断因素及其交互作用的影响程度可以进行极差或方差分析。极差分析的程序如下。

```
D1 = ff2n(3); I = find(D1 = = 0); D1(I) = -1;
%以上语句将 ff2n 生成的矩阵变换成更容易计算的形式,采用-1代替原矩阵中的0
D2 = D1(:,[3 2 1]);
%以上将矩阵进行列重排使之与结果表格的对应列一致
D3 = [D2, D2(:, 1). * D2(:, 2), D2(:, 1). * D2(:, 3), D2(:, 2). * D2(:, 3)];
%以上语句新增3列,分别表示对应列的交互作用
YT = [61.43   58.58   57.07;   75.62   77.57   75.75;
      34.03   25.07   27.51;   48.49   54.37   51.37;
      20.69   15.41   24.80;   44.31   36.99   43.58;
      49.53   50.29   45.20;   74.00   74.68   70.51];
YTmean = mean(YT, 2);
for i = 1:6
    EY(i) = sum(D3(:, i). * YTmean)/4;%计算极差,即高水平与低水平的实验值之差
end
pareto(abs(EY),{'T', 'P', 'R', 'T * P', 'T * R', 'P * R'})
set(gca, 'fontsize', 20)
```

注意参考程序中的注释语句。

程序运行,作出排列图如图 8.15 所示。

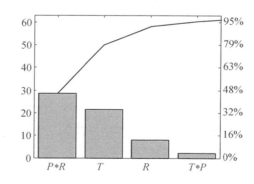

图 8.15　排列图

由图 8.15 可见,$P * R$ 即压力和反应时间的交互作用影响最为显著,反应温度的影响次之。图中没有出现 P 和 $T * R$,表示这两种因素的影响不明显。

也可以采用方差分析进行判断,程序如下。

```
YT = [61.43   58.58   57.07;   75.62   77.57   75.75;
      34.03   25.07   27.51;   48.49   54.37   51.37;
      20.69   15.41   24.80;   44.31   36.99   43.58;
```

```
       49.53  50.29  45.20;   74.00  74.68  70.51];
   YTmean = mean(YT, 2);
   Tlevels = {'L', 'H', 'L', 'H', 'L', 'H', 'L', 'H'};
   Plevels = {'L', 'L', 'H', 'H', 'L', 'L', 'H', 'H'};
   Rlevels = {'L', 'L', 'L', 'L', 'H', 'H', 'H', 'H'};
   TPls = {'H', 'L', 'L', 'H', 'H', 'L', 'L', 'H'};
   TRls = {'H', 'L', 'H', 'L', 'L', 'H', 'L', 'H'};
   PRls = {'H', 'H', 'L', 'L', 'L', 'L', 'H', 'H'};
   p = anovan(YTmean,{Tlevels, Plevels, Rlevels, TPls, TRls, PRls})
   结果显示:p = 0.0138    0.2533    0.0366    0.1346    0.1846    0.0103
```

由方差分析结果可知,各因素及其相互作用的影响大小顺序为:$P*R$, T, R, $T*P$, $T*R$, P。后三个因素的影响不显著。与极差分析的结果相同。

（2）可以使用产率的方差作为产率波动的响应值,方差分析的程序如下。

```
   YT = [61.43  58.58  57.07;   75.62  77.57  75.75;
        34.03  25.07  27.51;   48.49  54.37  51.37;
        20.69  15.41  24.80;   44.31  36.99  43.58;
        49.53  50.29  45.20;   74.00  74.68  70.51];
   YTvar = std(YT, 0, 2);
   Tlevels = {'L', 'H', 'L', 'H', 'L', 'H', 'L', 'H'};
   Plevels = {'L', 'L', 'H', 'H', 'L', 'L', 'H', 'H'};
   Rlevels = {'L', 'L', 'L', 'L', 'H', 'H', 'H', 'H'};
   TPls = {'H', 'L', 'L', 'H', 'H', 'L', 'L', 'H'};
   TRls = {'H', 'L', 'H', 'L', 'L', 'H', 'L', 'H'};
   PRls = {'H', 'H', 'L', 'L', 'L', 'L', 'H', 'H'};
   p = anovan(YTvar,{Tlevels, Plevels, Rlevels, TPls, TRls, PRls})
```

结果显示 p = 0.1157   0.6126   0.1609   0.6816   0.2693   0.0581

由以上 p 值可知,$P*R$ 对于产率波动的影响最为显著,其次是 P。对于 0.05 的显著性水平,所有因素及其两两交互作用对产率波动均有影响。

（3）由问题（1）求解可知 $P*R$, T 和 R 是影响最大的三个因素,作出因素影响图,程序如下。

```
   TL = mean(YTmean(D3(:, 1)<0)); TH = mean(YTmean(D3(:, 1)>0));
   RL = mean(YTmean(D3(:, 3)<0)); RH = mean(YTmean(D3(:, 3)>0));
   PRL = mean(YTmean(D3(:, 6)<0)); PRH = mean(YTmean(D3(:, 6)>0));
   subplot(1, 3, 1)
   plot([-1 1],[TL, TH]), title('T')
   subplot(1, 3, 2)
   plot([-1 1],[RL, RH]), title('R')
   subplot(1, 3, 3)
```

plot([-1 1],[PRL, PRH]), title('P * R')

结果如图 8.16 所示。

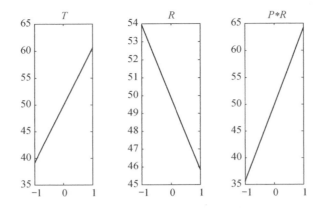

可知 T 和 $P*R$ 取高水平, R 取低水平可获得高收率。$P*R$ 取高水平的可能性有两种,即低低和高高,因此继续作出交互作用影响曲线,程序如下。

```
RlPl = mean(YTmean(D3(:, 3)<0&D3(:, 2)<0));
RHPl = mean(YTmean(D3(:, 3)>0&D3(:, 2)<0));
figure
plot([5 15],[RlPl RHPl], 'b-o', 'linewidth', 2)
hold on
RlPH = mean(YTmean(D3(:, 3)<0&D3(:, 2)>0));
RHPH = mean(YTmean(D3(:, 3)>0&D3(:, 2)>0));
plot([5 15],[RlPH RHPH], 'r:*', 'linewidth', 2)
set(gca, 'fontsize', 20)
xlabel('Reaction time', 'fontsize', 20)
ylabel('Yield', 'fontsize', 20)
title('P and R interaction plot', 'fontsize', 20)
legend({'P=50', 'P=70'}, 'fontsize', 20)
```

结果如图 8.16 所示。

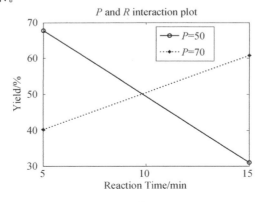

图 8.16 结果显示

由交互作用影响曲线知,低低有利于收率提高。因此最优条件可选 T 高 P 低 R 低。

8.9.4 Plackett-Burman 设计

Plackett-Burman(P-B)实验设计也是一种 2 水平因素筛选实验的设计方法,它所设计的实验次数为 4 的倍数。

P-B 实验设计采用 Hadamard 矩阵,MATLAB 的函数 hadamard 用于生成 P-B 设计的方案。hadamard 函数调用格式如下:

H = hadamard(n),其中 n 为 4 的倍数。

例如,输入:

>> PBD = hadamard(8)

得到结果:

```
PBD =   1    1    1    1    1    1    1    1
        1   -1    1   -1    1   -1    1   -1
        1    1   -1   -1    1    1   -1   -1
        1   -1   -1    1    1   -1   -1    1
        1    1    1    1   -1   -1   -1   -1
        1   -1    1   -1   -1    1   -1    1
        1    1   -1   -1   -1   -1    1    1
        1   -1   -1    1   -1    1    1   -1
```

矩阵第 2 列以后每列可表示因素,+1 和 -1 表示因素水平的高低。注意,后 7 列是正交的,因此 P-B 实验设计方法也是根据正交表进行的设计。

由上节完全析因设计知,采用 8 次实验,可以研究 3 个因素及其交互作用的影响,各因素之间互相不冲突。现在利用 8 次实验研究 4 个因素的影响,假定将第 4 个因素 D 放入矩阵的第 4 列,参见表 8.16,这将占据 A ∗ B 交互作用列,因此 D 和 A ∗ B 的影响混淆。这就是混合因素,即一次观察结果是多个因素共同作用的结果,因此不能独立估计因素及其交互作用的影响。

由于存在混合因素,通常 P-B 设计可用于不考虑交互作用的场合。一个 N 次的 P-B 实验设计可以考查的因素数为

$$k = (N-1)/(L-1) \tag{8.66}$$

其中 L 为水平数。

例题 30 已知一个发泡材料挤出工艺的产品孔隙率与升温梯度 A、物料温度 B、膨胀温度 C、模具温度 D、挤出速率 E、涂层厚度 F、涂层温度 G 和膨胀角度 H 等 8 个因素有关。

(1)试设计一个 P-B 实验方案,以检验各因素的影响是否显著。

(2)根据以上方案进行实验,获得的实验数据如表 8.19 所示,试采用合适的方法判断各因素的影响。

表 8.19　实验数据

实验序号	A	B	C	D	E	F	G	H	孔隙率
1	+1	+1	−1	+1	+1	+1	−1	−1	44.8
2	+1	−1	+1	+1	+1	−1	−1	−1	37.2
3	−1	+1	+1	+1	−1	−1	−1	+1	36.0
4	+1	+1	+1	−1	−1	−1	+1	−1	34.8
5	+1	+1	−1	−1	−1	+1	−1	+1	46.4
6	+1	−1	−1	−1	+1	−1	+1	+1	24.8
7	−1	−1	−1	+1	−1	+1	+1	−1	43.6
8	−1	−1	+1	−1	+1	+1	−1	+1	44.8
9	−1	+1	−1	+1	+1	−1	+1	+1	24.0
10	+1	−1	+1	+1	−1	+1	+1	+1	34.4
11	−1	+1	+1	−1	+1	+1	+1	−1	27.2
12	−1	−1	−1	−1	−1	−1	−1	−1	49.6

解：

按式(8.66)，在 2 水平上检验 8 个因素的影响需要的实验次数是 9，但 P-B 实验方案的实验次数为 4 的倍数，因此最低 P-B 实验次数是 12。因此输入：

```
>> PBD = hadamard(12)
```

即可获得实验方案，可以将 8 个因素分别放置于第 2 至第 9 列，空余 3 列保留。

(2) 判断因素的影响是否显著可以采用方差或极差分析。极差分析程序如下。

```
PBt = hadamard(12);
PB = −PBt([2:end, 1],[2, 12:−1:6]);
Result = [44.8; 37.2; 36.0; 34.8; 46.4; 24.8; 43.6; 44.8; 24.0; 34.4; 27.2;
49.6];
for i = 1:8
    EF(i) = sum(PB(:, i). * Result)/6;
end
g = pareto(abs(EF),{'A', 'B', 'C', 'D', 'E', 'F', 'G', 'H'});
h = refline(0, mean(abs(EF)));
set(h, 'color', 'r')
```

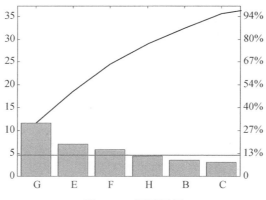

图 8.17　图形显示

由图 8.17 可见各因素的影响大小按以下顺序排列:G E F H B C。

方差分析程序如下。

Result＝[44.8；37.2；36.0；34.8；46.4；24.8；43.6；44.8；24.0；34.4；27.2；49.6]；

EA＝{'H'，'H'，'L'，'H'，'H'，'H'，'L'，'L'，'L'，'H'，'L'，'L'}；

EB＝{'H'，'L'，'H'，'H'，'H'，'L'，'L'，'L'，'H'，'L'，'H'，'L'}；

EC＝{'L'，'H'，'H'，'H'，'L'，'L'，'L'，'H'，'L'，'H'，'H'，'L'}；

ED＝{'H'，'H'，'H'，'L'，'L'，'L'，'H'，'L'，'H'，'L'，'L'，'L'}；

EE＝{'H'，'H'，'L'，'L'，'L'，'L'，'H'，'H'，'L'，'H'，'L'，'L'}；

EF＝{'H'，'L'，'L'，'L'，'H'，'L'，'H'，'L'，'H'，'H'，'H'，'L'}；

EG＝{'L'，'L'，'L'，'H'，'L'，'H'，'H'，'L'，'H'，'H'，'H'，'L'}；

EH＝{'L'，'L'，'H'，'L'，'H'，'H'，'L'，'H'，'H'，'L'，'L'，'L'}；

p＝anovan(Result,{EA, EB, EC, ED, EE, EF, EG, EH})

结果:p＝0.8547；0.2283；0.2731；0.6260；0.0581；0.0895；0.0155；0.1524

可见各因素的影响大小按以下顺序排列:G E F H B C D A,与极差分析结果相同。

8.9.5　部分析因设计

由前两节的介绍可知,7 因素 2 水平的完全析因实验需要 $2^7＝128$ 次实验,可以确定 7 个单因素、28 个两因素交互作用和 93 个多因素交互作用的影响;而 7 因素 2 水平的 P–B 实验设计需要 $8＝2^{7-4}$ 次实验,实验结果可以辨识 7 个单因素的影响,忽略所有因素交互的作用。那么,如果进行 $2^{7-1}＝64$、$2^{7-2}＝32$ 或 $2^{7-3}＝16$ 次实验,可以确定哪些因素及其交互作用的影响呢? 由于实验次数较完全析因实验少,但较 P–B 实验次数多,因此可以推测实验结果可以确定影响的因素数量要较完全析因实验少,但较 P–B 实验设计多。

在实际过程中,有理由假设某些多重因素交互作用可以忽略,因此可以通过部分的完全析因实验确定主要因素和低阶交互作用的影响,这就是部分析因实验的目的。部分析因实验的次数为 2^{k-p},其中 k 为因素数,p 指定了次数为完全析因实验的 $\left(\dfrac{1}{2}\right)^p$。部分析因实验是产品和过程设计优化中使用最为广泛的实验设计方法之一。

首先考虑 2^{4-1} 部分析因实验,采用这一设计在 8 次实验中检验 4 个因素的作用。它的设计矩阵参见表 8.16。忽略三重交互作用 ABC 的影响,将因素 D 放至在此列,即该设计的生成关系为 D＝ABC。这样也意味着 D 与 ABC 是混合因素,它们的影响不能独立确定,由这一列水平变化引起的响应值的变化 l_D 实际为 D 与 ABC 的共同影响,即有:$l_D \rightarrow D＋ABC$。

除了 D 与 ABC 外,这一设计还将产生其他的混合因素。将表 8.16 中每一列元素乘以自身,其结果都为＋1,即表中的最后一列,以 I 表示,即:

$$A * A = B * B = C * C = D * D = I$$

此外将生成关系式两侧都乘以 D,则有 I＝D＊D＝ABCD,将这一关系式两端同时乘以 A,有:

A＝A＊ABCD＝IBCD＝BCD。因此 A 与 BCD 是混合因素。同样的方法,还可以得到:B＝ACD,C＝ABD,AB＝CD,AC＝BD 和 AD＝BC。

以上这种 2^{4-1} 设计方法被称为解决方案 4,它所设计的方案中每个因素与其他因素的三重交互作用及不同两因素交互作用之间都是混合因素。之所以被称为解决方案 4 是因为其生成关系 I＝ABCD 包括了 4 个字符。类似地,也可以进行解决方案 3 的设计。将 D 因素放至 AB 交互作用列上,有 D＝AB,此时生成关系为 I＝ABD,生成关系中包括 3 个字符。将其两端乘以 A,有 A＝A＊I＝A＊ABD＝BD,类似有 B＝AD,C＝ABCD,D＝AB,AC＝BCD,BC＝ACD 和 CD＝ABC。可见这种设计中,A、B 和 D 三个单因素与两因素交互作用是混合因素,不利于辨识单因素的影响。

MATLAB 的函数 fracfact 可用于生成 2 水平部分析因实验方案,其调用格式如下。

```
X= fracfact(gen)
[X, conf]= fracfact(gen)
```

其中输入参数 gen 是字符串单元数组或字符串矩阵,可以采用函数 fracfactgen 生成 gen;输出变量 X 为生成的设计矩阵,conf 为混合因素列表。

函数 fracfactgen 的调用格式如下。

```
generators = fracfactgen(terms)
generators = fracfactgen(terms, k)
generators = fracfactgen(terms, k, R)
```

其中 terms 为空格分隔的字母,$a \sim z$ 表示前 26 个因素,$A \sim Z$ 表示 27～52 个因素,多个字母的字符串则表示对应字母的交互作用,k 表示生成方案中实验次数为 2^k,k 可以输出空阵,此时生成的方案中实验次数最少,R 表示第几类解决方案。

例如,采用 8 次实验研究 4 因素的影响,需生成解决方案 4 的实验设计,可采用如下语句。

```
>> generators = fracfactgen('a b c d', 3, 4)
```

结果为:generators =

```
    'a'
    'b'
    'c'
    'abc'
```

再输入:

```
>> [dFF, Conf] = fracfact(generators)
```

结果为:

```
dFF =
    -1   -1   -1   -1
    -1   -1    1    1
```

$$
\begin{array}{rrrr}
-1 & 1 & -1 & 1 \\
-1 & 1 & 1 & -1 \\
1 & -1 & -1 & 1 \\
1 & -1 & 1 & -1 \\
1 & 1 & -1 & -1 \\
1 & 1 & 1 & 1
\end{array}
$$

Conf =

'Term'	'Generator'	'Confounding'
'X1'	'a'	'X1'
'X2'	'b'	'X2'
'X3'	'c'	'X3'
'X4'	'abc'	'X4'
'X1 * X2'	'ab'	'X1 * X2 + X3 * X4'
'X1 * X3'	'ac'	'X1 * X3 + X2 * X4'
'X1 * X4'	'bc'	'X1 * X4 + X2 * X3'
'X2 * X3'	'bc'	'X1 * X4 + X2 * X3'
'X2 * X4'	'ac'	'X1 * X3 + X2 * X4'
'X3 * X4'	'ab'	'X1 * X2 + X3 * X4'

dFF 为生成的设计矩阵,可以根据它安排实验;Conf 表示了所有混合因素。

根据设计矩阵设计好实验方案后,就可以进行实验。实验结果的分析与前两节中介绍的方法类似。

例题 31　实验研究反应 $A+B+C \longrightarrow D+E$,该反应在溶剂 S 中进行。采用 2 水平实验设计研究各因素对 D 产率的影响,因素及对应的水平如表 8.20 所示。

表 8.20　各因素及对应水平

因　素	水　平	
	高	低
X_1(溶剂 S 使用量)	200	250
X_2(C 的使用量)	4.0	4.5
X_3(C 的浓度)	90	93
X_4(反应时间)	1	2
X_5(B 的用量)	3.0	3.5

(1) 忽略三重以上交互作用影响,能否设计通过 8 次实验判断所有 5 个单因素的影响?

(2) 采用生成关系 $X_4 = X_1 * X_2 * X_3$ 和 $X_5 = - X_2 * X_3$,生成一个 2^{5-2} 部分实验方案。如果根据以上实验方案进行实验,获得结果如表 8.21 所示。根据这一实验结果能否判断什么因素对 D 产率影响显著?

(3) 现要找到使 D 产率大于 60 的反应条件,以上结果可以提供什么启示?

表 8.21 实验数据

实验序号	X_1	X_2	X_3	X_4	X_5	$D_{产率}$
1	−1	−1	−1	−1	−1	34.4
2	−1	−1	+1	+1	+1	51.6
3	−1	+1	−1	+1	+1	31.2
4	−1	+1	+1	−1	−1	45.1
5	+1	−1	−1	+1	−1	54.1
6	+1	−1	+1	−1	+1	62.4
7	+1	+1	−1	−1	+1	50.2
8	+1	+1	+1	+1	−1	58.6

解:

(1) 实验方案要求单因素与三重交互作用不存在相互影响,可采用解决方案 4 完成,在命令窗口输入:

```
>> gen = fracfactgen('a b c d e', 3, 4)
```

则返回如下结果:Error using fracfactgen (line 184)

k must be at least 4 for the specified model and resolution.

说明实验次数至少为 $2^k(k>4)$ 次实验不能完成题目的要求。如果输入

```
>> gen = fracfactgen('a b c d e', [], 4);
```

```
>> [dF Conf] = fracfact(gen)
```

可见生成方案中包括 16 次实验,这是需要的最少实验次数。

(2) 对实验结果进行极差和方差分析,程序如下。

```
[dF Conf] = fracfact('a b c abc −bc');
yield = [34.4  51.6  31.2  45.1  54.1  62.4  50.2  58.6];
for i = 1:5
    DY(i) = yield * dF(:, i)/4;
end
Factor = {'X1', 'X2', 'X3', 'X4', 'X5'};
pareto(DY, Factor)
p = anovan(yield, dF)
```

程序运行后显示排列图和 p 值如图 8.18 所示。

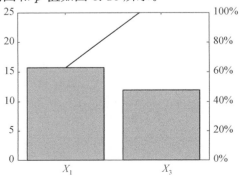

图 8.18 图形显示

```
p = 0.0256   0.2326   0.0433   0.7723   0.7850
```

由上述可见不论是极差分析还是方差分析都显示因素 X_1 和 X_3 的影响显著。但是应当注意，以上实验设计方案中 X_1 和 X_3 可能存在与交互作用的相互影响。通过 Conf 值知：

```
Conf =

    'Term'              'Generator'           'Confounding'
    'X1'                'a'                    'X1 − X4 * X5'
    'X3'                'c'                    'X3 − X2 * X5'
    'X2 * X5'           '− c'                  '− X3 + X2 * X5'
    'X4 * X5'           '− a'                  '− X1 + X4 * X5'
```

则 $l_{X_1} = X_1 - X_4 * X_5 = X_1 - X_4 * X_5 - (-X_1 + X_4 * X_5) = 2X_1$，$X_4 * X_5$ 的影响被排除，同理 $X_2 * X_5$ 对 X_3 的影响也被消除，因此可以判定 X_1 和 X_3 是过程影响最显著的因素。

（3）由于仅有 X_1 和 X_3 对 D 的产率有显著影响，可以作出这两个因素的影响曲线，程序如下。

```
YX1H = mean(yield(dF(:, 1)>0)); YX1L = mean(yield(dF(:, 1)<0));
YX3H = mean(yield(dF(:, 3)>0)); YX3L = mean(yield(dF(:, 3)<0));
subplot(1, 2, 1)
plot([− 1 1],[YX1L, YX1H])
xlabel('Level')
ylabel('Yield')
title('X1')
subplot(1, 2, 2)
plot([− 1 1],[YX3L, YX3H])
xlabel('Level')
ylabel('Yield')
title('X3')
```

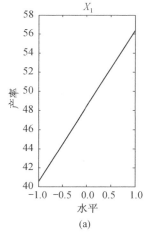 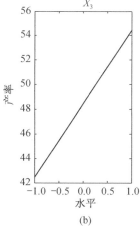

图 8.19　图形显示

从图 8.19 可见,当 X_1 和 X_3 取高水平时产率高,因此要使产率超过 60,应进一步提高 X_1 和 / 或 X_3 因素的水平值。

8.9.6 Box-Wilson 和 Box-Behnken 设计

此前介绍的几种方法都是 2 水平设计,它们对于因素筛选和条件优化工作十分重要。从模型回归的角度看,由于两点可以确定一条直线,因此这些实验设计方法可用于线性模型的参数回归。而且由于设计矩阵的正交特性有助于独立估计各参数的值,因此可以采用尽可能少的实验次数获得最可靠的参数估计值。

但是总有一些情况下,模型响应值(实验结果)与因素的水平(实验条件)不是线性关系,如式(8.65)表示的二次关系,这时采用 2 水平设计就不能提供必要信息,需要增加水平数。

Box-Wilson 设计又被称为二阶旋转设计,它以 2 水平设计为基础,通常 $k<5$ 时采用 2^k 完全析因设计,$k\geqslant5$ 时选 2^{k-1} 部分析因设计,然后在原设计的 2 水平外增加一系列的附加点。所增加的附加点分为两类:一类是中心点,水平值为各因素水平的平均值,如果以 — 表示低水平,+ 表示高水平,则中心点可以用 0 表示;另一类被称为星状点,此类点所取的水平值按下式计算:

$$\alpha = \pm 2^{\frac{k}{4}} \quad (k<5) \tag{8.67}$$

或

$$\alpha = \pm 2^{\frac{k-p}{4}} \quad (k\geqslant5) \tag{8.68}$$

例如,当研究的因素数 $k=2$ 时,所增加的星状点的水平值为 $\pm\sqrt{2} = \pm 1.414$。Box-Wilson设计方案的实验总数为

$$N = 2^k + 2k + n_0 \tag{8.69}$$

其中 n_0 表示中心点数目,通常需在中心点重复多次实验,以便于估计模型回归值的方差。一个 2 因素的 Box-Wilson 设计如表 8.22 所示。

表 8.22 2 因素的 Box-Wilson 设计

序号	1	2	3	4	5	6	7	8	9	10	11	12	13
X_1	+1	−1	+1	−1	−1.414	1.414	0	0	0	0	0	0	0
X_2	+1	+1	−1	−1	0	0	−1.414	1.414	0	0	0	0	0

MATLAB 的函数 ccdesign 可用于生成 Box-Wilson 方案。在命令窗口运行命令:

```
>>DF = ccdesign(2)
```

结果生成的矩阵与上表相同。

与 Box-Wilson 设计不同,Box-Behnken 设计仅采用三个水平进行实验设计,所增加的附加点水平都采用 2 水平的平均值。当研究因素较少时,它设计的实验次数少于 Box-Wilson 设计。MATLAB 的函数 bbdesign 可用于生成 Box-Behnken 设计。在命令运行命令:

```
>>DF = bbdesign(3)
```

生成设计矩阵如下。

$$-1 \quad -1 \quad 0; \quad -1 \quad 1 \quad 0; \quad 1 \quad -1 \quad 0;$$
$$1 \quad 1 \quad 0; \quad -1 \quad 0 \quad -1; \quad -1 \quad 0 \quad 1;$$
$$1 \quad 0 \quad -1; \quad 1 \quad 0 \quad 1; \quad 0 \quad -1 \quad -1;$$
$$0 \quad -1 \quad 1; \quad 0 \quad 1 \quad -1; \quad 0 \quad 1 \quad 1;$$
$$0 \quad 0 \quad 0; \quad 0 \quad 0 \quad 0; \quad 0 \quad 0 \quad 0$$

8.9.7　D 最优设计

上节介绍的两种实验设计方法都属于响应面设计,它适用于实验区间为规整立方体或球体时的情况。当因素的操作区间不规整,如因素 X_1 和 X_2 存在限制条件: $X_1 + X_2 \geqslant 2.3$;或不是标准的二次模型,如:

$$\hat{y} = \beta_0 + \beta_1 x_1 + \beta_2 x_2 + \cdots + \beta_{11} x_1^2 + \beta_{11} x_2^2 + \cdots + \beta_{112} x_1^2 x_2 + \beta_{133} x_1 x_3^2 + \cdots + \varepsilon$$

$$(8.70)$$

时,就需要采用计算机辅助设计获得最优实验设计方案。

计算机辅助设计最优实验方案最早由 Kiefer 等发展。通常这一方法的步骤包括选择合适的模型、感兴趣的实验范围、规定实验次数、指定合适的最优准则,最后设计合理的备选实验点。最常用的最优准则是 D 最优准则:

$$\min \left| (X'X)^{-1} \right| \tag{8.71}$$

当式(8.71)达到最小时,待回归参数的联合置信区间的容积达到最小。类似地,也可以使用 A 最优准则:

$$\text{trace}\left((X'X)^{-1} \right) \tag{8.72}$$

此时,最优设计可以使回归参数的方差和最小。各种不同的最优准则可以根据实际需要自行选择。

一般地,最优实验方案的建立都采用交换算法。本质上,将实验区间划分为一系列的格点,选择一部分格点作为初始实验点,进行实验并获得回归参数值;然后在剩余的格点中通过交换算法选择接下来的实验方案,选择的依据是新增实验点可以满足最优准则,在这一过程中需要使用计算机模拟实验值并计算最优准则的值。但应当注意,由于不是所有可能的实验方案在此过程都得到评价,因此所找到的最优实验方案可能是一个局部最优方案,因此寻优过程通常可以进行几次,以便于得到最佳的方案。

MATLAB 的函数 rowexch 和 cordexch 都可以用于生成 D 最优实验设计方案。两个函数的调用格式如下。

$[dFF, X]$ = rowexch(nfactors, nruns, model)
$[dFF, X]$ = cordexch(nfactors, nruns, model)

其中输入参数中,nfactors 为数字,表示设计的因素数;nruns 表示设计包括的实验次数;model 的值可以为以下几种字符串。

linear——常数项和线性项,默认值;

interaction——常数项、线性项和交互作用项;

quadratic——常数项、线性项、交互作用和平方项；

purequadratic——常数项、线性项和平方项。

输出变量中，dFF 为设计矩阵，可以据此设定实验条件；X 为一个矩阵，其每一列表示与哪个回归项有关，其排列顺序为：常数项、线性项、交互作用项和平方项。

例如，在 MATLAB 中输入：

```
>> [dFF X] = rowexch(2, 8, 'quadratic')
```

得到结果如下。

```
dFF =
    -1    1
     1    1
     0   -1
     0    1
    -1   -1
    -1    0
     0    0
     1   -1
```

这两列分别表示每次实验应选择的两个因素的水平；

```
X =
    1   -1    1   -1    1    1
    1    1    1    1    1    1
    1    0   -1    0    0    1
    1    0    1    0    0    1
    1   -1   -1    1    1    1
    1   -1    0    0    1    0
    1    0    0    0    0    0
    1    1   -1   -1    1    1
```

可见 X 中的前两列与 dFF 相同，表示用于回归常数项、X_1 和 X_2 的系数；后三列对应为 $X_1 * X_2$，$X_1 \char94 2$ 和 $X_2 \char94 2$，分别用于计算它们的待回归参数。

应当指出，仅当自变量是真正正交时，利用正交性质进行的实验设计才是有效的。对于更一般的非线性模型的参数回归，应使用序贯实验设计（参见第 9 章）。

习　　题

1. 实验测得使用不同助剂生产的某种材料的拉伸强度如下表所示。

助剂种类	材料拉伸强度/MPa
A	55.4　58.6　59.2　58.1　54.6　57.3
B	50.8　48.6　49.5　51.6　52.4　52.1
C	51.1　48.5　52.3　55.1　52.4　51.2

（1）试绘制以上数据的散点图。根据绘制结果说明助剂种类是否对拉伸强度有影响;

（2）绘制以上数据的盒状图,根据结果说明助剂种类对拉伸强度是否有影响。

2. 采用两种方法研究冰的潜热,即测量每克冰从 $-0.72℃$ 变成 $0℃$ 的水所吸收的热量,实验测得热量变化如下表所示。

| 方法 A | 79.98 | 80.04 | 80.02 | 80.04 | 80.03 | 80.04 | 79.97 | 80.05 |
| 方法 B | 80.02 | 79.94 | 79.97 | 79.98 | 79.97 | 80.03 | 79.95 | 79.97 |

假设两种方法测得数据总体都服从正态分布,现要比较这两种研究方法有无显著性差异($\alpha=0.05$)。

（1）试写出该假设检验的原假设和备择假设;

（2）编写一个 MATLAB 函数判断两种研究方法有无显著性差异;

（3）说明如何根据以上 MATLAB 程序的运算结果判断两种方法有无差异。

3. 在不同温度和浓度水平下,测得某反应的收率如下表所示,试采用 MATLAB 的双因素方差分析函数编写一个程序在 0.05 显著性水平上检验浓度、温度及温度和浓度的交互作用对收率是否有影响。请说明可以根据以上程序中的哪些输出变量表示浓度、温度或其交互作用的影响是否显著。

浓度/%（因素 A）	温度/℃（因素 B）			
	10	24	38	52
2	14	11	13	10
	10	11	9	12
4	9	10	7	6
	7	8	11	10
6	5	13	12	14
	11	14	13	10

4. 一组数据如下表所示,试采用一元线性回归拟合数据并进行相关检验。

x	y	x	y
2.38	51.11	2.78	52.87
2.44	50.63	2.70	52.36
2.70	51.82	2.36	51.38
2.98	52.97	2.42	50.87
3.32	54.47	2.62	51.02
3.12	53.33	2.80	51.29
2.14	49.90	2.92	52.73
2.86	51.99	3.04	52.81
3.50	55.81	3.26	53.59
3.20	52.93	2.30	49.77

5. 采用两水平部分析因实验设计实验方案研究 7 个工艺因素对某过程产率的影响,7 个因素及其高低水平值如下表所示。

因素	低水平值	高水平值
温度（A）	150℃	200℃
压力（B）	1.2 MPa	1.5 MPa
A 物质浓度（C）	3%	5%
B 物质浓度（D）	2%	8%
催化剂种类（E）	A	B
反应时间（F）	2 h	4 h
流量（G）	10 mL/min	15 mL/min

实验获得数据及各次实验条件如下。

实验	A	B	C	D	E	F	G	产率/%
1	−	+	+	−	−	+	−	66.1
2	−	+	−	+	−	−	+	59.6
3	+	−	+	+	−	−	−	62.3
4	+	+	−	−	+	−	−	67.1
5	−	−	+	−	+	−	+	21.1
6	+	+	+	+	+	+	+	57.8
7	−	−	−	+	+	+	−	59.7
8	+	−	−	−	−	1	1	22.5

注："−"表示低水平，"＋"表示高水平。

试编写一个 MATLAB 对以上实验结果进行分析，要求：

(1) 进行极差分析计算各主因素的影响效果，根据计算结果采用 fprintf 输出判断影响最大的因素是哪个；

(2) 根据极差分析结果，作出排列图；

(3) 进行方差分析计算因素 A，B，D，G 的影响效果；根据方差计算结果输出所有影响显著的因素。

第 9 章
数值最优化方法

在实际工程应用过程中经常碰到从多个可能的方案中选出最合理的、能实现预定最优目标的方案,这个方案就称为最优方案。通常最优方案的获得需要在多个相互约束的变量中取得平衡。例如,化学反应的速率随着温度的升高而增加,提高反应器温度有利于增加产量,但是提高温度可能会增加不必要的副产物,同时也增加过程能耗,因此反应器的最优操作温度就要综合考虑这些因素的影响。寻找最优方案的方法称为最优化方法。

在第二次世界大战以前,解决最优化问题常用的方法是微分法和变分法。二次大战期间,由于军事需要产生了运筹学,提出了大量不能用古典方法解决的最优化问题,从而产生了线性规划、非线性规划、动态规划、图论等新的方法。20 世纪 60 年代以来,随着电子计算机的广泛应用,有了求解最优化问题的有力工具。这种利用计算机寻找最优化问题数值解的方法就是数值最优化方法。

9.1　最优化问题的基本形式与分类

一个最优化问题可以定义如下。

目标函数:
$$\min \quad f(x) \tag{9.1}$$

约束条件:

$$h(x) = 0 \tag{9.2}$$

$$g(x) \leqslant 0 \tag{9.3}$$

$$x_l \leqslant x \leqslant x_u \tag{9.4}$$

式中,x 是由 n 个变量组成的向量,称为决策变量或自变量;式(9.2)中 $h(x)$ 是一组维数为 m_1 的等式向量,称为等式约束;式(9.3)是一组维数为 m_2 的不等式向量,称为不等式约束;式(9.4)称为参数边界。

例题 1　某化肥集团公司有两个化肥厂,其产能分别为 a_i, $i = 1, 2$。现需将其分别配送到 10 个分销点,两个工厂到分销点的运输价格为 C_{ij}, $i = 1, 2$; $j = 1, 2, \cdots, 10$,运输量 x_{ij}, $i = 1, 2$; $j = 1, 2, \cdots, 10$ 必须保证每个分销店的销售量 d_j, $j = 1, 2, \cdots, 10$,求运输费用达到最少时的运输量。根据以上描述,写出该最优化问题的目标函数和约束条件。

解:

目标函数:$\min \quad \sum_{ij} C_{ij} x_{ij}$

约束条件：$\sum_{j=1}^{10} x_{ij} \leqslant a_i$，$i = 1, 2$（每个工厂的运输量小于其产能）

$\sum_{i=1}^{2} x_{ij} \geqslant d_j$，$j = 1, 2, \cdots, 10$（两个工厂运输到分销店的总量大于销量）

$x_{ij} \geqslant 0$（运输量不能为负值）

例题 2 一组 3 个全混流反应器在常温稳态操作，反应器入口 A 浓度为 c_0，三个反应器出口 A 浓度为 $c_i(i = 1, 2, 3)$，物料流量为 q，假定三个反应釜中的 A 的产生速率为 $R_i(i = 1, 2, 3)$，如果三个反应器总体积为 100 L，求使第三个反应器出口 A 浓度达到最大时的三个反应器的体积 $V_i(i = 1, 2, 3)$。试写出以上最优化问题的目标函数和约束条件。

解：

根据全混流反应器的模型，对于每个反应器有

$$q(c_3 - c_2) = V_3 R_3$$
$$q(c_2 - c_1) = V_2 R_2$$
$$q(c_1 - c_0) = V_1 R_1$$

由此可知
$$c_3 = \frac{V_3 R_3 + V_2 R_2 + V_1 R_1}{q} + c_0,$$

则：

目标函数：
$$\max \frac{V_3 R_3 + V_2 R_2 + V_1 R_1}{q} + c_0$$

约束条件：
$$V_1 + V_2 + V_3 = 100$$
$$V_i \geqslant 0, \ i = 1, 2, 3$$

根据目标函数和约束条件方程和自变量 x 类型的不同可以将最优化分为不同的类型。如果最优化问题没有约束条件，则称为无约束优化问题，反之则称为有约束优化问题。如果目标函数和约束条件都是线性关系，则称为线性规划问题，在生产计划安排、生产调度、资源分配等常可遇见这类问题。如果线性规划中，决策变量的取值只能为整数，则又称为整数规划。如果目标函数为非线性函数，则该问题为非线性优化问题，特别地，如果目标函数具有平方和的形式，则称为最小二乘问题，最小二乘问题在模型参数回归中应用十分广泛。如果决策的目标往往不止一个，如厂址选择，既要求运费及造价等经济指标最低，又要求对环境的污染最小，这种问题被称为多目标规划问题。

9.2 数值最优化算法的基本思路

数值最优化通常采用迭代方法，即从一个初始的猜测解 x_0 出发，通过优化算法产生一个迭代数列 x_k，使 x_k 在迭代过程中逐渐减小，当迭代至 x_k 无法再减小时，求解完成。迭代时，从任意 x_k 出发寻找下一个迭代点 x_{k+1} 需要确定搜索方向和搜索步长，这可以表示为

$$x_{k+1} = x_k + a_k p_k \tag{9.5}$$

其中 p_k 表示搜索方向；a_k 表示搜索步长，根据确定搜索方向和步长的基本思想不同，

最优化算法可以分为两种策略:线搜索(Line Search)策略和信赖域(Trust Region)策略。

在线搜索策略中,算法中从当前的 x_k 出发,首先选择一个搜索方向 p_k,再通过近似求解一维最小化问题确定搜索步长 a_k,

$$\min_{\alpha>0} f(x_k + \alpha_k p_k) \tag{9.6}$$

在信赖域策略中,通过收集所有关于目标函数 $f(x)$ 的信息建立一个模型函数 m_k,这一函数在 x_k 附近的函数行为与 $f(x)$ 类似,但是当 x 远离 x_k 时,模型 m_k 可能不能良好地近似 $f(x)$,因此只能在限定的区域内搜索 m_k 的极小值,这个限定的区域就是信赖域。在信赖域策略中,最优问题在每一个迭代步骤中近似求解以下问题:

$$\min_{p} m_k(x_k + p) \tag{9.7}$$

如果备选解决方案不能使 $f(x)$ 的函数值减小,则认为信赖域过大,改变其大小重新求解问题(9.7)。通常信赖域定义为 $\|p\|_2 \leqslant \Delta$ 的球体,$\Delta > 0$ 称为信赖域半径;将 m_k 定义为二次函数形式,如下。

$$m_k(x_k + p) = f_k + p^T \nabla f_k + \frac{1}{2} p^T B_k p \tag{9.8}$$

其中 f_k、∇f_k 分别表示 x_k 处的函数值和导数值;B_k 可以为 Hessian 矩阵 $\nabla^2 f_k$ 或其近似矩阵。

信赖域策略与线搜索策略的不同之处可以视为确定搜索方向和步长顺序的不同。在线搜索策略中,首先确定搜索方向,然后确定一个最适宜步长。而在信赖域策略中,首先选择一个最大距离(信赖域半径),然后寻找一个方向和步长使函数值在信赖域中降低最多。

9.2.1　线搜索策略的算法

对于一般的无约束优化问题,可以利用目标函数的一阶或二阶导数确定搜索方向,如最速下降法、共轭梯度法、牛顿法等,也可以利用目标函数值确定搜索方向,如单纯形法、鲍威尔法等。

函数沿负梯度方向下降最快,采用负梯度方向 $-\nabla f_k$ 是最明显的搜索方向的选择,这种方法就是最速下降法,又称梯度法。牛顿法则以 $[\nabla^2 f_k]^{-1} \nabla f_k$ 作为搜索方法,与最速下降法相比,牛顿法由于使用了曲率信息,因此可能更为直接地找到最优解。牛顿法的主要缺点是需要计算二次导数的 Hessian 矩阵 $\nabla^2 f_k$,对于数值计算而言,这往往容易引入误差。对于最小二乘法优化问题,采用下式近似 Hessian 矩阵:

$$\nabla f_k^2 \approx J_k^T J_k \tag{9.9}$$

其中 J_k 表示函数值对于各参数的偏导数;而 $\nabla f_k = J_k^T r_k$,搜索方向可以通过以下关系式获得:

$$J_k^T J_k p_k = -\nabla f_k \tag{9.10}$$

这就是高斯-牛顿法。为了避免牛顿法和高斯牛顿法计算所需的 Hessian 矩阵或其近似矩阵 $J_k^T J_k$ 不是正定阵而无法求逆的问题,Levnberg-Marquardt 提出了如下修正关系式:

$$(J_k^T J_k + \lambda I) p_k = -\nabla f_k \tag{9.11}$$

当 Marquardt 参数 λ 趋近于 0 时,Levenberg-Marquardt 算法接近高斯-牛顿法,而 λ 较大时,这一方法近似于最速下降法。

拟牛顿法则不需要计算二阶导数,但是其仍然保持了超线性的收敛速率。这种方法采用近似矩阵 B_k 替代 $\nabla^2 f_k$,它满足割线方程:

$$B_{k+1}s_k = y_k(s_k = x_{k+1} - x_k, \; y_k = \nabla f_{k+1} - \nabla f_k) \tag{9.12}$$

通常在迭代过程中采用两种方法更新 B_k,一种称为 systmetric-rank-one 公式,如下。

$$B_{k+1} = B_k + \frac{(y_k - B_k s_k)(y_k - B_k s_k)^{\mathrm{T}}}{(y_k - B_k s_k)^{\mathrm{T}} s_k} \tag{9.13}$$

另一种称为 BFGS 方法,如下。

$$B_{k+1} = B_k - \frac{B_k s_k s_k^{\mathrm{T}} B_k}{s_k^{\mathrm{T}} B_k s_k} + \frac{y_k y_k^{\mathrm{T}}}{y_k^{\mathrm{T}} s_k} \tag{9.14}$$

采用以上 B_k 代替 Hessian 矩阵,则拟牛顿法的搜索方向为:$-B_k^{-1} \nabla f_k$。

共轭梯度法也仅需利用一阶导数信息,但克服了最速下降法收敛慢的缺点,而且在计算过程不需要储存矩阵,因此也被广泛使用。这一方法的搜索方向具有如下形式。

$$p_k = -\nabla f_k + \beta_k p_{k-1} \tag{9.15}$$

其中 β_k 为标量,保证 p_k 和 p_{k-1} 是共轭的。在 Fletcher-Reeves 非线性共轭梯度法中,以梯度作为初始搜索方向,然后在 $(k-1)$ 步的迭代中首先进行一次一维搜索,确定搜索步长,则 $x_k = x_{k-1} + a_k p_k$,计算 ∇f_k,则 $\beta_k = \dfrac{\nabla f_k^{\mathrm{T}} \nabla f_k}{\nabla f_{k-1}^{\mathrm{T}} \nabla f_{k-1}}$,$p_k = -\nabla f_{k-1} + \beta_k p_k$。

搜索方向的确定也可以不采用导数,例如广泛使用的 Nelder-Mead 算法只采用函数值确定搜索方向。这一方法在每一步迭代过程中追踪 n 维实数空间 R^n 中的 $(n+1)$ 个函数值,这 $(n+1)$ 个点是一个单纯形的顶点。在几何概念中,三角形和四面体分别是二维空间和三维空间的单纯形,多维空间单纯形则是三角形和四面体的组合。在 Nelder-Mead 算法的迭代过程中有四种基本操作:反射、扩张、退缩和收缩。图 9.1 表示了二维空间中一次迭代中的基本操作:选择三个点中最差的点(函数值最大)进行反射操作,如果反射点有效(函数值减小)则沿反射方向继续扩张,如果反射点无效,则进行退缩操作,如果以上操作都无效,则进行收缩操作。在实践过程中,也发现 Nelder-Mead 算法可能静止在非最优点,此时可以选择新的起始点重新开始计算。

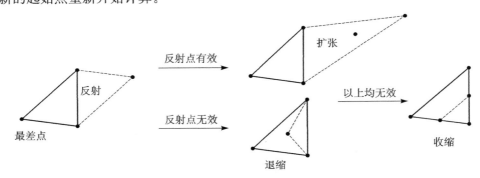

图 9.1　Nelder-Mead 算法基本操作示意图

在选择了搜索方向后,还需要选择合适的搜索步长。一般总是期望能找到最优的步长,但这并不是一个容易的任务。由于在整个优化过程中,迭代需要进行多次,因此只能选择以最小的代价获得一个"较好"的结果,即当所得步长满足一个条件时则终止搜索。经常使用的判断条件有两个,一是 Wolfe 条件,可以表示如下。

$$\begin{cases} f(x_k + a_k p_k) \leqslant f(x_k) + c_1 a_k \nabla f_k^{\mathrm{T}} p_k \\ \nabla f(x_k + a_k p_k)^{\mathrm{T}} p_k \geqslant c_2 \nabla f_k^{\mathrm{T}} p_k \end{cases} \tag{9.16}$$

其中 c_1 和 c_2 为常数,且有 $0 < c_1 < c_2 < 1$。另一个条件是 Goldstein 条件,如下。

$$f(x_k) + (1-c) a_k \nabla f_k^{\mathrm{T}} p_k \leqslant f(x_k + a_k p_k) \leqslant f(x_k) + c a_k \nabla f_k^{\mathrm{T}} p_k \tag{9.17}$$

其中 $0 < c < \dfrac{1}{2}$。这两个条件适用于不同的优化算法,Wolfe 条件在拟牛顿法中具有重要作用,而 Goldstein 条件则常用于牛顿法类型的算法中。

在步长搜索过程中一般也使用迭代法。从一个初始估计值 a_0 开始,构造一个序列 $\{a_i\}$,直至它满足终止条件。常规的步骤包括:包围和选择两个阶段。第一个阶段中首先找到一个区间 $[a, b]$,使其包括了可以接受的步长;第二个阶段在这一区间内确定最终的步长。在选择阶段,一般采用多项式插值法逼近函数值,由于多项式良好的性质使得步长的确定工作更加方便。

9.2.2　信赖域策略的算法

如果把式(9.8)中的 B_k 设为 0,采用 Euclidean 范数定义信赖域,则优化问题(9.7)变为

$$\min_d f_k + p^{\mathrm{T}} \nabla f_k \quad \text{s. t.}^{①} \| p \|_2 \leqslant \Delta_k \tag{9.18}$$

上述问题的解可以表示为

$$p_k = - \frac{\Delta_k \nabla f_k}{\| \nabla f_k \|} \tag{9.19}$$

由上式可见,它与最速下降法采用了相同的搜索方向 $-\nabla f_k$,其搜索步长决定于信赖域半径。信赖域策略和线搜索策略此时是一致的。如果把式(9.8)中的 B_k 设为 Hessian 矩阵 $\nabla^2 f_k$,由于信赖域策略中限制了 $\| p \|_2 \leqslant \Delta_k$,因此即使 $\nabla^2 f_k$ 不是正定阵,优化问题仍可以求解,因此这种信赖域牛顿法是一种非常高效的优化算法。

信赖域半径的确定也是信赖域算法实现的关键。可以通过比较 m_k 与目标函数在前次迭代过程的值进行选择:在第 k 次迭代过程中,定义:

$$\rho_k = \frac{f(x_k) - f(x_k + p_k)}{m_k(0) - m_k(p_k)} \tag{9.20}$$

当 $\rho_k < 0$ 时,说明目标函数在迭代过程中增大,则此步迭代应被拒绝;当 ρ_k 接近 1 时,说明 m_k 可以很好地预测目标函数的行为,在下次迭代过程中可以扩大信赖域半径;如果 ρ_k 为正但

---

①　subject to 的简写,表示约束条件。

明显小于 1，则在下次迭代过程中信赖域半径不变；如果 ρ_k 接近 0 或为负则应缩小信赖域半径。由式(9.20)可知，在计算 ρ_k 过程中需要知道 p_k，这可以通过求解式(9.8)的问题获得。

9.3 MATLAB 最优化工具箱函数使用

表 9.1 分类列出 MATLAB 最优化工具箱的函数。

表 9.1 MATLAB 最优化工具箱函数

非线性最小值函数	
fminbnd	单目标最小值函数
fmincon	有约束多变量最小值
fminsearch	无约束多变量极值（采用 Nelder-Meader 单纯形法）
fminunc	无约束多变量极值
fseminf	半无穷多变量极值
非线性多目标极小值问题	
fgoalattain	多变量多目标达到
fminimax	多变量最大最小值问题
线性最小二乘问题	
lsqlin	有线性约束的线性最小二乘法
lsqnonneg	非负线性最小二乘法
非线性最小二乘问题	
lsqcurvefit	非线性最小二乘法曲线拟合
lsqnonlin	非线性最小二乘问题
非线性零点问题	
fzero	单变量零点搜索
fsolve	非线性方程组求解
线性规划问题	
bintprog	0-1 整数规划
linprog	线性规划
quadprog	二次规划

利用以上 MATLAB 优化工具箱函数求解最优化问题的步骤如下。

（1）分析数学模型，选择恰当的最优化函数。

（2）根据选择的最优化函数，进行必要的编程求解问题，包括以下步骤。

① 编写目标函数；

② 编写约束条件（等式，不等式，边界，非线性约束条件）；

③ 设置求解函数的输入输出，进行求解；

④ 观察结果是否合理。

以下结合具体实例介绍部分函数的使用。

9.3.1 线性规划问题

线性规划研究的问题主要有两类：确定一项任务，如何统筹安排，以尽量少的资源完成任务;如何用一定量的资源来完成最多的任务。在化工厂的排产过程中经常使用线性规划,实际上目前已经有很多比较成熟的线性规划软件,如 ASPEN PIMMS 等。

线性规划问题的数学模型为

$$\min \boldsymbol{f}^{\mathrm{T}} \boldsymbol{x} \tag{9.21}$$

$$\text{s. t.} \begin{cases} A * \boldsymbol{x} \leqslant \boldsymbol{b} \\ A_{\mathrm{eq}} * \boldsymbol{x} = \boldsymbol{b}_{\mathrm{eq}} \\ \boldsymbol{lb} \leqslant \boldsymbol{x} \leqslant \boldsymbol{ub} \end{cases} \tag{9.22}$$

式中,$\boldsymbol{f}$,$\boldsymbol{x}$,$\boldsymbol{b}$,$\boldsymbol{b}_{\mathrm{eq}}$,$\boldsymbol{lb}$ 和 $\boldsymbol{ub}$ 为向量;A 和 A_{eq} 为矩阵。

用于求解线性规划问题的 MATLAB 函数主要是 linprog,这一函数的调用格式为

```
[x, fval] = linprog(f, A, b, Aeq, beq, lb, ub, x0, options)
```

其中输入变量中 f, A, b, Aeq, beq, lb, ub 的意义与式(9.21)和式(9.22)中的规定相同;线性约束条件 A, b, Aeq, beq 的表示方法和规定与线性方程组求解相同;x0 为迭代初值,options 指定的优化参数进行最小化。输出变量 x 和 fval 分别为问题的解及解点处的目标函数值。

例题 3　生产决策问题

某工厂生产甲、乙两种产品,已知生产 1 kg 甲产品需要原料 A 2 kg,原料 B 5 kg;生产 1 kg 乙产品需要原料 A 3 kg,原料 B 7 kg,原料 C 6 kg。如果 1 kg 产品甲和乙的销售价格分别为 5 万元和 15 万元,三种原料的限用量分别为 150 kg、200 kg 和 120 kg。试确定应分别生产这两种产品各多少公斤才能使总销售价格最高?

解:

令生产甲数量为 x_1,生产乙数量为 x_2,根据题意可以建立如下模型。

$$\begin{aligned} \max \ & 5x_1 + 15x_2 \\ \text{s. t.} \ & 2x_1 + 3x_2 \leqslant 150 \\ & 5x_1 + 7x_2 \leqslant 200 \\ & 6x_2 \leqslant 120 \\ & x_1, \ x_2 \geqslant 0 \end{aligned}$$

该模型要求使目标函数最大化,但是 MATLAB 要求目标函数最小化,因此,对目标函数进行简单变化得到以下模型。

$$\begin{aligned} \min \ & -5x_1 - 15x_2 \\ \text{s. t.} \ & 2x_1 + 3x_2 \leqslant 150 \\ & 5x_1 + 7x_2 \leqslant 200 \\ & 6x_2 \leqslant 120 \\ & x_1, \ x_2 \geqslant 0 \end{aligned}$$

编写如下 MATLAB 程序。

```
f = [-5  -15];
A = [2 3; 5 7; 0 6];
```

```
b = [150；200；120]；
lb = [0；0]；
[x，fval]=linprog(f，A，b，[]，[]，lb)
```

计算结果如下。

```
x = 12.0000  20.0000
fval = −360.0000
```

即分别生产甲、乙两种产品 12 kg 和 20 kg 时，可以实现 360 万元的总销售额，此时总销售价格最高。

9.3.2　无约束非线性规划

当目标函数或约束条件中有一个或多个为非线性函数，就称这样的规划问题为非线性规划。根据模型中约束条件的有无，非线性规划分为无约束非线性规划和有约束非线性规划两大类问题。

MATLAB 最优化工具箱中用于求解无约束非线性规划问题的 MATLAB 函数为 fminbnd、fminsearch 和 fminunc。其中 fminbnd 函数只可以求解单变量无约束非线性规划问题；fminsearch 函数和 fminunc 函数则可用于求解单变量或多变量无约束非线性规划问题。

1. fminbnd 函数　利用该函数可以求解区间$[x_1，x_2]$内单变量函数的最小值，常用的调用格式如下。

$[x，fval，exitflag] = fminbnd(fun，x1，x2，options)$，在区间$[x_1，x_2]$内，用 options 指定的优化参数对目标函数 fun 进行最小化；并返回最小解 x 及 x 处的目标函数值 fval。

2. fminunc 函数　利用该函数可以求解单变量或多变量函数的最小值，常用的调用格式如下。

$[x，fval，exitflag] = fminunc(fun，x0，options)$，以给定的初值 x0，用 options 指定的优化参数对目标函数 fun 进行最小化，如果省略 options 则按默认参数进行最小化，最后返回最小解 x 及 x 处的目标函数值 fval。

3. fminsearch 函数　利用该函数可以求解单变量或多变量函数的最小值，常用的调用格式如下。

$[x，fval，exitflag] = fminsearch(fun，x0，options)$，以给定的初值 x0，用 options 指定的优化参数对目标函数 fun 进行最小化；如果省略 options 则按默认参数进行最小化，最后返回最小解 x 及 x 处的目标函数值 fval。fminsearch 使用的算法与 fminunc 不同。

注：(1) 输入参数中的 fun 可以是函数句柄、匿名函数或内联函数。这些函数可以在指定 x 处计算并返回优化目标函数的函数值；

(2) 输入变量 options，为优化参数选项，可以通过 optimset 函数设置或改变这些参数；

(3) fminbnd 和 fminunc 要求目标函数必须连续；

(4) exitflag 是输出标记，当 exitflag＝1 时，fval 是所求的最小值；当 exitflag＝0 时，函数计算或迭代次数达到最大；解可能不正确；exitflag＜0 时，fval 无意义。

例题 4　求函数 $f(x) = \dfrac{x^3 + x^2 - 1}{e^x + e^{-x}}$ 在 $[-5, 5]$ 上的最小值。

解：

直接在命令窗口输入以下命令：

```
>> fun = '(x^3 + x^2 - 1)/(exp(x) + exp(-x))';
>> [x, fval, exitflag] = fminbnd(fun, -5, 5)
```

运行结果如下。

```
x =   -3.3112; fval = -0.9594; exitflag =   1
```

即函数在 x＝－3.3112 处取最小值－0.9594。

以上求解采用了内联函数定义优化目标函数。目标函数的定义也可以采用匿名函数，如下。

```
>> f = @(x)(x^3 + x^2 - 1)/(exp(x) + exp(-x));
>> [x, fval, exitflag] = fminbnd(f, -5, 5)
```

获得结果是相同的。采用子函数表示目标函数的求解程序如下。

```
function Cha9Demo5
[x fv exitflag] = fminbnd(@objfun, -5, 5)
function y = objfun(x)
y = (x^3 + x^2 - 1)/(exp(x) + exp(-x));
```

例题 5　求函数 $3x_1^2 + 2x_1 x_2 + x_2^2$ 的极小值。
解：
直接在命令窗口输入以下命令。

```
>> [x, fval, exitflag] = fminsearch('3*x(1)*x(1) + 2*x(1)*x(2) +
x(2)*x(2)', [1, 1])
```

运行结果为

```
x = 1.0e-004 * [-0.0675, 0.1715]; fval = 1.9920e-010; exitflag =   1
```

也可以使用 fminunc 函数进行求解如下。

```
>> objf = @(x)3*x(1)^2 + 2*x(1)*x(2) + x(2)^2;
>> [x, f, flag] = fminunc(objf, [1 1])
```

注意采用两个函数求解所得的解并不相同。实际上目标函数的最小值为 0，两个函数都给出接近真实解的近似值。

9.3.3　有约束非线性规划的 MATLAB 求解

用于多变量有约束非线性函数最小化求解的 MATLAB 函数为 fmincon，待求解问题可以表示如下。

$$
\begin{aligned}
&\min f(x)\\
&\text{s. t.} \ \ c(x) \leqslant 0\\
&\qquad c_{\text{eq}}(x) = 0\\
&\qquad A * x \leqslant \boldsymbol{b}\\
&\qquad A_{\text{eq}} * x = \boldsymbol{b}_{\text{eq}}
\end{aligned}
\tag{9.23}
$$

fmincon 的调用格式如下。

```
[x, fval, exitflag, output] = fmincon(fun, x0, A, b, Aeq, beq, lb, ub, nonlcon)
```

输入变量：

（1）fun 为目标函数，它可以是函数句柄、匿名函数或内联函数，对于指定的 x 计算目标函数的函数值；

（2）x0 是自变量的初始值，

（3）A、b 为线性不等式约束，Aeq，beq 为线性等式约束，其规定与线性规划相同；

（4）lb 和 ub 分别表示 x 的下界和上界；

（5）nonlcon 为非线性约束；它采用函数表示非线性等式和不等式约束，其声明语句如下。

```
[c, ceq] = nonlcon(x)
```

c 和 ceq 为向量，各元素表示 x 处非线性不等式和等式约束的函数值；

（6）如果缺少某种约束可以用[]代替。

输出变量：x 为函数取最小值的点，fval 为函数最小值。exitflag 为输出标记，当 exitflag>0 时，解是收敛的，所求解有效；当 exitflag<0 时，所求解无效。

例题 6 求表面积为 400 m^2 的体积最大的圆柱体体积。

解：

设该圆柱体的半径和高分别为 x_1、x_2，根据题意建立以下数学模型。

$$
\begin{aligned}
&\max f(x_1, x_2) = \pi x_1^2 x_2\\
&\text{s. t.} \ \ 2\pi x_1 x_2 + 2\pi x_1^2 = 400\\
&\qquad x_1, x_2 \geqslant 0
\end{aligned}
$$

即求解

$$
\begin{aligned}
&\min g(x_1, x_2) = -\pi x_1^2 x_2\\
&\text{s. t.} \ \ \pi x_1 x_2 + \pi x_1^2 = 200\\
&\qquad x_1, x_2 \geqslant 0
\end{aligned}
$$

求此问题的 MATLAB 程序如下。

```
function Cha9Demo6
objfun = @(x) - pi * x(1)^2 * x(2);
x0 = [1  1];
```

```
[x, f, flag] = fmincon(objfun, x0, [], [], [], [], [0 0], [], @ColSurf)
function [c ceq] = ColSurf(x)
c = [];
ceq = pi * x(1) * x(2) + pi * x(1)^2 − 200;
```

运行结果表明圆柱体半径和高度分别为 4.6066 m 和 9.2132 m 时体积最大,为 614.2118 m³。

例题 7　物料平衡问题

理论上,物料在经过单元操作后应符合物料平衡;但在实际过程中,由于取样和检测过程中常存在一定的误差,使得检测所得的进出口质量不守恒,此时可以进行一致化处理,使处理后的浓度既符合物质守恒同时又尽量接近原始数据。

某反应器进行如下反应:

$$A + B \longrightarrow C + B \longrightarrow D$$

分别在反应器进出口取样,获得数据如下。

	A 浓度/(mol/m³)	C 浓度/(mol/m³)	D 浓度/(mol/m³)
入口	1.545	0.035	0.002
出口	0.051	1.054	0.586

重复实验研究表明入口浓度测量比较准确,试以入口 A、B 和 D 浓度和为基准,进行一致化处理,使得出口 A、B 和 D 的浓度和与入口相等,同时一致化后各物质浓度与原测量浓度尽量接近。

解:

根据题意建立如下数学模型。

$$\min \sum_{i=1}^{3} \left(\frac{c_{i,\,\mathrm{m}} - c_{i,\,\mathrm{adj}}}{c_{i,\,\mathrm{m}}} \right)^2$$

$$\mathrm{s.\,t.} \sum_{i=1}^{3} c_{i,\,\mathrm{adj}} = \sum_{i=1}^{3} c_{i,\,\mathrm{in}}$$

$$c_i \geqslant 0, \ i = 1, 2, 3$$

其中 $c_{i,\,\mathrm{m}}$ 表示出口测量所得各物质浓度,$c_{i,\,\mathrm{adj}}$ 表示一致化后各物质浓度,$c_{i,\,\mathrm{in}}$ 表示入口测量各物质浓度。这是一个有线性等式约束的最优化问题,可以采用 fmincon 求解,程序如下。

```
function Cha9Demo7
global Cm
Cin = [1.545 0.035 0.002];
Cm = [0.051 1.054 0.586]';
Aeq = [1, 1, 1]; beq = sum(Cin);
[C, fval, flag] = fmincon(@ConBal, Cm, [], [], Aeq, beq, [0 0 0]);
if sum(Cin) − sum(C) < 1e − 6
```

```
    disp('The material is balanced')
    disp('The outlet concentrations are:')
    disp(C')
end
function dC = ConBal(x)
global Cm
dC = sum((((x − Cm)./Cm).^2);
```

计算结果出口浓度分别为 0.0508 mol/m³、0.9709 mol/m³、0.5603 mol/m³。

例题 8 吉布斯自由能最小求解化学反应平衡浓度

在第 3 章的例题 10 中采用平衡常数法求解了反应体系的化学平衡组成并指出对于更复杂的体系可以采用吉布斯自由能最小原理进行求解，这一方法的基本原理参见文献[37]。

采用吉布斯自由能最小原理求解化学平衡组成的问题可以表示为求解如下有约束的最小值问题：

$$\min \sum_{i=1}^{N} n_i\mu_i = \sum_{i=1}^{N} n_i \left[\frac{G_i^{\circ}}{RT} + \ln\left(\frac{n_i}{\sum\limits_{i=1}^{N} n_i} \cdot \frac{\phi_i p_i}{p^{\circ}} \right) \right]$$

s. t.
$$An_i = \boldsymbol{b};$$
$$n_i \geqslant 0;$$

其中 n_i 为各反应物的摩尔数；μ_i 为各物质的化学势；G_i° 为各物质的标准吉氏自由能；ϕ_i 为逸度系数；p_i 为系统压力；p° 为标准压力。约束条件 $A_{eq}n_i = \boldsymbol{b}_{eq}$ 表示反应体系的原子数守恒，其中 A 为原子系数矩阵，即每种反应物所具有的第 k 种元素的原子数，b 为各种元素的原子总数。

根据以上方法计算 1000 K、1 atm 下，由 CH_4、H_2O、CO、CO_2、H_2 组成的气体混合物的平衡组成。初始状态体系有 2 mol CH_4 和 3 mol H_2O。1000 K 下 CH_4、H_2O、CO、CO_2、H_2 各物质的标准吉布斯生成自由能值为 19720 J/mol、− 192420 J/mol、−200240 J/mol、−395790 J/mol 和 0。

解：

首先写出反应体系的原子系数矩阵，如下。

$$\begin{array}{c} \\ CH_4 \\ H_2O \\ CO \\ CO_2 \\ H_2 \end{array} \begin{array}{ccc} C & H & O \\ \begin{bmatrix} 1 & 4 & 0 \\ 0 & 2 & 1 \\ 1 & 0 & 1 \\ 1 & 0 & 2 \\ 0 & 0 & 2 \end{bmatrix} \end{array}$$，初始时 C、H 和 O 的原子总数分别为 2、14 和 3 mol，则 $b=$[2, 14,

3]′，假定反应平衡时 CH_4、H_2O、CO、CO_2、H_2 各物质的量组成向量 $\boldsymbol{n}$，由于气体为理想气体，压力为 1 atm，因此 $\frac{\phi_i p_i}{p^{\circ}} = 1$。可以编写求解程序如下。

```
function Cha9Demo9Gibbs
clc, clear
x0 = [0.2 0.2 0.2 0.2 0.2];
A = [1 4 0; 0 2 1; 1 0 1; 1 0 2; 0 2 0]'; %注意这种行和列的排列是 fmincon 函数要
求的
b = [2 14 3]';
lb = [0 0 0 0 0];
options = optimset('Algorithm', 'sqp');
[neq, fval] = fmincon(@GibbsReac, x0, [], [], A, b, lb, [], [], options);
xeq = neq./sum(neq)
function Gmin = GibbsReac(n)
R = 8.314; T = 1000;
dG = [19720, -192420, -200240, -395790, 0]/R/T;
dn = log(n/sum(n));
Gmin = sum(n.*(dG + dn));
```

求得平衡时 CH_4、H_2O、CO、CO_2、H_2 的组成分别为 0.0196、0.0980、0.1743、0.0371 和 0.6711。

9.3.4 最小二乘优化

最小二乘优化问题也是一类最优化问题,在科学研究与工程设计中经常会遇到这类问题。例如,系统辨识中的参数估计问题,BP 神经网络中权值训练问题,根据大量实验数据去构造某种形式函数的数据拟合问题等。这些问题的解决都涉及最小二乘优化问题。

MATLAB 最优化工具箱中有关最小二乘优化的函数有四个,分别解决非负线性最小二乘问题、约束线性最小二乘问题、非线性最小二乘问题和非线性最小二乘拟合问题,这里介绍非线性最小二乘函数。

非线性最小二乘优化问题的数学模型为

$$\min \sum_{i=1}^{m} f_i^2(\boldsymbol{x}) \tag{9.24}$$

其中 $\boldsymbol{x}$ 是 n 维向量。

在 MATLAB 优化工具箱中求解非负最小二乘问题的函数为

```
[x, resnorm, residual, exitflag, output, lambda] = lsqnonlin (fun, x0, lb,
ub, options)
```

其中:

(1) fun 和 x0 是不可缺省的输入变量;

(2) fun 函数句柄,对于指定的 x 返回目标函数的计算值;

(3) 其他参数说明参见前面的函数。

在研究一些具体问题时,常需根据数学理论和问题的实际特征用一个某种形式的函数

$y = f(x, a_1, a_2, \cdots, a_m)$ 作为未知函数的近似表达式,其中 a_1, a_2, $\cdots$, a_m 为待定常数,为了使这个函数所确定的关系能接近已有数据,可要求参数 a_1, a_2, $\cdots$, a_m 取极小值。这是一种特殊的最小二乘问题,称为最小二乘拟合问题,其数学模型为

$$\min \sum_{j=1}^{p} f\left[(x^{(j)}, a_1, a_2, \cdots, a_m) - y^{(j)}\right]^2 \tag{9.25}$$

在 MATLAB 优化工具箱中求解非负最小二乘问题的函数为

[a, resn, resid, exitflag] = lsqcurvefit(fun, a0, xdata, ydata, lb, ub, options)

输入变量规定:

(1) fun、a0、xdata 和 ydata 是不可缺省的输入变量;

(2) fun 函数句柄,对于指定的 x 返回目标函数的计算值;

(3) a0 是向量,为待拟合参数 a_1, a_2, $\cdots$, a_m 的初始值;

(4) xdata 和 ydata 分别是已知的自变量数据和因变量数据;

(5) 其他参数说明参见前面的函数。

输出变量:

a 为最小二乘拟合获得参数值,resnorm 为拟合残差平方和,residual 为残差,exitflag 为程序退出标志。

例题 9 求解非线性最小二乘问题

$$\min \left[(2x_1^2 + x_1 x_2 - 3)^2 + (x_1 x_2 - x_2^2 + 5)^2 + (x_1^2 - x_2^2 - 4)^2\right]$$

解:
程序如下。

```
function Cha9Demo9
x0 = [1 1];
[x, resn, resid, exit] = lsqnonlin(@objfun, x0)
function y = objfun(x)
y1 = 2 * x(1)^2 + x(1) * x(2) - 3;
y2 = x(1) * x(2) - x(2)^2 + 5;
y3 = x(1)^2 - x(2)^2 - 4;
y = [y1, y2, y3];
```

结果:x = 1.8764 −1.3375

例题 10 已知数据

x	1	2	3	4	5	6	7	8
y	15.3	20.5	27.4	36.6	49.1	65.6	87.8	117.6

试拟合形如 $y = a_1 e^{a_2 x}$ 的函数。

解:
程序如下。

```
function Cha9Demo10
x = 1:8;
y = [15.3  20.5  27.4  36.6  49.1  65.6  87.8  117.6];
a0 = [1 1];
[a, resnorm, residual] = lsqcurvefit(@FitFcn, a0, x, y);
xcal = 1:0.1:8;
ycal = FitFcn(a, xcal);
plot(x, y, 'bo', xcal, ycal, 'k-')
legend('Original Data', 'Fitted Curve', 'Location', 'NorthWest')
set(gca, 'Fontsize', 16)
axis tight
function y = FitFcn(a, x)
y = a(1) * exp(a(2) * x);
```

运行结果：a $=11.4241$　　0.2914，拟合效果如下图所示。

应当注意，MATLAB 最优化工具箱函数优化的结果均有可能是局部最小值。因此，在程序顺利运行结束后，仍应注意进行以下几点。

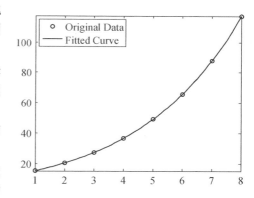

（1）首先观察函数的输出是否正常，如残差是否小，退出标识是否大于 0 等。对于最小二乘曲线拟合，还可以输出拟合效果图，直观观察拟合效果；

（2）可以采用不同的初始值进行试算，观察结果是否有明显变化。

（3）必要时应更改最优化函数的算法设置进行重算（参见 9.3.5 节），特别是当出现警告信息时；

（4）对于最小二乘法曲线拟合还应进行必要统计的检验；

（5）从专业角度检查结果是否合理。

在本章的最后一节，将详细介绍非线性模型参数回归问题。

9.3.5　optimset 与最优化函数设置

optimset 是最优化工具箱中对各优化函数进行算法的设置的函数。optimset 使用时，先采用格式如下的赋值语句。

```
options = optimset('param1', value1, 'param2', value2, ...)
```

然后将定义好的变量作为最优化函数的输入变量，即可以生效。此时，凡是在 optimset 中没有指定的参数值，均将采用默认值。针对不同最优化函数，设置选项是不同的，具体可查阅最优化函数的帮助文档。以下列出了一些较为常用的参数选项。

1. 最优化函数输出控制参数

Display：默认值为'off'，将其更改为'iter'会在命令窗口显示最优化过程中的一些中间

计算值;

PlotFcns:默认为[],如果将该参数定义为@optimplotx,优化函数将把当前 x 绘制在图形上;@optimplotfval 将绘制当前函数值;对于非线性最小二乘函数,把该参数定义为@optimplotresnorm 时,可以每次优化迭代过程的残差平方和作图。

2. 最优化函数算法控制参数

MaxFunEvals:函数值计算最大次数,默认值为 100 * 优化变量个数;可以修改为任意正整数;

MaxIter:最大迭代次数,默认值为 400,可以修改为其他正整数;

TolFun:优化过程终止的函数值变化规定,默认为 1e—6;

TolX:优化过程终止的 x 变化规定,默认为 1e—6。

当程序提示程序终止的准则与以上各参数有关时,可以尝试改变它们的值,观察是否可以取得更好的效果。

3. 最优化函数算法选择参数

有的 MATLAB 的优化工具箱函数集成了多个算法,lsqcurvefit 可以采用信赖域法(默认)或 Levenberg-Marquardt 算法,可以通过修改 options 选项中的 Algorithm 参数为'levenberg-marquardt'进行修改,如下。

```
opt = optimset('Algorithm', 'levenberg-marquardt')
```

例题 11 求以下函数的最小值

$$f(x, y) = (x^2 - 2x)e^{-x^2-y^2-xy}$$

试选择合适的优化函数进行求解,要求在求解过程中显示中间计算结果,绘制迭代过程中的最小值变化,优化终止时函数值变化小于 1e—10。

解:

这是一个无约束最小值问题,可以采用 fminsearch 求解,通过 optimset 函数进行函数设置,程序如下。

```
function Cha9Demo11
x0 = [0; 0];
opt = optimset('Display', 'iter', 'OutputFcn', @optimplotfval, 'TolFun', 1e
-10);
f = @(x)(x(1)^2 - 2 * x(1)) * exp(-x(1)^2 - x(2)^2 - x(1) * x(2))
[x, fmin, flag] = fminsearch(f, x0, opt)
```

9.4 MATLAB 全局优化工具箱

前面介绍的优化函数都是局部优化函数,所得最优解可能是局部最优解,而且这些函数的计算都需要使用者指定一个初始值。随着数值最优化技术的不断发展,全局优化算法也得到迅速发展。MATLAB 从 R2012a 的版本开始,增加了全局优化工具箱(Global Optimization Toolbox),它包括了全局搜索(Global Search)、multistart、模式搜索(Pattern

Search)、遗传算法(Genetic Algorithm)和模拟退火算法(Simulated Annealing)几种全局优化算法。以下简要介绍遗传算法的相关概念。

9.4.1　遗传算法的基本概念

遗传算法是自然遗传学和计算机科学相互结合渗透而成的新的计算方法。它模拟自然选择和遗传中发生的复制、交叉和变异等现象,从任一初始种群(问题的初始解)出发,通过随机选择、交叉和变异操作,产生一群更适应环境(越来越接近极值)的个体,使群体进化到搜索空间中越来越好的区域,这样一代一代地不断繁衍进化,最后收敛到一群最适应环境的个体,即为问题的最优解。

遗传算法包括几个基本操作:选择(Selection)、交叉(Crossover)、变异(Mutation)和迁徙(Migration)。

(1) 选择:选择的目的是为了从当前群体中选出优良的个体,使它们有机会作为父代为下一代繁殖子孙。根据各个个体的适应度值,按照一定的规则或方法从上一代群体中选择出一些优良的个体遗传到下一代群体中。遗传算法通过选择运算体现这一思想,进行选择的原则是适应性强的个体为下一代贡献一个或多个后代的概率大。这样就体现了达尔文的适者生存原则。

(2) 交叉:交叉操作是遗传算法中最主要的遗传操作。通过交叉操作可以得到新一代个体,新个体组合了父辈个体的特性。将群体内的各个个体随机搭配成对,对每个个体以某一概率(称为交叉概率)交换它们之间的部分染色体。交叉体现了信息交换的思想。

(3) 变异:变异操作首先在群体中随机选择一个个体,对于选中的个体以一定的概率随机改变串结构数据中某个串的值,即对群体中的每一个个体。随机搭配成对,对每个个体以某一概率(称为变异概率)改变某一个或某一些基因座上的基因值为其他的等位基因。同生物界一样,遗传算法中变异发生的概率很低。变异为新个体的产生提供了机会。

(4) 迁徙:模拟种群中有部分个体可以迁徙出或进入种群。通过引入迁徙个体,可以有效避免基因退化。

9.4.2　ga 函数的使用

全局优化工具箱中利用遗传算法进行优化的核心函数是 ga。采用 ga 进行优化问题求解时,与最优化工具箱函数的使用完全类似。ga 函数的调用格式如下。

```
[x, fval, exitflag, output] = ga(fitnessfcn, nvars, A, b, Aeq, beq, LB, UB, nonlcon, options)
```

其中输出变量中 fitnessfcn 表示目标函数;A, b 为线性不等式约束;Aeq, beq 表示线性等式约束;LB 和 UB 表示决策变量的下界和上界;nonlcon 表示非线性约束条件,以上这些变量的规定与最优化工具箱函数的规定完全相同;输入变量的 nvars 表示决策变量个数,这是一个正整数。全局优化函数均不需要使用者指定初始值,因此没有初始值输入变量。输出变量的意义与优化工具箱函数也完全相同,前三个变量分别表示最优解、最优解处的函数值和程序终止标识。只是由于算法的不同 output 中包括的域不同。

采用 ga 函数求解优化问题的编程步骤也与优化工具箱函数类似,包括:①编写一个函数表示目标函数;②定义约束条件变量并编写函数非线性约束条件;③设置 ga 求解参数;④利用 ga 函数求解;⑤采用合理的方法输出计算结果。

例题 12 求以下函数的最小值

$$\min_x f(x) = e^{x_1}(4x_1^2 + 2x_2^2 + 4x_1x_2 + 2x_2 + 1)$$

$$\text{s. t. :} \quad x_1 - x_2 \leqslant 1$$
$$x_1 + x_2 = 0$$
$$1.5 + x_1x_2 - x_1 - x_2 \leqslant 0$$
$$-x_1x_2 - 10 \leqslant 0$$

采用 ga 函数进行求解,并比较 ga 与 fmincon 函数求解结果的差异。

解:

这是一个有约束最小值问题,程序如下。

```
function Cha9Demo12
x0=[-1, 1]; a=[1, -1]; b=1; a1=[1, 1]; b1=0;
[x, f]=fmincon(@objfun, x0, a, b, a1, b1, [], [], @nonlcon);
[x2, f2, reason, output, pop, score]=ga(@objfun, 2, a, b, a1, b1, [], [],
@nonlcon);
[x3, f3]=fmincon(@objfun, x2, a, b, a1, b1, [], [], @nonlcon)
disp('The results obtianed by fmincon are:')
x, f
disp('The results obtianed by ga are:')
x2, f2
disp('The results obtianed by ga together with fmincon are:')
x3, f3
%-------------------------------------
function f = objfun(x)
f = exp(x(1))*(4*x(1)^2+2*x(2)^2+4*x(1)*x(2)+2*x(2)+1);
%-------------------------------------
function [c1, c2]=nonlcon(x)
c1=[1.5+x(1)*x(2)-x(1)-x(2); -x(1)*x(2)-10];
c2=[];
```

从上例可见,ga 函数和 fmincon 函数使用了同样的对目标函数和约束条件的定义,十分方便。结果显示采用 fmincon 函数,以[-1 1]作为初始值获得解为:x = [-1.2247, 1.2247],最小值为 1.8951;采用 ga 函数解为 x2 = [-3.1130, 3.1120],最小值为 1.1831;以 ga 函数获得的解为初始值,进一步采用 fmincon 函数,解为 x3 = [-3.1623, 3.1623],最小值为 1.1566。

应当注意,因为遗传算法是随机性的方法,每次运行遗传算法得到的结果可能会略有不同。遗传算法利用 MATLAB 随机数生产器函数 rand 和 randn,在每次迭代中产生随机概率。每次调用 rand 和 randn,它们的状态都可能发生改变,以便下一次再被调用时返回不同的随机数。因此在参数不变的情况下,每次运行 ga 的结果会略有不同。

有时需要准确重现运行结果,可以在调用函数 ga 前先保存 rand 和 randn 的当前状态。然后在下一次调用 ga 前恢复前面保存的随机函数状态。

保存随机函数当前状态的命令为

```
>> st1 = rand('state');
>> st2 = randn('state');
```

再运行函数 ga 后重置随机函数状态,

```
>> rand('state', st1);
>> randn('state', st2);
```

然后再运行函数则可获得相同的结果。

9.4.3　gaoptimset 设置 ga 函数的求解选项

与优化工具箱类似,也可以采用函数 gaoptimset 来修改 ga 函数的求解选项。其使用方法与 optimset 函数类似,格式如下。

```
options = gaoptimset('Param1', value1, 'Param2', value2, ...);
```

以下介绍几个简单选项的调整,以便于更好地使用 ga 函数。详细的参数设置可以参见 MATLAB 的帮助文件或文献[39]。

1. 绘图参数

通过设置 PlotFcns 选项,可以将一些求解结果进行图形输出,这一选项可取的主要参数值如下。@gaplotbestf——最佳函数值;@gaplotbestindiv——每代中最佳适应度个体的向量值;@gaplotgenealogy——个体的谱系,从一代到下一代线条颜色含义:红线表示变异的子辈;蓝线表示交叉的子辈;黑线表示原始的个体;@gaplotscores——每一代中个体的得分。

例如,为了显示最佳函数值图形,设置 options 如下。

```
options = gaoptimset('PlotFcns', @gaplotbestf)
```

为了同时显示最佳函数值和最佳个体,设置 options 如下。

```
options = gaoptimset('PlotFcns', {@gaplotbestf, @gaplotbestindiv })
```

2. 种群参数

种群参数用于确定遗传算法所用种群的参数。

PopulationSize:指定在每一代中有多少个个体,使用大的种群尺度,遗传算法搜索解空间能更加彻底,同时减少返回局部最小值而不是全局最小值的机会,然而使用大的种群尺度,会使遗传算法运行更慢。

InitialPopulation:指定遗传算法的初始种群。缺省值是[],这种情况下 GA 使用 Creation function 创建初始种群;可以将前一次运行得到的最后种群作为下一次运行的初始种群,这样做能够得到更好的结果。利用以下语句可以获得本次运行的最后种群。

```
[x fval reason output final_pop]=ga(@fitnessfcn, nvars);
```

其中 final_pop 中返回的就是本次运行得到的最后种群。将 final_pop 再作为初始种群运行 ga

```
options = gaoptimset('InitialPop', final_pop);
[x fval reason output final_pop2] = ga(@fitnessfcn, nvars);
```

还可以将第二次运行得到的最后种群用作第三次运行 ga 的初始种群,依次类推。

3. 选择、再生、交叉、变异和迁移参数

选择参数规定遗传算法怎样为下一代挑选双亲,可用 SelectionFcn 指定算法函数;

再生参数说明了遗传算法怎样为下一代创建子个体。其中 EliteCount 指定将生存到下一代的个体数,设置 Elite count 为一个小于或等于种群尺度的正整数,其缺省值是 2;CrossoverFraction 指定下一代中不同于原种群的部分,它们由交叉产生。Crossover fraction 是一个 0 到 1 之间的小数,其缺省值是 0.8。

变异参数说明遗传算法怎样通过小的随机数改变种群中的个体而创建变异的子辈。变异提供遗传变异功能而使遗传算法搜索更广泛的空间。可以用 MutationFcn 选项来指定变异函数,可以选择的变异函数有@mutationgaussian,@mutationuniform 等。

交叉参数说明遗传算法如何组合两个个体或双亲,为下一代形成一交叉的子个体。CrossoverFcn 指明进行交叉的函数,可以选择以下函数:@crossoverscattered,@crossoversinglepoint 等。

迁移参数指明个体在子种群间怎样移动。MigrationDirection 表示迁移发生在一个或两个方向。如果设置为 forward 则迁移发生在下一个种群,也就是第 N 个种群迁移到第 (N+1) 个子种群;如果设置为 both,则第 N 个子种群迁移到第 (N-1) 个子种群相 (N+1) 个子种群;MigrationInterval 指明在两次迁移间要经过多少代,例如设置 Interval 为 20,则每隔 20 代就发生迁移;MigrationFraction 指明在两个子种群间有多少个个体迁移。"百分比"指明两个子种群中较小子种群的个体迁移百分比。例如,如果个体从一个有 50 个个件的子种群迁移到 1 个有 100 个个体的子种群,且 Fraction 设置为 0.1,则发生迁移的个体数是 $0.1 \times 50 = 5$。

如果对最优解不满意,可以尝试调整以上选项的值。但是,应当指出现在还没有公认的标准指示如何设置以上算法选项可以获得更好的解。

9.4.4 其他全局优化函数

除了使用遗传算法的 ga 函数外,全局优化工具箱还提供了其他几个全局优化函数。

1. patternsearch

这是采用模式搜索算法的优化函数,其使用调用格式如下。

```
[x, fval, exitflag, output]=patternsearch(@fun, x0, A, b, Aeq, beq, LB, UB, nonlcon, options)
```

2. simulannealbnd

```
[x, fval, exitflag, output]=simulannealbnd(fun, x0, lb, ub, options)
```

3. 全局搜索和 Multistart

全局搜索和 Multistart 的实现稍微复杂一些，这两个算法的实现都需要使用一个局部优化函数，如 fmincon，但与 fmincon 等局部优化函数不同，全局搜索和 Multistart 将随机选取多个起点进行搜索，最终达到获得全局优化解的目的。

采用这样两个算法进行优化时，对于目标函数和约束条件的定义与局部优化函数相同。定义优化问题后，采用 createOptimProblem 将优化问题组合为一个结构体；算法的设置可以通过 GlobalSearch 和 MultiStart 函数定义；最后采用 run 运行优化问题获得最终解。

9.5　优化工具箱图形界面

在 MATLAB 的命令窗口中，键入命令：

$$>> optimtool$$

则将打开优化工具箱图形界面，如图 9.2 所示。

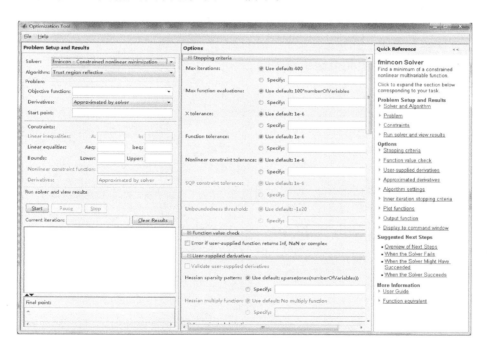

图 9.2　MATLAB 的最优化工具箱图形界面

这一图形界面中集合了最优化工具箱和全局优化工具箱各函数的功能，十分方便使用。在这一界面中求解最优化问题的步骤，实际与通过命令行完成优化问题完全类似。

例题 13　采用最优化工具箱图形界面求解例题 12 的函数最小值问题。

$$\min_x f(x) = e^{x_1}(4x_1^2 + 2x_2^2 + 4x_1 x_2 + 2x_2 + 1)$$

$$s.t.: \quad x_1 - x_2 \leqslant 1$$
$$x_1 + x_2 = 0$$
$$1.5 + x_1 x_2 - x_1 - x_2 \leqslant 0$$
$$-x_1 x_2 - 10 \leqslant 0$$

解：

（1）首先采用两个函数文件分别表示目标函数和非线性约束条件，即边界以下两个函数，分别保存为 Cha9Demo13objfun. m 和 Cha9Demo13nonlcon. m。

```
function f = Cha9Demo13objfun(x)
f = exp(x(1)) * (4 * x(1)^2 + 2 * x(2)^2 + 4 * x(1) * x(2) + 2 * x(2) + 1);
%-------------------------------------
function [c1, c2] = Cha9Demo13nonlcon(x)
c1 = [1.5 + x(1) * x(2) - x(1) - x(2); -x(1) * x(2) - 10];
c2 = [];
```

（2）在命令窗口键入 optimtool 打开图形界面。

（3）在图形界面首先选择求解函数和算法：在 Solver 选项中选中 ga 求解函数，表示将采用遗传算法进行求解，如图 9.3 所示；算法（Algorithm）选项根据选择的求解函数不同会发生变化。

（4）在 Problem 的定义中，在 Fitness function 后输入优化目标函数的函数句柄，@Cha9Demo13objfun，Number of variables 输入 2，表示决策变量有 2 个。

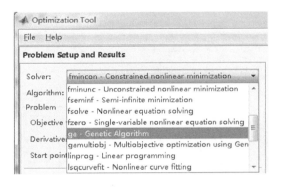

图 9.3　采用遗传算法求解

（5）在约束条件 Constraints 的定义中，A，b 定义线性不等式约束，在 A 后输入 [1，-1]；b 后输入 1，表示 $x_1 - x_2 \leqslant 1$；Aeq，beq 定义线性等式约束，Aeq 后输入 [1, 1]，beq 后输入 0，表示 $x_1 + x_2 = 0$，Lower 和 Upper 是边界条件，本题中没有边界，因此不输入，如图 9.4 所示。

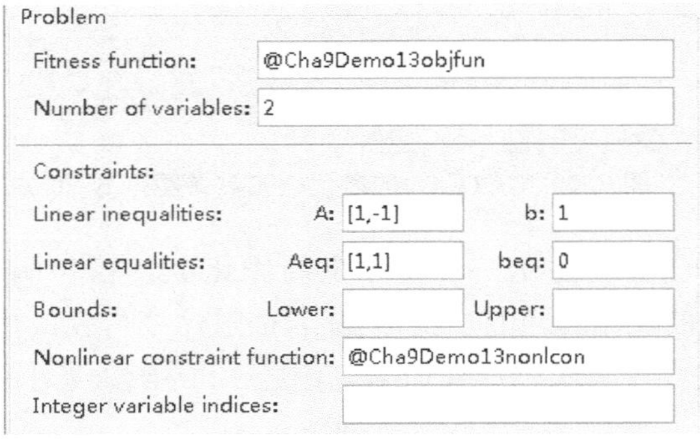

图 9.4　约束条件

（6）点击"Start"按钮，开始运算。

（7）结果显示在最左下方，如图 9.5 所示。

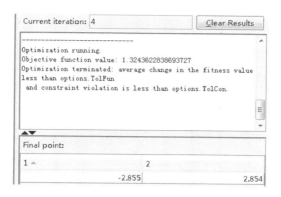

图 9.5　结果显示

可见获得解为[−2.855　2.854]，函数最小值为 1.3243。

在图形界面中部是 Options 选项设置区域，在这里可以设置算法选项的参数，这与 optimset、gaoptimset、psoptimset 等函数中设置意义相同。

9.6　MATLAB 最优化方法与模型参数回归

在本节中，将结合反应动力学模型回归的实例，讲解非线性模型参数回归问题的完整求解过程。其中第一小节中主要涉及参数回归、结果检验及一些常见问题的处理；第二小节将介绍实验设计（序贯实验设计）在模型辨识和参数回归中的应用。

9.6.1　参数的回归与检验

在 9.3.3 节中介绍了使用最小二乘法函数获取非线性模型参数值的方法，这是建模过程中的重要一步。但是化工过程的模型，特别是反应动力学模型，常常是非线性较强的模型，这增加了参数回归的难度。此外，模型参数回归后，还需要进行一些检验，以保证模型的准确性和可靠性，在本节中，将介绍相关的方法和技巧。文献[40]给出了很多典型化工模型参数回归的实例。对于反应动力学模型参数回归的方法可参见文献[41]、[42]。

例题 14　乙烯加氢动力学模型参数回归

作为最简单的烯烃，乙烯加氢生成乙烷的反应被广泛研究。这里采用 Pirard 等获得的乙烯加氢反应的微分动力学数据，如表 9.3 所示。

表 9.3　氢反应的微分动力学数据

T/K	p_E/atm	p_H/atm	$r \times 10^3$/(mol·min^{-1}·g^{-1})	T/K	p_E/atm	p_H/atm	$r \times 10^3$/(mol·min^{-1}·g^{-1})
498	0.292	0.477	3.18	498	0.428	0.285	2.93
498	0.273	0.736	4.94	498	0.621	0.390	6.01

续表

T /K	p_E /atm	p_H /atm	$r\times10^3$ /(mol·min^{-1}·g^{-1})	T /K	p_E /atm	p_H /atm	$r\times10^3$ /(mol·min^{-1}·g^{-1})
498	0.482	0.164	2.19	498	0.756	0.155	2.75
498	0.494	0.161	2.11	498	0.292	0.476	3.55
363	0.368	0.582	0.156	363	0.529	0.363	0.090
363	0.343	0.847	0.209	363	0.138	1.040	0.250
363	0.808	0.417	0.113	363	0.116	1.076	0.258
500	0.287	0.443	3.55	476	0.291	0.446	3.18
440	0.302	0.456	2.11	421	0.301	0.462	1.27
384	0.319	0.469	0.27	521	0.286	0.442	3.59
535	0.286	0.442	3.63	550	0.286	0.442	3.58
369	0.346	0.510	0.152	360	0.346	0.510	0.095
338	0.346	0.510	0.030	325	0.346	0.510	0.013
340	0.346	0.510	0.029	371	0.346	0.510	0.163

该反应的动力学模型可以采用下式：

$$r = \frac{k \cdot K \cdot p_E \cdot p_H}{1 + K \cdot p_E}$$

其中 k 为速率常数，mol/min/g/atm；K 为乙烯的吸附平衡常数，atm^{-1}；p_E 和 p_H 分别为乙烯和氢气的分压，atm。

速率常数与反应温度 T 的关系，符合阿伦尼乌斯方程：

$$k = k_r \exp\left[-\frac{E_a}{R}\left(\frac{1}{T} - \frac{1}{T_r}\right)\right]$$

吸附平衡常数符合范特霍夫定律：

$$K = K_r \exp\left[-\frac{\Delta H_{ad}}{R}\left(\frac{1}{T} - \frac{1}{T_r}\right)\right]$$

其中 k_r 和 K_r 分别为速率常数和吸附平衡常数的指前因子；E_a 为反应活化能；ΔH_{ad} 为吸附焓；R 为摩尔气体常数（8.314 J·mol^{-1}·K^{-1}）；T_r 为参比温度（450 K）。试根据上表数据，回归以下动力学方程中的参数 k_r，K_r，E_a 和 ΔH_{ad}。

解：
首先给出求解程序如下。

```
function Cha9Demo14
clear, clc
global T PE PH Rexp
%原始数据
Data = [498    0.292    0.477    3.18; 498  0.273    0.736    4.94; 498  0.482    0.164
2.19; 498 0.494    0.161    2.11; 363  0.368    0.582    0.156; 363  0.343    0.847
0.209; 363 0.808    0.417    0.113; 500  0.287    0.443    3.55; 440  0.302    0.456
```

```
2.11; 384 0.319   0.469   0.27; 535 0.286   0.442   3.63; 369 0.346   0.510
0.152; 338 0.346   0.510   0.030; 340 0.346   0.510   0.029; 498 0.428   0.285
2.93; 498 0.621   0.390   6.01; 498 0.756   0.155   2.75; 498 0.292   0.476
3.55; 363 0.529   0.363   0.090; 363 0.138   1.040   0.250; 363 0.116   1.076
0.258; 476 0.291   0.446   3.18; 421 0.301   0.462   1.27; 521 0.286
0.442   3.59; 550 0.286   0.442   3.58; 360 0.346
0.510   0.095; 325 0.346   0.510   0.013; 371 0.346   0.510   0.163];
T = Data(:, 1); PE = Data(:, 2); PH = Data(:, 3); Rexp = Data(:, 4) * 1e-3;
%初始猜测解
beta0 = [3e-3, 55, 1, -55];
opt = optimset('Algorithm', 'Levenberg-Marquardt', 'TolX', 1e-13, 'Tol-
Fun', 1e-13, 'MaxFunEvals', 10000, 'MaxIter', 5000); %求解函数设置;
[beta, resnorm, resid, flag, output, lamb, J] = lsqnonlin(@KinetObj, beta0,
[],[], opt) %求解
%绘图观察拟合效果
Rsim = C2H4Hydro(beta);
plot(Rexp, 'bo'); hold on
plot(Rsim, 'k*')
xlabel('Experiment Number'), ylabel('Reaction Rate')
figure
plot(Rexp-Rsim, 'k+')
refline(0, 0)
xlabel('Experiment Number'), ylabel('Residue')
%参数的置信区间计算
ci = nlparci(beta, resid, 'jacobian', J)
%F 检验
M = length(Rexp);
n = length(beta);
SSR = sum((Rsim-mean(Rexp)).^2); %回归平方和
SSE = resnorm; %残差平方和
Fcal = SSR/(n-1)/(SSE/(M-n));
alpha = 0.05;
F = finv(1-alpha, n-1, M-n)
if Fcal>10 * F
    disp('The fitting is resonable')
else
    disp('The fitting may not be true')
end
function dR = KinetObj(beta)
global T PE PH Rexp
```

```
Rsim = C2H4Hydro(beta);
dR = Rsim - Rexp;
function Rate = C2H4Hydro(beta)
global T PE PH Rexp
kref = beta(1); Ea = beta(2);
Kref = beta(3); dH = beta(4);
Tref = 450;
R = 8.314;
k = kref. * exp( - Ea * 1e3./R. * (1./T - 1./Tref));
K = Kref. * exp( - dH * 1e3./R. * (1./T - 1./Tref));
Rate = k. * K. * PE. * PH./(1 + K. * PE);
```

运行结果显示 k_r，K_r，E_a 和 ΔH_{ad} 的参数值分别为 0.0223、1.0824、77.0152 和 -72.9649。

以下说明求解过程应注意的几个问题。

1. 初值的选取

由于使用了局部优化函数进行参数回归，因此最终参数值与初值的选取有关。对于复杂动力学模型的参数回归，参数初值的选取对于模型回归结果的影响会很大。在初值选取时，应充分利用各种文献报道和实验信息。

本例原始文献[43]报道的 k_r，K_r，E_a 和 ΔH_{ad} 的参数值为[15e - 3 1.9 65000 -63000]，这里为了示例作用没有采用这些数值，但应说明这种文献报道值是初始猜测值的很好来源。本例中，ΔH_{ad} 的初值选用 -55 kJ/mol，这一数值来自文献报道乙烯在 Pd 上的吸附热为 -13 kcal/mol，虽然这一数据获得时采用的材料和条件与动力学实验有所差异，但仍可以作为动力学参数的初始猜测值；E_a 的初始值采用 55 kJ/mol，这是对第 14、16 和 26～28 组实验数据的 $\ln r$ 与 $-E_a(RT)$ 进行线性拟合获得的，虽然理论上这种拟合获得的 E_a 意义与本方程中的 E_a 不同，但作为初始猜测值的尝试是可以的；从以上线性拟合的截距可以获得 k 的估计，将这一值作为 k_r 的初值，计算约为 3e-3；由于 k_r 和 K_r 实际是线性相关的，这里取 K_r 的初始猜测值为 1，这样 k_r 与 K_r 的乘积与线性拟合获得的 k 相同。

除此以外，将动力学方程线性化，进行拟合也可以获得动力学参数的初始值，例如本例的动力学方程可以变形如下。

$$\frac{p_E \cdot p_H}{r} = \frac{1}{k \cdot K} + \frac{p_E}{k}$$

通过第 1～4 组或第 5～7 组等数据拟合，可以获得 k 和 K 的一些估计值，也可以作为初始值。

采用全局优化函数也可以为模型回归提供参数，不过应注意，如果完全不限定参数的范围，全局优化函数所提供的初始值有时并不合理。读者可以采用 ga 或 pattersearch 函数尝试获取一个估计值，比较与例题结果的差异。

2. 模型检验——图形化

进行参数回归后，一般首先应绘图表示拟合与实验结果的比较，同时观察实验点有无异常；另外，应绘制残差分布图，观察残差是否均匀地分布在 x 轴两侧，而且与各参数值没

有明显的函数关系。例如,如果观察到残差随着乙烯分压增加有增加的趋势,则表示相关
参数拟合或模型有缺陷。本例的拟合效果和残差分布图如图 9.6 和图 9.7 所示。

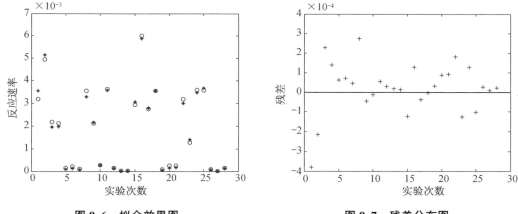

图 9.6　拟合效果图　　　　　　　　图 9.7　残差分布图

3. 模型检验——参数的置信区间

参数的置信区间表示了参数的可靠程度,它表示参数真值以特定置信水平(如 $\alpha = 95\%$,即 95% 的可能)落在一个区间的长短。置信区间值越小越好。对于比较复杂的模型,置信区间可以要求与参数估计值相仿即可。此外,参数置信区间中也不能包括没有物理意义的值,例如负值的活化能。

置信区间计算的基本思想与 8.5 节中区间估计的类似。但是,对于多参数回归问题,由于各个参数之间存在一定的相关性,因此其置信域是一个复杂的曲面,难以精确估计,通常采用一些近似方法计算。

定义拟合参数的平均平方和为

$$s^2 = \frac{1}{n-p} \sum_{i=1}^{n} (y_i - \hat{y}_i)^2 \tag{9.26}$$

其中 n 为实验次数;p 为拟合参数个数;y_i 为实验观测值;$\hat{y}_i$ 为模型预测值。拟合参数的方差和协方差矩阵可近似表示为

$$\hat{\Sigma} = [J^{\mathrm{T}} J]^{-1} s^2 \tag{9.27}$$

其中 J 表示模拟预测值 $\hat{y}_i$ 对待拟合参数 β_j 的偏导数矩阵,即 $J \equiv \dfrac{\partial \hat{y}_i}{\partial \beta_j}$,则拟合参数标准差为

$$\sqrt{\mathrm{diag}(\hat{\Sigma})} \tag{9.28}$$

则可以通过区间估计获得参数的置信区间。

在 MATLAB 中,这一过程可以通过函数 nlparci 函数完成。这一函数的使用方法如下。

```
ci = nlparci(beta, resid, 'jacobian', J, alpha)
```

其中输入变量分别为拟合参数值、拟合残差和雅克比矩阵,这与最小二乘函数 lsqnonlin 和 lsqcurvefit 的第 1、3、7 个输出变量对应;alpha 为显著性水平,默认值为 0.05。返回的 ci 为估计参数的 $100(1-\mathrm{alpha})\%$ 置信区间,它是一个两列矩阵,两列分别对应参数置信区间的下限和上限值;每一行表示一个待拟合参数,所在的行数与该参数在 beta 变量中的顺序相同。

本例中,返回的 ci 如下。

```
ci =
       0.0112       0.0335
      62.9339      91.0966
       0.3921       1.7726
     -85.3664     -60.5634
```

可见拟合参数的置信区间宽度尚可,K_r(第三行)的置信区间稍宽;置信区间不存在明显不合理的数据。

参数置信区间变宽的根本原因是参数之间的相关性较强。当模型中两个参数是以相乘的形式或以它们函数的相乘形式出现时,则两个参数密切相关,即当一个参数偏离真值时,可以通过另一个参数值的调节得到相同结果。在动力学方程中,指前因子和活化能是严重相关的参数,常采用线性化处理方法:

$$k = k_r \exp\left[-\frac{E_a}{R}\left(\frac{1}{T} - \frac{1}{T_r}\right)\right]$$

在双曲型动力学方程中,平衡常数和速率常数也是相关参数,对此应通过中间体或产物与反应物的共同进料降低它们之间的关联。

回归参数置信区间宽的可能原因还包括实验点设置不合理、实验精度不高或者模型本身不适用等。当参数对于模型预测值没有影响,此时应从模型中删除置信区间很宽的参数,重新回归模型。最有效提高参数估计精度,缩小参数置信区间的方法是采用合理的实验设计方法,如序贯实验设计。

4. 模型检验——F 检验

与线性回归的 F 检验类似(参见 8.8 节),通过 F 检验可以判断模型的因变量的变化是否存在误差和其他未知因素的影响,如果没有,则说明模型本身是合理的。定义如下。

总离差平方和:$S_T = \sum\limits_{i=1}^{n}(y_i - \bar{y})^2$,其中 n 为总实验次数;y_i 为实验观测值;$\bar{y}$ 为所有观测值的平均值;其自由度 $f_T = n-1$;

回归平方和:$S_R = \sum\limits_{i=1}^{n}(\hat{y}_i - \bar{y})^2$,$\hat{y}_i$ 为模型预测值,其自由度 $f_R = p-1$,p 为回归参数的个数;

残差平方和:$S_E = \sum\limits_{i=1}^{n}(y_i - \hat{y}_i)^2 = S_T - S_R$,其自由度 $f_E = f_T - f_R = n-p$。

如果进行了 m 次重复实验,则可以定义如下。

误差平方和:$S_{err} = \sum\limits_{j=1}^{m}(y_j - \bar{y_j})^2$,其中 $\bar{y_j}$ 表示 m 次重复实验观测值的平均;其自由

度 $f_{err} = m - 1$;

失拟平方和: $S_{lof} = S_E - S_{err}$, 其自由度 $f_{lof} = f_E - f_{err} = n - p - m + 1$。

F 检验包括两类, 第一类定义统计量: $F = \dfrac{\frac{S_R}{f_R}}{\frac{S_E}{f_E}}$, 对于特定的置信水平 α, 当 F 大于 $3 \sim 10$ 倍的 $F_{1-\alpha}(f_R, f_E)$ 时, 表明回归方程合理。之所以要乘以 $3 \sim 10$ 是因为这一检验假定误差呈正态分布且与自变量值无关, 实际这一假定常不满足, 因此乘以一个安全因子。从统计量的定义可见, 通过 $F1$ 检验表示模型因变量的变化主要是由自变量变化引起的, 因此模型是合理的。

当有重复实验数据时, 可以进一步将残差平方和分解为纯的误差平方和与其他未知因素的影响, 以判断实验误差的影响。这就是第二类 F 检验。定义统计量: $F = \dfrac{\frac{S_{lof}}{f_{lof}}}{\frac{S_{err}}{f_{err}}}$, 当此统计量的值大于 $F_{1-\alpha}(f_{lof}, f_{err})$ 时, 认为模型存在失拟的影响, 拟合所得的模型是不能接受的。

本例由于没有重复实验数据, 因此只进行了第一类 F 检验, 结果表明模型是合理的。

5. 模型检验——参数的物理化学意义

对于反应动力学模型参数的检验, 还可以根据参数自身的物理化学意义检验其值的合理性。常用的检验准则包括如下。

(1) $0 < -\Delta S^\circ_{ads} < S^\circ_{gas}$, 其中 $-\Delta S^\circ_{ads}$, S°_{gas} 分别表示反应物种的吸附熵和气相标准熵。这一准则的意义是当气相分子吸附到催化剂表面后将损失一定的运动自由度, 因此是一个熵减的过程。

(2) $-\Delta H^\circ_{ads} > 0$, 其中 ΔH°_{ads} 为吸附热, 这一准则表示吸附通常是放热的。

(3) $E_a > 0$, 即活化能大于 0。

对于本例, 根据运行结果显然后两条是满足的, 由范特霍夫定律:

$$K = \exp\left(-\frac{\Delta G^\circ}{RT}\right) = \exp\left(-\frac{\Delta H^\circ - T\Delta S^\circ}{RT}\right)$$

吸附熵可以计算如下。

$\Delta S^\circ_{ads} = R\ln K + \dfrac{\Delta H^\circ}{T_{ref}} = 8.314 \times \ln 1.08 - \dfrac{72965}{450} = -161$, 已知乙烯分子的气相标准熵为 $220\ \text{J} \cdot \text{mol}^{-1} \cdot \text{K}^{-1}$, 可知拟合所得的熵也符合要求。

有时, 由于客观条件的限制, 有些动力学参数回归后没有进行 F 检验, 特别是第二类 F 检验和物理化学意义检验。这并不表示这两类检验没有意义, 相反, 更全面的检验总是有利于回归参数可靠性的提高。

例题 15　积分动力学数据用于动力学模型参数回归

在例题 14 中, 动力学回归所必需的反应速率数据是通过微分反应器直接获得的, 由于微分反应器要求转化率很低, 这对反应器控制和检测精度要求很高。因此, 很多动力学实验都在积分反应器中进行。采用这种动力学数据进行动力学模型回归的方法与采用微分动力学数据是相同的, 只是在计算目标函数值时需要求解反应器模型。在动力学实验中,最常使用的是间歇搅拌釜或平推流管式反应器,描述这两类反应器的模型都是微分方程。

采用积分动力学数据回归动力学参数时,对参数的初始猜测值要求往往更高,很差的猜测值往往导致微分方程刚性很强,难以数值求解,使得回归无法进行下去。下例将介绍顺序回归解决初始值选择的问题。

在间歇搅拌釜中进行 3-羟基丙醛(HPA)加氢合成 1,3-丙二醇(PD)动力学研究。其主反应为

$$HPA + H_2 \longrightarrow PD \tag{1}$$

副反应:

$$HPA + PD \longrightarrow Acetal + H_2O \tag{2}$$

以上各反应的动力学模型如下。

$$r_1 = \frac{k_1 p c_{HPA}}{H \left[1 + \left(K_1 \dfrac{p}{H} \right)^{\frac{1}{2}} + K_2 c_{HPA} \right]^3}$$

$$r_2 = \frac{k_2 c_{PD} c_{HPA}}{1 + \left(K_1 \dfrac{p}{H} \right)^{\frac{1}{2}} + K_2 c_{HPA}}$$

其中 $r_j (j = 1, 2)$ 分别表示反应 1,2 的反应速率,mol/(L·min);$k_j (j = 1, 2)$ 表示对应的速率常数,L/(mol·min·g);K_1 和 K_2 分别表示氢气和 HPA 的吸附平衡常数,L/mol;$c_j (j = HPA, PD)$ 分别表示对应物质的浓度,mol/L;H 为氢气在反应液中的亨利系数,可取 1379 (L·bar)/mol;p 为氢气分压,MPa。反应器中各物质的浓度可以采用如下方程描述。

$$\frac{dc_{HPA}}{dt} = -(r_1 + r_2) c_{cat}$$

$$\frac{dc_{PD}}{dt} = (r_1 - r_2) c_{cat}$$

其中 c_{cat} 为催化剂用量,10 g/L;c_{HPA} 和 c_{PD} 的初始浓度分别为 1.34953 mol/L 和 0。

313 K 不同氢气压力下获得的实验数据保存在 HPAData. mat 中,其中包括变量 t_1、t_2 和 t_3 为三次实验的取样时间,min;P_1、P_2 和 P_3 为实验氢气压力,MPa;C_1、C_2 和 C_3 为检测的反应物浓度,第 1 行为 HPA 浓度,第 2 行为 PD 浓度,两者单位为 mol/L,具体数据如下。

```
t1 = [10:10:50, 60:20:200];
P1 = 2.6;
C1 = [1.3740    1.2852    1.1871    1.1329    1.0356    0.9613    0.7344    0.5646
0.3744    0.2148    0.1010    0.0364    0.0053;    0    0.0197    0.0642    0.1364    0.2386
0.3046    0.4924    0.7323    0.8873    1.0428    1.1731    1.2577    1.2603];
t2 = [10:10:50,    60:20:200];
P2 = 4.0;
C2 = [1.3295    1.3115    1.2283    1.0870    0.9945    0.8118    0.6010    0.3863
0.2042    0.0782    0.0278    0.0031    0.0021;    0.0026    0.0525    0.1207    0.2114
```

0.3849　0.4682　0.7731　0.9908　1.1495　1.2800　1.2900　1.3000　1.3000];

　　t3 = [10:10:50, 60:20:160];

　　P3 = 5.15;

　　C3 = [1.3632　1.2588　1.1792　0.9721　0.8252　0.6971　0.4215　0.2323

0.1281　0.0290　0.0096;　0.0026　0.0700　0.1843　0.3540　0.4698　0.6074

0.8524　1.0353　1.1641　1.3005　1.3897];

试根据以上实验数据回归动力学模型中的参数：k_j 和 K_j。

解：

以下首先给出了一个初始的尝试拟合程序，请注意注释语句提示的一些语法细节。拟合时，各参数的初始猜测值全为 $1e-3$。

```
function Cha9Demo15
clear
clc
load HPAData
Time = {t1, t2, t3};%由于各次实验取样点数目不同,这里采用单元数组保存数据
P = [P1, P2, P3];
Cexp = {C1', C2', C3'};
beta0 = [1e-3 1e-3 1e-3 1e-3];
opt = optimset('Algorithm', 'levenberg-marquardt');
[beta, resn, resid, flag, out, lam, J] = lsqnonlin(@HPAObj, beta0, [], [], opt, Time, P, Cexp);
ci = nlparci(beta, resid, 'jacobian', J);
Pci = (ci(:, 2) - ci(:, 1))./(sum(ci, 2)/2) * 100;
plot(t1, C1, 'o');
C0 = [1.34953 0];
[tc, Cc] = ode23s(@HPAReact, [0:t1(end)], C0, [], beta, P(1));
hold on
plot(tc, Cc(:,[1, 2]))
%最小二乘法优化目标函数
function deltC = HPAObj(beta, Time, P, Cexp)
C0 = [1.34953 0];
for i = 1:3
    [t, Ccal] = ode23s(@HPAReact, [0, Time{i}], C0, [], beta, P(i));
    C4D = Ccal(2:end, [1, 2]) - Cexp{i};
    Cdiff{i} = C4D(:);%将结果展开为列向量以便于输出
    end
deltC = [Cdiff{1}; Cdiff{2}; Cdiff{3}];
%反应器模型
function dC = HPAReact(t, C, beta, P)
```

```
k1 = beta(1); k2 = beta(2); K1 = beta(3);
K2 = beta(4);
CHPA = C(1); CPD = C(2);
H = 1379; P = P * 10;
Ccat = 10;
r1 = k1 * P * CHPA/(H * (1 + (K1 * P/H)^0.5 + K2 * CHPA)^3);
r2 = k2 * CPD * CHPA/(1 + (K1 * P/H)^0.5 + K2 * CHPA);
dC = zeros(2, 1);
dC(1) = -(r1 + r2) * Ccat;
dC(2) = (r1 - r2) * Ccat;
```

以上程序可以运行,但会出现如下警告信息。

Warning: Failure at t = 9.579941e − 01.   Unable to meet integration tolerances without reducing the step size below the smallest value allowed (3.403479e − 15) at time t.

这表示,反应器模型的刚性很强导致 ode23s 求解无法进行,然后出现如下错误信息。

Error using −
Matrix dimensions must agree.

由于 ode23s 只在部分时间区间内求解了方程,因此返回的计算值与实验值阶数不匹配,导致后续运算无法进行。我们知道微分方程的刚性强常表示方程描述的各个过程速率差别大,因此以上程序错误可能是由于参数值不合理,导致方程刚性太强,需要尝试更合理的初始猜测值。

重新假设参数的初始估计值为$[1 \quad 1 \quad 1 \quad 1]$,结果程序可以运行,beta = $[0.5089$ $0.0009 \quad 1.0707 \quad 1.8465]$,残差平方和为 8.2805;观察拟合效果图发现拟合效果不理想。此时可以尝试顺序回归的方法,即每次只回归一个或两个参数,这里按照置信区间的大小顺序选择的拟合参数的顺序,置信度低的参数先拟合(在找不到合适参数值拟合无法完成时,置信区间未知,也可以随机选择拟合顺序)。以$[1 \quad 1 \quad 1 \quad 1]$为初始值的运行结果显示各参数置信区间按 $K_1 > k_2 > k_1 > K_2$ 递减,因此首先选择拟合 K_1,然后依次拟合 k_2、k_1 和 K_2。

按以上顺序重新拟合后发现参数平方和降至 6.39,将拟合所得参数值作为新的初始值重复运行以上程序,拟合效果进一步变好。循环几次,最终残差平方和降至 0.29,参数值如下: $k_1 = 2.2208$、$k_2 = 2.263e-4$、$K_1 = 32.4684$、$K_2 = 2.1611$,各参数置信区间较小,且不包括不合理的参数值。程序如下。

```
function Cha9Demo15
clear
clc
load HPAData
Time = {t1, t2, t3};
```

```
P = [P1, P2, P3];
Cexp = {C1′, C2′, C3′};
opt = optimset('Algorithm', 'levenberg - marquardt');
betaP = [1 1 1];
betaT = [1.0707 0.0009 0.5089 1.8465];
while norm(betaP - betaT, inf) > 1e - 4
    Oind = 1;
    beta0 = betaT(1);
    betaL = betaT(2:end);
[beta, resn, resid, flag, out, lam, J] = lsqnonlin(@HPAObj, beta0, [], [],
opt, Time, P, Cexp, Oind, betaL);
    Oind = 2;
    beta0 = [beta, betaT(2)];
    betaL = betaT(3:end);
[beta, resn, resid, flag, out, lam, J] = lsqnonlin(@HPAObj, beta0, [], [],
opt, Time, P, Cexp, Oind, betaL);
    Oind = 3;
    beta0 = [beta, betaT(3)];
    betaL = betaT(end);
[beta, resn, resid, flag, out, lam, J] = lsqnonlin(@HPAObj, beta0, [], [],
opt, Time, P, Cexp, Oind, betaL);
    Oind = 4;
    beta0 = [beta betaT(end)];
    betaL = [];
[beta, resn, resid, flag, out, lam, J] = lsqnonlin(@HPAObj, beta0, [], [],
opt, Time, P, Cexp, Oind, betaL);
    betaP = betaT;
    betaT = beta;
end

ci = nlparci(beta, resid, 'jacobian', J)
plot(t1, C1, 'o');
C0 = [1.34953 0];
[tc, Cc] = ode23s(@HPAReact, [0:t1(end)], C0, [], beta, P(1), Oind, be-
taL);
hold on
plot(tc, Cc(:,[1, 2]))

function deltC = HPAObj(beta, Time, P, Cexp, Oind, betaL)
C0 = [1.34953 0];
```

```
for i = 1:3
    [t, Ccal] = ode23s(@HPAReact, [0, Time{i}], C0,[], beta, P(i), Oind,
    betaL);
    C4D = Ccal(2:end, [1, 2]) - Cexp{i};
    Cdiff{i} = C4D(:);
    end
deltC = [Cdiff{1}; Cdiff{2}; Cdiff{3}];


function dC = HPAReact(t, C, beta, P, Oind, betaL)
if Oind == 1
  K1 = beta;
  k2 = betaL(1); k1 = betaL(2); K2 = betaL(3);
elseif Oind == 2
  K1 = beta(1); k2 = beta(2);
  k1 = betaL(1); K2 = betaL(2);
elseif Oind == 3
  K1 = beta(1); k2 = beta(2); k1 = beta(3);
  K2 = betaL;
elseif Oind == 4
  K1 = beta(1); k2 = beta(2); k1 = beta(3); K2 = beta(4);
end
CHPA = C(1); CPD = C(2);
H = 1379; P = P * 10; Ccat = 10;
r1 = k1 * P * CHPA/(H * (1 + (K1 * P/H)^0.5 + K2 * CHPA)^3);
r2 = k2 * CPD * CHPA/(1 + (K1 * P/H)^0.5 + K2 * CHPA);
dC = zeros(2, 1);
dC(1) = -(r1 + r2) * Ccat;
dC(2) = (r1 - r2) * Ccat;
```

9.6.2 实验设计在参数回归中的应用

动力学实验结果是动力学模型回归的基础,当模型比较复杂时,常常需要花费大量的时间进行实验,而采用序贯实验设计则可以有效降低动力学实验的工作量。

在动力学建模过程中,常会面临两个问题,一是根据不同的反应机理或假设,可以推导出多个动力学模型,需要判断哪一个模型是最优的(模型辨识);二是对于最优的模型通过回归获得准确可靠的动力学参数(参数回归)。采用序贯实验设计的方法解决这两个问题的基本流程相同,其区别仅在于判断最优实验条件的准则。

序贯实验设计的基本流程如下。

(1)进行预实验获取部分实验数据。预实验常可以采用完全析因或部分析因实验设计,这可以有效减少实验量;

（2）根据预实验结果回归模型从参数；

（3）根据回归参数的预测结果在指定动力学实验区域内寻找下次实验的最佳条件；

（4）在选定最佳条件下进行实验,重新回归模型;对于模型辨识设计判断是否有模型可以被抛弃;而对于参数回归判断参数精确度是否满足需要;

（5）如果设计目的尚未达到,如备选模型还有多个或者参数准确度不够,则重复(3),(4)的步骤,直至达到最终目的。

以上步骤中,步骤(1)在第 8 章 8.9 节进行了介绍;步骤(2)在本节进行了介绍;剩下步骤(3)和(4)还有几个问题需要解决:一是所谓"最佳实验条件"的准则是什么(设计准则)? 二是如何快速地找到这个最优条件(寻优算法)。以上这两个问题实际也是一个典型的最优化问题,第一个问题是定义目标函数;第二个问题则是选择何种最优化算法进行求解。另外,对于模型辨识的实验设计,在步骤(4)中还需确定什么样的模型可以被抛弃(判断准则)。

寻优算法:在实际应用过程中,如果模型的影响因素不多或因素变化范围较小,可以采用直接格点搜索方法,即将每个变量的取值离散成固定数目的水平点,计算模型在所有格点组合上的取值以用于目标函数的计算。如果自变量数目较多或取值区域很宽时,可以使用最优化算法,本章介绍的非线性优化函数、全局优化函数都可以使用,新优化算法的使用如颗粒群优化算法等在文献中也不断有报道。随着计算机技术不断发展,相对于用于真实实验的时间,通常计算过程的所需时间越来越少,使得实验设计任务对条件寻优算法的要求也不断降低。

判断准则:在进行模型辨识时可以采用不同的判断准则。最简单的可以使用模型的平均拟合残差平方和(SSR)作为判断准则:

$$\text{SSR} = \sum_{i=1}^{n} (y_i - \hat{y}_i)^2 \tag{9.29}$$

其中 y_i 为实验观测值;$\hat{y}_i$ 为模型预测值,可以抛弃 SSR 大的模型。与 SSR 作为准则类似,可以采用 F 检验,如果两个模型平均的 SSR 之比大于 $F_{1-\alpha}(n_1, n_2)$,则可以排除 SSR 较大的模型;但是当 SSR 差别不大时,以上判断会产生偏差,此时可以采用 Barelett 的 χ^2 检验。定义随机变量:

$$\chi_c^2 = \frac{\ln \overline{s^2} \sum_{i=1}^{m} df_i - \sum_{i=1}^{m} df_i \ln (s_i)^2}{1 + \frac{1}{3(m-1)} \left(\sum_{i=1}^{m} \frac{1}{df_i} - \frac{1}{\sum_{i=1}^{m} df_i} \right)} \tag{9.30}$$

其中,

$$s_i = \text{SSR}_i / df_i \tag{9.31}$$

$$\overline{s^2} = \frac{\sum_{i=1}^{m} df_i \cdot s_i^2}{\sum_{i=1}^{m} df_i} \tag{9.32}$$

$$df_i = n - p \tag{9.33}$$

其中 n 为实验次数；p 为参数个数；m 为竞争模型个数；df 为自由度。

如果某次实验进行后，计算的 χ_c^2 值超过 $\chi^2(m-1, 1-\alpha)$ 的值，则现存 m 个竞争模型中，具有最大 s_i 的模型应该被拒绝，重新计算 χ_c^2 值，判断是否有模型可以被拒绝，直至 χ_c^2 值小于 $\chi^2(m-1, 1-\alpha)$。

模型辨识的设计准则：对于模型辨识的序贯实验设计，可以采用不同的设计准则。最为简单的方法，可以采用设计实验点上模型预测值差距最大，即：

$$D(x_k) = (\hat{y}_k^{(1)} - \hat{y}_k^{(2)})^2 \tag{9.34}$$

其中 $\hat{y}_k^{(1)}$ 表示模型在 x_k 点处的预测值。对于 m 个竞争性模型，上式拓展为

$$D(x_k) = \sum_{i=1}^{m-1} \sum_{j=i+1}^{m} (\hat{y}_k^{(i)} - \hat{y}_k^{(j)})^2 \tag{9.35}$$

但是模型预测值的离散程度，不仅取决于模型预测值，还与模型的不确定性有关。例如，当两个模型的预测值相差很大，但它们的预测值的置信区间也很大，甚至互相有重叠，此时将很难做出判断。非线性模型的预测值的方差可以表示为

$$\sigma_k^2 = v_k^{\mathrm{T}} (X^{\mathrm{T}}X)^{-1} v_k \sigma^2 \tag{9.36}$$

其中 X 表示模型计算值在各实验点上对参数的偏导数的矩阵；v_k 为自变量在 x_k 处的偏导数向量；σ 近似等于 s 见式(9.31)。考虑模型预测值的不确定性，可以采用如下 m 个竞争模型的 Box-Hill 设计准则：

$$D(x_k) = \sum_{i=1}^{m-1} \sum_{j=i+1}^{m} \pi_{i,n} \pi_{j,n} \left\{ \frac{(\sigma_{ki}^2 - \sigma_{kj}^2)^2}{(\sigma^2 + \sigma_{ki}^2)(\sigma^2 + \sigma_{kj}^2)} - (\hat{y}_k^{(i)} - \hat{y}_k^{(j)})^2 \left[\frac{1}{(\sigma^2 + \sigma_{ki}^2)} + \frac{1}{(\sigma^2 + \sigma_{kj}^2)} \right] \right\} \tag{9.37}$$

设计所得第 $(n+1)$ 个实验点应使得 $D(x_k)$ 的值达到最大。上式中，$\pi_{i,n}$ 表示 n 次实验后模型的适合性，开始时所有模型的适合性可以取同一值，经过第 $(n+1)$ 次实验后，其贝叶斯后验概率可以通过下式计算：

$$\pi_{i,n+1} = \frac{\pi_{i,n} p_i}{\sum_{j=1}^{m} \pi_{j,n} p_j}, \quad i = 1, 2, \cdots, m \tag{9.38}$$

其中

$$p_i = p_i(n+1) = \frac{1}{\sqrt{2\pi(\sigma^2 + \sigma_{n+1,i}^2)}} \exp\left[-\frac{(y_{n+1} - \hat{y}_{n+1}^{(i)})^2}{2(\sigma^2 + \sigma_{n+1,i}^2)} \right] \tag{9.39}$$

表示了第 $(n+1)$ 次是实验观测值 y_{n+1} 来自模型 i 的概率密度。当一个模型的概率密度接近 1 时，则可以停止设计和实验。

参数优化的设计准则：当筛选获得合适的模型后，可以进一步提高模型参数的估计的精度。实验设计时通常可以采用以下设计准则。

(1) D 优准则：也称最小容积准则，这一准则所设计的实验点保持 $(X^{\mathrm{T}}X)^{-1}$ 的行列式值最大；

(2) E 优准则：又称球形准则，它要求设计实验点上矩阵 $X^{\mathrm{T}}X$ 的最小特征值达到最大，

这也被称为 E1 准则；类似的可以要求矩阵 $X^T X$ 最小与最大特征值之比达到最大（E2 准则）；

（3）A 优准则：它要求矩阵 $X^T X$ 的迹最小。

例题 16　模型辨识的序贯实验设计

水汽变换反应 $CO + H_2O \rightleftharpoons CO_2 + H_2$ 是一种工业反应，文献[45]中报道了多种动力学模型，以下选取了五种。

$$模型 1：r = \frac{kp_{CO}p_{H_2O}(1-\beta)}{(1 + K_{CO}p_{CO} + K_{H_2O}p_{H_2O} + K_{CO_2}p_{CO_2} + K_{H_2}p_{H_2})^2}$$

$$模型 2：r = \frac{kp_{CO}p_{H_2O}(1-\beta)}{1 + K_{CO}p_{CO} + K_{H_2O}p_{H_2O} + K_{CO_2}p_{CO_2} + K_{H_2}p_{H_2}}$$

$$模型 3：r = \frac{k_1 k_2 p_{CO}p_{H_2O}(1-\beta)}{k_1 p_{CO} + k_2 p_{H_2O} + k_3 p_{CO_2}}$$

$$模型 4：r = \frac{kp_{H_2O}(1-\beta)}{p_{CO} + Kp_{H_2O}}$$

$$模型 5：r = kp_{CO}^m p_{H_2O}^n(1-\beta)$$

上式中 k 表示速率常数，K 为吸附平衡常数，$\beta = \dfrac{p_{CO_2}p_{H_2}}{p_{CO}p_{H_2O}K_{eq}}$ 表示化学平衡程度，K_{eq} 为反应平衡常数，可通过下式计算：$K_{eq} = \exp(4577.8/T - 4.33)$，式中 T 为反应温度，K。

假定模型 1 为正确的模型，在 473 K 时各参数的值为：$k = 0.352$ mol·g^{-1}·s^{-1}·atm^{-2}，$K_{CO} = 2.726$ atm^{-1}，$K_{H_2O} = 0.559$ atm^{-1}，$K_{CO_2} = 0.532$ atm^{-1}，$K_{H_2} = 1.459$ atm^{-1}，动力学实验条件范围为：温度 $T = 473$ K；CO、H_2O、CO_2 和 H_2 的分压在 $0.05 \sim 1.0$ atm 之间，试采用序贯实验设计辨识以上模型 2～5 哪个为"最佳"模型。

解：

首先假定进行了一组预实验，采用 2^{4-1} 部分析因实验，采用模型 1 计算反应速率，并随机加上 2% 的相对误差作为实验值，预实验条件及计算所得的实验速率如表 9.4 所示。

表 9.4　预实验条件及计算所得实验速率

实验序号	p_{CO} /atm	p_{H_2O} /atm	p_{CO_2} /atm	p_{H_2} /atm	$r \times 10^3$ /(mol·g^{-1}·s^{-1}·atm^{-2})
1	0.25	0.25	0.25	0.25	4.0616
2	0.25	0.25	0.50	0.50	2.7951
3	0.25	0.50	0.25	0.50	5.4413
4	0.25	0.50	0.50	0.25	6.4167
5	0.50	0.25	0.25	0.50	3.9734
6	0.50	0.25	0.50	0.25	4.4846
7	0.50	0.50	0.25	0.25	8.9651
8	0.50	0.50	0.50	0.50	6.6657

首先根据以上数据回归模型 2～4 的参数(可采用例题 15 的顺序回归方法,以下程序中省略此方法)。根据拟合结果,由式(9.30)计算 χ_c^2 的值,与显著性水平 0.05 的 χ^2 值比较(本例可由命令 chi2cdf(3,0.95)计算,结果为 0.9224),结果表明有模型可以被拒绝。由于模型 4 的拟合残差平方和最大,将其从备选模型中删除,重新计算 χ_c^2,结果表明没有模型可以被再次拒绝,此时需设计新的实验点。

设计新的实验点时,采用式(9.35)的离散程度准则,使用 ga 函数在指定的动力学条件范围内搜索最佳实验点。结果获得的实验点处 CO、H_2O、CO_2 和 H_2 的分压分别为 0.9838 atm、1.000 atm、0.0574 atm、0.0500 atm;采用模型 1 计算获得新的反应速率,重新计算 χ_c^2 的值,结果表明有模型可以被拒绝,此处拒绝拟合残差最大的模型 2。将其删除后,剩余两个模型无法辨识,继续设计新的实验。

应当注意:①设计的新的实验点经常会是实验条件的极大或极小值组合,这在序贯设计实验十分正常。不难理解,在这些条件下往往模型预测值的差别会较大;②采用优化算法获得的实验点有些在实际实验过程中很难精确重现,因此当动力学影响因素不多时,不需要采用优化算法搜索最佳实验点,可直接采用模型在所有可能实验点组合的响应值;③在本例中,为了演示序贯实验设计的方法,将正确的模型排除在外,不过这也导致了剩余的模型 3 和 5 最终无法辨识。

本例使用程序如下。

```
function Cha9Demo16
global Keq betaT
Keq = exp(4577.8/200 − 4.33);
PCO = [0.25 0.25 0.25 0.25 0.5 0.5 0.5 0.5]';
PH2O = [0.25 0.25 0.5 0.5 0.25 0.25 0.5 0.5]';
PCO2 = [0.25 0.5 0.25 0.5 0.25 0.5 0.25 0.5]';
PH2 = [0.25 0.5 0.5 0.25 0.5 0.25 0.25 0.5]';
k = 0.352; KCO = 2.726; KH2O = 0.559; KCO2 = 0.532; KH2 = 1.459;
oc = [PCO, PH2O, PCO2, PH2];
beta = [k KCO KH2O KCO2 KH2];
r = M1obj(beta, oc);
r = (1 + 0.02 * randn(size(r))). * r; %generate experimental data
beta0 = [1 1 1 1 1];
[betaM2, rn2, rs2, ef, out, lam, J2] = lsqcurvefit(@M2obj, beta0, oc, r);
beta0 = [9.2902e − 02   2.2529e − 02   2.5544e − 02];
[betaM3, rn3, rs3, ef, out, lam, J3] = lsqcurvefit(@M3obj, beta0, oc, r, [0
0 0], []);
beta0 = [7.7590e − 01   1.4383e + 02];
[betaM4, rn4, rs4, ef, out, lam, J4] = lsqcurvefit(@M4obj, beta0, oc, r, [0
0], []);
beta0 = [1.8139e − 02   8.4835e − 01   3.7529e − 01];
[betaM5, rn5, rs5, ef, out, lam, J5] = lsqcurvefit(@M5obj, beta0, oc, r);
```

```
ModelNum = 4;
MRN = [rn2, rn3, rn4, rn5]/(length(r) - 1);
df = [4, 2, 1, 2];%degree of freedom
chical = chi2cal(MRN, ModelNum, df);
CritChi = chi2cdf(ModelNum - 1, 0.95);
if chical>CritChi
    disp('One or more model should be rejected')
    disp([rn2, rn3, rn4, rn5]);
end
betaT = {betaM2; betaM3; betaM4; betaM5};
ocN = ga(@MD, 4, [], [], [], [], [0.05 0.05 0.05 0.05], [1 1 1 1]);
%------------------------------------
function DX = MD(doc)
global betaT
beta2 = betaT{1}; beta3 = betaT{2}; beta4 = betaT{3}; beta5 = betaT{4};
y(1) = M2obj(beta2, doc); y(2) = M3obj(beta3, doc);
y(3) = M4obj(beta4, doc); y(4) = M5obj(beta5, doc);
DX = 0;
for i = 1:3
    for j = 2:4
        DX = DX + (y(i) - y(j))^2;
    end
end
DX = -DX;
%------------------------------------
function CC = chi2cal(SSR, m, df)
mssr = sum(df. * SSR)/sum(df);
numer1 = log(mssr) * sum(df);
numer2 = sum(df. * log(SSR));
CC = (numer1 - numer2)/(1 + 1/(3 * (m - 1)) * (sum(1./df) - 1/sum(df)));
%------------------------------------
function rcal = M1obj(beta, oc)
global Keq
PCO = oc(:, 1); PH2O = oc(:, 2); PCO2 = oc(:, 3); PH2 = oc(:, 4);
k = beta(1); KCO = beta(2); KH2O = beta(3); KCO2 = beta(4); KH2 = beta(5);
betaK = PCO2. * PH2./(PCO. * PH2O * Keq);
rcal = k * PCO. * PH2O. * (1 - betaK)./((1 + KCO * PCO + KH2O * PH2O +
KCO2 * PCO2 + KH2 * PH2).^2);
function rcal = M2obj(beta, oc)
global Keq
```

```
PCO = oc(:, 1); PH2O = oc(:, 2); PCO2 = oc(:, 3); PH2 = oc(:, 4);
k = beta(1); KCO = beta(2); KH2O = beta(3); KCO2 = beta(4); KH2 = beta(5);
betaK = PCO2. * PH2./(PCO. * PH2O * Keq);
rcal = k * PCO. * PH2O. * (1 − betaK)./(1 + KCO * PCO + KH2O * PH2O + KCO2 *
PCO2 + KH2 * PH2);
function rcal = M3obj(beta, oc)
global Keq
PCO = oc(:, 1); PH2O = oc(:, 2); PCO2 = oc(:, 3); PH2 = oc(:, 4);
k1 = beta(1); k2 = beta(2); k3 = beta(3);
betaK = PCO2. * PH2./(PCO. * PH2O * Keq);
rcal = k1 * k2 * PCO. * PH2O. * (1 − betaK)./(k1 * PCO + k2 * PH2O + k3 *
PCO2);
function rcal = M4obj(beta, oc)
global Keq
PCO = oc(:, 1); PH2O = oc(:, 2); PCO2 = oc(:, 3); PH2 = oc(:, 4);
k = beta(1); K = beta(2);
betaK = PCO2. * PH2./(PCO. * PH2O * Keq);
rcal = k * PH2O. * (1 − betaK)./(PCO + K * PH2O);
function rcal = M5obj(beta, oc)
global Keq
PCO = oc(:, 1); PH2O = oc(:, 2); PCO2 = oc(:, 3); PH2 = oc(:, 4);
k = beta(1); m = beta(2); n = beta(3);
betaK = PCO2. * PH2./(PCO. * PH2O * Keq);
rcal = k * PH2O.^m. * PCO.^n. * (1 − betaK);
```

例题 17 参数回归的序贯实验设计

在例题 14 中，K_r 参数拟合的置信区间稍宽，试采用序贯实验设计新的实验点，使其置信区间进一步缩小。

解：

采用 D 优准则，遗传算法寻找最优条件，最优实验条件的搜索范围为：反应温度：325～500 K，乙烯分压：0.1～0.8 atm；氢气分压：0.15～1 atm。

```
function Cha9Demo17
%Demonstration of SDE to improve parameter precision
clear, clc
Noc = ga(@SEDobj, 3, [], [], [], [], [325 0.1 0.15], [500 0.8 1])
%————————————————
function vol = SEDobj(oc)
load C2H4data %例题 14 的实验数据；
Data(end + 1, :) = [442.3220    0.8000    1.0000    8.5679];
T = Data(:, 1);
```

```
PE = Data(:, 2);
PH = Data(:, 3);
Rexp = Data(:, 4) * 1e-3;
betak = [0.0223 77.0152 1.0824 -72.9649];
Tn = oc(1); PEn = oc(2); PHn = oc(3);
Rexp(end + 1) = C2H4Hydro(betak, Tn, PEn, PHn);
T(end + 1) = Tn; PE(end + 1) = PEn; PH(end + 1) = PHn;
[beta, resnorm, resid, flag, output, lamb, J] = lsqnonlin(@KinetObj, betak,
[], [], [], T, PE, PH, Rexp);
vol = 1/(det(J' * J));
%------------------------------------
function dR = KinetObj(beta, T, PE, PH, Rexp)
Rsim = C2H4Hydro(beta, T, PE, PH);
dR = Rsim - Rexp;
function Rate = C2H4Hydro(beta, T, PE, PH)
kref = beta(1); Ea = beta(2);
Kref = beta(3); dH = beta(4);
Tref = 450;
R = 8.369;
k = kref. * exp(-Ea * 1e3./R. * (1./T - 1./Tref));
K = Kref. * exp(-dH * 1e3./R. * (1./T - 1./Tref));
Rate = k. * K. * PE. * PH./(1 + K. * PE);
```

以上程序运行后,搜索到的新实验点为:温度 442.322 K;乙烯分压 0.8 atm;氢气分压 1.0 atm。采用例题 14 获得的动力学参数计算实验点的反应速率,将其作为实验数据加入原始数据中,重新进行拟合。结果发现参数拟合值不变,但其置信区间变为

```
ciN =
     0.0190      0.0257
    66.0686     87.9618
     0.8146      1.3502
   -83.4882    -62.4416
```

对比例题 14 中的拟合结果,发现该置信区间明显减小。将新获得的实验数据补充进原始数据,重新进行实验设计,得到的实验点为 [475.1590 0.8000 0.9995],拟合后发现置信区间进一步减小。重复设计和拟合,再经过 4 次设计,最终置信区间减小为

```
     0.0200      0.0246
    72.1223     81.9081
     0.8995      1.2653
   -77.2323    -68.6975
```

这个结果是令人十分满意的。由此可见序贯实验设计对于参数精度的提高是十分有

帮助的。

应当注意:

(1) 以上采用遗传算法进行最优条件的筛选,由于算法中使用了随机数,因此每次运行结果可能略有不同。

(2) 也可以采用其他最优准则进行求解,例如,采用 E1 准则,则 SEDobj 函数的输出变量 vol 应通过以下语句定义。

```
A = J′ * J;
d = eig(A); %find the eigenvalues of matrix A;
vol = 1/min(d);
```
    如果采用 E2 准则,则
```
d = eig(J′ * J); %find the eigenvalues of matrix A;
vol = max(d)/min(d);
```
    采用 A 优准则,则
```
vol = trace(inv(J′ * J));
```

习　　题

1. 靠近某河流有两座化工厂,流往第一个化工厂的河水流量为每天 5×10^6 m³。在这两个化工厂之间有一条流量为每天 2×10^6 m³ 的支流汇入,两座化工厂都向临近的河流中排放工业污水,第一个工厂每天排放工业污水 2×10^4 m³,第二个工厂每天排放工业污水 1.4×10^4 m³,从第一个工厂排放的工业污水流到第二个工厂之前,有 20% 可自然净化。根据环境标准,河水中工业污水的含量不能超过 0.2%,若这两个化工厂都各自处理一部分污水,则第一个工厂的处理成本是每万立方米 1000 元,第二个工厂的处理成本为每万立方米 800 元。在符合环境标准的条件下,两个厂各自处理多少立方米的污水才能使两厂总污水处理费用最小?

2. 某工厂在一个班内生产 X 个产品,这种产品售价 1000 元/个,生产成本 270 元/个,在生产每个产品的过程产生废水 3 吨,其中一部分 Y 可直接排入一条河里,其余可以经过附近一座处理效率为 85% 的水处理厂后再排入河里。该水处理厂的最大处理能力是每工班处理 900 吨,处理成本是每 100 吨废水 5 元,国家对排入河流的每 100 吨废水收排污费 10 元,而且进一步要求,每工班排入河流的废水最多不超过 500 吨,为了得到最大利润,工厂应如何选择 X、Y?

3. 已知化工厂中的管道费用可表示为

$$f(D) = 0.45 L + 0.245 L D^{1.5} + 325(hp)^{0.5} + 61.6(hp)^{0.925} + 102$$

其中 L 为管道长度,英尺;D 为管道直径,英寸;Q 为输送量,g/m;hp 表达式如下:

$$hp = 4.4 \times 10^{-8} \frac{LQ^3}{D^3} + 1.92 \times 10^{-9} \frac{LQ^{2.68}}{D^{4.68}}$$

试编写一个 MATLAB 函数求解管长为 1000 英尺,输送量为 20 g/m 时,管径在 0.25～6 英寸内的最佳值,从而使得管道费用最小,并计算在最优管径时的管道费用。

4. 吉布斯自由能最小求解化学反应平衡浓度

乙烷和水在蒸气裂解装置中反应,进料配比为 4 mol 水和 1 mol 乙烷,操作温度为 1000 K,操作压力为 1 atm。试估计以上体系达到反应平衡时的产物(C_2H_6、C_2H_4、C_2H_2、CH_4、CO_2、CO、O_2、H_2、H_2O)分布。C_2H_6、C_2H_4、C_2H_2、CH_4、CO_2、CO、O_2、H_2、H_2O 的标准吉氏自由能分别为 26.13、28.25、

40.60、4.61、−94.61、−47.95、0、0、−46.03 kcal/mol。

5. 编写一个 MATLAB 函数,求解无约束非线性优化问题:

$$\min (a-100)^2 + (b+3.21)^2 + (c-25)^2 + \ln(d+1000)$$

要求:(1) 以 $x = [0 \quad 0 \quad 0 \quad 0]$ 初始值,采用默认算法的默认设置,比较 fminsearch 和 fminunc 求解结果的差别;

(2) 利用 optimset 函数改变求解参数观察求解结果的变化。

6. 已知水的密度可由下式计算:

$$\rho = p/(\pi \cdot \gamma_\pi \cdot R \cdot T)$$

其中 p、T 为水的压力和温度,单位为 K 和 MPa;R 为摩尔气体常数,$R = 0.461526 \ \text{kJ} \cdot \text{kg}^{-1} \cdot \text{K}^{-1}$;$\pi = p/p^*$,$p^*$ 为参比压力,16.53 MPa;γ_π 可表示为

$$\gamma_\pi = -n(A-\pi)^{-1}(\tau-B)^{-3}$$

其中 n,A 和 B 为未知参数;$\tau = T/T^*$,T^* 为参比温度,1386 K。在不同的温度和压力下获得水的密度如下表所示,试根据表中数据拟合未知参数的值,并进行必要的检验。

T/K	p/MPa	$\rho/(\text{kg/m}^3)$	T/K	p/MPa	$\rho/(\text{kg/m}^3)$
500	10.0	838.0336	500	16.0	843.2147
520	10.0	810.3568	520	16.0	816.5231
570	10.0	722.2982	570	16.0	733.8143
600	10.0	639.1331	600	16.0	662.8115
500	12.0	839.7879	500	20.0	846.5395
520	12.0	812.4533	520	20.0	820.4415
570	12.0	726.3152	570	20.0	740.7200
600	12.0	648.0037	600	20.0	675.1180

7. 在间歇搅拌釜中进行酸和醇的酯化反应的动力学实验,实验条件和结果如下表所示。

实验序号	反应温度/K	初始反应物摩尔分率		反应时间/h	转化率/%
		酸	醇		
1	315.4	0.664	0.336	309.67	62.1
2	315.82	0.336	0.664	309.67	41.5
3	361.34	0.671	0.329	58.58	80.1
4	362.12	0.340	0.660	94.26	75.5
5	332.37	0.743	0.257	201.00	87.6
6	332.45	0.2232	0.777	204.02	53.9

该反应的反应速率可以采用如下表达式:

$$r = k_1 \phi_{AC}^\alpha \left(\phi_{AC} \phi_{ROH} - \frac{\phi_E \phi_W}{K_{eq}} \right)$$

其中 k_1 为反应速率常数,$\ln k_1 = \ln k_{ref} - \dfrac{E_a}{R}\left(\dfrac{1}{T} - \dfrac{1}{T_{ref}}\right)$,$T_{ref}$ 为参比温度,可取 363.15 K,E_a 为反应活化

能；ϕ_{AC}，ϕ_{ROH}，ϕ_E，ϕ_W 分别为酸、醇、酯和水的摩尔分率；K_{eq} 为化学平衡常数，有 $\ln K_{eq} = \ln K_{ref} - \frac{\Delta H}{R}\left(\frac{1}{T} - \frac{1}{T_{ref}}\right)$，$\Delta H$ 为反应热。试根据上表数据，编写程序回归动力学参数 k_{ref}、E_a、K_{ref}、ΔH 和 α。

8. 催化反应动力学参数回归：在一等温间歇反应器中进行如下反应的动力学实验。

$$A \underset{r_{-1}}{\overset{r_1}{\rightleftarrows}} B \overset{r_2}{\longrightarrow} C$$

实验获得的数据如下。

τ/min	c_A/(mol/L)	c_B	c_C
0	1.000	0.000	0.000
15	0.695	0.312	0.001
30	0.492	0.430	0.080
45	0.276	0.575	0.151
60	0.225	0.570	0.195
75	0.163	0.575	0.224
90	0.134	0.533	0.330
120	0.064	0.462	0.471
180	0.056	0.362	0.580
240	0.041	0.211	0.747
320	0.031	0.146	0.822
360	0.022	0.080	0.898
380	0.021	0.070	0.909
400	0.019	0.073	0.908

在反应器中各物质浓度随反应时间的变化可由以下常微分方程组描述。

$$\begin{cases} \dfrac{dc_A}{dt} = -r_1 + r_{-1} \\[2mm] \dfrac{dc_B}{dt} = r_1 - r_{-1} - r_2 \\[2mm] \dfrac{dc_C}{dt} = r_2 \end{cases}$$

上述方程组中反应速率与浓度的关系可分别由以下动力学方程描述：

$$r_1 = \frac{k_H K_A c_A}{K_A c_A + c_B + K_C c_C}$$

$$r_{-1} = \frac{k_D K_B c_B}{K_A c_A + c_B + K_C c_C}$$

$$r_2 = \frac{k_2 K_B c_B}{K_A c_A + c_B + K_C c_C}$$

(1) 试编写一个 MATLAB 函数根据以上动力学实验数据拟合出动力学方程中的各项参数 k_H，k_D，k_2，K_A，K_B，K_C 的值，并进行必要的检验。

(2) 以以上获得的模型预测值作为实验值，采用序贯实验设计一次新实验，使模型的置信区间进一步减小。

第 10 章

神 经 网 络

人工神经网络 ANN(Artificial Neural Network)是用工程技术手段模拟生物神经网络结构特征的一类人工系统,简称神经网络 NN(Neural Network)。它是建立在现代神经科学研究基础上的一种抽象数学模型,反映了大脑功能的基本特征,是大脑功能的某种简化、抽象和模拟。

人工神经网络的研究始于 20 世纪 40 年代,但发展一直比较缓慢。进入 60 年代后,由于 Hopfield 等的工作,大大推动了人工神经网络的研究和应用。由于人工神经网络具有自学习、高容错和高度非线性描述能力等特点,因此在许多领域得到了广泛的应用,自 1986 年起,Rumelhart 和 Lipprnann 等文章的发表,使得化学和化工中的神经网络研究和应用迅速增长。现在人工神经网络已成为解决化学化工问题的一种重要新生手段。

目前,人工神经网络在化学工程中的应用领域主要有动态模拟、故障诊断、过程预报、化工材料设计等。本章论述神经网络理论及其在化工中的应用,并利用 MATLAB 工具箱中的神经网络训练函数来方便地解决神经网络的运算问题。

10.1 神经网络概述

10.1.1 引入

人的大脑有非凡的处理信息的能力。长期以来,人们想方设法了解人脑的功能,用物理可实现系统去模仿人脑,完成类似于人脑的工作。人工神经网络就是采用物理可实现的系统来模仿人脑神经细胞的结构和某些记忆、计算、判断功能的系统。人工神经网络来源于对人脑实际神经网络的模拟,下面首先来简略地分析一下生物神经组织的结构和功能。

图 10.1 是一个神经细胞的示意图,神经细胞简称为神经元。细胞核所在部位为细胞体,从细胞体延伸出许多神经纤维,其中最长的一条称为轴突,它的末端化为许多细小的分

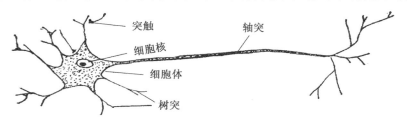

图 10.1 神经细胞的示意图

支,称为神经末梢。从细胞体出发的其他树状分枝称为树突。一个细胞通过轴突与其他细胞的树突相连传递信号。所以,树突为细胞的输入,轴突为细胞的输出。神经末梢与树突的接触界面称为突触。

从人脑的结构看,它是由大量神经细胞组合而成的,一个神经元有相应的输入通道和输出通道与之相联。就功能而言,细胞体可以视为一个初等信号处理器,每个细胞完成其某一种基本功能,如兴奋与抑制。当信号从一个神经元经过突触传递到另一个细胞体,可以产生两个效果:接收信号的细胞电位升高或者降低。当细胞体内的电位超过某一阈值时,则信号被激发,此时该细胞称为激发态。当细胞体内电位低于某一阈值时,不产生任何信号输入,处于抑制状态。

对于不同的下游神经元,信号所引起的电位变化是不同的。不同神经元间有不同的作用强度或称为联结强度。一个神经元把来自不同树突兴奋(激发)性或抑制性信号累加求和的过程称为整合。

在人工神经网络模型中,神经元是最基本的处理单元,具有生物神经组织的基本特点,神经网络就是由大量简单的神经元所组成的复杂的网络系统。

10.1.2 神经网络发展史

人工神经网络引人注目的特点来自其特有的计算能力,但人工神经网络的发展并不是一帆风顺的。该项研究始于 20 世纪 40 年代,其发展经历了兴起、萧条和兴盛三个阶段。1943 年,精神病学家与神经解剖学家 McCulloch 和数学家 Pitts 总结了生物神经元的一些基本生理特征,提出了形式神经元的数学描述与结构,即著名的 MP 模型,并首次把神经网络的研究付诸工程实践。随后的 20 世纪 60 年代,人们对神经网络的研究过于乐观,但自《Perceptron》一书指出了感知机的处理能力有限的论点后,使 NN(Neural Network)的研究进入了 20 世纪 70~80 年代的萧条时期。但可贵的是,仍有一批学者坚持了对神经网络的研究,并提出了富有影响力的用于训练多层感知器的误差反向传播算法(Back Propagation,简称 BP)。1982 年,美国加州理工学院生物物理学家 J. Hopfield 教授提出并发表了用能量函数的思想形成了一种新的计算方法,标志着 NN 研究高潮的又一次到来。此后的20 年到现今,又有大量的科学家和大批的关于神经网络的理论和方法不断提出。我国的许多科学家自 20 世纪 80 年代开始,也在关注和致力于神经网络的研究和发展,产生了大量关于神经网络的论文,并在许多领域应用了神经网络技术。

10.1.3 神经网络方法概论

10.1.3.1 MP 模型

如何构造一个人工神经网络,使其具有如上描述的生物神经组织的基本特点?从具体的一个神经元来说,就是要建立一个数学模型,描述对输入信号的整合输出过程。从全局来看,多个神经元构成一个网络,必须给出如下三方面要素。

(1) 对单个人工神经元给出某种形式定义;

(2) 决定网络中神经元的数量及彼此间的联结方式,或者说定义网络结构;

（3）给出一种方法,决定元与元之间的联结强度,使网络具有某种预定功能。

1943 年,仿照人工神经元的基本特征,McCulloch 和 Pitts 提出了历史上第一个神经元模型,称为 M-P 模型,这一模型形式上表示为

$$s_i(t+1) = \theta(\sum_j w_{ij}s_j(t) - \mu_i)$$

$$\begin{cases} \theta(x) = 1 & x \geqslant 0 \\ \theta(x) = 0 & \text{其他} \end{cases}$$

(10.1)

其中 $s_i(t)$ 表示第 i 个神经元在 t 时刻所处的状态,$s_i(t) = 1$ 表示处于激发态,$s_i(t) = 0$ 表示处于抑制态。由于 $\theta(x)$ 的函数形式,每个神经元只有两个状态。

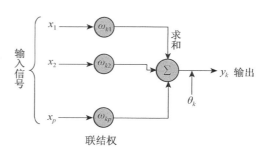

图 10.2　M-P 模型示意图

w_{ij} 是一个实数,刻画第 j 个元到第 i 个元的联结强度,称之为权,其值可正可负。$\sum w_{ij}s_j(t)$ 表示第 i 个神经元在 t 时刻收到信号的线形叠加。μ_i 是元 i 的阈值,当元 i 的输入信号加权和超过 μ_i 时,元才会被激发。在此模型中,μ_i 可以并入权中,得到简化。图 10.2 是 M-P 模型的示意图。

10.1.3.2　人工神经网络分类

迄今为止已有数十种神经网络模型,各有其特点和特殊的用途。按照下面不同的分类方式,人工神经网络常可分为以下几种模型。

1. 从网络结构角度可分为前向网络和反馈网络

（1）前向网络,指从输入层至输出层的信号通过单向连接流通,神经元从一层连接到下一层,不存在同层神经元间的连接,如可控制机器人手臂的 Cerellatron(小脑自动机)网络。

（2）反馈网络,指多个神经元互连以组织一个互连的神经网络,信号能够从正向和反向流通,如 Hopfield 网络,其典型应用为求解 TSP 问题,线性规划,联想记忆和用于辨识。

2. 从计算节点(神经元)的层数角度可分为单层网络与多层网络

（1）单层网络是指拥有的计算节点(神经元)是"单层"的,除了 Hopfield 网络,还有如单层感知器 Perceptron 网络,常用于文字识别,声音识别等。

（2）多层网络存在一个或更多计算节点(神经元)隐含层,如 1986 年由 Rpber. Hednt-nielsen 提出的双向传播网 CPN,它常用于图像分析和统计分析。

3. 从学习方式角度可以分为有导师学习网络和无导师学习网络

（1）有导师学习是指需要有个导师来提供期望或目标输出信号。如 BP 误差反传网络,它采用最小均方差学习方式,是目前应用最广泛的网络,可用于语音识别、工业过程控制、贷款信用评估、自适应控制等领域。

（2）无师学习算法不需要知道期望输出。如擅长识别复杂模式或未知模式的 Adaptive Resonance Theory(自适应共振理论,即 ART)网络等。

10.1.3.3　神经网络工作方式

神经网络的工作过程主要由三个运行阶段组成。

1. 训练和学习阶段

此阶段反复向神经网络提供一系列的输入和输出模式,通过不断调节节点之间的相互联结权重,直至得到特定的输入输出。

2. 回响阶段

向人工神经网络输入一系列已在训练阶段使用过的输入模式,并调整系统使之更可靠、更完善。

3. 预测阶段

向神经网络输入新的模式,希望系统能正常地工作。

10.1.3.4 神经网络学习规则

神经网络之所以具有一定的智慧,突出的表现是它具有学习能力。神经网络的学习过程主要是按一定的方式调整单元之间的连接,使网络具有所要求的功能。学习规则可分为以下三类:

(1) 相关规则:相关规则仅仅根据联结间的激活水平改变权系,常常用于自联想网络。Hopfield 神经网络即是如此。

(2) 纠错规则:纠错规则是有教师学习规则,依赖关于输出节点的外部反馈改变权值。如感知器学习即使用该纠错规则:如果一节点的输出正确,一切不变;如输出不为 0 而为 1,则相应权值减小;如果应为 1 而输出为 0,则权值增加一个增量。

(3) 广义 δ 学习规则:它可在多层网络上有效学习,关键是对偏差如何定义和计算。对 BP 算法它提供了学习隐节点的一个有效方法。

10.1.3.5 神经网络的优点和局限性

与其他类型的计算方法相比,人工神经网络具有一些明显的优点,但它并不是万能的。对于一个明智的工程技术人员来讲,在应用人工神经网络时,应同时了解其优点与局限性,以便能更好地确定人工神经网络对特定问题的适用性。

1. 人工神经网络的优点

人工神经网络是另一种计算机建模工具,但与一些著名的、传统的计算机建模方法相比,具有一些明显的优点。这些优点包括如下。

(1) 自适应性:人工神经网络具有对周围环境的自适应或学习的能力。当给人工神经网络以输入-输出模式时,它可以通过自我调整使误差达到最小,即通过训练进行学习。对于某些难以参数化的因素,可以通过训练自动总结规律。

(2) 容错性:在输入-输出模式中混入错误信息,对整体不会带来严重的影响。与传统的经验曲线拟合模型相比,人工神经网络对噪声和不完整信息的敏感程度要低。原因是:在经验模型中,每一自变量通常都起重要作用,但在人工神经网络中,每一个节点只反映问题的一个微特征,因此,如果某一节点的输入不完整或带有噪声,这一输入在人工神经网络中所体现出的影响不会那么严重。人工神经网络能够处理不完善的问题,能比其他适用性差的经验模型更有效地归纳并得出实质性结论。

(3) 外推性:人工神经网络有较好的外推性,即能将从训练中的部分样本中学到的知识推广到全体样本。

(4) 自动抽提功能:人工神经网络能通过采用直接的(有时是不精确的)数值数据进行

训练,并能自动地确定因果关系。

（5）在线应用的潜力：人工神经网络的训练可能要花费大量的时间,但训练一旦完成,它们就能从给定的输入很快地计算出结果。由于训练好的网络能在不到 1 s 的时间里得出计算结果,所以它有可能在控制系统中在线使用。但此时的人工神经网络必须是离线训练好的。

正是由于神经网络具有上述特点,所以可以处理一些环境信息十分复杂、知识背景不清楚和推理规则不明确的问题。例如物性识别、故障诊断及产品性能估计等,都是具有复杂非线性和不确定性对象的控制。通过神经元网络按照法则学习,可从典型事例中学会处理具体事例,给出比较满意的解答。

2. 人工神经网络的局限性

（1）训练时间长：人工神经网络需要长时间的训练,有时可能使之变得不实用。大多数简单问题的网络训练需要至少上千次迭代,复杂问题的训练可能需要多达数万次迭代。根据网络的大小,训练过程可能需要主机时间几个到几十个小时。

（2）需大量训练数据：人工神经网络在很大程度上取决于训练时关于问题的输入-输出数据,若只有少量输入-输出数据,一般不考虑使用人工神经网络。

（3）不能保证最佳结果：训练可能导致网络发生偏离,使之在一些操作区域内结果准确,而在其他区域则不准确。

（4）不能保证完全可靠：尽管这一点对所有的计算问题均适用,但对人工神经网络尤其如此。如在故障诊断中,对于某些故障误诊率可能只有 1%,而对同一问题的其他故障误诊率可能高达 33%。重要的是事先无法知道哪些故障比其他故障更易于出现误诊。因此,对于需要近乎 100% 可靠的问题,在采用人工神经网络时必须小心谨慎。

另外,对于一些操作性的问题,如训练集过小,由于传感器的故障导致采集到的数据错误等,这些问题有时能明显影响人工神经网络的使用效果。

10.1.4　Back Propagation 网络

神经网络类型主要有：BP(Back Propagation)网络、RBF(Radical Basis Function)网络、自适应网络等数十种。目前,BP 网络是化工领域应用得最多也是比较成熟的一种网络。

Rumelhart 和 Mcclellandle 于 1982 年成立了一个 PDP(Parallel Distributed Processing)小组,研究并行分布式 BP 信息处理方法。1984 年他们提出一种反向传播(BP)神经网络模型。

10.1.4.1　BP 网络算法概述

BP 是一种多层前馈网络,使用有教师学习算法。该算法实现了多层网络设想,其结构如图 10.3 所示。

在 BP 网络示意图中,设 w_{ji}^l 为 1 层上节点 i 至 l 层上节点 j 的联结权值,net_j^l 和 out_j^l 分别为 l 层上节点 j 的输入值和输出值,$X_i(i=1,\cdots,N)$ 为网络的输入因子,转换函数 f 可为 Sigmoid 等函数形式。则其输入输出关系如下。

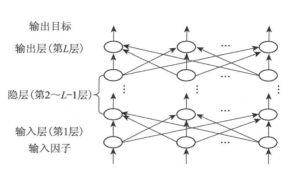

图 10.3　BP 网络结构图

$$\begin{cases} out_j^l = x_j & (j = 0, 1, \cdots, N) \\ \qquad \vdots \\ net_j^l = \displaystyle\sum_{i=0}^{pot(l-1)} \omega_{ji}^l out_i^{l-1} & (l = 2, 3, \cdots, L) \\ out_j^l = f(net_j^l) & (j = 1, 2, \cdots, pot(l)) \\ \qquad \vdots \\ \hat{E}_j = out_j^L & (j = 1, 2, \cdots, M) \end{cases} \qquad (10.2)$$

其中 $pot(l)(l = 1, 2, \cdots, L)$ 为各层节点数,且 $pot(l) = N$, $pot(L) = M$, $\hat{E}_j$ 为设计目标 E_j 的估计值。

BP 网络的学习过程包括网络内部的前向计算和误差的反向传播两个过程。其指导思想是在给定输出目标的情况下,通过对网络实际输出与期望输出的误差,按其实际输出与目标值之差的平方和为目标函数,由输出层往中间层逐层修正联结权值,通过调节权值使目标函数达到最小值。

BP 算法的具体步骤是:①初始化,即随机地设置各层权重系数和值;②将训练样本数据 X 加到网络输入端,计算各层的输出 Y,将输出值与期望值相比得到误差信号;③根据误差信号重新调整联结权重;④如果小于预定误差,则认为网络已收敛而停止学习,反之,则返回②继续学习③。

BP 算法的流程如图 10.4 所示。

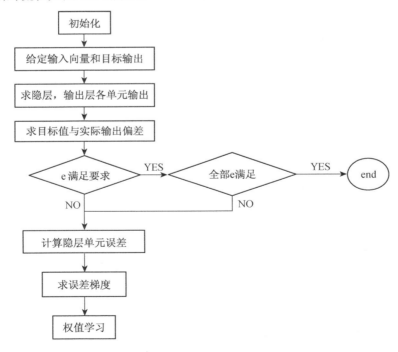

图 10.4　BP 网络算法流程图

10.1.4.2　BP 网络参数确定

BP 模型的实际应用需要确定其结构参数,主要有以下几方面。

（1）网络层数和神经元数目。通常,输入输出层的神经元个数可以根据具体问题本身的输入输出信息来确定,隐层数、隐层神经元数目影响网络的学习时间和迭代次数,对整个网络能否正常工作具有重要的意义。

隐层神经元的调整方法很多,如以下四个公式可作为选择最佳隐单元数时的参考公式。

① 隐含节点数＝输入节点数 $*2+1$ 选取。

② $n=\sqrt{n+m}+a$,其中 m 为输出神经元数;n 为输入神经元数;a 为[1，10]之间的常数。

③ $\sum_{i=0}^{n} C_{n_1}^i > k$,其中 k 为样本数;n_1 为隐单元数;n 为输入单元数;如果 $i > n_1$,$C_{n_1}^i = 0$。

④ $n_1 = \log n$,其中 n 为输入单元数。

（2）初始权值的选取。由于系统是非线性的,初始权值对于学习是否达到局部最小、是否能收敛与训练时间的长短有很大的关系。可取(−1，1)之间的随机数作为初始权值。

（3）学习速率的选取。学习速率决定每一次训练循环中所产生的权值变化量,影响网络的收敛稳定性和学习效率。较大时,权值的修改量较大,可以加快学习速度,但有时会产生振荡而不能收敛;而较小的学习速率可以使学习过程平稳,但是学习速度慢。因此,一般倾向于选取较小的学习速率(0.01～0.8)以保证系统的稳定性。

10.2　神经网络的 MATLAB 实现

虽然神经网络有广泛的实用性和强大的解决问题的能力,但它的建立过程实际上是一个不断尝试的过程,以 BP 网络为例,网络的层数和每一层结点的个数都是需要不断地尝试的过程。对于网络的学习过程也有缺陷,如有些算法虽然原理成熟,但计算过程复杂,编程烦琐,容易出错。因此,计算机辅助进行神经网络的设计和分析是必然的选择。

目前,最成熟、应用最广泛的神经网络软件包是 MATLAB 的神经网络工具箱。它以人工神经网络理论为基础,利用 MATLAB 语言构造出许多典型的网络激活函数,使设计者对所选的网络输出的计算,转变为对激活函数的调用。另外,还可根据各种网络的权值规则和训练过程,编写修正权值的子程序。这样,使用者就可从烦琐的编程中解脱出来,将主要精力集中于思考和解决问题上,从而可提高工作效率和质量。

MATLAB 提供的神经网络工具箱内容丰富,包括很多现有的网络研究成果,还包括大量的演示实例,有助于使用者学习和理解。

MATLAB 提供的神经网络工具函数有两类:一类是通用函数,可用于所有的网络的学习、仿真、训练等;另一类是针对某种网络的,如 BP 网络、径向基网络、自组织网络等。

10.2.1　神经网络的通用函数

表 10.1 列出了神经网络中一些较重要的通用函数。它们的功能、调用格式、使用方法及注意事项介绍如下。

表 10.1　神经网络通用函数

函数类型	函数名称	函数用途
训练函数	train	调用其他训练函数,对网络进行训练
学习函数	learnp	对权值和阈值进行学习
仿真函数	sim	针对指定的输入,得到网络的输出
初始化函数	init	对网络进行初始化
	initlay	多层网络的初始化
输入函数	netsum	输入求和函数
	netprod	输入求积函数

1. 训练函数 train

该函数用于对神经网络进行训练。调用格式为

$$[net, tr, Y, E, Pf, Af] = train(net, P, T, Pi, Ai, VV, TV)$$

其中输入值:

net——待训练的神经网络;

P——网络输入信号;

T——网络目标,默认为 0;

Pi——初始输入延迟,默认为 0;

Ai——初始的层次延迟,默认为 0;

VV——网络结构确认向量,默认为空;

TV——网络结构测试向量,默认为空。

返回值:

net——训练后的神经网络;

tr——训练记录(包括步数和性能);

Y——神经网络输出信号;

E——神经网络误差;

Pf——最终输入延迟;

Af——最终层延迟。

参数 T,Pi,Pf,VV 和 TV 是可选的。

注:该函数只是调用设定的或默认的训练函数对网络进行训练。调用该函数对网络进行训练之前,需要首先设定实际的训练函数,如 trainlm 和 traindx 等,然后该函数调用相应的算法对网络进行训练。

2. 学习函数 learnp

该函数用于对神经网络的权值和阈值进行学习,调用格式为

$$[dW, LS] = learnp(W, P, Z, N, A, T, E, gW, gA, D, LP, LS)$$

其中输入值:

W——S×R(R 组 S 维)权值矩阵(或 S×1 维的阈值向量);

P——R×Q 维(Q 组 R 维)的输入向量(或 Q 组单个输入);

Z——S×Q(Q 组 S 维)权值输入向量；

N——S×Q(Q 组 S 维)网络输入向量；

A——S×Q(Q 组 S 维)网络输出向量；

T——S×Q(Q 组 S 维)目标向量；

E——S×Q(Q 组 S 维)误差向量；

gW——S×R(R 组 S 维)性能参数的梯度；

gA——S×Q(Q 组 S 维)性能参数的输出梯度；

D——S×S(S 组 S 维)神经元间的距离；

LP——学习参数，若没有，则 LP = []；

LS——学习状态，初始值为空。

输出值：

dW——S×R(R 组 S 维)权值（或阈值）的变化矩阵；

LS——新的学习状态。

3. 仿真函数 sim

该函数用于对神经网络进行仿真，调用格式为

```
[Y, Pf, Af, E, perf] = sim(net, P, Pi, Ai, T)
```

其中输入参数：

net——待仿真的网络；

P——网络输入；

Pi——初始输入延迟，默认为 0；

Ai——初始的层延迟，默认为 0；

T——网络目标，default = zeros。

输出参数：

Y——网络输出；

Pf——最终输出延迟；

Af——最终的层延迟；

E——函数返回值，网络误差；

perf——函数返回值，网络性能。

4. 初始化函数

(1) init 函数用于对网络进行初始化。调用格式为

```
net = init(net)
```

其中，输入 net：表示待初始化的神经网络；输出 net：表示已初始化后的神经网络。

(2) initlay 函数特别适用于对多层网络的初始化。调用格式为

```
net = initlay(net)
info = initlay(code)
```

其中输入参数：

输入 net：表示待初始化的神经网络；

输出 net：表示已初始化后的神经网络。

根据不同的 code 码返回不同的信息，包括：

′pnames′——初始化参数的名称；

′pdefaults′——默认初始化参数。

5. 输入函数

（1）netsum 函数是输入求和函数，它通过将某一层的加权输入和阈值相加作为该层的输入。调用格式为

N = netsum(Z1, Z2, ..., Zn)

df = (′deriv′)

其中输入参数：

Zi—— S×Q(Q 组 S 维)：第 i 个输入。

输出参数：

N——输入的总合；

df——返回 netsum 的微分函数 dnetsum。

（2）netprod 函数是输入求积函数，它通过将某一层的加权输入和阈值相乘作为该层的输入。调用格式和计算框架与 netsum 类似：

N = netprod(Z1, Z2, ..., Zn)

df = netprod(′deriv′)

10.2.2 BP 神经网络函数

10.2.2.1 BP 神经网络函数

BP 神经网络是利用非线性可微分函数进行权值训练的多层网络。它包含了神经网络理论中最为精华的部分。特别是它的数学意义明确，学习算法步骤分明，使得应用背景更加广泛。

MATLAB 神经网络工具箱中包含了许多用于 BP 网络分析与设计的函数，BP 神经网络的常用函数如表 10.2 所示。

表 10.2　BP 神经网络的常用函数表

函数类型	函数名称	函数用途
创建函数	newff	创建前向 BP 网络
传递函数	logsig	S 型的对数函数
	dlogsig	logsig 的导函数
	tansig	S 型的正切函数
	dtansig	tansig 的导函数
学习函数	learngd learngdm	梯度下降法的学习函数 梯度下降动量学习函数
训练函数	traingd traingdm	梯度下降法的训练函数 梯度下降动量训练函数

函数类型	函数名称	函数用途
性能函数	mse	均方误差函数
显示函数	plotperf	绘制网络的性能
	plotp	绘制权值和阈值在误差曲面上的位置

本小节将说明常用函数的调用格式、功能、参数特性和注意事项等。

1. 创建函数 newff

该函数用于创建一个 BP 网络。调用格式为

net = newff

net = newff(PR，[S1 S2...SNl]，{TF1 TF2...TFNl}，BTF，BLF，PF)

其中，net = newff:用于在对话框中创建一个 BP 网络。

newff(PR，[S1 S2...SNl]，{TF1 TF2...TFNl}，BTF，BLF，PF)的参数含义如下。

PR——由每组输入(共 R 组输入)元素的最大值和最小值组成的 R×2 维矩阵；

Si——第 i 层的长度，共 Ni 层；

TFi——第 i 层的传递函数，默认为'tansig'；

BTF——BP 网络的训练函数，默认为'traingdx'；

BLF——权值和阈值的 BP 学习算法，默认为'learngdm'；

PF——网络的性能函数，默认为'mse'；

返回一个 N 层的 BP 网络。

函数 newff 建立一个可训练的前馈网络。这需要四个输入参数，第一个参数是一个 $R×2$ 的矩阵以定义 R 个输入向量的最小值和最大值；第二个参数是一个每层神经元个数的数组；第三个参数是包含每层用到的转移函数名称的细胞数组；最后一个参数是用到的训练函数的名称。下面举例用该命令创建一个二层网络，其网络模型的输入是两个元素的向量，第一层有三个神经元，第二层有一个神经元。第一层的转移函数是 tan-sigmoid，输出层的转移函数是 linear。输入向量的第一个元素的范围是−1 到 2，输入向量的第二个元素的范围是 0~5，训练函数是 traingd。

net=newff([−1 2; 0 5]，[3，1]，{'tansig'，'purelin'}，'traingd');

该命令建立了网络对象并且初始化了网络权重和偏置，因此网络就可以进行训练了。我们可能要多次重新初始化权重或者进行自定义的初始化。在训练前馈网络之前，权重和偏置必须被初始化。初始化权重和偏置的工作用命令 init 来实现。该函数接收网络对象并初始化权重和偏置后返回网络对象。

2. 传递函数

传递函数又称为激活函数，必须是连续可微的。传递函数是 BP 网络的重要组成部分。BP 网络常采用 S 型的对数或正切函数。

(1) logsig 为 S 型的对数函数。

算法为:$logsig(n)=1/(1 + exp(−n))$

调用格式:

A = logsig(N)

info = logsig(code)

其中：

N——S×Q(Q 组 S 维)的输入列向量；

A——函数返回值，位于 0 和 1 之间；

logsig(code)以不同的 code 返回不同的信息，包括：

'deriv'——微分函数的名称；

'name'——返回函数全名；

'output'——输出值域；

'active'——返回有效的输入区间。

（2）dlogsig 函数为 logsig 的导函数。

调用格式为

dA_dN = dlogsig(N, A)

输入参数含义同 logsig，输出 logsig 的导函数。

（3）tansig 函数为双曲正切 S 型传递函数。

算法为：

n = 2/(1+exp(−2*n))−1

调用格式为

A = tansig(N)

info = tansig(code)

输入、输出参数含义同 logsig。

（4）dtansig 函数为 tansig 的导函数。

调用格式为

dA_dN = dtansig(N, A)

输入、输出参数含义同 logsig。

3. 学习函数

（1）learngd

该函数为梯度下降权值/阈值学习函数，它通过神经元的输入和误差，以及权值/阈值的学习速率，来计算权值/阈值的变化率。调用格式为

[dW, LS] = learngd(W, P, Z, N, A, T, E, gW, gA, D, LP, LS)

[db, LS] = learngd(b, ones(1, Q), Z, N, A, T, E, gW, gA, D, LP, LS)

info = learngd(code)

函数的输入参数：

W——S×R(R 组 S 维)权值矩阵（或 S×1 维的偏差向量）；

P——R×Q(Q 组 R 维)的输入向量（或 Q 组单个输入）；

Z——S×Q(Q 组 S 维)权值输入向量；

N——S×Q(Q 组 S 维)网络输入向量；

A——S×Q(Q 组 S 维)网络输出向量;

T——S×Q(Q 组 S 维)目标向量;

E——S×Q(Q 组 S 维)误差向量;

gW——S×R(R 组 S 维)性能参数的梯度;

gA——S×Q(Q 组 S 维)性能参数的输出梯度;

D——S×S(S 组 S 维)神经元间的距离;

LP——学习参数,若没有,则 LP = [];

LS——学习状态,初始值为空。

输出值:

dW——S×R(R 组 S 维)权值(或阈值)的变化矩阵;

LS——新的学习状态;

db——S 维的阈值变化率向量。

info = learngd(code)根据不同的 code 值返回不同的信息,包括:

'pnames'——返回设置的学习参数;

'pdefaults'——返回默认的学习参数;

'needg'——如函数使用了 gW 或 gA ,则返回 1。

（2）learngdm

learngdm 函数为梯度下降动量学习函数,它通过神经元的输入和误差,以及权值/阈值的学习速率和动量常数,来计算权值/阈值的变化率。调用格式为

```
[dW, LS] = learngdm(W, P, Z, N, A, T, E, gW, gA, D, LP, LS)
[db, LS] = learngdm(b, ones(1, Q), Z, N, A, T, E, gW, gA, D, LP, LS)
info = learngdm(code)
```

具体参数的含义同 learngd。

注:动量常数 mc 是通过学习参数 LP 设置的,格式为 lp. mc=0.8。

4. 训练函数

（1）traingd 函数为梯度下降 BP 算法函数。

调用格式为

```
[net, TR, Ac, El] = traingd(net, Pd, Tl, Ai, Q, TS, VV, TV)
info = traingd(code)
```

其中输入参数:

net——待训练的网络;

Pd——有延迟的输入向量;

Tl——层次目标向量;

Ai——初始的输入延迟条件;

Q——批量;

TS——时间步长;

VV——确认向量结构或为空;

TV——检验向量结构或为空。

输出值：

net——训练后的神经网络；

TR——每步训练的有关信息记录，包括：

TR. epoch——时刻点；

TR. perf——训练性能；

TR. vperf——确认性能；

TR. tperf——检验性能。

Ac——上步训练的输出；

El——上步训练中的层次误差。

info = traingd(code)根据不同的 code 值返回不同的信息，包括：

'pnames'——返回设置的训练参数；

'pdefaults'——返回默认的训练参数。

（2）traingdm

该函数为梯度下降动量 BP 算法函数。调用格式为

[net，TR，Ac，El] = traingdm(net，Pd，Tl，Ai，Q，TS，VV，TV)

info = traingdm(code)

其参数意义、设置格式和适用范围等同 traingd。

5. 性能函数 mse

该函数为均方误差性能函数，调用格式为

perf = mse(E，X，PP)

perf = mse(E，net，PP)

info = mse(code)

其中：

E——误差向量矩阵；

X——所有的权值和阈值向量，可忽略；

PP——性能参数，可忽略；

net——待评定的网络，可忽略；

mse(code)根据不同的 code 值返回不同的信息，包括：

'deriv'——返回导函数的名称；

'pdefaults'——返回默认的训练参数；

'name'——返回函数的全名；

'pnames'——返回训练参数的名称。

6. 显示函数

（1）plotperf

该函数用于绘制网络的性能。调用格式为

plotperf(TR，goal，name，epoch)

其中输入参数：

TR——网络训练记录；

goal——性能目标，默认为 NaN；

name——训练函数名，默认为空；

epoch——训练步数，默认为训练记录长度。

（2）plotp

该函数用于绘制权值和阈值在误差曲面上的位置。调用格式为

```
h = plotep(W, B, E)
h = plotep(W, B, E, H)
```

其中：

W——当前权值；

B——当前阈值；

E——当前误差。

输出值：

h——权值和阈值在上一时刻的位置信息向量；

H——当前权值和阈值位置信息向量。

其他关于神经网络的函数请参阅 MATLAB 的帮助资料。

10.2.2.2　BP 神经网络的设计

BP 神经网络已得到了广泛应用，但其使用效果的关键在于网络设计。设计时，要注意的问题主要包括以下几个方面。

（1）目前，网络隐含层的层数和单元数的选择仍无统一的理论方法，只能靠经验来确定。

（2）若选的学习速率固定时，出现网络的收敛速度慢，训练时间长的情况，可采用变化的学习速率或自适应的学习速率加以改善。

（3）若 BP 梯度下降算法使权值收敛到某个值时，仍不能保证其为误差平面的全局最小值，可采用附加动量法来解决。

下面以一个 BP 神经网络的设计为例，介绍利用神经网络工具箱进行 BP 网络及分析的过程。

1. 问题描述

BP 神经网络的本质是非线性拟合，本例通过一个单隐层 BP 神经网络来逼近一个函数。

通过对函数进行采样得到了网络的输入变量和目标变量，分别为

```
P=[-1:0.1:1];
T = [- 0.9602, - 0.577, - 0.0729, 0.3771, 0.6405, 0.66, 0.4609, 0.1336,
-0.2013, - 0.4344, - 0.5, - 0.393, - 0.1647, 0.0988, 0.3072, 0.396, 0.3449,
0.1816, - 0.0312, - 0.2189, - 0.3201];
```

通过绘图可得到函数原形（图 10.5）：

```
plot(P, T, '*')
```

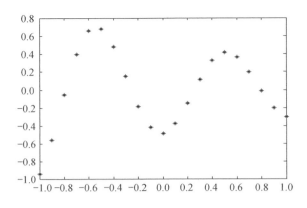

图 10.5　函数原形

2. 网络设计

1) 隐层神经元对训练的影响

该网络输入输出层的单元数都为 1（因是单输入输出变量系统）。据前述的隐层设计经验公式，并结合本例的实际情况，解决该问题的网络隐层单元数应为 3～8 之间。因此，可设计一个隐层可变的网络，通过误差的对比，确定最佳的隐层神经元个数，并检查隐层神经元个数变化对网络性能的影响。

网络的设计和训练代码如下。

```
s＝3:8;
res＝1:6;
for i＝1:6
net＝newff(minmax(P),[s(i), 1],{'tansig', ' purelin'}, 'traingdx');
    net.trainParam.epochs＝2000;
    net.trainParam.goal＝0.001;
    net＝train(net, P, T);
    y＝sim(net, P);
    error＝y－T;
    res(i)＝norm(error);
end
```

网络训练代数及误差见表 10.3。

表 10.3　网络训练代数及误差

隐层神经元个数	3	4	5	6	7	8
训练代数	＞2000	341	453	＞2000	＞2000	301
网络误差	1.0794	0.1396	0.1447	0.1454	0.1754	0.1447

表 10.3 表明，经过 2000 次 traingdx 训练后，隐含层为 8 的网络对函数的逼近效果最好，因它经过 301 次训练就达到了目标误差。从表 10.3 中还可得到一个重要结论，即并非误差数和训练代数随隐层神经元个数的增加而减小，如当隐层神经元个数从 6 增加到 7 时，误差反而增大了。

2）训练函数类型对网络的影响

采用不同的训练函数对网络的性能如收敛速度等也有影响。

以上是用函数 traingdx 对网络进行训练,该函数的学习算法是梯度下降动量法,训练结果如图 10.6 所示。

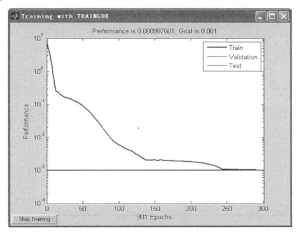

图 10.6　梯度下降动量法训练结果

下面用函数 trainlm 对网络进行训练,该函数的学习算法是 Levenberg-Marquadt 反传算法,训练程序为以上代码:

net = newff(minmax(P), [s(i), 1], {'tansig', 'purelin'}, 'traingdx');

换为

net = newff(minmax(P), [s(i), 1], {'tansig', 'purelin'}, 'trainlm');

当隐层神经元个数为 8 时,训练结果为

TRAINLM - calcjx, Epoch 0/2000, MSE 3.86678/0.001, Gradient 7.19059/1e - 010

TRAINLM - calcjx, Epoch 4/2000, MSE 0.000973729/0.001, Gradient 0.0348528/1e - 010

由此可见,经过 4 次训练后,网络的目标误差就达到了要求。训练结果见图 10.7。

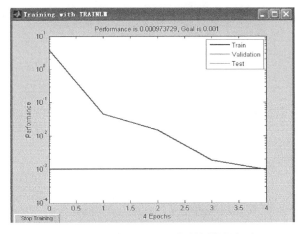

图 10.7　函数 trainlm 对网络训练结果

综合以上结果比较而言,函数 trainlm 收敛速度快,因此采用 trainlm 对此网络训练效果好。

3) 仿真

通过对训练好的网络进行仿真,可以得到网络对函数的逼近情况,代码如下。

```
y = sim(net, P);
plot(P, T, 'r*');
hold on
plot(P, y, '.')
```

结果如图 10.8 所示,其中圆点表示网络输出结果,"*"表示函数的实际值。

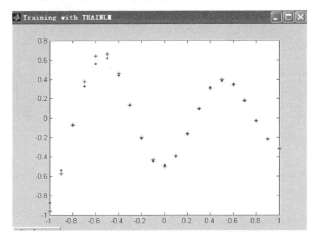

图 10.8　仿真结果

利用以下代码可以绘制网络的误差曲线:

```
plot(1:21, y−T);
```

网络的误差曲线如图 10.9 所示。

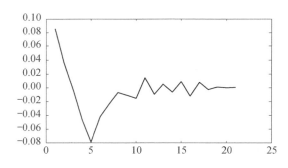

图 10.9　网络的误差曲线

至此,得出了本例的 BP 网络结构,如表 10.4 所示。

表 10.4　所确定网络的结构

网络结构	隐含层神经元	训练函数	网络误差
单层的 BP 网络	8	trainlm	0.143

10.3　神经网络在化工中的应用领域

目前,人工神经网络在化学工程中的应用领域主要有非线性建模(过程模拟)、故障诊断、过程预报、化工材料设计等方面。在这类问题的研究中,运用最普遍的神经网络是多层前馈BP 神经网络,因为这种网络具有逼近任意非线性映射的能力。以下对其常见应用进行介绍。

10.3.1　非线性建模(过程模拟)的神经网络应用

在化工规划设计和研究中,经常会遇到许多高度非线性问题。长期以来,在处理非线性模型时,多元因子分析一直占有很大比重。但由于该方法是建立在线性模型的基础上的,它对于解决非线性问题有一定困难,而人工神经网络在解决非线性问题上则显示出较高的优越性。下面以泄漏模型的建立为例介绍。

泄漏是塔板研究中一个典型的高度非线性问题,是设计精馏塔塔板时必需的一个主要参数。泄漏 B 是板上液流强度 L,阀孔动能因数 F_0 和塔板开孔率 Φ 的函数,即 $B = f(L, F_0, \Phi)$。在研究中经常发现泄漏-阀孔因数图出现不规律性,如图 10.10 所示。

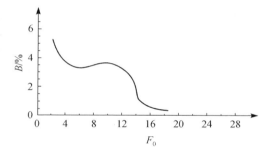

图 10.10　泄漏 B-阀孔动能因数 F_0 的曲线示意图

如果用常规的多元因子分析来处理此问题,除非采用异常烦琐的分段拟合,很难得到良好的结果。为此,我们利用 BP 算法来建立泄漏模型。BP 网络对确定性因果关系的识别有很强的功能,对于复杂的非线性模型仿真从理论上说误差可达到很高的精度。网络的拓扑结构确定如下:输入节点数为 3,代表液流强度为 L,阀孔动能因数为 F_0,塔板开孔率为 Φ。输出节点数为 1 代表泄漏百分率。隐含节点数的选取目前无统一方法,这里采用隐含节点数＝输入节点数 $*2+1$,即隐含节点数为 7。

阈值函数的选取对学习速度有很大影响。因为在 BP 算法的计算中,大量用到激活函数的导数,而当前以 Sigmoid 函数为代表的激活函数的导数范围很窄小,这将使计算出来的权重修改量很小,使得学习速度变慢,可采用相关文献中速度快的激活函数。

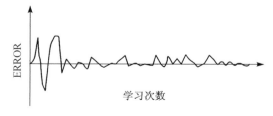

图 10.11　误差随学习次数的变化

本例共有 36 组泄漏数据,用其中 33 组数据进行训练,随机抽出 3 组进行检验。由图 10.11 可看出,随着训练的进行,误差逐渐减小。有轻微的振荡,最后趋于稳定,学习次数约为 6 万次。

以数学中常有的形式对泄漏数据进行多元非线性回归,两者比较的结果如表 10.5 所示。

表 10.5 泄漏模型的学习效果（%）

训练组数	实际值	预测值（ANN）	相对误差（ANN）	预测值（回归）	相对误差（回归）
0	1.660	1.580	−4.819	1.231	−25.840
1	1.290	1.190	−7.752	0.982	−23.863
2	2.170	2.290	5.530	2.793	28.717
3	1.450	1.490	2.759	2.270	56.551
4	5.02	4.820	−3.984	4.512	−10.119
5	1.970	2.010	2.030	2.922	48.346
6	5.080	5.040	−0.787	1.788	−65.794
7	2.680	2.700	0.746	3.496	30.453
8	8.270	3.270	0.000	4.943	−40.222
9	2.580	2.500	−3.101	4.017	55.722
10	2.310	2.270	−1.732	2.197	−4.882
11	0.920	0.900	−2.174	1.615	55.625
12	3.600	3.450	−6.504	2.525	−31.572
13	3.540	3.660	3.390	2.828	−20.092
14	1.600	1.320	−17.500	2.080	30.009
15	5.080	4.960	−2.362	2.788	−64.794
16	2.770	2.650	−4.332	1.316	−53.476
17	0.920	0.800	−13.043	1.100	19.582
18	2.640	2.700	0.746	2.754	2.779
19	2.030	1.970	−2.956	2.027	−0.124
20	1.250	1.370	9.600	1.694	35.553
21	1.100	1.210	−18.792	2.610	75.181
22	3.240	3.250	0.619	4.242	31.341
23	3.100	2.940	−6.369	3.122	−0.553
24	3.010	2.840	−7.792	2.609	−15.270
25	3.110	3.430	−2.279	4.875	38.892
26	3.510	3.130	3.987	3.588	19.216
27	1.880	2.000	6.383	2.090	59.517
28	5.290	5.190	−1.890	5.020	−24.005
29	4.310	4.370	1.392	4.020	−24.005
30	2.890	3.090	4.746	3.807	−4.831
31	2.600	2.340	−10.687	2.471	−5.671
32	2.100	1.900	−11.163	2.176	11.216
33*	3.000	3.070	0.650	3.504	14.908
34*	1.970	1.870	−5.076	2.922	48.346
35*	3.200	3.080	−3.750	3.596	2.373

注：* 代表检测点。

由表 10.5 的比较可以看出,神经网络建模的结果和多元回归相比,具有较大的优越性。BP 网络建模的精度是多元回归所不能比拟的。多元回归需要预先给定一个合适的数学模型,而在许多情况下是非常困难的。由于系统误差和人为误差的存在,实验数据往往有一定的偏差,神经网络对信息分布存储的特点,使它对输入信号有一定程度的抗干扰能力,而多元回归对此则无能为力。神经网络具有对数据进行自组织、自学习的能力,由于减少了人为的工作,这样的模型便于在使用中得以不断地完善。

10.3.2　故障诊断的神经网络应用

BP 神经网络是目前故障诊断领域应用最多也比较成熟的一种网络,它的网络输出层的输出单元在[0,1]之间,因此特别适用于故障诊断的应用。在实际应用中,BP 网络一般只含一个隐层,对用于故障诊断的 BP 网络来说,输入层矢量 $X = (x_1, x_2, \cdots, x_n)$ 为故障征兆层,输入节点为 $x_i(i = 1, 2, \cdots, n)$ 由输入故障征兆参数组成;而输出层矢量 $Y = (y_1, y_2, \cdots, y_n)$ 为故障类别层,每组输出矢量代表一种故障类型;隐层矢量 $H = (h_1, h_2, \cdots, h_n)$ 用于提取信号中的高阶相关特性。这里以 TE 模型为例,根据模型的特点进行故障诊断。

TE(Tennessee Eastman)过程是一个典型的化工过程,取材于美国 Tennessee Eastman 公司一个化工厂,与实际模型基本相同。TE 过程主要包括 5 个典型的反应单元:反应器、冷凝器、汽液分离器、解吸塔、循环压缩机。整个生产过程有 4 个反应,生成 2 种产物,同时存在的还有一种副产物和一种惰性物。反应变量共 8 个:A,C,D,E 为原料(气体);B 为惰性物质;F 为反应副产品(液体);G,H 为反应产品(液体)。气态反应物进入反应器,在催化剂的作用下,生成液态产物。反应器有一个内部的冷凝器,用来移走反应产生的热量,产物以蒸气形式离开反应器,并伴随着尚未反应的部分反应产物,经过一个冷凝器,到达闪蒸器。不能冷却的组分通过一个离心式压缩机循环回到反应器的进料口。冷凝后的组分被输送到气提塔,以主要含 A、C 的流股作为气提流股,将残存的未反应组分分离,并从气提塔的底部,进入界区之外的精致工段。惰性物和副产物主要在闪蒸器中以气体的形式从系统中放空出来。该过程共有 12 个操作变量,41 个测量变量,20 种预先设定好的故障,6 种控制模式。本例采用基本案例控制方法。TE 过程的流程图如图 10.12 所示。

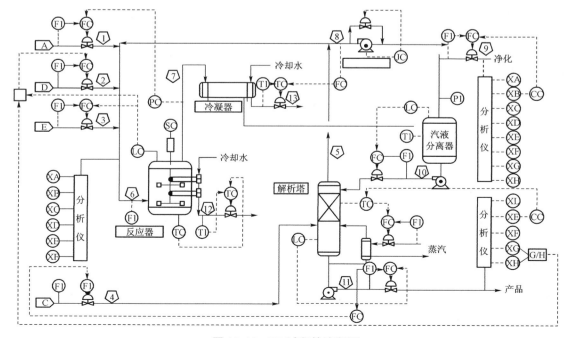

图 10.12　TE 过程的流程图

TE 过程故障及类型见表 10.6。

表 10.6　TE 过程故障类型

故障	类型	故障	类型
1 A, C 料比变化(成分 B 不变)	跳变	9 进料 2 温度变化	随机
2 成分 B 变化(A, C 进料比不变)	跳变	10 进料 4 温度变化	随机
3 进料 2 温度	跳变	11 反应器冷却水温度变化	随机
4 反应器冷却水温度	跳变	12 冷凝器冷却水温度变化	随机
5 冷凝器冷却水温度	跳变	13 反应动力学特性变化	漂移
6 进料 1 损失	跳变	14 反应器冷却水阀门	黏着
7 成分 C 进料压力下降	跳变	15 冷凝器冷却水阀门	黏着
8 进料 4 中 A，B，C 组分变化	随机	16～20 未知	未知

仿真过程中,选取 11 个操作变量,由于第 12 个操作变量在此种方案中保持恒定,因此不加以考虑。41 个测量变量作为输出使网络结构复杂,因此,简化输出节点个数,用 4 维向量来表示 15 种已知故障的序号,如向量[0 0 1 0]表示故障 2,依次类推,向量[1 0 0 1]表示故障 9。先让系统在正常情况下运行 24 h,然后加入扰动,仿真两种故障,取出 500 组数据作为神经网络的训练数据,100 组作为测试数据。神经网络的结构为 11-9-4。

首先采用典型的 BP 网络训练,目标误差为 10^{-4},最大训练步长为 10000,经仿真可得 BP 网络收敛速度很慢,且由曲线的平坦程度可以判定出它已陷入局部极小值,如图 10.13 所示。

为了克服上述典型 BP 网络的缺点,采用自适应学习速率动量梯度下降反向传播算法对上述同样的故障进行诊断。经过 204 步训练就达到目标误差,可见收敛速度明显优于典型的 BP 网络。经过测试,该网络具有很好的泛化能力,故障识别能力很高。诊断的实际结果和理论结果十分吻合。

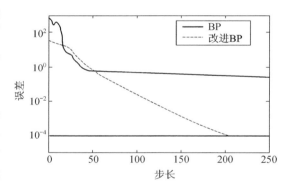

图 10.13　BP 和自适应 BP 算法性能比较

利用 BP 神经网络模型对过程进行故障诊断,在实际工业中有很好的诊断效果,具有更强的学习和泛化能力。

10.3.3　过程预报的神经网络应用

对于复杂对象运用人工神经网络模型往往是一个较为有效的方法。人工神经网络模型具有较强的可塑性和非线性,原则上可描述任何复杂的输入变量和输出变量间的关系。同时,人工神经网络模型具有自我学习、联想记忆和预测的功能,特别是在定量分析中,前向反馈网络模型应用最为广泛。下例采用神经网络模型的半经验方法,为汽液相平衡常数关联和预测提供一种新手段。

在闪蒸、精馏、吸收、萃取等分离过程中,汽液相平衡常数用于确定传质推动力,是设计和分析计算的基础。因此,如何准确计算相平衡常数 K 是汽液相平衡计算中的一个重要内容。

本例在汽液相平衡关系分析的基础上,利用 BP 网络建立了人工神经网络模型,使用 Design II 计算数据进行训练,然后进行预测,取得了很好的结果。

10.3.3.1 汽液相平衡常数的传统数学模型

通常相平衡常数的来源主要有以下途径:①通过实验测定汽液两相之间的关系;②当汽液相平衡关系数据不全时,可以根据已有的数据用热力学方法得到,也可以用有关物系的官能团结构进行计算。在无法从实验中得到数据的情况下,必须通过热力学计算来获得,汽液相平衡常数计算公式如下:

$$K_i = \frac{y_i}{x_i} = \frac{r_i^n f_i^{\mathrm{OL}}}{\phi_i^n p} \tag{10.3}$$

式中,组分 i 的汽相逸度系数、液相标准态逸度、液相活度系数需要分别求取。自从 Wilson1964 年首次提出以局部组成概念为基础的 G 函数模型并取得成功以来,相继又有以局部组成概念为基础的模型提出,其中,Wilson、NRTL、UNIQUAC、UNIFAC 模型得到了广泛的应用。但以上模型都存在着参数众多、计算过程复杂、收敛速度慢等缺点,在化工过程模拟、系统仿真等过程中难以满足实时性的要求。由于神经网络具有学习能力强等特点,所以在汽液相平衡计算中,可以实现从传统机理建模向智能建模法的自然延伸。

10.3.3.2 甲醇精馏体系的神经网络模型及结果

根据相律,一个均相混合物,当混合物的组成给定时,在温度 t、压力 p 和体积 V 的 3 个变量中,仅有 2 个是独立的。从汽液相平衡的热力学分析可知,混合物中 i 组分的相平衡常数 K_i 应为系统温度 t、压力 p 及组成的函数,即

$$K_i = \phi(t, p, x_1, x_2, \cdots, x_n) \tag{10.4}$$

基于上述方程,可以建立相平衡常数的神经网络预测模型。

某油田甲醇厂精馏体系,温度变化范围为 $66.8 \sim 115.1℃$,压力变化范围为 $110 \sim 170$ kPa,组分包括甲醇、水、乙醇和丁醇。温度、压力、组成见表 10.7。

表 10.7 甲醇精馏体系的温度、压力、组成

实验序号	温度/℃	压力/kPa	甲醇摩尔分数/%	水摩尔分数/%	乙醇摩尔分数/%	丁醇摩尔分数/%
1	66.8	110.1	99.88	0.04	0.07	0.01
2	68.3	115.7	97.40	1.89	0.70	0.01
3	69.8	118.9	90.58	7.81	1.51	0.10
4	74.5	120.2	66.90	28.20	2.38	2.52
5	85.7	122.5	21.98	57.62	1.76	12.64
6	92.9	124.7	11.00	67.09	0.59	20.51
7	95.9	128.1	6.70	69.80	0.08	23.42

实验序号	温度/℃	压力/kPa	甲醇摩尔分数/%	水摩尔分数/%	乙醇摩尔分数/%	丁醇摩尔分数/%
8	98.0	138.3	6.63	71.62	7.73×10^{-3}	21.74
9	98.7	141.4	6.67	71.56	7.67×10^{-3}	21.76
10	99.4	145.5	6.71	71.35	7.69×10^{-3}	21.93
11	101.7	147.4	2.72	73.66	3.96×10^{-3}	23.62
12	103.2	149.6	0.42	74.90	9.47×10^{-4}	24.68
13	103.8	151.9	6.49×10^{-1}	75.21	2.19×10^{-6}	24.72
14	104.2	154.2	1.00×10^{-2}	75.14	5.08×10^{-3}	24.85
15	104.7	156.4	1.55×10^{-3}	75.14	1.18×10^{-6}	24.86
16	105.1	158.7	2.40×10^{-4}	75.38	2.73×10^{-6}	24.62
17	105.3	160.9	2.68×10^{-5}	89.90	4.10×10^{-7}	10.10
18	110.7	162.1	4.17×10^{-6}	98.79	5.66×10^{-7}	1.21
19	113.6	163.2	5.70×10^{-7}	99.88	6.50×10^{-9}	0.12
20	115.1	170.0	2.52×10^{-11}	100.00	1.24×10^{-3}	8.39×10^{-3}

　　本例使用汽液相平衡常数 NRTL 模型,计算出表 10.7 所示的 20 组不同温度、压力和组成下的汽液相平衡常数,并以此作为神经网络模型的实验值,其中,15 组用于训练和检验,剩余 5 组用来预测。模型结构为 3 层 BP 神经网络:一个输入层、一个隐含层、一个输出层。输入为温度、压力、各组分的液相组成,输入层共 6 个神经元,传递函数采用 tans 函数,隐含层使用 13 个神经元,每次输出为单个组分的汽液相平衡常数,输出层有一个神经元。计算结果见表 10.8。

表 10.8　实验 K 值和预测 K 值的比较

序号	甲醇实验值	预测值	相对误差/%	水实验值	预测值	相对误差/%	乙醇实验值	预测值	相对误差/%	丙醇实验值	预测值	相对误差/%
1	1.001	1.002	0.093	0.442	0.442	0.1417	0.593	0.593	0.001	0.117	0.117	0.019
2	1.014	1.015	0.078	0.448	0.448	0.0616	0.607	0.607	0.000	0.122	0.122	0.033
3	1.054	1.055	0.051	0.454	0.454	0.0016	0.641	0.641	0.003	0.136	0.136	0.034
4*	1.251	1.252	0.079	0.493	0.493	0.069	0.767	0.767	0.003	0.213	0.213	0.164
5	1.847	1.848	0.062	0.695	0.696	0.144	1.190	1.190	0.001	0.491	0.491	0.016
6	2.304	2.304	0.003	0.862	0.862	0.004	1.652	1.652	0.002	0.745	0.742	0.023
7	2.524	2.524	0.002	0.881	0.881	0.001	1.878	1.878	0.015	0.913	0.913	0.009
8*	2.480	2.475	0.187	0.895	0.895	0.021	1.857	1.857	0.013	0.895	0.896	0.078
9	2.466	2.466	0.006	0.896	0.896	0.001	1.850	1.850	0.016	0.892	0.892	0.010
10	2.457	2.460	0.120	0.895	0.895	0.029	1.848	1.849	0.041	0.895	0.894	0.099
11*	2.580	2.582	0.071	0.949	0.949	0.001	2.030	2.028	0.100	0.976	0.977	0.124
12	2.653	2.657	0.165	0.981	0.981	0.022	2.148	2.147	0.034	1.029	1.029	0.050
13	2.661	2.660	0.028	0.985	0.985	0.006	2.168	2.171	0.151	1.041	1.038	0.247
14*	2.652	2.645	0.256	0.987	0.987	0.001	2.165	2.163	0.087	1.040	1.045	0.042
15	2.647	2.653	0.239	0.986	0.986	0.007	2.164	2.165	0.022	1.042	1.059	0.276

序号	甲醇实验值	预测值	相对误差/%	水实验值	预测值	相对误差/%	乙醇实验值	预测值	相对误差/%	丙醇实验值	预测值	相对误差/%
16	2.652	2.645	0.116	0.982	0.982	0.006	2.170	2.169	0.004	1.060	1.059	0.106
17	3.809	3.810	0.022	0.802	0.802	0.006	3.438	3.438	0.001	2.760	2.760	0.001
18	6.673	6.672	0.013	0.906	0.907	0.075	7.551	7.551	0.001	8.660	8.660	0.001
19*	7.619	7.617	0.031	0.989	0.989	0.077	8.983	8.983	0.001	10.83	10.83	0.001
20	7.681	7.679	0.025	1.000	1.001	0.059	9.105	9.105	0.001	11.07	11.07	0.001

注：*代表检测点。

研究结果表明,在甲醇精馏体系的相平衡常数的回归与预测中,与以往的相平衡常数模型相比,人工神经网络模型法具有方便、联想、简洁和易于自学等优点,同时回归与预测的结果均较好。

目前人工神经网络在化工过程预测中的应用日渐广泛,已逐渐推广到如实验设计,化工数据定量预测等其他方面的应用。

10.3.4　神经网络在化工材料设计中的应用

由于化工材料研制过程涉及的物料繁多,工艺流程复杂,再加上对象机理不甚清楚,或者物性参数难以获得,给建立系统的机理模型带来了很大的困难。在这种情况下,只有利用实际生产过程的输入输出数据,用合适的算法建立过程的辨识模型。人工神经网络是建立辨识模型的一种有效手段,具有强大的自适应、自学习能力,能够从已有的试验数据中获取有关材料的组分、工艺、组织和性能之间的规律,它在整个学习过程中无需外界参与,能从已有例证和数据中自动归纳出规则,取得知识。这一过程是不透明的,知其然而不知其所以然。虽然它得出的规则没有明确的物理意义,也不能给出这一规则的函数形式,但却可以利用经过训练的神经网络直接进行推理。对于化工材料设计问题,神经网络方法避免了传统方法的不足,提高了设计的准确性和快速性。目前,神经网络技术已经在化工材料优化设计中得到了广泛的应用。神经网络的应用能明显减少材料研制过程中的实验次数,节约研发成本,避免盲目性,以较快速度完成新材料的研制设计。

通常利用神经网络的建模能力进行化工材料设计优化,即先在一定量实验数据的基础上训练网络,进行有限外推,找到在实验范围之外可能存在的良好性能区,并在此基础上进行实验,再用实验所得的结果对网络再训练,再外推,如此反复进行,直至获得较佳参数。如神经网络的材料性能预测过程模型系统原理如图 10.14 所示。

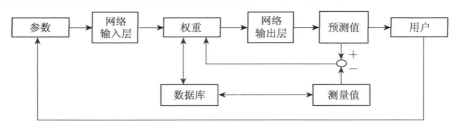

图 10.14　基于神经网络的材料性能预测模型系统原理图

在图 10.14 中,相关因素与神经网络的输入层对应,它可以是材料的成分、各种工艺条件等;隐含层的神经元是模拟人工神经网络计算过程建立起来的,它可将各种材料化学成分和工艺参数等数据抽象到较高层次概念上,使神经网络具有非线性分类的能力;网络通过计算得到输出层输出数据,该数据与设计目标相对应;网络的权值以数据文件方式存储,其数值根据网络实际输出与期望输出的误差值利用相应的学习算法来修正。

目前,虽然人工神经网络中的 BP 网络在化工领域中得到了最广泛的应用,而除此之外的网络类型在化工领域中也得到发展和应用。但由于人工神经网络的真正发展还不到二十年时间,将其应用于化工领域则是近十几年的事,各个方面的研究还不够深入,因而在实际应用中不可避免地会出现一些问题,如网络过拟合问题、网络隐含层节点数的选定等。因此人工神经网络的理论有待进一步完善,其应用于化工领域的实践经验还需进一步丰富。相信随着人工神经网络理论的进一步完善,以及对其在化工领域应用的研究的不断深入,人工神经网络将会成为化工研究中的一个有力工具。

10.3.5 基于 MATLAB 的 BP 网络设备状态分类器设计

在一个现代化的化工厂中,化工过程通常由成百上千个状态变量来表述,且这些变量的变化范围都受到一定的约束。对于操作工而言,如果这些变量都控制在理想值的附近,那么就可认为过程处于正常操作状态;当一个或多个状态由于临时的或永久的物理变化原因(如结垢、压管堵塞、传感器故障或泄漏等)而出现某种程度的变化,且变化值超出约束范围时,就会导致故障发生。就化工厂而言,故障不仅会导致经济上的损失,而且在很大程度上会导致设备损坏或人员伤亡。

这里采用 BP 网络进行故障诊断。BP 网络模型结构的确定有两条比较重要的指导原则。

(1) 对于一般的问题,三层网络可以很好地被解决。

(2) 三层网络中,隐含层神经元个数 n_2 和输入层神经元个数 n_1 间有以下近似关系:

$$n_2 = 2n_1 + 1$$

本实例的工程背景是某离心泵设备,其目的是设计一个状态分类器,用于检测离心泵的当前状态。为简单起见,将离心泵状态分为正常状态、轻微故障状态和严重故障状态三种类别。

1. 网络输入输出状态

首先收集网络的 12 组输入和输出样本。对离心泵运行状态进行监测的数据,有正常状态数据、轻微故障状态数据和严重故障状态数据,分别对应于类别 1、2、3,如表 10.9 所示,它们都是已归一化后的样本数据。其中 N 表示输入特征向量的分量数,M 表示输出状态类别总数。

表 10.9　离心泵状态数据

样本序号	样本输入特征数据								类别
1	−1.7817	−0.2786	−0.2954	−0.2394	−0.1842	−0.1572	−0.1584	−0.1998	1
2	−1.8710	−0.2957	−0.3494	−0.2904	−0.1460	−0.1387	−0.1492	−0.2228	1

样本序号	样本输入特征数据								类别
3	−1.8347	−0.2817	−0.3566	−0.3476	−0.1820	−0.1435	−0.1778	−0.1849	1
4	−1.8807	−0.2467	−0.2316	−0.2419	−0.1938	−0.2103	−0.2010	−0.2533	1
5	−1.4151	−0.2282	−0.2124	−0.2147	−0.1271	−0.0680	−0.2010	−0.1684	2
6	−1.2879	−0.2252	−0.2012	−0.1298	−0.0245	−0.0390	−0.0762	−0.1672	2
7	−1.5239	−0.1979	−0.1094	−0.1402	−0.0994	−0.1394	−0.1673	−0.2810	2
8	−1.6781	−0.2047	−0.1180	−0.1532	−0.1732	−0.1716	−0.1851	−0.2006	2
9	0.1605	−0.0920	−0.0160	0.1246	0.1802	0.2087	0.2234	0.1003	3
10	0.2045	0.1078	0.2246	0.2031	0.2428	0.2050	0.0704	0.0403	3
11	−1.0242	−0.1461	−0.1018	−0.0778	−0.0363	−0.0476	−0.0160	−0.0253	3
12	−0.7915	−0.1018	−0.0737	−0.0945	−0.0955	0.0044	0.0467	0.0719	3

对于本例，$N=8$，$M=3$。

为了简化网络结构，可采用如下形式来表示输出。

正常状态：$(0,1)$；

轻微故障状态：$(1,0)$；

严重故障状态：$(1,1)$。

2. 网络结构

该网络的结构为：输入层有 8 个神经元，中间层为 17 个神经元，输出层有 2 个神经元。按照一般的设计方案，中间层神经元的传递函数为 S 型正切函数，输出层为 S 型对数函数，因为该函数为 0—1 函数，正好满足设备状态分类器的输出要求。

令 P 表示网络的输入样本向量，T 表示网络的目标向量。由表 10.9 得：

$$
\begin{aligned}
P = [& -1.7817 \quad -0.2786 \quad -0.2954 \quad -0.2394 \quad -0.1842 \quad -0.1572 \quad -0.1584 \quad -0.1998; \\
& -1.8710 \quad -0.2957 \quad -0.3494 \quad -0.2904 \quad -0.1460 \quad -0.1387 \quad -0.1492 \quad -0.2228; \\
& -1.8347 \quad -0.2817 \quad -0.3566 \quad -0.3476 \quad -0.1820 \quad -0.1435 \quad -0.1778 \quad -0.1849; \\
& -1.8807 \quad -0.2467 \quad -0.2316 \quad -0.2419 \quad -0.1938 \quad -0.2103 \quad -0.2010 \quad -0.2533; \\
& -1.4151 \quad -0.2282 \quad -0.2124 \quad -0.2147 \quad -0.1271 \quad -0.0680 \quad -0.2010 \quad -0.1684; \\
& -1.2879 \quad -0.2252 \quad -0.2012 \quad -0.1298 \quad -0.0245 \quad -0.0390 \quad -0.0762 \quad -0.1672; \\
& -1.5239 \quad -0.1979 \quad -0.1094 \quad -0.1402 \quad -0.0994 \quad -0.1394 \quad -0.1673 \quad -0.2810; \\
& -1.6781 \quad -0.2047 \quad -0.1180 \quad -0.1532 \quad -0.1732 \quad -0.1716 \quad -0.1851 \quad -0.2006; \\
& 0.1605 \quad -0.0920 \quad -0.0160 \quad 0.1246 \quad 0.1802 \quad 0.2087 \quad 0.2234 \quad 0.1003; \\
& 0.2045 \quad 0.1078 \quad 0.2246 \quad 0.2031 \quad 0.2428 \quad 0.2050 \quad 0.0704 \quad 0.0403; \\
& -1.0242 \quad -0.1461 \quad -0.1018 \quad -0.0778 \quad -0.0363 \quad -0.0476 \quad -0.0160 \quad -0.0253; \\
& -0.7915 \quad -0.1018 \quad -0.0737 \quad -0.0945 \quad -0.0955 \quad 0.0044 \quad 0.0467 \quad 0.0719]; \\
T = [& 0\ 1;\ 0\ 1;\ 0\ 1;\ 0\ 1;\ 1\ 0;\ 1\ 0;\ 1\ 0;\ 1\ 0;\ 1\ 1;\ 1\ 1;\ 1\ 1;\ 1\ 1];
\end{aligned}
$$

利用如下代码可以创建一个符合以上要求的 BP 网络。网络的训练函数为 trainlm，该函数的运行速度比较快,对于大中型网络较合适。学习函数默认值 learngdm,性能函数默认值 mse。其中函数 minmax 设定了输入向量元素的阈值范围。

％取 P 和 T 转置,保证输入样本向量和目标向量之间列数相等。

```
P = P';
T = T';
net = newff(minmax(P), [17, 2], {'tansig', 'logsig'}, 'trainlm')
```

3. 网络训练和仿真

网络创建后,并不能直接投入使用,必须经过训练并达到要求后,才可以作为设备状态分类器使用。网络的训练代码如下。

```
net.trainParam.epochs = 50;
net.trainParam.goal = 0.001;
net = train(net, P, T);
```

训练结果为

```
TRAINLM, Epoch 0/50, MSE 0.459585/0.001, Gradient 1.15683/1e - 010
TRAINLM, Epoch 12/50, MSE 0.000814405/0.001, Gradient 0.284037/1e - 010
TRAINLM, Performance goal met.
```

可见经过 12 次训练后,网络误差达到设定的最小值,结果如图 10.15 所示。

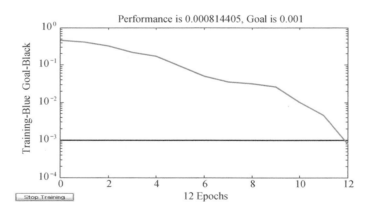

图 10.15　网络训练结果

接下来,通过仿真检验网络的输出是否满足要求,代码如下。

```
sim(net, P)
```

运行结果为

```
ans =
  Columns 1 through 8
    0.0071   0.0076   0.0037   0.0079   0.9916   0.9993   0.9996   0.9481
    0.9973   0.9960   0.9997   0.9925   0.0617   0.0540   0.0001   0.0989
```

Columns 9 through 12

    1.0000　　1.0000　　0.9998　　0.9980

    1.0000　　0.9976　　0.9981　　1.0000

对照表 10.9 可知,该网络组成的状态分类器可有效准确地识别离心泵的运行状态,为故障检测提供了有效工具。

4. 网络测试和应用

网络测试的目的是为了确定网络是否满足实际应用的要求。现分别在设备正常、轻故障和重故障状态下测得 3 组状态数据,如表 10.10 所示。

表 10.10　测试数据

样本序号	样本输入特征数据							
1	−1.4736	−0.2845	−0.0724	−0.2108	−0.1904	−0.1467	−0.1696	−0.2001
2	−1.6002	−0.2011	−0.1021	−0.1394	−0.1001	−0.1572	−0.1584	−0.2790
3	−1.0314	−0.1521	−0.1101	−0.0801	−0.0347	−0.0482	−0.0158	−0.0301

利用上述网络判断它们分别属于哪一类状态。代码如下。

P_test =

$[-1.4736\ -0.2845\ -0.0724\ -0.2108\ -0.1904\ -0.1467\ -0.1696\ -0.2001;$

  $-1.6002\ -0.2011\ -0.1021\ -0.1394\ -0.1001\ -0.1572\ -0.1584\ -0.2790;$

  $-1.0314\ -0.1521\ -0.1101\ -0.0801\ -0.0347\ -0.0482\ -0.0158\ -0.0301]';$

Y = sim(net, P_test)

运行结果为

Y =

    0.0094　　0.9981　　0.9997

    0.9649　　0.0004　　0.9977

经判断,这三组数据的输出分别为(0, 1),(1, 0)和(1, 1),所对应的状态和实际完全相符。说明所设计的设备状态分类器是合理的,可以投入使用。

<h1 align="center">习　　题</h1>

1. 利用如下的输入和输出变量建立一个 BP 网络,来逼近输入、输出变量间的函数关系:$I = [0\ 1\ 2\ 3\ 4\ 5\ 6\ 7\ 8\ 9\ 10]$;$O = [0\ 1\ 2\ 3\ 4\ 3\ 2\ 1\ 2\ 3\ 4]$。

2. 常沸点汽化热是指一个大气压下物质的沸点 T_b 下自液态变为气态的汽化热 ΔH_{vb}。通常认为 ΔH_{vb} 是临界温度 T_c,临界压力 p_c 和常沸点 T_b 的函数。比较好的关联式是 Giacalone 类型的方程式:

$$\Delta H_{vb} = RT_c \left(\frac{T_b}{T_c} \right) \frac{\ln p_c}{1 - \left(\frac{T_b}{T_c} \right)}$$

试搜集四类(一般碳氢化合物,芳烃,一般极性化合物,强极性化合物)60 个样本作为训练集,将 BP 网络训练给出的 ΔH_{vb} 值与实验值的误差进行计算,并与 Giacalone 式计算结果的误差进行比较。

参考文献

［1］Moler C B. MATLAB 数值计算. 喻文健,译. 北京:机械工业出版社,2006.

［2］Finlayson B A. 化工计算导论. 朱开宏,译. 上海:华东理工大学出版社,2006.

［3］朱中南,戴迎春. 化工数据处理与实验设计. 北京:烃加工出版社,1989.

［4］IEEE Computer Society. IEEE Standard for Floating-Point Arithmetic,2008.

［5］王能超. 计算方法简明教程. 北京:高等教育出版社,2004.

［6］Moler C. The Origins of MATLAB. http://www. mathworks. com/company/newsletters /articles/the-origins-of-matlab. html.

［7］Quarteroin A,Saleri F. MATLAB 科学计算. 李敏波,译. 北京:清华大学出版社,2005.

［8］Vijaya P,Tade M O,Fishtik I, et al. A graph theoretical approach to the elucidation of reaction mechanisms:Analysis of the chlorine electrode reaction. Computers & Chemical Engineering, 2013,49:85-94.

［9］Kelley C T. Iterative Methods for Linear and Nonlinear Equations. Philadelphia:SIAM,1995.

［10］陈敏恒,丛德滋,方图南,等. 化工原理(下). 3 版. 北京:化学工业出版社,2006.

［11］李炽章. 化工原理计算机辅助计算. 上海:华东化工学院出版社,1991.

［12］英徐根,张国政. 计算物理化学. 北京:科学出版社,2001.

［13］邓修,吴俊生. 化工分离工程. 北京:科学出版社,2000.

［14］Sinnott R K. 化工设计. 宋旭锋,译. 北京:中国石化出版社,2009.

［15］周爱月,李士雨. 化工数学. 3 版. 北京:化学工业出版社,2011.

［16］陈晋南. 高等化工数学. 北京:北京理工大学出版社,2007.

［17］黄华江. 实用化工计算机模拟——MATLAB 在化学工程中的应用. 北京:化学工业出版社,2004.

［18］Iordanidis A A. Mathematical Modeling of Catalytic Fixed Bed Reactors. University of Twente. Ph. D. thesis,2002.

［19］Contantinides A,Mostoufi N. Numerical Methods for Chemical Engineers with MATLAB Application. Upper Saddle River NJ:Prentice Hall PTR,1999.

［20］Beers K J. Numerical methods for chemical engineering:Application in MATLAB. New York:Cambrige University Press,2007.

［21］Uri M Ascher,Linda R Petzold. Computer Methods for Ordinary Differential Equations and Differential Algebraic Equations. Philadelphia:SIAM,1998.

［22］Rice R G,Do D D. Applied mathematics and modeling for chemical engineers. New York:John Wiley & Sons, Inc,1995.

［23］陈裕中,赵福龙. 正交配置法及其在计算固定床反应器方面的应用. 石油化工,1984, 13:58-69.

［24］Shampine L F,Reichelt M W,Kierzenka J. Solving Boundary Value Problems for

Ordinary Differential Equations in MATLAB with bvp4c. http://www. mathworks. com/bvp_tutorial.

[25] Davis M E. Numerical methods & modeling for chemical engineers. New York：John Wiley & Sons，Inc，1984.

[26] Schiesser W E，Griffiths G W. A compendium of partial differential equation models：Method of lines analysis with MATLAB. New York：Cambrige University Press，2009.

[27] Bird R B，Stewart W E，Lightfoot E N. Transport phenomena. 北京:化学工业出版社,2002.

[28] Berty J M. Experiments in catalytic reaction engineering. In. Studies in Surface Science and catalysis. 124. Amsterdam：Elsevier，1999.

[29] Box G E P，Hunter J S，Hunter W G. Statistics for experiments：Design，discovery and innovation. 2nd Ed. . Hoboken：John Wiley & Sons，Inc，2005.

[30] Montgomery D C，Runger G C. Applied statistics and probability for engineers. 3rd Ed. New York：John Wiley & Sons，Inc，2002.

[31] Edward B Magrab. MATLAB原理与工程应用. 高会生，李新叶，译. 北京：电子工业出版社,2006.

[32] Montgomery D C. Design and analysis of experiments. 5th Ed. New York：John Wiley & Sons，Inc，2001.

[33] Lazic Z R. Design of experiments in chemical engineering. Weinheim：Wiely-VCH，2004.

[34] Antony J. Design of Experiments for Engineers and Scientists. Oxford：Butterworth-Heinemann，2003.

[35] Edgar T H，Himmelblau D M，Lasdon L S. 化工过程优化. 张卫东，任钟旗，刘光虎，译. 北京:化学工业出版社,2006.

[36] Nocedal J. Wright S J. Numerical optimization. 2nd Ed. New York：Springer，2006.

[37] Smith J M，van Ness H C，Abbott M M. 化工热力学导论. 刘洪来，陆小华，陈新志，等译. 北京:化学工业出版社,2008.

[38] 周明,孙树栋. 遗传算法原理及应用. 北京:国防工业出版社,1999.

[39] 雷英杰,张善文. MATLAB 遗传算法工具箱及应用. 西安:西安电子科技大学出版社,2014.

[40] Englezos P，Kalogerakis N. Applied parameter estimation for chemical engineers. New York：Marcel Dekker，2001.

[41] Kapteijn F，Berger R J，Moulijn J A. Macrokinetics and transport processes. In G. Ertl，H. Knozinger，et al. eds，Handbook of heterogeneous catalysis. 2nd Ed. Weitkamp：Wiley-VCH，2008.

[42] Froment G F，Hosten L. Catalytic kinetics：Modelling. In J. R. Anderson，M. Boudart，eds. Catalysis：Science and technology. vol 2. Berlin：Springer-Verlag，1981.

[43] Pirard S L，Heinrichs B，et al. Optimization of experimental procedure and statistical data treatment for kinetics of ethylene hydrogenation on a copper-magnesia catalyst. Chemical Engineering Journal，2008，138(1-3)：367-378.

[44] 化学工业部科研计算机应用中心站. 序贯实验设计方法译文集. 北京：化学工业出版社，1983.

[45] Schwaab M，Silva F M，Queipo C A，et al. A new approach for sequential experimental design for model discrimination. Chemical Engineering Science，2006，61(17)：5791-5806.

[46] Franceschini G，Macchietto S. Model-based design of experiments for parameter precision：State of the art. Chemical Engineering Science，2008，63(19)：4846-4872.

[47] Sandhya Samarasinghe. 神经网络在应用科学和工程中的应用. 史晓霞，等译. 北京：机械工业出版社，2010.

[48] Himmelblau D M. Accounts of experiences in the application of artificial neural networks in chemical engineering. Industrial & Engineering Chemistry Research，2008，47(16)：5782-5796.

[49] 张德丰. MATLAB 神经网络编程. 北京：化学工业出版社，2011.

[50] Simon Haykin. 神经网络与机器学习. 申富饶，等译. 北京：机械工业出版社，2011.

[51] 费卫峰，娄慧茹，陈青，等. 人工神经网络用于化工中非线性模型建立的研究. 石油规划设计，1997，1：22-28.

[52] 黄道，宋欣. 神经网络在化工过程故障诊断中的应用. 控制工程，2006，13(1)：6-9.

[53] 屈强，罗金生，于广锁，等. 人工神经网络在汽液相平衡常数预测中的应用. 计算机与应用化学，2001，18(4)：383-387.